Packt>

Python
编程入门与实战

[意] 法布里奇奥·罗马诺（Fabrizio Romano）著

徐波 译

人民邮电出版社

北京

图书在版编目（CIP）数据

Python编程入门与实战 / （意）法布里奇奥·罗马诺
(Fabrizio Romano) 著；徐波译. -- 北京：人民邮电
出版社，2022.2
ISBN 978-7-115-54812-2

Ⅰ．①P… Ⅱ．①法… ②徐… Ⅲ．①软件工具—程序
设计 Ⅳ．①TP311.561

中国版本图书馆CIP数据核字(2020)第169504号

版 权 声 明

Copyright ©2018 Packt Publishing. First published in the English language under the title *Learn Python Programming*, 2nd edition.
All rights reserved.

本书由英国 Packt Publishing 公司授权人民邮电出版社有限公司出版。未经出版者书面许可，对本书的任何部分不得以任何方式或任何手段复制和传播。

版权所有，侵权必究。

◆ 著　　　　［意］法布里奇奥·罗马诺（Fabrizio Romano）

译　　　　徐　波

责任编辑　武晓燕

责任印制　王　郁　焦志炜

◆ 人民邮电出版社出版发行　　北京市丰台区成寿寺路 11 号

邮编　100164　电子邮件　315@ptpress.com.cn

网址　https://www.ptpress.com.cn

北京市艺辉印刷有限公司印刷

◆ 开本：800×1000　1/16

印张：27.25　　　　　　2022 年 2 月第 1 版

字数：540 千字　　　　2022 年 2 月北京第 1 次印刷

著作权合同登记号　图字：01-2018-8915 号

定价：119.80 元

读者服务热线：(010)81055410　印装质量热线：(010)81055316
反盗版热线：(010)81055315
广告经营许可证：京东市监广登字 20170147 号

内容提要

这是一本 Python 入门书，本书的特色之一是在介绍 Python 编程的基础知识之后，通过具体编程范例，分不同的主题来阐释如何用 Python 语言高效编程，在帮助读者夯实基础的同时找到最佳解决方案，达到学以致用的目的。

本书内容由浅入深，从理论到实践，首先介绍 Python 编程的基本知识和编程范例，然后介绍如何进行性能优化、有效调试以及如何控制程序的流程。此外，本书还讲解了 Python 中的加密服务和安全令牌等知识。通过学习本书，读者将对 Python 语言有一定的了解。本书能够帮助读者掌握如何编写程序、构建网站以及利用 Python 著名的数据科学库来处理数据等内容。本书涵盖各种类型的应用程序，可帮助读者根据所学的知识解决真实世界中的问题。

本书适合对 Python 编程技能感兴趣的初学者及 IT 从业者阅读。

致谢

　　献给我最亲爱的朋友和导师托尔斯滕·亚历山大·兰格（Torsten Alexander Lange），感谢你们所有的支持和爱。

作者简介

法布里奇奥·罗马诺（Fabrizio Romano）于 1975 年出生于意大利。他获得了帕多瓦大学计算机科学系的硕士学位。他是一位项目经理和教师，并且是 CNHC 的成员。

他于 2011 年移居伦敦，曾在 Glasses Direct、TBG/Sprinklr 和学旅家等公司就职。他目前就职于 Sohonet，担任首席工程师和项目领导人。

他曾经在 EuroPython 的 Teaching Python 和 TDD 上发言，也曾在伦敦的 Skillsmatter 和 ProgSCon 上发言。

感谢

衷心感谢所有帮助我编写本书的人们。特别感谢 Naomi Ceder 博士为本书作序。感谢 Heinrich Kruger 和 Julio Trigo 对本书的审核。感谢我的朋友和家庭，他们让我随时感受到温暖和支持。感谢 Petra Lange，感谢他一直所表现的友善，谢谢！

序

我第一次知道法布里奇奥是在几年前他成为我公司的首席开发人员的时候。不管是在设计系统、结对编写代码、执行代码审查时，还是在午餐间隙组织扑克游戏时，法布里奇奥所思考的都不仅仅是完成任务的最佳方法，还包括如何提高整支队伍的技能、如何激励他人最大限度地发挥他们的能力。

读者会在书中感受到作者的睿智和细心。每个章节、每个例子、每段讲解都经过了精心的构思，目的是把他对这项技术出色、准确的理解以非常恰当的方式呈现给读者。法布里奇奥将带领读者在他的帮助下学习 Python 的语法和最佳实践方法。

我对本书所涵盖的内容之广印象深刻。Python 在这些年得到了长足的成长和发展，现在它已经成长为一个庞大的生态系统，不仅适用于 Web 开发、日常数据处理和 ETL，而且在数据科学方面的应用也越来越广。如果读者不熟悉 Python 的生态系统，将很难知道要学习什么才能实现自己的目标。在本书中，读者会发现很多实用的例子，它们展示了 Python 的许多不同用法，可以帮助读者更好地领悟 Python。

我希望读者能够享受本书的学习之旅，并成为我们的全球社区的一员。我非常自豪受邀为本书作序，更重要的是，我非常高兴法布里奇奥能够为读者提供帮助。

Python 软件基金会成员

娜奥米·塞德（Naomi Ceder）

前言

当我刚开始编写这本书时，我对读者的期望知之甚少。后来，我逐渐学会了如何把每个话题转换为一个故事。我希望通过一些简单、实用、容易理解的例子来讨论 Python，同时又把自己的经验倾注到文字当中去，把我这些年对 Python 的感悟传递给读者。这些有价值的感悟值得读者思考、回顾和消化。读者可能会不同意我的某些方法，而是采用了其他方法，我衷心希望他们所找到的是一种更好的方法。

本书并不仅讨论语言本身，还涵盖了编程的技能。事实上，编程的艺术是由许多方面所组成的，语言仅仅是其中的一个方面。

编程的另一个关键是要具有独立性，也就是当我们遇到阻碍不知道如何解决时能够放飞自己的能力。没有任何书籍可以传授这个能力，因此我认为在这个方面，不应该采用"教"的方式，而是应该让读者自己去领悟。我在全书中设置了一些说明、问题和评论，希望能够启发读者。同时，我还希望读者能够花点时间浏览网站或其他官方文档，更深入地挖掘和学习，感受自己解决问题所带来的乐趣。

最后，我想编写一本甚至在形式上也与众不同的书。因此我和编辑商量后决定以理论的方式编写本书的第一部分，介绍一些描述 Python 各方面特性的话题。本书的第二部分则由各种现实生活中的项目所组成，向读者展示这种语言能够实现多么出色的成就。

有了这些目标之后，接着我迎接了最困难的挑战：对我想要编写的所有内容进行规划，把它们压缩到本书允许的篇幅中。这个挑战很困难，我不得不做出一些取舍。

我的努力得到了读者的良好反馈。时至今日，距离这本书第一版问世差不多已有 3 年，我仍然会不断地收到来自读者的愉快信息。他们向我表示感谢，告诉我这本书为他们提供了巨大的帮助。对我来说，这是最好的赞美。我知道 Python 语言可能会发生变化甚至会过时，但我仍然设法把我的知识与读者共享，希望这些知识可以让读者长久受益。

现在，我已经完成了本书的写作，这次我有了更大的空间。因此，我决定增加一章关于 IO 的内容，这部分内容是读者极其需要的。我甚至有机会又增加了两章，一章关于加密，另一章关于并发执行。后者无疑是全书难度最大的一章，它的目标是激励读者达到能够轻松消化 Python 中的代码并理解其概念的层次。

除了有些冗长的最后一章外，我保留了第一版中其余的所有章节，并根据最新版本的 Python 进行了更新。在本书写作时，最新的 Python 版本是 3.7。

当我看到本书时，我便看到了一个更加成熟的产品。本书章节的数量更多，内容也进行了重组并更偏向描述，但本书的灵魂仍然不变。本书最主要和最重要的出发点，始终是提高读者的能力，这一点在新版本中仍然非常显著。

我希望本书能够帮助读者开发关键的思维、获得强大的技能，并培养随着时间变化不断适应新技术的能力。相信学习本书所获得的稳固基础可以帮助读者更好地实现这个目标。

本书所面向的读者

Python 是美国顶级大学的计算机科学系所使用的非常流行的入门级教学语言，因此如果读者是软件开发的新手，那么这种语言和本书正是这些读者所需要的。不管读者所选择的工作环境是什么，Python 的精彩设计和优秀的可移植性都将会帮助读者提高工作效率。

如果读者已经使用过 Python 或其他任何语言，本书仍然是非常实用的，它不仅可以作为 Python 基础知识的参考书，而且还提供了作者 20 年的编程经验及大量观点和建议。

本书所涵盖的内容

第 1 章 "Python 概述"，介绍了基本的编程概念。它能够指导读者获取并在自己的计算机上运行 Python，同时还介绍了 Python 的一些结构。

第 2 章 "内置的数据类型"，介绍了 Python 的内置数据类型。Python 具有丰富的本地数据类型，本章对每种内置类型进行了描述并各提供了一个简单的例子。

第 3 章 "迭代和决策"，讲述了如何通过检查条件、应用逻辑和执行循环来控制代码的执行流。

第 4 章 "函数，代码的基本构件"，讲述了如何编写函数。函数是代码复用的关键，可以减少调试时间。按照更广泛的说法，它能够帮助我们编写更好的代码。

第 5 章"节省时间和内存",介绍了 Python 编程的一些功能特性。本章讲述了如何编写解析和生成器,它们是功能强大的工具,可以帮助我们加快代码的执行速度并节省内存。

第 6 章"面向对象编程、装饰器和迭代器",讲述了使用 Python 进行面向对象编程的基础知识。本章描述了这种编程模式的一些关键概念和所有潜在优点;介绍了 Python 最受人喜爱的特性之一,即装饰器;还介绍了迭代器的概念。

第 7 章"文件和数据持久化",讲述了如何处理文件、流、数据交换格式和数据库等内容。

第 8 章"测试、性能分析和异常处理",讲述了如何使用诸如测试和性能分析这样的技巧使我们的代码更健壮、快速和稳定。本章还正式定义了异常的概念。

第 9 章"加密与标记",讲述了安全、散列、加密和标记的概念,它们是当今日常编程的重要组成部分。

第 10 章"并发执行",这是难度颇大的一章,描述了如何同时完成多件事情。本章提供了这个主题的一些理论概念,然后展示了分别用不同的技巧实现这个功能的 3 个优秀例子,帮助读者理解本章所介绍的编程模式之间的区别。

第 11 章"调试和故障排除",讲述了对代码进行调试的主要方法,并展示了使用这些方法的一些例子。

第 12 章"GUI 和脚本",通过两个不同的角度指导读者完成一个例子。这两个角度就好像光谱的对立双方:一种实现是个脚本,另一种实现是个图形用户接口应用程序。

第 13 章"数据科学",介绍了一些关键的概念和一种非常特殊的工具,即 Jupyter Notebook。

第 14 章"Web 开发",介绍了 Web 开发的基础知识,并使用 Django Web 框架开发了一个项目,这个例子将建立在正则表达式的基础之上。

如何最大限度地利用本书

我鼓励读者自己实现本书中的例子。为此,读者需要一台计算机、Internet 连接和一个浏览器。本书中的例子是用 Python 3.7 编写的,但对于任何最近的 Python 3.*版本都应该适用。我在书中讲述了如何在各个操作系统中安装 Python,这个任务的具体过程会不断发生变化,因此读者需要从网络上寻找最新的精确安装指南。我还解释了如何安装本书的各个例子所需的所有额外的程序库,并对读者在安装过程中可能会遇到的问题提供了相关建议。在输入代码时并不要求读者使用某种特定的编辑器,但是,我建议对本书中的例子感兴趣的读者采用一种合适的编程环境，对此我在第 1 章中提供了一些建议。

本书所使用的约定

本书使用了一些体例约定。

代码体例：表示文本中的一些代码词汇，包括数据库名称、文件夹名称、文件名、文件扩展名、路径名、URL 地址、用户的输入以及 Twitter 用户名。例如："在 learn.pp 文件夹中，我们将创建一个称为 learnpp 的虚拟环境。"

代码块是按下面的方式设置的：

```
# we define a function, called local
def local():
    m = 7
    print(m)
```

所有命令行的输入或输出都是采用下面的书写形式：

```
>>> import sys
>>> print(sys.version)
```

粗体：表示一个新项、一个重要词汇或者在屏幕上所看到的词。例如，菜单或对话框中的单词在文本中就会用粗体显示。例如："为了在 Windows 中打开控制台，选择**开始**菜单，选择**运行**，并输入 cmd。"

 警告或重要说明以这种形式出现。

 提示和技巧以这种形式出现。

资源与支持

本书由异步社区出品，社区（https://www.epubit.com/）为您提供相关资源和后续服务。

配套资源

本书提供如下资源：

● 本书源代码；

● 书中彩图文件。

要获得以上配套资源，请在异步社区本书页面中点击 配套资源 ，跳转到下载界面，按提示进行操作即可。注意：为保证购书读者的权益，该操作会给出相关提示，要求输入提取码进行验证。

提交勘误

作者和编辑尽最大努力来确保书中内容的准确性，但难免会存在疏漏。欢迎您将发现的问题反馈给我们，帮助我们提升图书的质量。

当您发现错误时，请登录异步社区，按书名搜索，进入本书页面，单击"提交勘误"，输入勘误信息，单击"提交"按钮即可。本书的作者和编辑会对您提交的勘误进行审核，确认并接受后，您将获赠异步社区的 100 积分。积分可用于在异步社区兑换优惠券、样书或奖品。

扫码关注本书

扫描下方二维码，您将会在异步社区微信服务号中看到本书信息及相关的服务提示。

与我们联系

我们的联系邮箱是 contact@epubit.com.cn。

如果您对本书有任何疑问或建议，请您发邮件给我们，并请在邮件标题中注明本书书名，以便我们更高效地做出反馈。

如果您有兴趣出版图书、录制教学视频，或者参与图书翻译、技术审校等工作，可以发邮件给我们；有意出版图书的作者也可以到异步社区在线投稿（直接访问www.epubit.com/ selfpublish/submission 即可）。

如果您所在的是学校、培训机构或企业，想批量购买本书或异步社区出版的其他图书，也可以发邮件给我们。

如果您在网上发现有针对异步社区出品图书的各种形式的盗版行为，包括对图书全部或部分内容的非授权传播，请您将怀疑有侵权行为的链接发邮件给我们。您的这一举动是对作者权益的保护，也是我们持续为您提供有价值的内容的动力之源。

关于异步社区和异步图书

"异步社区" 是人民邮电出版社旗下 IT 专业图书社区，致力于出版精品 IT 技术图书和相关学习产品，为作译者提供优质出版服务。异步社区创办于 2015 年 8 月，提供大量精品 IT 技术图书和电子书，以及高品质技术文章和视频课程。更多详情请访问异步社区官网 https://www.epubit.com。

"异步图书" 是由异步社区编辑团队策划出版的精品 IT 专业图书的品牌，依托于人民邮电出版社近 30 年的计算机图书出版积累和专业编辑团队，相关图书在封面上印有异步图书的 LOGO。异步图书的出版领域包括软件开发、大数据、AI、测试、前端、网络技术等。

异步社区

微信服务号

目录

第 1 章
Python 概述

"授人以鱼不如授之以渔。"

——中国古话

根据维基百科的定义，**计算机编程**的含义是：

"计算机编程是指从计算问题的原始形式产生可执行计算机程序的过程。编程所涉及的活动包括分析问题、深入理解问题、生成算法、对算法需求进行验证，包括它们的正确性以及所消耗的资源，另外还包括怎样用一种目标编程语言实现该算法（此过程一般称为编程）。"

概括地说，编程就是用一种计算机所能理解的语言来告诉它完成某个任务。

计算机是一种功能非常强大的工具，但遗憾的是，它本身并不具备思考能力。我们需要告诉它所有的任务细节，如怎样执行一个任务、怎样评估一个条件以决定采取哪条路径、怎样处理来自某个设备（如网络或磁盘）的数据以及当某件不可预见的事情（如什么东西坏了或者不见了）发生时应该采取什么操作。

我们在编写代码时可以选择许多不同的风格和不同的语言。编程是不是很难？可以说是，也可以说不是。它有点像写作，每个人都知道怎样写作。但是，如果我们想成为一名诗人呢？要想成为诗人，光知道怎样写作是远远不够的。我们还需要掌握一整套的其他技巧，而这需要大量的时间和精力。

最后，一切都取决于我们想要在编程的道路上走得多远。编程绝不仅仅是把一些指令组合在一起使之能够运行，它所意味的东西要多得多。

优秀的代码短小、快速、优雅、易于阅读和理解、简单、易于修改和扩展、易于缩放和重构，并且容易进行测试。想要编写同时具备上述特点的代码需要时间的积累，不过有个好消息是当读者阅读本书的时候，就已经朝着这个目标迈出了可喜的一步。我毫不怀疑读者能够做到这一点。事实上，每个人随时都在进行编程，只不过我们并没有意识到这一点。

想不想要看个例子？

假设我们想泡一杯速溶咖啡。我们必须要有咖啡杯、速溶咖啡罐、茶匙、水和水壶。即使我们并没有意识到，实际上我们已经对大量的数据进行了评估。我们需要确保水壶中有水并且水壶已经通上了电、咖啡杯必须已经洗干净了并且咖啡罐里有足够的咖啡。然后，我们烧好开水，同时在咖啡杯里加入一些咖啡。水烧开之后，就可以把开水倒入咖啡杯中并进行搅拌。

那么，这个过程中的编程体现在什么地方呢？

没错，我们收集资源（水壶、咖啡、水、茶匙和咖啡杯）并验证一些与它们有关的条件（水壶已经通上电、咖啡杯已经洗干净、咖啡的数量足够）。然后我们开始进行两项活动（烧开水以及把咖啡倒入咖啡杯中），当这两个活动都完成之后，我们把开水倒入咖啡杯中并进行搅拌，从而完成了整个过程。

能不能理解？我只是描述了泡咖啡程序的高层功能。这并不是很难，因为这正是我们的大脑每天所做的事情：对条件进行评估以决定采取什么活动、执行活动、重复其中一些活动并在某个时刻终止、清理物品、把它们放回原处等。

现在，我们所需要的就是学习怎样把自己在现实生活中自动完成的那些活动进行结构分解，使计算机能够理解它们。另外，我们还需要学习一种能够指导计算机执行任务的语言。

因此，这就是本书的目的所在。我将告诉读者怎样做到这一点，并将通过许多简单但目标明确的例子（我所喜欢的类型）来帮助读者实现这个目标。

在本章中，我们将讨论下面这些内容。

◆　Python 的特征及其生态系统。

◆　关于设置和运行 Python 及其虚拟环境的指导方针。

◆　怎样运行 Python 程序。

◆　Python 代码的组织方式以及 Python 的执行模型。

1.1　编程预备知识

我在讲授编程的时候喜欢引用现实世界的例子。我相信它们可以帮助读者更好地理解相关的概念。但是，现在我们需要采取更严格的方式，更多地从技术的角度观察什么是编程。

当我们编写代码时，我们指示计算机完成一些必须完成的事情。这些活动是在哪里发生的？在计算机的许多地方都有可能，如计算机内存、硬盘、网线、CPU 等。这是一个完整的世界，在大多数情况下可以看成是现实世界的一个子集。

如果我们编写一个软件，允许人们在线购买服装，那么就必须在程序的边界之内表示现实的人们、现实的衣服、现实的品牌、现实的尺寸等概念。

为此，我们需要在自己所编写的程序中创建和处理对象。一个人是一个对象，一辆汽车也是一个对象，一双袜子也是一个对象。幸运的是，Python 能够很好地理解对象这个概念。

任何对象都具有的两个主要特性是属性和方法。我们以人这个对象为例。一般情况下，在计算机程序中，人这个对象是以顾客或员工的形式出现的。我们在这种对象中所存储的属性包括姓名、社会保障号码、年龄、是否拥有驾照、电子邮件、性别等。在计算机程序中，我们需要存储所有必要的数据，以便计算机能够按照预期的方式使用这种对象。如果我们为一个销售服装的网站编写代码，除了顾客的其他信息之外，很可能还需要存储身高和体重数据，以便向他们提供适当的服装尺码建议。因此，属性就是对象的特征。实际上我们一直在使用对象的属性，例如，"可以把那支笔递给我吗？""哪一支？""黑色的那支"。在这里，我们使用了笔的颜色属性（黑色）来标识这个对象（和其他红色或蓝色的笔进行区别）。

方法就是对象可以做的事情。作为一个人，我可以说话、走路、睡觉、起床、吃东西、做梦、写字、阅读等。我可以做的任何事情都可以看成是表示我的那个对象的方法。

现在，我们知道了什么是对象，并且知道了它提供了一些可以运行的方法和一些可以检查的属性，这样我们就可以开始编写代码了。编写代码实际上就是简单地对我们的软件所复刻的世界子集中所存在的对象进行管理。我们可以按照自己的意愿创建、使用、复用和删除对象。

根据 Python 官方文档的"数据模型"这一章的说法：

"对象是 Python 对数据的抽象。Python 程序中的所有数据都是由对象或者对象之间的关系所表示的。"

我们将在第 6 章中更深入地讨论 Python 对象。现在，我们只需要知道 Python 中的每个对象都有一个 ID（或称为标识）、一种类型和一个值。

一旦创建了一个对象之后，它的 ID 就不会改变。每个 ID 都是一个独一无二的标识符，当我们需要使用这个对象时，Python 就会在后台用 ID 来提取这个对象。

同样，对象的类型也不会改变。类型决定了对象所支持的操作以及我们可以给对象赋什么样的值。

我们将在第 2 章中讨论 Python 中大多数的重要数据类型。

对象的值有些能够改变，也有些不能改变。如果可以改变，这种对象就称为 **mutable**（可变）对象。如果不能改变，这种对象就称为 **immutable**（不可变）对象。

我们该怎样使用对象呢？当然，我们需要为它提供一个名称。当我们为一个对象提供一个名称后，就可以用这个名称来提取这个对象并使用它。

从更一般的意义上说，诸如数值、字符串（文本）、集合这样的对象都是与一个名称相关联的。我们通常把这种名称称为变量名。我们可以把变量看成是可以装纳数据的盒子。

现在，有了我们所需要的所有对象之后，接下来应该怎么做呢？不错，我们需要使用它们。我们可能需要通过网络连接发送它们或者把它们存储在数据库中。也许我们想把它们显示在一个网页上或者把它们写入一个文件中。为此，我们需要对用户填写一个表单、点击一个按钮或者打开一个网页并进行搜索的行为做出响应。我们通过运行自己的代码来对这些行为做出响应，对条件进行评估以选择需要执行的路径、确定需要执行多少次以及在什么样的情况下执行。

为了实现这个目的，我们一般需要一种语言，Python 就适合这种用途。Python 是我们在本书中指示计算机为我们执行任务时所使用的语言。

现在，我们已经了解了足够的理论背景，可以进入正式的学习之旅了！

1.2　走近 Python

Python 是荷兰计算机科学家、数学家 Guido Van Rossum 的杰出作品，这是他在 1989 年圣诞节期间参与一个项目时为全世界所送上的一份礼物。Python 在 1991 年前后出现在公众视野中，在此之后不断发展，逐渐成为当今世界广泛使用的主流编程语言之一。

我从 7 岁开始在一台 Commodore VIC-20 计算机上学习编程，这台机器后来被它的进化版本 Commodore 64 所取代。它所使用的语言是 BASIC。后来，我学习过 Pascal、汇编语言、C、C++、Java、JavaScript、Visual Basic、PHP、ASP、ASP.NET、C#以及其他一些我甚至已经想不起名字的非主流语言。但是，直到我接触 Python 后，我才意识到它才是最适合我的语言。

我由衷地发出这样的呐喊："就是它了！它对我来说是最完美的！"我花了一天的时间就适应了它。它的语法与我所习惯的语法有些差异，但在克服了最初的不适应（就像刚刚穿上新鞋时）之后，我发现自己深深地喜欢上了它。下面我会详细说明为什么 Python 是一种完美的语言。

1.3　Python 的优点

在讨论冷冰冰的细节之前，我们首先要体会为什么需要使用 Python（我推荐读者阅读维基百科的 Python 页面，了解更详细的介绍）。对我而言，Python 具有下面这些优点。

1.3.1　可移植性

Python 的运行范围很广，把一个程序从 Linux 移植到 Windows 或 Mac 通常只需要修改路径和设置就可以了。Python 在设计时充分考虑了可移植性，能够处理特定操作系统（Operating System，OS）接口背后的特定特性，从而避免了在编写代码时不得不进行剪裁以适应某个特定平台的麻烦。

1.3.2　一致性

Python 具有极强的逻辑性和一致性。我们可以看到它是由一位卓越的计算机科学家所设计的。大多数情况下，即使我们并不熟悉某个方法，也可以猜出它是怎么被调用的。

现在，我们可能还无法意识到这个特点的重要性，尤其在我们初学编程的时候。但是，这是 Python 的一个主要特性。它意味着我们大脑中不会有太多混乱的东西，并且需要阅读的文档也很少，所以当我们编写代码时大脑里所需要的映射也就很少。

1.3.3　提高开发人员的效率

根据马克·卢茨（*Learning Python* 第 5 版，O'Reilly）的说法，Python 程序的长度一般只有对应的 Java 或 C++程序的五分之一到三分之一。这意味着使用 Python 可以更快速地完成工作。快速显然是个很好的优点，意味着在市场上能够得到更快的响应。更少的代码不仅意味着需要编写的代码更少，同时也意味着需要阅读的代码更少（专业程序员所阅读的代码数量要远远多于他们所编写的代码），并且还意味着需要维护、调试和重构的代码也更少。

Python 的另一个重要优点是它在运行时不需要冗长耗时的编译和链接步骤，因此我们不需要等待就可以看到自己的工作成果。

1.3.4　广泛的程序库

Python 提供了一个标准库（就像手机的随机电池），其有着令人难以置信的、广阔的涵盖范围。如果觉得这还不够，遍布全球的 Python 社区还维护了一个第三方的程序库主体，设计人员可以通过裁剪以适应具体的需要。我们可以很方便地通过 **Python 程序包索引**（**PyPI**）获取它们。在大多数情况下，当我们编写 Python 代码并需要某个特性时，至少会有一个程序库已经为我们实现了这个特性。

1.3.5   软件质量高

Python 专注于可读性、一致性和质量。语言的一致性提供了极高的可读性，这在如今是一个至关重要的优点，因为现在的代码往往是多人合作的成果，而不是一个人的单独工作。Python 的另一个重要特点是它在本质上的多范式性质。我们可以把它当作一种脚本语言，也可以采用面向对象式的、命令式的和函数式的编程风格。它是一种极为全能的语言。

1.3.6   软件集成度高

Python 的另一个重要特点是它可以扩展并可以与其他许多语言进行集成，这意味着即使一家公司使用另一种不同的语言作为它的主流语言，仍然可以使用 Python 作为复杂应用程序之间的黏合剂，使它们可以按照某种方式彼此通信。这个话题比较高级，但是在现实世界中，这个特性是非常重要的。

1.3.7   满足感和乐趣

最后一个但绝非不重要的特点是它的乐趣。用 Python 编写代码是一件快乐的事情。我可以编写 8 个小时的代码，然后兴高采烈、心满意足地离开办公室。其他程序员可能就没有这么惬意，因为他们所使用的语言并没有提供同等数量的设计良好的数据结构和代码结构。Python 能够使编程充满乐趣，这点是毫无疑问的。编程的乐趣能够提升工作动力和工作效率。

上面这些优点是我向每个人推荐 Python 的主要原因。当然，我还可以举出其他许多技术特点和高级特性，但在入门章节中并不适合讨论这些话题。它们将会在本书的后面自然而然地呈现在读者面前。

1.4   Python 的缺点

我们在 Python 中唯一可能找到的与个人偏好无关的缺点就是它的执行速度。一般而言，Python 代码的执行速度要慢于经过编译的代码。Python 的标准实现在我们运行程序时会生成源代码的编译版本，称为字节码（扩展名为.pyc），然后由 Python 解释器运行。这种方法的优点是具有可移植性，其代价是速度较慢，因为 Python 不像其他语言一样编译到机器层次。

　　但是，Python 的运行速度在当今这个时代并不是什么问题，因此这个并不重要的缺点并不会影响它的广泛应用。在现实生活中，硬件成本不再是什么问题，并且并行化能够很容易实现速度的提升。而且，许多程序的大部分运行时间花在等待 IO 操作的完成上。因此，原始运行速度只是总体性能的一个次要因素。而且，在遇到数据处理密集的情况时，我们可以切换为更快速的 Python 实现，例如 PyPy，它能够通过实现一些高级编程技巧提升 5 倍的速度（详细信息可参考 PyPy 官网）。

　　涉及数据科学时，我们很可能会发现 Python 所使用的程序库（如 **Panda** 和 **NumPy**）由于实现方式的缘故已经实现了本地速度。如果觉得说服力还不够，可以再看一下 Python 已经用于驱动像 Spotify 和 Instagram 这样非常重视性能的后端服务了。无论如何，Python 已经能够足够完美地完成各种任务。

1.5　当前的 Python 用户

　　觉得说服力还不够吗？我们简单地观察一下，可以发现当前使用 Python 的公司和机构有 Google、YouTube、Dropbox、Yahoo!、Zope Corporation、Industrial Light & Magic、Walt Disney Feature Animation、Blender 3D、Pixar、NASA、the NSA、Red Hat、Nokia、IBM、Netflix、Yelp、Intel、Cisco、HP、Qualcomm 和 JPMorgan Chase，这些仅仅是其中的一部分。甚至像《Battlefield 2》《Civilization IV》和《QuArK》这样的游戏也是用 Python 实现的。

　　Python 可用于许多不同的环境，如系统编程、网页编程、图形用户界面（Graphical User Interface，GUI）应用程序、游戏和机器人、快速原型、系统集成、数据科学、数据库应用程序等。一些声名卓著的大学已经采用 Python 作为计算机科学课程的主要语言。

1.6　设置环境

　　在讨论如何在系统中安装 Python 之前，我们先说明一下本书所使用的 Python 版本。

Python 2 和 Python 3

　　Python 有两个主要的版本：以前的 Python 2 和现在的 Python 3。这两个版本尽管非常相似，但是有几个方面是不兼容的。

　　在现实世界中，Python 2 还远远谈不上过时。简而言之，尽管 Python 3 早在 2008 年就出现了，但是 Python 2 的过渡阶段还远远没有结束。这很大程度上是由于 Python 2 在行业中被广泛使用，公司的系统一般不会仅仅为了更新而更新，而是恪守"如果还没坏，就不用修"的原则。我们可以在网络上了解这两个版本之间的过渡。

妨碍 Python 版本过渡的另一个因素是第三方程序库的可用性。一个 Python 项目通常要依赖数十个外部程序库，因此当我们启动一个新项目时，需要确保已经存在一个兼容版本 3 的程序库，以满足这个项目所需要的所有业务需求。如果不满足这种情况，用 Python 3 开发一个全新的项目就存在潜在的风险，而这种风险是许多公司不乐意承担的。

不过，在写作本书时，大多数广泛使用的程序库已经移植到了 Python 3，因此在大多数情况下用 Python 3 开发一个新项目是相当安全的。许多程序库进行了重写以同时兼容这两个版本，这里主要是利用了 six 程序库的功能（这个名称来自 2×3，表示从版本 2 到版本 3 的移植），它可以帮助我们根据所使用的版本对程序库的行为进行自查和变更。根据 PEP 373，Python 2.7 的**终止日期**（**EOL**）被设置为 2020 年。由于并不存在 Python 2.8，因此如果公司所使用的项目是用 Python 2 运行的，就需要准备设计一个更新到 Python 3 的策略，以避免过时。

在我的计算机（MacBook Pro）上，使用的是最新版本的 Python：

```
>>> import sys
>>> print(sys.version)
3.7.0a3 (default, Jan 27 2018, 00:46:45)
[Clang 9.0.0 (clang-900.0.39.2)]
```

因此，我们可以看到这个版本是 Python 3.7，这个版本是在 2018 年 6 月发布的。上面的文本与我们在控制台所输入的 Python 代码有点相似。稍后我们就将对此进行讨论。

本书的所有例子将使用 Python 3.7 运行。尽管目前的最终版本与我所使用的版本存在细微的差别，但我将保证所有的代码和例子在本书出版时都已经更新到了 3.7。

有些代码仍可以在 Python 2.7 下运行，有些会完全按原样运行，有些则存在细微的差别。但在现在这个时刻，我觉得最好还是直接学习 Python 3。如果读者需要，也可以了解一下它与 Python 2 的区别，而不是先学习 Python 2。

不必过于担心版本的问题，因为在实际使用中这并不是什么大的问题。

1.7　安装 Python

我并没有想到要在本书中专门安排一个介绍安装的章节，尽管读者确实需要安装一些东西。大多数情况下，作者编写书中的代码与读者实际试验这些代码之间存在几个月的时间差。过了这么长时间，很可能已经发生了版本的变化，本书所描述的方法也很可能已经不再适用。幸运的是，我们现在有了网络。因此，为了帮助读者完成安装和运行，我将提供一些指导和目标。

我注意到本书的大多数读者希望书中能够提供一些关于安装 Python 的指导，我并不认为这能够为读者提供真正的帮助。我非常坚定地认为，如果读者想要学习使用 Python 编程，一开始花点时间熟悉它的生态系统是极有帮助的，而且是非常重要的。当读者阅读以后的章节时，会极大地提升信心。如果在这个过程中遇到困难，我们可以借助搜索引擎。

1.7.1 安装 Python 解释器

我们先来讨论一下操作系统。Python 已经完全集成并很可能已经自动安装于几乎每个 Linux 系统中。对于 macOS，很可能也已经安装了 Python（但是，很可能只支持 Python 2.7）。如果我们所使用的是 Windows 系统，则很可能需要自行安装。

获取 Python 以及所需的程序库并使之能够运行，需要进行一些手动操作。对于 Python 程序员来说，Linux 和 macOS 是相当友好的操作系统。反之，使用 Windows 系统的程序员就需要花费一些精力。

我当前的系统是 macOS，这也是我在本书中一直所使用的系统，它所使用的版本是 Python 3.7。

我们需要关注的是 Python 的官方网站。这个网站提供了 Python 的官方文档以及其他很多非常实用的资源。我们应该花点时间探索这个网站。

另一个提供了 Python 及其生态系统方面的丰富资源的优秀网站是 The Hitchhiker's Guide to Python。我们可以在这个网站中找到在不同的操作系统中安装 Python 的不同方法。

在这个网站中找到安装部分，并选择适合自己的操作系统的安装程序。如果操作系统是 Windows，要确保在运行安装程序时安装了 pip 工具（实际上，我建议完整安装 Python，为了安全起见，最好安装所有的组件）。我们将在后面讨论 pip 工具。

在操作系统中安装了 Python 之后，接下来的目标就是打开一个控制台并输入 python，运行 Python 交互性 shell。

注意，我通常简单地用 **Python 控制台**表示 **Python 交互性 shell**。

为了在 Windows 中打开控制台，进入"**开始**"菜单，选择"**运行**"并输入 cmd。如果在运行本书的例子时遇到类似权限这样的问题，请确保以管理员身份运行控制台。

在 macOS X 系统中，我们可以进入"**应用程序**">"**工具**">"**终端**"启动一个终端窗口。如果是在 Linux 操作系统中，就不需要知道什么是控制台。

我将使用控制台这个术语表示 Linux 的控制台、Windows 的命令行窗口以及 Macintosh 的终端。我还将用 Linux 默认格式表示命令行的输入提示，就像下面这样：

```
$ sudo apt-get update
```

如果读者对此并不熟悉，请花一点时间学习控制台的工作方式的基础知识。概括地说，在 $ 符号之后，我们一般会发现一条必须输入的指令。注意大小写和空格，它们是非常重要的。

不管打开的是哪个控制台，都需要在提示符后面输入 python，以确保显示 Python 交互性 shell。输入 exit() 退出这个窗口。记住，如果操作系统预安装了 Python 2.*，我们可能需要指定 Python 3。

下面大概就是我们在运行 Python 时所看到的信息（根据版本和操作系统的不同，有些细节可能有所不同）：

```
$ python3.7
Python 3.7.0a3 (default, Jan 27 2018, 00:46:45)
[Clang 9.0.0 (clang-900.0.39.2)] on darwin
Type "help", "copyright", "credits" or "license" for more information.
>>>
```

既然已经安装了 Python 并叫以运行，那么现在就需要确保运行本书的例子所必需的另一个工具 virtualenv 也已经就绪。

1.7.2　关于 virtualenv

我们很可能从名字上已经猜到 **virtualenv** 是关于虚拟环境的。我将解释它是什么，并将通过一个简单的例子来说明为什么需要它。

我们在系统中安装 Python，并在一个网站上为顾客 X 开始工作。我们创建一个项目文件夹，并开始编写代码。在这个过程中，我们还安装了一些程序库，如 Django 框架。我们将在第 14 章 Web 开发中深入讨论这个程序库。假设我们为项目 X 所安装的 Django 版本是 1.7.1。

现在，我们的网站运作良好，因此我们又迎来了另一位顾客 Y。她要求我们创建另一个网站，因此我们启动项目 Y，并且在这个过程中需要再次安装 Django。现在唯一的问题是 Django 的版本是 1.8，我们无法把它安装在自己的系统中，因为这将替换我们为项目 X

所安装的版本。我们不想冒着引入不兼容问题的风险，因此我们面临两个选择：要么继续沿用自己的计算机当前所安装的版本，要么对它进行更新并确保第一个项目在新版本中仍然能够正确地运行。

坦率地说，这两个方案都不是很有吸引力。因此，我们可以采用另一个解决方案：使用 virtualenv。

virtualenv 是一个允许我们创建虚拟环境的工具。换句话说，这个工具可以创建多个隔离的 Python 环境，每个环境都是一个文件夹，包含了所有必要的可执行文件，以使用一个 Python 项目所需要的程序包（现在可以把程序包看成是程序库）。

因此，我们可以为项目 X 创建一个虚拟环境并安装所有的依赖关系，然后就可以毫不担心地为项目 Y 创建一个虚拟环境并安装它的所有依赖关系了，这是因为我们所安装的每个程序库都被限定在适当的虚拟环境的边界之内。在我们的例子中，项目 X 将使用 Django 1.7.1，而项目 Y 将使用 Django 1.8。

至关重要的是，我们绝不可以在系统层次上直接安装程序库。例如，Linux 依赖 Python 完成许多不同的任务和操作，如果我们变动 Python 的系统安装，很可能会破坏整体系统的完整性。因此，我们需要制定一个规则（就像在睡觉之前必须先刷牙一样）：**当我们启动一个新项目时，总是要创建一个虚拟环境。**

为了在系统中安装 virtualenv，可以采用一些不同的方法。例如，在一个基于 Debian 的 Linux 版本中，可以用下面的命令安装 virtualenv：

```
$ sudo apt-get install python-virtualenv
```

最简单的方法很可能是遵循 virtualenv 的官方网站上的指令。

我们将会发现安装 virtualenv 最常见的方法之一是使用 pip 工具。这是一个程序包管理工具，用于安装和管理用 Python 所编写的软件包。

在 Python 3.5 中，创建虚拟环境的推荐方法是使用 venv 模块。关于这方面的详细信息，可以查阅官方文档。但是，在写作本书之时，virtualenv 仍然是创建虚拟环境最常用的工具。

1.7.3　第一个虚拟环境

创建虚拟环境是非常简单的。但是，根据系统的配置以及需要在虚拟环境中所运行的

Python 版本，我们需要正确地运行命令。我们使用 virtualenv 时还需要做的另一件事情就是将其激活。激活 virtualenv 基本上就是在后台生成一些路径，这样当我们调用 Python 解释器时，实际上所调用的是那个活动的虚拟环境，而不是单纯的系统环境。

我将展示在我的 Macintosh 控制台上完成的一个完整例子。我们将进行以下操作。

1. 在项目的根目录（对我而言，是 home 文件夹中的一个称为 srv 的文件夹）中创建一个名为 learn.pp 的文件夹。我们可以根据自己的喜好设置路径的名称。

2. 在 learn.pp 文件夹中，我们将创建一个名为 learnpp 的虚拟环境。

 有些开发人员喜欢用相同的名称表示所有的虚拟环境（如.venv）。采用这种方法时，他们只需要知道他们所关注的项目名称就可以针对任何虚拟环境运行脚本。.venv 中的点号是存在的，因为在 Linux 操作系统 macOS 中，在名称前加上一个点号可以使该文件或文件夹不可见。

3. 在创建了虚拟环境之后，我们需要将其激活。Linux、macOS 和 Windows 操作系统所采用的方法稍有不同。

4. 然后，我们运行 Python 交互性 shell 以确保所运行的是我们所需要的 Python 版本（3.7.*）。

5. 最后，我们将使用 deactivate 命令取消虚拟环境的激活。

这 5 个简单的步骤包括了启动和使用一个项目时所需要的所有操作。下面是这些步骤在 macOS（以#开始的命令是注释，为了便于阅读加上了空格，→表示上一行的空间不足导致的换行）上的大致样子（操作系统、Python 版本以及其他因素不同，结果可能会有细微的差别）：

```
fabmp:srv fab$              # 步骤1——创建文件夹
fabmp:srv fab$ mkdir learn.pp
fabmp:srv fab$ cd learn.pp

fabmp:learn.pp fab$     # 步骤2——创建虚拟环境
fabmp:learn.pp fab$ which python3.7
/Users/fab/.pyenv/shims/python3.7
fabmp:learn.pp fab$ virtualenv -p
→ /Users/fab/.pyenv/shims/python3.7 learnpp
Running virtualenv with interpreter /Users/fab/.pyenv/shims/python3.7
Using base prefix '/Users/fab/.pyenv/versions/3.7.0a3'
New python executable in /Users/fab/srv/learn.pp/learnpp/bin/python3.7
Also creating executable in /Users/fab/srv/learn.pp/learnpp/bin/python
```

```
Installing setuptools, pip, wheel...done.

fabmp:learn.pp fab$                    # 步骤 3——激活虚拟环境
fabmp:learn.pp fab$ source learnpp/bin/activate

(learnpp) fabmp:learn.pp fab$  # 步骤 4——验证 Python 的版本
(learnpp) fabmp:learn.pp fab$ which python
/Users/fab/srv/learn.pp/learnpp/bin/python

(learnpp) fabmp:learn.pp fab$ python
Python 3.7.0a3 (default, Jan 27 2018, 00:46:45)
[Clang 9.0.0 (clang-900.0.39.2)] on darwin
Type "help", "copyright", "credits" or "license" for more information.
>>> exit()

(learnpp) fabmp:learn.pp fab$  # 步骤 5——取消激活
(learnpp) fabmp:learn.pp fab$ deactivate
fabmp:learn.pp fab$
```

注意，这里我必须明确告诉 virtualenv 使用 Python 3.7 解释器，因为在我的系统中，Python 2.7 是默认的解释器。如果不这样做，我所创建的虚拟环境将使用 Python 2.7 而不是 Python 3.7。

我们可以像下面这样把步骤 2 的两条指令组合为一条单独的命令：

```
$ virtualenv -p $( which python3.7 ) learnpp
```

我在这个例子中选择了稍显冗长的明确方法，以帮助读者理解这个过程中的每个细节。

另一件值得注意的事情是为了激活虚拟环境，我们需要运行/bin/activate 脚本，而该脚本又需要通过 source 命令才能导入当前环境中。当一个脚本运行了 **source** 命令之后，意味着它可以在当前的命令窗口中执行，并且在执行之后它的效果仍然会持续，这是非常重要的。另外，注意在激活虚拟窗口之后命令提示符所发生的变化，它在左边显示了虚拟环境的名称（当我们取消虚拟环境的激活之后，这个名称就会消失）。

在 Linux 操作系统中，这些步骤是相同的，因此不再赘述。在 Windows 操作系统中，步骤略有变化，但概念是一致的。我们可以在 virtualenv 的官方网站阅读相关的指南。

现在，我们应该能够创建并激活一个虚拟环境了。读者可以尝试在没有指导的情况下自己创建另一个虚拟环境。我们需要熟悉这个过程，因为这是我们一直都需要做的事情，而且**我们绝不会用 Python 进行整个系统的操作**，这是极为重要的。

做好了相关的准备工作之后，我们便可以更多地讨论 Python 以及它的用法了。不过在此之前，我们先简单地讨论一下控制台。

1.7.4　控制台

在 GUI 和触摸屏的时代，所有的操作都可以通过点击或触碰来完成，而使用一个像控制台这样的工具听上去可能有些荒谬。

但是，事实上每次当我们把自己的右手从键盘上移开（如果是左撇子，则是左手）并抓住鼠标，把鼠标指针移动到自己想要点击的位置，我们都会浪费一些时间。而如果用控制台完成相同的操作，虽然看上去有点不太直观，但是它的效率更高、速度更快。作为程序员，我们必须要坚信这一点。

就我个人而言，速度和效率是非常重要的。我并不反对使用鼠标，但另外还有一个非常重要的原因需要我们熟悉控制台的操作：当我们开发在服务器上运行的代码时，控制台可能是唯一可用的工具。如果我们熟练掌握了控制台的操作，在紧急状况下我们就不会陷入手足无措的困境（例如，当网站崩溃，我们必须快速找出原因时）。

因此，我们应该努力熟悉用控制台进行操作。如果读者还没有决定，请相信我的建议并进行尝试。它比我们想象的要容易得多，我们绝不会对此感到后悔。对于优秀的开发人员而言，没有什么事情比迷失于一个与某台服务器的 SSH 连接更为痛心了，因为他们已经习惯了自己的工具集，而且只熟悉这些工具。

现在，让我们回到 Python 本身。

1.8　运行 Python 程序

我们可以用一些不同的方法运行 Python 程序。

1.8.1　运行 Python 脚本

Python 可以作为脚本语言使用。事实上，它一直在证明自己是一种非常实用的脚本语言。脚本一般是在完成某个任务时所执行的文件（通常较小）。许多开发人员随着时间的积累会创建他们自己的工具集，并在需要执行一个任务时进行使用。例如，我们可以使用脚本解析某种格式的数据并把它保存为另一种不同的格式，或者我们可以使用脚本对文件和文件夹进行操作，我们还可以创建或修改配置文件。脚本可以完成的任务还有很多。从技术上说，一个脚本所做的事情并不会太多。

让脚本在一台服务器上在某个精确的时间运行是相当常见的做法。例如，如果我们的网站数据库需要每隔 24 小时清理一次（例如，清理存储了用户会话的表，它们很快就会过期，但并不会被自动清理），我们可以设置一个 Cron 任务在每天的凌晨 3 点触发脚本的运行。

 根据维基百科的说法，软件工具 Cron 是一个在类似 UNIX 的操作系统中运行的基于时间的任务调度工具。人们在设置和维护软件环境时可以使用 Cron 对任务（命令或 shell 脚本）进行调度，使其在某个固定时间、日期或间隔定期运行。

Python 脚本可以完成所有需要手动操作几分钟甚至更多的时间才能完成的杂务。从某一时刻起，我决定采用自动化。第 12 章 GUI 和脚本有一半的篇幅描述 Python 脚本。

1.8.2　在交互性 shell 中运行 Python

运行 Python 的另一种方法是调用交互性 shell，这正是之前我们在控制台的命令行中输入 python 时所看到的方法。

因此，打开控制台，激活虚拟环境（现在读者应该对这个操作应该已经驾轻就熟）并输入 python 后，控制台中将显示类似下面这样的几行信息：

```
$ python
Python 3.7.0a3 (default, Jan 27 2018, 00:46:45)
[Clang 9.0.0 (clang-900.0.39.2)] on darwin
Type "help", "copyright", "credits" or "license" for more information.
>>>
```

>>>是 shell 的输入提示符，它表示 Python 正等待我们输入什么。如果我们输入一条简单的指令，能够容纳于一行之中，它看上去就非常直观。但是，如果我们所输入的内容超过了一行的长度，shell 就会把输入提示符改变为…，该提示符向我们提供一种视觉线索，提醒我们正在输入一个多行语句（或其他任何需要多行代码的东西）。

继续，我们接着进行操作，完成一些基本的数学运算：

```
>>> 2 + 4
6
>>> 10 / 4
2.5
>>> 2 ** 1024
179769313486231590772930519078902473361797697894230657273430081157732675805
500963132708477322407536021120113879871393357658789768814416622492847430639
474124377767893424865485276302219601246094119453082952085005768838150682342
462881473913111054082723716335051068458629823994724593847971630483535632962
224137216
```

最后一个操作显示了令人难以置信的结果。我们要求 Python 计算 2 的 1024 次方的结果，而 Python 非常轻松地完成了这个任务。如果在 Java、C++或 C#中尝试这样的做法，肯定会失败，除非使用能够处理这类巨大数值的特殊程序库。

我每天都在使用交互性 shell。它在快速调试方面极为实用，如检查一种数据结构是否支持某种操作，或者我们可以用它来检查或运行一段代码。

当我们使用 Django（一种 Web 框架）时，它附带了交互性 shell，允许我们按照自己的方式使用这个框架的工具，对数据库中的数据进行检查或者进行其他许多操作。在学习 Python 的过程中，我们会发现交互性 shell 很快就会成为我们亲密的伙伴之一。

另一种解决方案具有更漂亮的图形外观，称为**集成开发环境（IDLE）**。这是一种简单的 IDE，主要面向初学者。它的功能比控制台中的原始交互性 shell 稍微强大一点，因此我们也可以对它进行探索。Windows 操作系统的 Python 安装程序是免费的，我们也可以很容易地把它安装在任何系统中。我们可以在 Python 的网站中找到与此有关的信息。

Guido Van Rossum 是根据英国喜剧团 Monty Python 为他所发明的这种语言命名的，因此有一种传说，选择 IDLE 这个名称是为了向 Eric Idle 致敬，他是喜剧团 Monty Python 的创立者之一。

1.8.3　以服务的形式运行 Python

除了作为脚本运行或者在 shell 中运行之外，Python 也可以编成代码以应用程序的形式运行。我们在本书中将会看到与这个模式有关的很多例子。稍后当我们讨论如何组织和运行 Python 代码时，将会对此有更深刻的理解。

1.8.4　以 GUI 应用程序的形式运行 Python

Python 也可以以**图形用户界面（GUI）**的形式运行。我们可以使用几种框架，有些框架是跨平台的，有些框架是特定于某个平台的。在第 12 章 GUI 和脚本中，我们将看到一个使用 Tkinter 创建的 GUI 应用程序的例子。Tkinter 是一个面向对象层，生存在 **Tk**（Tkinter 的含义是 TK 接口）的顶部。

Tk 是一个 GUI 工具包，它把桌面应用程序的开发带入较之传统方法更高的层次。它是**工具命令语言（Tcl）**的标准 GUI，但也可用于许多其他动态语言。它可以生成丰富的本地应用程序，能够无缝地在 Windows、Linux、macOS X 及其他操作系统中运行。

Tkinter 是与 Python 捆绑的，因此 Python 程序员可以很方便地进入 GUI 世界。出于这个原因，我选择它作为本书所讨论的 GUI 例子的框架。

在其他 GUI 框架中，我们发现下面这些框架是最为常用的。

◆　PyQt。

◆　wxPython。

◆　PyGTK。

对它们进行详细的描述将超出本书的范围，但我们可以在 Python 网站的"What platform-independent GUI toolkits exist for Python?"（Python 存在哪些独立于平台的 GUI 工具包？）一节中找到我们所需要的信息。如果读者想要寻找一些 GUI 框架，记住要根据一些原则选择最适合的框架。

要确保它们有以下特点。

◆　提供了我们开发项目时可能需要的所有特性。

◆　能够在我们可能需要支持的所有平台上运行。

◆　所依赖的社区尽可能庞大并且活跃。

◆　包装了图形驱动程序和工具，使我们可以方便地安装和访问。

1.9　Python 代码的组织方式

我们对 Python 代码的组织方式稍做讨论。在本书中，我们将稍稍"深入兔子洞"，介绍一些更具技术性的名称和概念。

先来介绍最基本的概念，Python 代码是如何组织的？当然是我们把代码编写在文件中。当我们用.py 扩展名保存一个文件时，这个文件就成了一个 Python 模块。

 如果是在 Windows 或 macOS 这种一般会隐藏扩展名的操作系统中，要确保对配置进行修改，以便看到完整的文件名。这并不是严格的要求，而是一个建议。

把软件所需要的所有代码保存在一个文件中是不切实际的。这种方法只适用于脚本，它们的长度最多不会超过几百行（而且通常都比较短）。

一个完整的 Python 应用程序可能由数十万行代码所组成，因此我们不得不把它们划分到不同的模块中。这种做法要好一点，但还不够好。事实证明，就算采用了这种做法，我们在操作代码时仍然是极为麻烦的。

因此，Python 提供了另一种称为 **package**（**程序包**）的结构，它允许我们把模块组合在一起。一个程序包就是一个简单的文件夹，但它必须包含一个特殊的文件 _ _init_ _.py。这个文件并不需要包含任何代码，但是它的存在能够告诉 Python 这个文件夹不仅仅是个文件夹，而且还是个程序包（注意，在 Python 3.3 之后，_ _init_ _.py 模块不再是严格必需的）。

和往常一样，我们用一个例子来更加清楚地说明这些概念。我为本书的项目创建了一个示例结构，当我们在控制台中输入：

```
$ tree -v example
```

就可以看到 ch1/example 文件夹内容的树形表现形式，它包含了本章例子的代码。下面是一个相当简单的应用程序的结构：

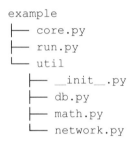

```
example
├── core.py
├── run.py
└── util
    ├── __init__.py
    ├── db.py
    ├── math.py
    └── network.py
```

我们可以看到，在这个例子的根目录中有两个模块：core.py 和 run.py，还有一个程序包：util。core.py 模块可能是这个应用程序的核心逻辑。另外，在 run.py 模块中，我们很可能会发现这个应用程序的启动逻辑。在 util 程序包中，我期望能够看到各种工具。事实上，我们可以猜到这些模块是根据它们所包含的工具命名的：db.py 可能包含了用于操作数据库的工具，math.py 可能包含了数学工具（这个应用程序可能需要处理金融数据），network.py 可能包含了通过网络发送和接收数据的工具。

正如前面所解释的那样，__init__.py 的作用就是告诉 Python:util 是一个程序包，而不仅仅是个简单的文件夹。

如果这个软件只是在模块内进行组织，那么要想推断它的结构是非常困难的。我把一个**只含模块**的例子放在 ch1/files_only 文件夹中，读者可以自行查阅：

```
$ tree -v files_only
```

这将展示一幅完全不同的画面：

```
files_only/
├── core.py
├── db.py
```

```
├─────── math.py
├─────── network.py
└─────── run.py
```

要想猜测每个模块的作用要困难一些，是不是？现在，考虑到它只是一个简单的例子，我们可以想象，如果我们不采用程序包和模块的方法，要想理解一个真实的应用程序将是一件多么困难的事情。

怎样使用模块和程序包

当一位开发人员在编写一个应用程序时，很可能需要把同一段逻辑应用于程序的不同部分。例如，为用户可能在网页上填写的数据编写解析器时，应用程序必须验证某个字段是否包含了数字。不管这种验证的逻辑是如何编写的，很可能有多个地方都需要使用这种逻辑。

例如，在一个投票应用程序中，用户需要回答多个问题，很可能有几个问题要求答案是数值形式的。例如：

◆　您多大年纪？

◆　您养了几只宠物？

◆　您有几个孩子？

◆　您结过几次婚？

在每个需要数值答案的地方复制粘贴验证逻辑是一个非常糟糕的做法。这违反了"**不要做重复劳动**"的原则。这个原则表示我们在应用程序中不应该把相同片段的代码重复使用超过一次。我觉得需要强调这个原则的重要性：**绝对不要在应用程序中把同一段代码重复多次**！

把同一段逻辑重复多次的做法之所以极为糟糕出于很多原因，其中最重要的几个原因如下。

◆　这段逻辑中可能会存在缺陷，因此我们不得不在应用这个逻辑的每个地方都修正这个缺陷。

◆　我们可能想要改进验证方式，同样我们不得不在应用它的每个地方都进行修改。

◆　我们可能忘了修正或改进某一段逻辑，因为我们在搜索它时忘了某一处，这将导致应用程序中存在错误或不一致的行为。

◆　代码在没有正当理由的情况下变得更长。

Python 是一种出色的语言，为我们提供了实现最佳的编程实践所需要的所有工具。在这个特定的例子中，我们需要能够复用一段代码。为了能够复用一段代码，我们需要使用一种结构保存这段代码，这样我们在每次需要复制它所蕴含的逻辑时就可以调用这个结构。这样的结构确实存在，它就是**函数**。

我不打算在此深入介绍函数的特定细节，我们只需要记住函数是一段有组织的、可复用的代码，用于完成一个任务。根据函数所属的环境类型的不同，它们可能呈现不同的形式和名称，但现在我们还不需要详细了解这一点。我们将在本书的后面真正领会函数的作用并看到这些细节。函数是应用程序模块化的基础构件，几乎是不可或缺的。除非我们所编写的是一个超级简单的脚本，否则肯定会用到函数。我们将在第 4 章函数，代码的基础构件中详细讨论函数。

正如我之前所说的那样，Python 提供了一个非常全面的程序库。现在就是对程序库进行定义的良好时机：**程序库**是一些函数和对象的集合，提供了一些功能，从而丰富了语言的功能。

例如，在 Python 的 math 库中，我们可以发现大量的函数，其中一个是阶乘函数，它可以用于计算一个数的阶乘。

在数学中，一个非负整数 N 的**阶乘**用 $N!$ 表示，其定义是小于等于 N 的所有正整数的乘积。例如，5 的阶乘的计算方式如下：

$$5! = 5 \times 4 \times 3 \times 2 \times 1 = 120$$

0 的阶乘是 $0! = 1$，以符合空乘积的约定。

因此，如果想在自己的代码中使用这个函数，只需要将它导入并用正确的输入值调用它即可。现在，读者可能并不熟悉输入值和调用这两个概念，对此无须焦虑，只要把注意力集中在重要的部分。当我们使用一个程序库时，可以导入这个程序库中我们所需要的功能并在自己的代码中使用该功能。

在 Python 中，为了计算 5 的阶乘，我们只需要输入下面的代码：

```
>>> from math import factorial
>>> factorial(5)
120
```

不管我们在 shell 中输入什么，如果它具有可输出的表示形式，都会在控制台中被输出（在这个例子中，控制台将会输出这个函数调用的结果：120）。

现在，让我们回到那个包含了 core.py、run.py、util 的例子。

在这个例子中，程序包 util 是工具程序库。我们的自定义工具 belt 包含了我们的应用程序所需要的所有可复用的工具（即函数）。其中有些用于处理数据库（db.py），有些用于处理网络（network.py），有些用于执行一些超出了 Python 的标准 math 库范畴的数学计算（math.py），因此我们不得不自己编写代码来实现这些功能。

我们将在专门的章节中讨论如何导入和使用函数。现在，我们讨论另一个非常重要的概念：Python 的执行模型。

1.10 Python 的执行模型

在本节中，我们将介绍一些非常重要的概念，如名称和名字空间、作用域。当然，我们可以阅读官方语言参考，了解与 Python 的执行模型有关的所有信息。但是，我觉得它的介绍技术性太强并且过于抽象，因此我们在这里提供一个非正式的解释。

1.10.1 名称和名字空间

假设我们正在寻找一本书，因此来到图书馆并询问管理员自己想要借的书。管理员告诉我们类似"二楼，X 区域，第 3 排"这样的信息。因此我们上楼，找到 X 区域并继续进行寻找。

如果一家图书馆的所有书籍都随机堆在一个大房间里，情况就大不相同。没有楼层、没有区域、没有书架、没有顺序，在这样的图书馆里寻找一本书是件极为困难的事情。

当我们编写代码时，我们面临着相同的问题：我们必须对代码进行组织，这样以前并不了解这些代码的人也可以很方便地找到他们所寻找的东西。软件具有正确的结构可以提升代码的复用率。另外，组织形式糟糕的软件很可能散布着大量的重复逻辑的代码。

首先，我们以书为例子。我们用书名表示一本书，用 Python 的行话表示就是名称。Python 的名称最接近于其他语言所称的变量。名称一般表示对象，是通过名称绑定操作引入的。我们先来观察一个简单的例子（注意，#后面的内容是注释）：

```
>>> n = 3    # 整数
>>> address = "221b Baker Street, NW1 6XE, London"    # 歇洛克·福尔摩斯的住址
>>> employee = {
...     'age': 45,
...     'role': 'CTO',
...     'SSN': 'AB1234567',
... }
>>>  # 让我们输出它们
>>> n
3
```

```
>>> address
'221b Baker Street, NW1 6XE, London'
>>> employee
{'age': 45, 'role': 'CTO', 'SSN': 'AB1234567'}
>>> other_name
Traceback (most recent call last):
  File "<stdin>", line 1, in <module>
NameError: name 'other_name' is not defined
```

在上面的代码中，我们定义了如下 3 个对象（还记得每个 Python 对象所具有的 3 个特性吗?）。

◆　一个整数 n（类型为 int，值为 3）。

◆　一个字符串 address（类型为 str，值为 Sherlock Holmes 的住址）。

◆　一个字典 employee（类型为 dict，值为包含了 3 个键值对的字典）。

不要担心，现在不知道什么是字典是完全正常的。我们将在第 2 章内置的数据类型中讨论 Python 的这个数据结构之王。

 有没有注意到，当我们输入 employee 的定义之后，输入提示符从>>>变成了…? 这是因为 employee 的定义跨越了多行。

因此，n、address 和 employee 是什么呢？它们都是**名称**。我们可以使用名称在代码中提取数据。它们需要保存在某个地方，这样当我们需要提取那些对象时，就可以用名称来提取它们。我们需要一些空间保存它们，这个空间就是名字空间。

因此，**名字空间**是从名称到对象的一种映射。名字空间的例子包括内置名称的集合（包含了任何 Python 程序都可以访问的函数）、模块中的全局名称以及函数内部的局部名称等。甚至一个对象的属性集合也可以看成是一个名字空间。

名字空间的优点在于它们允许我们清晰地定义和组织我们的名称，而不会出现重叠或冲突。例如，与图书馆中我们所寻找的一本书相关联的名字空间可以用于导入这本书本身，就像下面这样：

```
from library.second_floor.section_x.row_three import book
```

我们从 library 名字空间开始，通过使用点号操作符（.），我们可以进入这个名字空间。在这个名字空间中，我们找到 second_floor 并再次使用点号操作符进入其中。然后我们进入 section_x，并在最后一个名字空间 row_three 中找到了我们想要寻找的东西：book。

当我们接触现实的代码例子时，很容易理解什么是进入名字空间。对于现在，只要记住名字空间是名称与对象进行关联的场所就可以了。

另外还有一个与名字空间密切相关的概念是**作用域**，我们将对它进行简单的讨论。

1.10.2　作用域

根据 Python 文档的说法：

"作用域是 Python 程序的一个文本区域，用户可以在其中直接访问一个名字空间。"

直接可访问意味着当我们寻找一个未加限定引用的名称时，Python 会试图在这个名字空间中查找。

作用域是静态确定的，但在运行时，它们实际上是被动态使用的。这意味着通过检查源代码，我们可以分辨一个对象的作用域是什么，但这并不妨碍软件在运行期间对它进行更改。Python 提供了以下 4 个可以访问的不同作用域（当前，它们并不一定同时存在）。

◆　**局部**作用域，它是最内层的作用域，包含了局部名称。

◆　**外层**作用域，它是任何外层函数的作用域，包含了非局部的名称以及非全局的名称。

◆　**全局**作用域，包含了全局名称。

◆　**内置**作用域，包含了内置的名称。Python 提供了一组我们可以现成使用的函数，如 print、all、abs 等。它们存储在内置作用域中。

规则如下：当我们引用一个名称时，Python 会先在当前名字空间中寻找它；如果没有找到这个名称，Python 就继续在外层作用域中寻找；这个过程将一直持续，直到搜索完内置作用域；如果一个名称在搜索了内置作用域之后仍未找到，则 Python 就会触发一个 NameError **异常**，表示这个名称未被定义（在前面的例子中可以看到这个结果）。

因此，在寻找一个名称时，名字空间的搜索顺序是：**局部、外层、全局、内置**（**即 LEGB 规则**）。

这个描述有点过于抽象，因此让我们观察一个例子。为了展示局部作用域和外层作用域，我们必须定义一个新函数。现在没有必要担心不熟悉定义新函数的语法。我们将在第 4 章中研究函数。现在只要记住，在下面的代码中，当我们看到 def 时，它表示定义了一个函数。

```
# scopes1.py
# 局部和全局

# 我们定义了一个名为 local 的函数
```

```
def local():
    m = 7
    print(m)

m = 5
print(m)

# 我们调用（或执行）local 函数
local()
```

在上面这个例子中，我们定义了相同的名称 m，它们分别位于全局作用域和局部作用域（local 函数所定义的那个）中。当我们用下面的命令执行这个程序时（要记得激活虚拟环境）：

```
$ python scopes1.py
```

我们可以看到控制台所输出的两个数字：5 和 7。

Python 解释器将从上而下解析这个文件。首先，它会找到几个注释行并将其忽略。然后，它会解析 local 函数的定义。当 local 函数被调用时，它会执行两项任务：设置一个表示数字 5 的对象的名称并输出。Python 解释器将继续执行自己的任务，并找到另一个名称绑定。这次的绑定发生在全局作用域，其值是 5。下一行是调用被执行的 print 函数（我们将在控制台上看到第一个输出的值：5）。

在此之后，我们调用了 local 函数。此时，Python 执行这个函数，因此现在发生了 m = 7 的绑定，并且这个值被输出。

一个非常重要的事实是属于 local 函数定义的那部分代码向右缩进了 4 个空格。事实上，Python 是通过缩进代码来定义作用域的。我们通过缩进进入一个作用域，并通过取消缩进退出这个作用域。有些程序员使用 2 个空格的缩进，有些则使用 3 个空格的缩进，但建议使用 4 个空格的缩进。这是一种很好的最大限度地提高可读性的措施。我们以后会更多地讨论在编写 Python 代码时应该遵循的所有约定。

如果我们删除 m = 7 这一行会发生什么呢？记住 LEGB 规则。Python 会先在局部作用域（local 函数）中寻找 m。如果没有找到，它会进入下一个外层作用域。在这个例子中，这个外层作用域是全局作用域，因为 local 函数并不是出现在其他函数调用的内部。因此，我们将在控制台上看到两个输出的数字都是 5。让我们实际观察这种情况下的代码是怎么样的：

```
# scopes2.py
# 局部和全局

def local():
    # m 并不属于 local 函数所定义的作用域
```

```
        # 因此 Python 将在下一个外层作用域中寻找
        # m 最终在全局作用域中被找到
        print(m, 'printing from the local scope')

m = 5
print(m, 'printing from the global scope')

local()
```

运行 scopes2.py 将输出下面的结果：

```
$ python scopes2.py
5 printing from the global scope
5 printing from the local scope
```

正如我们所预期的那样，Python 会先输出 m。然后当 local 函数被调用时，Python 并没有在这个函数的作用域中找到 m。因此 Python 会按照 LEGB 规则继续寻找，直到在全局作用域中找到 m。

让我们观察一个具有额外层的例子，也就是局部作用域和全局作用域之间有一个外层作用域：

```
# scopes3.py
# 局部、外层和全局

def enclosing_func():
    m = 13

    def local():
        # m 并不属于 local 函数所定义的作用域
        # 因此 Python 将在外层作用域中寻找 m。这次 m 是在
        # 外层作用域中找到的
        print(m, 'printing from the local scope')

    # 调用 local 函数
    local()

m = 5
print(m, 'printing from the global scope')

enclosing_func()
```

运行 scopes3.py，Python 将在控制台上输出：

```
$ python scopes3.py
(5, 'printing from the global scope')
```

```
(13, 'printing from the local scope')
```

我们可以看到，local 函数中的 print 指令像以前一样引用了 m。m 仍然不是在这个函数内部定义的，因此 Python 按照 LEGB 规则开始在外层作用域中寻找。这次，它在外层作用域中找到了 m。

如果读者对这个过程仍然不是非常清楚，不必心怀忧虑。当我们更多地讨论本书的例子时，迟早会彻底弄清这个概念。Python 教程的"类"一节对作用域和名字空间有一段有趣的描述。如果读者希望更深入地理解这个主题，可以在某个时候阅读这段内容。

在结束本章之前，我们稍微讨论一下对象。不管怎样，Python 中的所有东西都是对象，因此值得我们花一些时间对它进行一些关注。

1.10.3　对象和类

本章的 1.1 节编程预备知识在介绍对象时，提到过我们用对象表示现实世界的物品。例如，我们如今通过网络销售任何种类的商品，所以需要我们能够适当地处理、存储和表示它们。但是，对象实际上的含义要丰富得多。我们在 Python 中所完成的绝大部分工作都是对对象进行操作。

因此，我们在此不打算太深入地讨论对象（我们将在第 6 章面向对象编程、装饰器和迭代器中深入讨论对象），只是对类和对象进行一些概括的介绍。我们已经知道了对象是 Python 对数据的抽象。事实上，Python 中的所有东西都是对象。数值、字符串（保存文本的数据结构）、容器、集合甚至函数都是对象。我们可以把对象看成是至少具有 3 个特征的盒子：ID（独一无二的）、类型和值。

但它们是怎么进入生活的？我们是怎样创建它们的？我们应该如何编写自己的自定义对象？答案藏在一个简单的词中：**类**。

事实上，对象是类的实例。Python 的优点在于类本身也是对象，我们现在不会深究这个概念，但要知道它是 Python 语言高级的概念之一：**元类**。现在，我们最好通过一个例子来弄明白类和对象之间的区别。

假设有一位朋友说"我买了一辆自行车"，我们会立即就明白对方的意思。我们看到过这辆自行车吗？不。我们知道它的颜色吗？不。知道牌子吗？不。知道其他细节吗？不。但是，我们已经知道了足够的信息，足以理解朋友所表示的"我买了一辆自行车"是什么意思。我们知道自行车是有两个轮子装在车架上，还有车座、踏板、车把、刹车等配件的物品。换句话说，即使我们没有看到过这辆自行车，我们却知道自行车这个概念。特性和特征的一组抽象集合组合在一起就形成了一种称为"自行车"的东西。

在计算机编程中，这种抽象称为**类**。这个概念非常简单。类用于创建对象。事实上，对象被称为**类的实例**。

换句话说，我们知道自行车是什么东西，即我们知道这个类。当我们有了自己的自行车时，该自行车就是自行车类的一个实例。我的自行车具有它自己的特征，其他人也有自己的自行车，它们属于同一个类，但是是不同的实例。这个世界上所制造的每辆自行车都是自行车类的一个实例。

让我们观察一个例子。我们将编写一个定义自行车的类，然后创建两辆自行车，一辆红色的和一辆蓝色的。我会尽量使代码保持简单，但是如果读者还不能完全理解这些代码，也不必气馁。现在我们只需要理解类和对象（或类的实例）之间的区别：

```python
# bike.py
# 让我们定义 Bike 类
class Bike:

    def __init__(self, colour, frame_material):
        self.colour = colour
        self.frame_material = frame_material

    def brake(self):
        print("Braking!")

# 让我们创建几个实例
red_bike = Bike('Red', 'Carbon fiber')
blue_bike = Bike('Blue', 'Steel')

# 让我们检查自己所拥有的对象，也就是 Bike 类的实例
print(red_bike.colour)          # 输出: Red（红色）
print(red_bike.frame_material)  # 输出: Carbon fiber（碳纤维）
print(blue_bike.colour)         # 输出: Blue（蓝色）
print(blue_bike.frame_material) # 输出: Steel（钢）

# 刹车!
red_bike.brake()  # 输出: Braking!（刹车!）
```

现在，我希望读者已经掌握了怎么运行这个文件。代码块的第 1 行指定了文件名。只要运行$ python 文件名，一切就没问题了。但是，要记得先激活虚拟环境。

这里有很多值得注意的有趣事情。首先，类的定义是用 class 语句创建的。然后，class

语句后面的代码都被缩进了，称为类体。在这个类中，属于类定义的最后一行是 print("Braking!")。

定义了这个类之后，我们就可以创建它的实例了。我们可以看到，这个类的类体包含了两个方法的定义。简单地说，方法就是属于某个类的函数。

第一个方法 __init__ 是这个类的**初始化方法**。它使用了一些"Python 魔术"，使用我们在创建对象时所传递的值来设置这个对象。

 在 Python 中，每个具有前缀和后缀双下划线的方法称为**魔术方法**。Python 所使用的魔术方法具有很多不同的用途，因此，在创建自定义的方法时，不应该使用双下划线作为方法名的前缀和后缀。这个命名约定最好保留给 Python 使用。

我们所定义的另一个方法 brake 是我们在刹车时想要调用的一个其他方法的例子。当然，它只包含了一个 print 语句。它仅仅是一个例子而已。

然后，我们创建了两个 Bike 对象。一个为红色，采用了碳纤维的车架；另一个为蓝色，采用了钢制的车架。我们在创建对象时向它们传递这些值。在创建之后，我们输出红色自行车的颜色属性和车架类型，然后输出蓝色自行车的颜色属性和车架类型。我们还调用了 red_bike 对象的 brake 方法。

最后还有一点值得注意。还记得我说过一个对象的属性集合也是一个名字空间吗？我希望读者现在对这个概念已经有了更进一步的理解。我们看到可以通过不同的名字空间（red_bike、blue_bike）来获取 frame_type 属性，从而得到不同的值。它们不会出现重叠，也不会发生冲突。

当然，这里的点号操作符（.）用于进入一个名字空间，它作用于对象时也是如此。

1.11　编写良好代码的指导原则

编写良好的代码并不像看上去那么容易。正如我之前所说的那样，良好的代码具有很多很难同时具备的品质。在某种程度上，编写良好的代码是一门艺术。不管我们打算采用什么样的学习之路，有一样东西能够让我们的代码得到即刻的提升：**PEP 8**。

根据维基百科的说法：

"Python 的开发很大程度上是通过 PEP（Python Enhancement Proposal，Python 增强建议书）过程所指导的。PEP 过程是提议重要新特性的主要机制，它用于收集 Python 社区对某个问题的输入，并记录 Python 已经做出的设计决策。"

PEP 8 可能是所有 PEP 中最著名的一个。它提出了一个简单但非常有效的指导方针集合，并且把 Python 定义为一种美学，使我们可以编写出优美的 Python 代码。如果我们只能从本章中吸取一个建议，那就是：使用它，拥抱它。很快我们就会庆幸这个决定。

如今的编程不再是一种个人的登记或退出业务，它是一项更需要社交能力的活动。几个开发人员共同协作，使用类似 Git 和 Mercurial 这样的工具一起开发一段代码，其结果就是一段代码很可能出自很多不同的开发人员之手。

Git 和 Mercurial 很可能是如今非常常用的分布式修订控制系统。它们是重要的工具，作用是帮助开发人员团队在同一个软件项目上实现协作。

现如今，我们较之以往更需要一种一致的方法编写代码，因此愈发强调了代码可读性的重要性。当一家公司的所有开发人员都遵循 PEP 8 时，非常可能出现的情况就是：任何人在接触一段代码时，都觉得它就像是自己所编写的。对我来说，情况一直都是如此（我总是忘了哪些代码是自己编写的）。

这就产生了一个巨大的优点：当我们阅读符合自己编写习惯的代码时，可以很容易地理解它。如果没有这样的约定，每个程序员都按自己喜欢的方式编写代码，或者简单地采取他们所学习或习惯的方式编写代码，很可能会导致其他程序员在理解每段代码时都必须了解编写者的个人风格。感谢 PEP 8，让我们可以避免这种情况。我是 PEP 8 的推崇者，我在评价代码时，如果它不符合 PEP 8 的精神，就不会给予它太高的评价。因此，我们应该花点时间研究这个建议书，它是非常重要的。

在本书的例子中，我会尽量符合它的精神。遗憾的是，我没有阔气到每行代码都使用 79 个字符（这是 PEP 8 所推荐的每行代码的最大长度），因此不得不削减一些空行和其他东西，但我保证尽最大努力完善代码的布局，尽可能地使它们容易阅读。

1.12　Python 的文化

Python 在所有的编程行业中都得到了广泛的应用。许多不同的公司使用 Python 完成许多不同的工作，而且 Python 也广泛应用于教育领域（它是一种优秀的教学语言，因为它的许多特性非常容易学习）。

Python 在如今非常流行的一个原因是它的社区庞大、富有活力，并且聚集了大量优秀的人才。Python 社区在全世界范围内组织了许多事件，这些事件大部分是围绕 Python 或它的 Web 主框架 Django 进行的。

Python 是开放的，它的支持者的思维也常常是非常开放的。关于这方面的更多信息，可以访问 Python 网站的社区页面，并参与其中。

与 Python 有关的另一个现象是 **Python 心理惯性**。事实上，Python 允许我们使用一些其他语言所没有的惯用法，这些惯用法至少在形式上明显不同或者在其他语言中不容易使用（现在，当我用一种非 Python 语言编写代码时就会产生恐慌感）。

不管怎样，在过去的几年里，很多人确实出现了 Python 心理惯性。按照我的理解，它有点类似于"按照 Python 所建议的方式做其他任何事情"。

为了帮助读者更多地理解 Python 的文化以及 Python 心理惯性，我特意展示了《禅意 Python》。打开控制台并输入 import this，就会出现下面的输出：

```
>>> import this
The Zen of Python, by Tim Peters（禅意 Python，作者 Tim Peters）

Beautiful is better than ugly.（优美的代码总是胜过丑陋的代码。）
Explicit is better than implicit.（要直截了当地表达，不要含蓄。）
Simple is better than complex.（简单比复杂更好。）
Complex is better than complicated.（如果不得不复杂，那就让它不要那么难于理解。）
Flat is better than nested.（尽量不用嵌套。）
Sparse is better than dense.（不要让代码过于密集，保持适当的间距。）
Readability counts.（要注意代码的可读性。）
Special cases aren't special enough to break the rules.（特殊情况不应该特殊到要打破规律。）
Although practicality beats purity.（但是实用性总是比纯洁性更重要。）
Errors should never pass silently.（错误不应该悄无声息地发生。）
Unless explicitly silenced.（除非是那种显而易见的错误。）
In the face of ambiguity, refuse the temptation to guess.（面对歧义，不要靠简单猜测蒙混过关。）
There should be one--and preferably only one--obvious way to do it.（应该有一种且只有一种解决问题的明显办法。）
Although that way may not be obvious at first unless you're Dutch.（也许这个方法一开始不是那么显而易见，除非你是语言的发明者。）
Now is better than never.（立刻开始比永远不做更好。）
Although never is often better than *right* now.（尽管永远不做通常比错误的开始更好。）
If the implementation is hard to explain, it's a bad idea.（如果一种方法很难解释清楚，那么它就不是个好方法。）
If the implementation is easy to explain, it may be a good idea.（如果一个
```

方法很容易解释清楚，那么它可能是个好方法。)

Namespaces are one honking great idea--let's do more of those!（名字空间是个好东西，请多做类似的事情。)

这里存在两个层次的理解。一个层次是把它看成是一组用有趣的方式所描述的指导方针；另一个层次是把它记在心里，偶尔温故知新，加深对它的理解：我们可能必须深入理解一些 Python 特征，以便按照建议的方式编写 Python 代码。我们从有趣出发，然后深入挖掘。我们总是要想办法挖掘得更深。

1.13 关于 IDE 的说明

这里简单地讨论一下 IDE。本书的所有例子并不需要使用 IDE 来运行。任何文本编辑器都可以很好地完成任务。如果需要更高级的特性，如语法特殊颜色显示和自动完成等，也可以使用 IDE。我们可以在 Python 的网站上找到大量开放源代码的 IDE（只要在搜索引擎中搜索 Python IDE）。我个人使用的是 Sublime 文件编辑器，它可以免费试用，正式版也只需要几美元。在我的编程生涯中，我试过很多 IDE，但唯有这个 IDE 让我觉得能够极大地提高工作效率。

下面有两个重要的建议。

◆ 不管选择使用什么 IDE，都要充分了解它，尽可能地发挥它的长处。但是，不要依赖它。偶尔要尝试用 VIM（或其他文本编辑器）进行工作，要学会在任何平台上使用任何工具集都可以工作。

◆ 不管使用的是什么文本编辑器或 IDE，在编写 Python 代码时，保持缩进为 4 个空格。不要使用 Tab 键，不要混用 Tab 键和空格。使用 4 个空格，而不是 2 个、3 个或 5 个，就是使用 4 个。其他人也都采用这样的约定，我们不应该因为自己的喜好而破坏这个约定。

1.14 总结

在本章中，我们开始探索编程世界并初步了解了 Python。在学习之旅中，我们才刚刚出发，只是稍稍接触了一些概念，我们将在本书的后面详细讨论这些概念。

我们讨论了 Python 的主要特性、它的使用者以及它的用途，并讨论了编写 Python 程序的不同的方法。

在本章的最后部分，我们简单讨论了名字空间、作用域、类和对象的基本概念。我们还了解了使用模块和程序包对 Python 的代码进行组织的方法。

在实践的层次上，我们学习了怎样在自己的系统中安装 Python、怎样保证自己所需要的工具已经就绪，并了解了 pip 和 virtualenv，然后创建并激活了我们的第一个虚拟环境。它们允许我们在一个自包含的环境中进行工作，而不用冒着与 Python 的系统安装发生冲突的风险进行工作。

现在，大家已经准备好了跟随我进行本书的学习之旅。我们所需要的就是热情、一个激活的虚拟环境、本书、自己的手指以及一杯咖啡。

尝试运行本章的例子。我已经尽量使它们简单和短小。如果亲手输入这些例子，而不是仅仅阅读它们，无疑能够留下更深的印象。

在下一章中，我们将探索 Python 丰富的内置数据类型集合。对于这个主题，我们有大量的东西需要学习！

第 2 章
内置的数据类型

"数据！数据！数据！"他不耐烦地叫喊道，"没有黏土，我可做不出砖头。"

——《福尔摩斯探案集》

我们用计算机所做的每件事情都是在管理数据。数据有许多不同的形态和风格。我们所聆听的音乐、所观赏的电影、所打开的 PDF 文件都是数据。甚至读者此刻正在阅读的这一章，其来源是一个文件，它也是数据的一种。

数据可以非常简单，如表示年龄的整数。数据也可以非常复杂，如一个网站中所显示的订单。数据可以是单个对象，也可以是一组对象的集合。数据的内容甚至可以是关于数据的，这种数据称为元数据。这种数据用于描述其他数据结构的设计或者描述应用数据及它的上下文环境。在 Python 中，对象是数据的抽象。Python 所提供的数据结构种类多到令人吃惊，我们可以用它们表示数据，或者将它们组合在一起创建自定义数据。

在本章中，我们将讨论下面这些内容。

◆ Python 对象的结构。

◆ 可变对象和不可变对象。

◆ 内置数据类型：数值、字符串、序列、集合和映射类型。

◆ collections 模块。

◆ 枚举。

2.1　一切都是对象

在深入探究细节之前，我们需要对 Python 中的对象有一个清晰的理解。因此，我们对这个概念稍做讨论。正如本节的标题所述，Python 中的所有东西都是对象。但是，当我们在一个 Python 模块中输入像 age = 42 这样的指令时，会发生什么呢？

 如果访问 Python Tutor 网站，我们可以在一个文本框中输入这条指令并看到它的可视化表示形式。记住这个网站，它非常有助于我们巩固对后台所发生事情的理解。

因此，实际所发生的事情就是有一个对象被创建。它获得了一个 ID，它的类型被设置为 int（整数），它的值为 42。全局名字空间中出现了一个名为 age 的名称，它指向这个对象。此后，当我们位于这个全局名字空间时，执行这行代码就可以简单地通过名称 age 来访问这个对象。

打个比方，如果我们打算搬家，可能会把所有的餐刀、叉子和汤匙放在一个盒子里，并贴上"餐具"的标签。是不是可以理解这种做法其实表达了相同的概念？图 2-1 所示的是这个网页可能出现的一个屏幕截图（为了获得相同的视图，可能需要调整一些设置）。

图 2-1

因此，在本章的剩余部分，当我们看到像 name = some_value 这样的代码时，可以认为有一个名称出现在与该指令所在的作用域相关联的名字空间中，用一个箭头指向一个具有 ID、类型和值的对象。对于这种机制，还有更多需要解释的细节，但对于一个简单例子来说，这些已经足够了。我们将在以后再来讨论这些细节。

2.2 可变对象与不可变对象

Python 中数据之间的第一个基本区别就是对象的值是否可以改变。如果对象的值可以改变，该对象就称为**可变对象**。如果对象的值不能改变，该对象就称为**不可变对象**。

理解可变对象和不可变对象之间的区别是非常重要的，因为它会影响我们所编写的代码。因此，下面就有这样一个问题：

```
>>> age = 42
>>> age
42
>>> age = 43  #A
>>> age
43
```

在上面这段代码中，#A 行是不是改变了 age 的值？答案是否定的，但现在它是 43 了（我可以感觉到读者的疑问）。是的，它是 43，但 42 是个 int 类型的整数，它是不可变对象。事实的真相出现在第 1 行，age 这个名称指向一个 int 类型的对象，这个对象的值是 42。当我们输入 age = 43 时，其结果就是创建了另一个对象，它的类型也是 int，值为 43（ID 将是不同的），此时 age 这个名称就指向这个新对象。因此，我们并没有把 42 这个值改变为 43，而是把 age 指向另外一个不同的位置，也就是值为 43 的那个新的类型为 int 的对象。让我们观察输出 ID 的代码：

```
>>> age = 42
>>> id(age)
4377553168
>>> age = 43
>>> id(age)
4377553200
```

注意，我们调用了内置的 id 函数输出对象的 ID。我们可以看到，与预期的一样，两个 ID 是不同的。记住，age 在一个时刻只能指向一个对象，首先指向 42，然后指向 43。它绝不会同时指向两个对象。

现在，我们观察一个可变对象的例子。在这个例子中，我们使用了一个 Person 类型的对象，它具有一个 age 属性（现在不需要关心类的定义，它出现在这里只是为了代码的完整性）：

```
>>> class Person():
...     def __init__(self, age):
```

```
...        self.age = age
...
>>> fab = Person(age=42)
>>> fab.age
42
>>> id(fab)
4380878496
>>> id(fab.age)
4377553168
>>> fab.age = 25    # 我希望如此
>>> id(fab)         # 将是相同的
4380878496
>>> id(fab.age)     # 将是不同的
4377552624
```

在这个例子中，我们设置了一个 Person 类型（一个自定义类）的对象 fab。在创建这个对象时，age 的值是 42。我们输出这个对象的值和它的对象 ID，另外还输出 age 的 ID。注意，即使把 age 改为 25，fab 的 ID 仍然不变（当然，age 的 ID 发生了变化）。Python 中的自定义对象是可变的（除非把它设置为不可变的）。记住这个概念，它是极为重要的。在本章的剩余部分，我会反复向读者灌输这个概念。

2.3　数值

我们现在来讨论 Python 表示数值的内置数据类型。Python 的设计者具有数学和计算机科学双硕士学位，因此 Python 对数值提供了强大的支持是完全符合逻辑的。

数值是不可变对象。

2.3.1　整数

Python 中的整数并没有范围限制，仅仅受限于可用的虚拟内存。这意味着我们并不需要担心数值过大这个问题，只要它能够被计算机内存所容纳，Python 就能够处理妥当。整数可以是正数、负数或 0。它们支持所有的基本数学操作（运算），如下面的例子所示：

```
>>> a = 14
>>> b = 3
>>> a + b    # 加法
17
>>> a - b    # 减法
11
>>> a * b    # 乘法
```

```
42
>>> a / b   # 真正的除法
4.666666666666667
>>> a // b  # 整数除法
4
>>> a % b   # 取模操作（取余数）
2
>>> a ** b  # 乘方操作
2744
```

上面的代码应该很容易理解，不过要注意一个重要的地方：Python 提供了两种除法操作符，一种是**真正的除法**（/），它将返回操作数的商。另一种是所谓的**整数除法**（//），它将返回操作数的商向下取整的整数。值得注意的是，Python 2 的除法操作符/的行为与 Python 3 不同。我们可以通过下面的例子观察它对于正数和负数操作的区别所在：

```
>>> 7 / 4   # 真正的除法
1.75
>>> 7 // 4  # 整数除法，截断后返回 1
1
>>> -7 / 4  # 同样是真正的除法，返回结果与上面相反
-1.75
>>> -7 // 4 # 整数除法，其结果并不是前面的相反数
-2
```

这是个有趣的例子。我们可能预期的是最后一行返回-1，不要对实际结果感觉糟糕，它只是 Python 的工作方式而已。在 Python 中，整数除法的结果总是向无限小取整。如果我们不想向下取整，而是想把一个数截取为整数，可以使用内置的 int 函数，如下面的例子所示：

```
>>> int(1.75)
1
>>> int(-1.75)
-1
```

注意，截取操作是向 0 的方向进行的。

另外还有一个操作符用于计算余数，称为求模操作符，用百分符号（%）表示：

```
>>> 10 % 3  # 取 10 // 3 的余数
1
>>> 10 % 4  # 取 10 // 4 的余数
2
```

Python 3.6 所引入的一个优秀特性是它可以在数值字面值内部添加下划线（下划线可以出现在数字或基数指示符之间，但不能出现在最前面或最后面）。它的作用是使一些数值更容易看清楚，如 1_000_000_000 和下面的例子：

```
>>> n = 1_024
>>> n
1024
>>> hex_n = 0x_4_0_0   # 0x400 == 1024
>>> hex_n
1024
```

2.3.2 布尔值

布尔代数是代数的一个子集，布尔变量的值是真值，也就是真或假。在 Python 中，True 和 False 是两个用于表示真值的关键字。布尔值是整数的一个子类，True 和 False 的行为分别类似于 1 和 0。布尔值对应的 int 类是 bool 类，它要么返回 True，要么返回 False。每个内置的 Python 对象在布尔值语境中都有一个值，意味着当它们输入到 bool 函数时其结果要么为 True，要么为 False。我们将在第 3 章迭代和决策中讨论关于这方面的例子。

布尔值可以在布尔表达式中使用逻辑操作符 and、or 和 not 进行组合。同样，我们将在第 3 章迭代和决策中详细讨论这种方法，现在我们来观察一个简单的例子：

```
>>> int(True)    # True 的行为类似于 1
1
>>> int(False)   # False 的行为类似于 0
0
>>> bool(1)      # 1 在布尔值语境中求值为 True
True
>>> bool(-42)    # 所有非零的数值都是如此
True
>>> bool(0)      # 0 求值为 False
False
>>> # 逻辑操作符（and、or、not）速览
>>> not True
False
>>> not False
True
>>> True and True
True
>>> False or True
True
```

当我们把 True 和 False 相加时，可以看到它们都是整数的子类。Python 会把它们向上转换为整数，然后再执行加法：

```
>>> 1 + True
2
>>> False + 42
```

```
42
>>> 7 - True
6
```

向上转换是一种类型转换操作，是将一个子类转换为它的父类。在这里所显示的例子中，True 和 False 属于一个从整数类派生的类，它们会根据需要转换为整数。这个话题与继承有关，将在第 6 章面向对象编程、装饰器和迭代器中详细讨论。

2.3.3 实数

实数（或浮点数）在 Python 中是根据 IEEE 754 双精度二进制浮点格式表示的。它能够存储 64 位的信息，分为 3 个部分：符号位、指数和尾数。

如果读者对这种数据格式的细节感兴趣，可以访问维基百科。

编程语言通常会向程序员提供两种不同的浮点格式：单精度和双精度。前者占据 32 位的内存，后者则是 64 位。Python 只支持双精度格式。我们观察一个简单的例子：

```
>>> pi = 3.1415926536   # 我们可以背出 pi 的多少位小数？
>>> radius = 4.5
>>> area = pi * (radius ** 2)
>>> area
63.617251235400005
```

在计算面积时，我在 radius ** 2 两边加上了括号。尽管这是不必要的，因为乘方操作的优先级高于乘法，但我觉得这种写法更加清晰。而且，我们所得到的面积结果应该与上面的结果略有不同，这个并不需要担心。它可能取决于操作系统、Python 的编译方式等。只要小数点后的前几位数字是正确的，我们就知道它是正确的结果。

sys.float_info 结构序列保存了浮点数在系统中的行为信息。下面是我在我的计算机上所看到的结果：

```
>>> import sys
>>> sys.float_info
sys.float_info(max=1.7976931348623157e+308, max_exp=1024, max_10_exp=308,
min=2.2250738585072014e-308, min_exp=-1021, min_10_exp=-307, dig=15,
mant_dig=53, epsilon=2.220446049250313e-16, radix=2, rounds=1)
```

这里让我们进行一些考虑：如果我们用 64 位表示浮点数，这将意味着我们最多可以表示 2^{64} = 18 446 744 073 709 551 616 个数。只要观察浮点数的最大值和最小值，我们就会意识到要想表示所有的浮点数是不可能的。64 位的空间并不足够，因此需要近似地取最接近的可表示值。读者很可能会觉得只有极端大值或极端小值才会遇到这种问题。实际上并不是这样，读者可以细加思量，并在控制台中试验下面的代码：

```
>>> 0.3 - 0.1 * 3   # 它的结果应该是 0!!!
-5.551115123125783e-17
```

这个例子说明了什么？它告诉我们，双精度浮点数即使在表示像 0.1 或 0.3 这样的简单数值时也会遇到精确性问题。这一点为什么非常重要？如果我们所处理的是价格、金融计算或任何不能取近似值的数据，那么就会遇到很大的问题。不要担心，Python 还提供了 decimal 类型，它就不存在这个问题。我们将在稍后讨论这种类型。

2.3.4　复数

Python 创造性地提供了对复数的支持。有些读者可能不明白复数是什么，复数就是用 $a + ib$ 形式表示的数，其中 a 和 b 都是实数，而 i（工程师可能会用 j）是虚数单位，也就是 -1 的平方根。a 和 b 分别称为复数的实部和虚部。

除非我们所编写的代码涉及科学方面，否则用到复数的可能性微乎其微。我们观察一个简单的例子：

```
>>> c = 3.14 + 2.73j
>>> c.real        # 实部
3.14
>>> c.imag        # 虚部
2.73
>>> c.conjugate()   # A + Bj 的共轭是 A - Bj
(3.14-2.73j)
>>> c * 2        #  允许乘法
(6.28+5.46j)
>>> c ** 2       #  也允许乘方操作
(2.4067000000000007+17.1444j)
>>> d = 1 + 1j   #  也允许加法和减法
>>> c - d
(2.14+1.73j)
```

2.3.5　分数和小数

我们对数值部分的探索之旅的最后一站是分数和小数。分数可以保存一个最简形式的有理数分子和分母。我们来观察一个简单的例子：

```
>>> from fractions import Fraction
>>> Fraction(10, 6)
Fraction(5, 3)          # 注意它已经被简化
>>> Fraction(1, 3) + Fraction(2, 3)    # 1/3 + 2/3 == 3/3 == 1/1
Fraction(1, 1)
>>> f = Fraction(10, 6)
>>> f.numerator
5
>>> f.denominator
3
```

尽管分数有时候非常实用，但它们在商业软件中并不常用。在精度至关重要的场景（如科学计算和金融计算）中，使用小数会更加方便。

值得注意的是，精确的小数意味着性能上的代价。每个小数所存储的数据量远远多于它的分数或浮点数形式，在小数的处理方式上也是如此，它会导致 Python 解释器在后台所执行的工作量要多出很多。另一件值得注意的事情是我们可以通过访问 decimal.getcontext().prec 来获取和设置小数的精度。

我们先来观察一个使用小数的简单例子：

```
>>> from decimal import Decimal as D    # 简单起见进行了重命名
>>> D(3.14)     # 来自浮点值的 pi，因此存在近似值问题
Decimal('3.140000000000000124344978758017532527446746826171875')
>>> D('3.14')    # 来自字符串的 pi，因此不存在近似值问题
Decimal('3.14')
>>> D(0.1) * D(3) - D(0.3)     # 来自浮点值，仍然存在近似值问题
Decimal('2.775557561565156540423631668E-17')
>>> D('0.1') * D(3) - D('0.3')   #  来自字符串，一切完美
Decimal('0.0')
>>> D('1.4').as_integer_ratio() # 7/5 == 1.4 (是不是很酷?)
(7, 5)
```

注意，当我们从一个浮点数构建一个 Decimal（小数）时，小数会接收浮点数可能存在的所有近似值问题。另外，当小数不存在近似值问题时（例如，我们把一个整数或字符串表示形式传递到 Decimal 的构造函数中），则计算结果不会表现出古怪的行为。在涉及金钱的计算时，就需要使用小数。

现在我们就完成了内置的数值类型的介绍。下面让我们观察序列。

2.4   不可变序列

我们首先讨论不可变序列：字符串、字节和元组。

2.4.1   字符串和字节

Python 中的文本数据是用 str 对象处理的，它的更常见名称是**字符串**。它们是 **Unicode 代码点**的不可变序列。Unicode 代码点可以表示字符，但也可以具有其他含义，如格式化数据。和其他语言不同，Python 并不支持 char 类型，因此单个字符会被简单地认为是长度为 1 的字符串。

Unicode 是一种优秀的数据处理方式，任何应用程序都应该在内部使用这种方式。但是，当我们存储文本数据或者通过网络发送它们时，可能想要使用一种适合当前所使用媒介的编码方式对它们进行编码。编码过程的结果产生了一个 bytes（字节）对象，它的语法和行为与字符串类似。字符值字面值在 Python 中是用单引号、双引号或三引号（同时包括单引号和双引号）界定的。如果字符串出现在一对三引号内部，那么它可以跨越多行。下面这个例子清晰地说明了这一点：

```
>>> # 创建字符串的 4 种方式
>>> str1 = 'This is a string. We built it with single quotes.'
>>> str2 = "This is also a string, but built with double quotes."
>>> str3 = '''This is built using triple quotes,
... so it can span multiple lines.'''
>>> str4 = """This too
... is a multiline one
... built with triple double-quotes."""
>>> str4    #A
'This too\nis a multiline one\nbuilt with triple double-quotes.'
>>> print(str4)    #B
This too
is a multiline one
built with triple double-quotes.
```

在#A 和#B 行，我们输出了 str4，首先是隐式地输出，然后是使用 print 函数显式地输出。找出它们不同的原因是一个很好的练习。读者是不是已经准备好了迎接这个挑战？（提示：查阅 str 函数。）

和任何序列一样，字符串具有长度。我们可以调用 len 函数获取字符串的长度：

```
>>> len(str1)
49
```

1. 字符串的编码和解码

使用 encode 和 decode 方法可以对 Unicode 字符串进行编码以及对 bytes 对象进行解码。**UTF-8** 是一种可变长度的字符编码方式，几乎能够对所有的 Unicode 代码点进行编码。它是网络上占据主导地位的编码方式。另外，如果在一个字符串声明之前添加了一个字母 b，那么系统就会创建一个 bytes 对象：

```
>>> s = "This is üŋíc0de"  # unicode 字符串：代码点
>>> type(s)
<class 'str'>
>>> encoded_s = s.encode('utf-8')  # utf-8 编码版本的 s
>>> encoded_s
b'This is \xc3\xbc\xc5\x8b\xc3\xadc0de'  # 结果：bytes 对象
>>> type(encoded_s)  # 另一种验证它的方式
<class 'bytes'>
>>> encoded_s.decode('utf-8')  # 把它恢复到原始形式
'This is üŋíc0de'
>>> bytes_obj = b"A bytes object"  # 一个 bytes 对象
>>> type(bytes_obj)
<class 'bytes'>
```

2. 字符串的索引和截取

对序列进行操作时，访问一个精确位置或者获取该序列的一个子序列（截取）都是极为常见的操作。处理不可变对象的时候，这两个操作都处于只读模式。

索引操作所采用的形式是以 0 为基数访问序列中的任何位置，截取操作的形式又有所不同。当我们获取一个序列的一个片段时，可以指定起始位置、终止位置和步长。它们是像下面这样用冒号（:）分隔的：my_sequence[start:stop:step]。所有的参数都是可选的，start 是含指定位置的，stop 则不含指定位置。用一个例子来说明截取操作要远比语言描述清楚得多：

```
>>> s = "The trouble is you think you have time."
>>> s[0]  # 取位置 0 的索引，即第 1 个字符
'T'
>>> s[5]  # 取位置 5 的索引，即第 6 个字符
'r'
>>> s[:4] # 截取，只指定终止位置
'The '
>>> s[4:] # 截取，只指定起始位置
'trouble is you think you have time.'
```

```
>>> s[2:14]    # 截取，同时指定起始位置和终止位置
'e trouble is'
>>> s[2:14:3] # 截取，指定了起始位置、终止位置和步长（每 3 个字符）
'erb '
>>> s[:]       # 创建一份副本的快速方式
'The trouble is you think you have time.'
```

在上面所有的行中，最后一行可能是最有趣的。如果我们不指定任何参数，Python 会自动为我们指定默认参数。在这种情况下，start 将是字符串的起始位置，stop 将是字符串的末尾，step 将是默认的 1。这是获取字符串 s 的一份副本（相同的值，但不同的对象）的一种方便而快捷的方法。我们能不能通过截取操作获取一个字符串的一份反向副本呢？（不要查答案，想办法自己完成。）

3. 字符串的格式化

字符串所具有的一个特性是它可以作为模板使用。Python 中有几种不同的方式可以对字符串进行格式化，我鼓励读者通过查阅文档来寻找所有可能的格式化方式。下面是一些常见的例子：

```
>>> greet_old = 'Hello %s!'
>>> greet_old % 'Fabrizio'
'Hello Fabrizio!'

>>> greet_positional = 'Hello {} {}!'
>>> greet_positional.format('Fabrizio', 'Romano')
'Hello Fabrizio Romano!'

>>> greet_positional_idx = 'This is {0}! {1} loves {0}!'
>>> greet_positional_idx.format('Python', 'Fabrizio')
'This is Python! Fabrizio loves Python!'
>>> greet_positional_idx.format('Coffee', 'Fab')
'This is Coffee! Fab loves Coffee!'

>>> keyword = 'Hello, my name is {name} {last_name}'
>>> keyword.format(name='Fabrizio', last_name='Romano')
'Hello, my name is Fabrizio Romano'
```

在上面这些例子中，我们可以看到对字符串进行格式化的 4 种不同方法。第一种方法依赖于%操作符，该方法已经被摒弃，不应该再使用。当前所使用的对字符进行格式化的方法是使用字符串的 format 方法。我们可以从不同的例子中看到，一对花括号作为字符串内部的一个占位符。当我们调用 format 时，系统就会向它传递数据替换这些占位符。我们

可以在花括号内指定索引（以及其他更多信息），甚至可以在其中指定名称，以表示我们在调用 format 时所使用的是关键字参数而不是位置参数。

注意 greet_positional_idx 是怎样在调用 format 时通过传递不同的数据产生不同的结果的。从表面上看，我输入了 Python 和 Coffee，结果却令人惊异！

我想介绍的最后一个特性是 Python 的一个相对较新的新增功能（版本为 3.6 及以上），称为**格式化字符串字面值**。这个特性相当酷：字符串加上前缀 f，并包含加上了花括号的替换字段。替换字符是在运行时进行求值的表达式，并且系统会使用 format 协议进行格式化：

```
>>> name = 'Fab'
>>> age = 42
>>> f"Hello! My name is {name} and I'm {age}"
"Hello! My name is Fab and I'm 42"
>>> from math import pi
>>> f"No arguing with {pi}, it's irrational..."
"No arguing with 3.141592653589793, it's irrational..."
```

读者可以参阅官方文档，了解字符串格式化的所有细节，领略它的强大功能。

2.4.2　元组

我们将要讨论的最后一种不可变序列类型是 **tuple**（元组）。元组是任意 Python 对象的序列。在元组中，元素是由逗号分隔的。元组在 Python 中使用得极为广泛，因为它允许使用模式，这个功能很难被其他语言所复制。有时候元组是被隐式地使用的。例如，在一行中设置多个变量或者允许函数返回多个不同的对象（在许多其他语言中，一个函数通常只返回一个对象），甚至在 Python 控制台中，我们可以隐式地使用元组通过一条指令来输出多个元素。下面是一个包含所有这些情况的例子：

```
>>> t = ()    # 空元组
>>> type(t)
<class 'tuple'>
>>> one_element_tuple = (42, )  #  需要逗号！
>>> three_elements_tuple = (1, 3, 5)  # 括号在这里是可选的
>>> a, b, c = 1, 2, 3    # 元组用于多个赋值
>>> a, b, c  # 隐式的元组，用一条指令进行输出
(1, 2, 3)
>>> 3 in three_elements_tuple   # 成员测试
True
```

注意，成员操作符 in 也可以在列表、字符串和字典中使用。一般而言，它适用于集合和序列对象。

注意，为了创建一个包含一个元素的元组，我们需要在这个元素后面添加一个逗号。原因是如果没有这个逗号，而只有这个元素出现在括号中，那么该元素就会被当作一个冗余的数学表达式。另外还要注意在赋值时，括号是可选的，因此 my_tuple = 1, 2, 3 和 my_tuple = (1, 2, 3) 是相同的。

元组赋值允许我们实现的一个功能是单行交换，不需要第三个临时变量。我们先来观察完成这个任务的一种更为传统的方法：

```
>>> a, b = 1, 2
>>> c = a    # 我们需要 3 行代码和一个临时变量 c
>>> a = b
>>> b = c
>>> a, b     # a 和 b 已经被交换
(2, 1)
```

现在我们观察如何在 Python 中完成这个任务：

```
>>> a, b = 0, 1
>>> a, b = b, a    # 这是可以在 Python 中所采用的方法
>>> a, b
(1, 0)
```

我们可以观察 Python 所采用的交换两个值的方法。还记得我在第 1 章 Python 概述中所说的吗？Python 程序的长度一般只有对应的 Java 或 C++ 代码的五分之一到三分之一，像单行交换这样的特性就是一个很好的证明。Python 是优雅的，而这个场景下的优雅同时也意味着节约。

由于元组是不可变的，因此它们可以作为字典的键（稍后讨论）。对我而言，元组是 Python 的一种内置数据，它最接近于数学上的向量概念。不过，这并不意味着这就是创建它们的原因。

元组通常包含了元素的混合序列。反之，列表的元素大多是同种类型的。而且，元组一般是通过解包或索引访问的，而列表一般是通过迭代访问的。

2.5　可变序列

可变序列与不可变序列的区别在于它们在创建之后是否可以改变。Python 提供了两种可变序列类型：列表和字节数组。我之前提到过字典是 Python 中的数据类型之王，我觉得列表就是它的"正宫王后"。

2.5.1　列表

　　Python 的列表是可变序列。它与元组非常相似，但没有不可变这个限制。列表一般用于存储相同类型的对象，但是在列表中存储不同类型的对象也是可行的。我们可以通过许多不同的方式来创建列表。让我们观察一个例子：

```
>>> []           # 空列表
[]
>>> list()    # 与[]相同
[]
>>> [1, 2, 3] # 和元组一样，元素之间是用逗号分隔的
[1, 2, 3]
>>> [x + 5 for x in [2, 3, 4]]  # Python 很神奇
[7, 8, 9]
>>> list((1, 3, 5, 7, 9))  # 列表的元素来自一个元组
[1, 3, 5, 7, 9]
>>> list('hello')          # 列表的元素来自一个字符串
['h', 'e', 'l', 'l', 'o']
```

　　在上面这个例子中，我展示了怎样使用不同的技巧创建列表。我希望读者仔细看一下注释了"Python 很神奇"的这一行，现在我并不指望读者完全看懂（除非读者并不是初学者）。这个方法称为**列表解析**，这是 Python 所提供的一个非常强大的功能特性。我们将在第 5 章节省时间和内存中详细讨论这个特性。现在，我只是希望读者对这个功能抱有期待。

　　创建列表自然很好，但真正的乐趣来自列表的使用，因此让我们观察列表向我们提供的主要方法：

```
>>> a = [1, 2, 1, 3]
>>> a.append(13)     # 我们可以在列表的末尾追加任何对象
>>> a
[1, 2, 1, 3, 13]
>>> a.count(1)       # 统计列表中有多少个 1
2
>>> a.extend([5, 7]) # 用另一个列表（或序列）扩展这个列表
>>> a
[1, 2, 1, 3, 13, 5, 7]
>>> a.index(13)      # 找到 13 在列表中的位置（基于 0 的索引）
4
>>> a.insert(0, 17)  # 在位置 0 处插入 17
>>> a
[17, 1, 2, 1, 3, 13, 5, 7]
>>> a.pop()  # 弹出（移除并返回）最后一个元素
7
```

```
>>> a.pop(3)  # 弹出位置 3 处的元素
1
>>> a
[17, 1, 2, 3, 13, 5]
>>> a.remove(17)  # 从列表中移除 17
>>> a
[1, 2, 3, 13, 5]
>>> a.reverse()   # 反转列表中的元素顺序
>>> a
[5, 13, 3, 2, 1]
>>> a.sort()      # 对列表中的元素进行排序
>>> a
[1, 2, 3, 5, 13]
>>> a.clear()     # 从列表中移除所有的元素
>>> a
[]
```

上面的代码显示了可以对列表使用的主要方法。我想以 extend 为例来说明它们的功能有多么强大。我们可以使用任何序列类型对列表进行扩展：

```
>>> a = list('hello')    # 根据一个字符串创建一个列表
>>> a
['h', 'e', 'l', 'l', 'o']
>>> a.append(100)        # 追加 100 这个值，与其他元素的类型不同
>>> a
['h', 'e', 'l', 'l', 'o', 100]
>>> a.extend((1, 2, 3)) # 用一个元组扩展这个列表
>>> a
['h', 'e', 'l', 'l', 'o', 100, 1, 2, 3]
>>> a.extend('...')      # 用一个字符串扩展这个列表
>>> a
['h', 'e', 'l', 'l', 'o', 100, 1, 2, 3, '.', '.', '.']
```

现在，让我们观察列表最常见的操作有哪些：

```
>>> a = [1, 3, 5, 7]
>>> min(a)  # 列表中的最小值
1
>>> max(a)  # 列表中的最大值
7
>>> sum(a)   # 列表中所有元素之和
16
>>> len(a)  # 列表中元素的数量
4
>>> b = [6, 7, 8]
```

```
>>> a + b   # 列表的+操作符表示连接列表
[1, 3, 5, 7, 6, 7, 8]
>>> a * 2   # *具有一种特殊的含义
[1, 3, 5, 7, 1, 3, 5, 7]
```

上述代码的最后两行相当有趣，因为它们引入了一种称为**操作符重载**的概念。简而言之，它意味着像+、−、*和%这样的操作符可以根据它们在使用时所处的语境表示不同的操作。对两个列表进行求和显然没有什么意义，因此+操作符就用于连接这两个列表。*操作符可以根据右边的操作数把列表与自身进行连接。

现在，让我们更进一步，观察一些更加有趣的东西。我希望向读者展示 sorted 函数的强大功能，并展示在 Python 中我们可以非常方便地实现一些在其他语言中需要很大的工作量才能实现的结果：

```
>>> from operator import itemgetter
>>> a = [(5, 3), (1, 3), (1, 2), (2, -1), (4, 9)]
>>> sorted(a)
[(1, 2), (1, 3), (2, -1), (4, 9), (5, 3)]
>>> sorted(a, key=itemgetter(0))
[(1, 3), (1, 2), (2, -1), (4, 9), (5, 3)]
>>> sorted(a, key=itemgetter(0, 1))
[(1, 2), (1, 3), (2, -1), (4, 9), (5, 3)]
>>> sorted(a, key=itemgetter(1))
[(2, -1), (1, 2), (5, 3), (1, 3), (4, 9)]
>>> sorted(a, key=itemgetter(1), reverse=True)
[(4, 9), (5, 3), (1, 3), (1, 2), (2, -1)]
```

上面的代码需要进一步解释。首先，a 是一个元组类型的列表，这意味着 a 中的每个元素都是一个元组（精确起见，每个元素都是二元组）。然后，当我们调用 sorted(some_list) 时，就得到了 some_list 的排序版本。在这个例子中，对二元组列表进行排序的原则是：首先根据元组中的第 1 个元素进行排序，如果第 1 个元素相同，则根据第 2 个元素进行排序。

我们可以从 sorted(a)的结果中看到这个行为，它产生的结果是[(1, 2), (1, 3), (2,−1), (4,9), (5,3)]。Python 还允许我们指定 sorted 函数根据元组的第几个元素进行排序。注意，当我们指定 sorted 函数根据每个元组的第 1 个元素进行排序时（通过 key = itemgetter(0)指定），其结果是不同的：[(1, 3), (1, 2), (2,−1), (4,9), (5,3)]。排序只针对每个元组的第 1 个元素（位置 0 处的元素）。如果我们想要重复简单的 sorted(a)调用的默认行为，需要指定 key=itemgetter(0, 1)，告诉 Python 首先根据元组位置 0 处的元素进行排序，然后根据位置 1 处的元素进行排序。对结果进行比较，我们将会发现它们是符合预期的。

为了完整，我添加了一个只根据位置 1 处的元素进行排序的例子，然后是一个其余相同但采用反序的例子。如果读者对 Java 中的排序有所了解，相信此刻会留下深刻的印象。

Python 的排序算法的功能极为强大，是由 Tim Peters（我们已经看到过这个名字，还记得是在什么时候吗？）所编写的。它被恰如其分地命名为 **Timsort**，是**归并排序**和**插入排序**的一种混合方式，比主流编程语言所使用的大多数其他算法具有更好的时间性能。Timsort 算法是一种稳定的排序算法，意味着当多条记录具有相同的键时，它们的原先顺序会被保留。我们已经在 sorted(a, key=itemgetter(0)) 的结果中看到了这一点，它所产生的结果是[(1, 3), (1, 2), (2,−1), (4,9), (5,3)]，这两个元组的原先顺序得到了保留，因为它们位置 0 处的元素是相同的。

2.5.2　字节数组

在结束对可变序列类型的讨论之前，我们花几分钟的时间讨论一下 bytearray 字节数组类型。它基本上可以看成是 bytes 对象的可变版本。它提供了可变序列的大多数普通方法，同时也提供了 bytes 类型的大多数方法。它的元素是范围[0, 256]之内的整数。

在表示范围时，我将使用表示开区间和闭区间的标准记法。方括号表示这个值是包括在内的，而圆括号表示这个值是被排除在外的。它的粒度通常是根据边缘元素的类型推断的，因此[3, 7]这个范围表示 3 到 7 之间的所有整数，包括 3 和 7。反之，(3, 7)表示 3 到 7 之间的所有整数，但不包括 3 和 7（即 4、5 和 6）。bytearray 类型中的元素是 0 到 256 之间的整数，0 是包括在内的，但 256 并不包括在内。采用这种范围表示方法的一个原因是便于编写代码。如果我们把一个范围[a, b]分解为 N 个连续的范围，那么可以很方便地通过连接表示原先的范围，如下所示：

$$[a, k_1)+[k_1, k_2)+[k_2, k_3)+...+[k_{N-1}, b]$$

中间点（k_i）被排除在一端之外，但被包括在另一端之内，这样在代码中处理范围时可以很方便地进行连接和分隔。

让我们观察一个使用 bytearray 类型的简单例子：

```
>>> bytearray()        # 空的 bytearray 对象
bytearray(b' ')
>>> bytearray(10)      # 给定长度的实例，用 0 填充
bytearray(b'\x00\x00\x00\x00\x00\x00\x00\x00\x00\x00')
>>> bytearray(range(5))     # bytearray 的元素为可迭代的整数
bytearray(b'\x00\x01\x02\x03\x04')
>>> name = bytearray(b'Lina')   #A  bytearray 的元素来自一个 bytes 对象
>>> name.replace(b'L', b'l')
```

```
bytearray(b'lina')
>>> name.endswith(b'na')
True
>>> name.upper()
bytearray(b'LINA')
>>> name.count(b'L')
1
```

我们可以在上面这个例子中看到，我们可以使用几种不同的方法创建 bytearray 对象。它们可用于许多场合。例如，通过一个套接字接收数据时，它们可以消除在执行 poll 命令时连接数据的需要，因此极为便利。在#A 这一行，我创建了一个名为 name 的 bytearray 对象，它的元素来自 bytes 字面值 b'Lina'，说明了 bytearray 对象同时提供了序列类型和字符串类型的方法，具有非常好的便利性。如果细加思量，我们可以把它们看成是可变字符串。

2.6　集合类型

Python 还提供了两种集合类型：set 和 frozenset。set 类型是可变的，而 frozenset 类型是不可变的。它们都是不可变对象的一个无序集合。**散列性**是它们的一个特性，它允许把一个对象作为集合的成员和字典的键，稍后我们将对此进行讨论。

根据官方文档的说法：如果一个对象具有一个在它的生命期内绝不会改变的散列值，并且可以与其他对象进行比较，那么它就是可散列的。具备散列性的对象可以作为字典的键和集合的成员使用，因为这两种数据结构在内部都使用了散列值。Python 的所有不可变内置对象都是可散列的，而可变容器则是不可散列的。

比较结果相同的对象必然具有相同的散列值。在集合中，成员测试是极为常用的，因此我们在下面的例子中引入了 in 操作符：

```
>>> small_primes = set()      # 空的 set 对象
>>> small_primes.add(2)       # 一次添加一个元素
>>> small_primes.add(3)
>>> small_primes.add(5)
>>> small_primes
{2, 3, 5}
>>> small_primes.add(1)       # 观察我的做法，1 并不是质数
>>> small_primes
{1, 2, 3, 5}
>>> small_primes.remove(1)    #  因此将它移除
```

```
>>> 3 in small_primes        #  成员测试
True
>>> 4 in small_primes
False
>>> 4 not in small_primes    #  非成员测试
True
>>> small_primes.add(3)       #  再次尝试添加 3
>>> small_primes
{2, 3, 5}          #  没有变化, 不允许重复的值
>>> bigger_primes = set([5, 7, 11, 13])  #  更快速地创建
>>> small_primes | bigger_primes  #  合集操作符 |
{2, 3, 5, 7, 11, 13}
>>> small_primes & bigger_primes  #  交集操作符 &
{5}
>>> small_primes - bigger_primes  #  差集操作符-
{2, 3}
```

在上面的代码中, 我们可以看到创建 set 对象的两种不同方法。一种方法是创建一个空 set 对象然后一次向它添加一个元素。另一种创建 set 对象的方法是把一个数值列表作为参数传递给 set 的构造函数, 后者会为我们完成所有的工作。当然, 我们可以根据一个列表或一个元组(或任何可迭代的类型)创建一个 set 对象, 然后根据自己的需要从集合中添加或删除成员。

 我们将在下一章讨论可迭代对象和迭代。现在, 我们只需要知道可迭代对象就是可以从一个方向进行迭代的对象。

创建 set 对象的另一种方法是简单地使用花括号, 如下所示:

```
>>> small_primes = {2, 3, 5, 5, 3}
>>> small_primes
{2, 3, 5}
```

注意, 这里我添加了一些重复的值, 而最终结果并不会出现重复的值。下面我们观察 set 类型的不可变版本 frozenset 类型的一个例子:

```
>>> small_primes = frozenset([2, 3, 5, 7])
>>> bigger_primes = frozenset([5, 7, 11])
>>> small_primes.add(11)     #  不能向 frozenset 对象添加元素
Traceback (most recent call last):
  File "<stdin>", line 1, in <module>
AttributeError: 'frozenset' object has no attribute 'add'
>>> small_primes.remove(2)   #  也不能移除元素
```

```
Traceback (most recent call last):
  File "<stdin>", line 1, in <module>
AttributeError: 'frozenset' object has no attribute 'remove'
>>> small_primes & bigger_primes  # 允许交集、并集等操作
frozenset({5, 7})
```

我们可以看到，frozenset 对象与可变的 set 对象相比是相当受限制的。但是它们在成员测试、并集操作、交集操作和差集操作方面还是被证明是极其有效的，并且由于性能方面的原因，frozenset 对象存在着一定的用武之地。

2.7　映射类型——字典

在 Python 的所有内置数据类型中，字典是其中最有趣的一种。它是唯一的一种标准映射类型，是每个 Python 对象的脊梁。

字典把键映射到值。键必须是可散列对象，而值可以是任意类型。字典是可变对象。我们可以采用几种不同的方式创建字典对象。因此，在下面这个简单的例子中，我们用 5 种不同的方式创建了一个等于{'A': 1, 'Z': −1}的字典：

```
>>> a = dict(A=1, Z=-1)
>>> b = {'A': 1, 'Z': -1}
>>> c = dict(zip(['A', 'Z'], [1, -1]))
>>> d = dict([('A', 1), ('Z', -1)])
>>> e = dict({'Z': -1, 'A': 1})
>>> a == b == c == d == e  # 它们都相同吗？
True  # 它们确实相同
```

有没有注意到双等于符号？赋值是用单等于符号完成的，而为了检查一个对象是否与另一个对象相同（或者像这个例子一样，检查 5 个对象是否相同），我们使用双等于符号。还有另一种方法可以用于对象之间的比较，它涉及 is 操作符，该操作符可以检查两个对象是否为同一个（将检查它们是否具有相同的 ID，而不仅仅是相同的值）。但是，除非我们有充足的理由，否则应该使用双等于符号。在前面的代码中，我还使用了一个出色的函数：zip 函数。它的名称来自现实世界的拉链，它像拉链一样把两件物品结合在一起，可以一次把两个对象结合为一个元素。让我们观察一个例子：

```
>>> list(zip(['h', 'e', 'l', 'l', 'o'], [1, 2, 3, 4, 5]))
[('h', 1), ('e', 2), ('l', 3), ('l', 4), ('o', 5)]
>>> list(zip('hello', range(1, 6)))  # 等效的操作，但这个更具 Python 风格
[('h', 1), ('e', 2), ('l', 3), ('l', 4), ('o', 5)]
```

在上面这个例子中，我用两种不同的方法创建了相同的列表，一种方法更为明确，

另一种方法更偏向 Python 风格。暂时忽略我围绕 zip 调用包装 list 构造函数的做法（原因是 zip 返回的是一个迭代器而不是列表，因此如果我想观察其结果，必须耗尽这个迭代器，在此例中它的结果是一个列表），把注意力集中在它的结果上。观察 zip 函数是怎样把它的两个参数进行配对的：首先是第 1 个元素，然后是第 2 个元素，再接着是第 3 个元素，依次类推。观察裤子或钱包上的拉链，可以看到实际拉链的行为是与之相同的。但是，现在我们回到字典对象，观察它们提供了哪些出色的方法允许我们根据需要对它们进行操作。

让我们从基本的操作开始讨论：

```
>>> d = {}
>>> d['a'] = 1  # 设置一些（键，值）对
>>> d['b'] = 2
>>> len(d)  # 统计有多少对
2
>>> d['a']  # 找到 a 的值是什么
1
>>> d   # d 现在看上去是什么样子？
{'a': 1, 'b': 2}
>>> del d['a']  # 移除 a
>>> d
{'b': 2}
>>> d['c'] = 3  # 添加 c
>>> 'c' in d    # 根据键测试是否为成员
True
>>> 3 in d      # 不能根据值来测试
False
>>> 'e' in d
False
>>> d.clear()   # 清除字典中的所有元素
>>> d
{}
```

注意，不管我们所操作的类型是什么，对字典中的键进行访问总是通过方括号来完成的。还记得字符串、列表和元组吗？我们也是通过方括号来访问某个位置的元素，这是 Python 一致性的另一个例子。

现在，让我们观察 3 个称为字典视图的特殊对象：keys、values 和 items。这些对象提供了字典中的元素的动态视图，并在字典发生变化时随之变化。keys() 返回字典中所有的键，values() 返回字典中所有的值，而 items() 返回字典中所有的（键，值）对。

根据 Python 文档:"键和值是以一种非随机的任意顺序迭代的,其顺序因不同的 Python 实现而异,并且依赖于字典的插入和删除历史。如果 keys、values 和 items 视图在迭代期间没有对字典进行修改,那么元素的顺序将是直接对应的。"

言归正传,我们把上面的理论落实到代码中:

```
>>> d = dict(zip('hello', range(5)))
>>> d
{'h': 0, 'e': 1, 'l': 3, 'o': 4}
>>> d.keys()
dict_keys(['h', 'e', 'l', 'o'])
>>> d.values()
dict_values([0, 1, 3, 4])
>>> d.items()
dict_items([('h', 0), ('e', 1), ('l', 3), ('o', 4)])
>>> 3 in d.values()
True
>>> ('o', 4) in d.items()
True
```

上面的代码有一些值得注意的地方。首先,注意我们通过迭代字符串 hello 和列表[0, 1, 2, 3, 4]的拉链版本创建了一个字典,然后字符串 hello 的内部有 2 个 l 字符,zip 函数分别将它们与 2 和 3 这两个值配对。注意在这个字典中,第 2 个 l 键(与 3 配对的那个)覆盖了第 1 个 l 键(与 2 配对的那个)。另外值得注意的一点是,不管我们怎么查看字典,它的原先顺序都会得到保留。但是在 Python 3.6 版本之前,还没有办法保证这一点。

在 Python 3.6 中,dict 类型进行了重新实现,使用了一种更为紧凑的表示形式。这就导致字典所使用的内存数量与 Python 3.5 相比下降了 20%到 25%。而且,在 Python 3.6 中,作为一种副作用,字典是天然排序的。这个特性受到了 Python 社区的欢迎,因此在 Python 3.7 中,它成为语言的一个合法特性,不再被认为是副作用。如果一个 dict 对象能够记住键的插入顺序,那么它就是已排序的。

当我们讨论对集合进行迭代时,将会发现这些视图都是基本工具。现在,让我们观察 Python 的字典所提供的一些其他方法。字典所提供的方法非常多,并且它们都非常实用:

```
>>> d
{'e': 1, 'h': 0, 'o': 4, 'l': 3}
>>> d.popitem()  # 移除一个随机的元素(在算法中很实用)
```

```
('o', 4)
>>> d
{'h': 0, 'e': 1, 'l': 3}
>>> d.pop('l')    # 移除键 l 的那个元素
3
>>> d.pop('not-a-key')   # 移除一个字典中并不存在的元素: KeyError
Traceback (most recent call last):
  File "<stdin>", line 1, in <module>
KeyError: 'not-a-key'
>>> d.pop('not-a-key', 'default-value')   # 测试是否具有默认值
'default-value'    # 获得默认值
>>> d.update({'another': 'value'})         # 可以按照这种方式更新 dict
>>> d.update(a=13)   # 或者按照这种方式（就像函数调用）
>>> d
{'h': 0, 'e': 1, 'another': 'value', 'a': 13}
>>> d.get('a')      # 与 d['a'] 相同，但如果不存在这个键，就不会出现 KeyError
13
>>> d.get('a', 177)  # 如果不存在该键时所使用的默认值
13
>>> d.get('b', 177)  # 就像这种情况一样
177
>>> d.get('b')        # 键不存在，因此返回 None
```

这些方法都很简单，很容易理解，但是值得讨论一下返回值 None。Python 中的每个函数默认返回 None，除非明确使用 return 语句返回其他对象。我们将在讨论函数时看到这种做法。None 常用于表示不存在值，常常作为函数声明中参数的默认值使用。有些经验不足的程序员有时候会编写返回 False 或 None 的代码。False 和 None 在布尔值语境中的结果都是 False，因此它们之间看上去并没有太大的区别。但实际上，我认为两者之间存在一个重要的区别：False 表示具有信息，该信息的内容是 False；None 表示没有信息。没有信息与信息内容为 False 存在巨大的差别。用外行的话说，如果问你的机师"我的车修好了吗？"，回答"不，还没有"（False）和"不清楚"（None）是存在巨大差别的。

我想讨论的最后一个关于字典的方法是 setdefault 方法。它的行为与 get 方法相似，但是如果不存在这个键，它就会为这个键设置一个特定的默认值。让我们观察一个例子：

```
>>> d = {}
>>> d.setdefault('a', 1)  # a 不存在，得到默认值 1
1
>>> d
{'a': 1}  # 另外，现在键值对 ('a', 1) 已经被添加到字典中
>>> d.setdefault('a', 5)  # 让我们试图覆盖这个值
1
```

```
>>> d
{'a': 1}  # 没有被覆盖，如预期的一样
```

至此，我们已经到了本节内容的尾声。读者可以预测一下在下面的代码执行之后 d 会是什么样子，从而检测一下自己对字典的理解：

```
>>> d = {}
>>> d.setdefault('a', {}).setdefault('b', []).append(1)
```

如果无法立即给出答案，也不必担心。我只是想鼓励读者对字典进行测试。

现在，我们已经完成了内置数据类型的讨论。在对本章所讨论的内容提出一些注意事项之前，我想简单地讨论一下 collections 模块。

2.8　collections 模块

如果觉得 Python 的通用容器（元组、列表、集合和字典）还不够用，我们可以在 collections 模块中找到专业的容器数据类型，如表 2-1 所示。

表 2-1

数据类型	描述
namedtuple()	工厂函数，用命名字段创建元组子类
deque	类似列表的容器，可以在任一端快速添加和弹出元素
ChainMap	类似字典的类，用于创建多重映射的一个简单视图
Counter	字典的一个子类，用于对可散列对象进行计数
OrderedDict	字典的一个子类，能够记住元素的添加顺序
defaultdict	字典的一个子类，调用一个工厂函数以支持缺失的值
UserDict	字典对象的包装器，用于方便地创建字典子类
UserList	列表对象的包装器，用于方便地创建列表子类
UserString	字符串对象的包装器，用于方便地创建字符串子类

本书没有太多的篇幅讨论以上所有专业容器，但读者可以在官方文档中找到大量的例子。因此我在这里只提供一些简单的例子，对 namedtuple、defaultdict 和 ChainMap 略做展示。

2.8.1　namedtuple

namedtuple 是一种类似元组的对象，除了可以按照索引和迭代方式使用它之外，我们

还可以通过属性查找的方式来访问它的字段（它实际上是元组的一个子类）。这是功能完整的对象和元组之间所形成的某种类型的约定。我们有时候并不需要一个自定义对象的完整功能，但同时又希望自己的代码可以避免奇怪的索引访问，从而实现更佳的可读性。此时，像这样的对象就非常实用。这种对象的另一个适用场合是元组中的元素可能会在重构之后改变它们的位置，从而迫使程序员对相关的逻辑都进行重构，而这是相当麻烦的。和往常一样，一个例子胜过千言万语。假设我们正在处理与一位病人的左眼视力和右眼视力有关的数据。我们在一个常规的元组中为左眼视力保存一个值（位置 0），并为右眼视力保存一个值（位置 1）。下面显示了可能的做法：

```
>>> vision = (9.5, 8.8)
>>> vision
(9.5, 8.8)
>>> vision[0]   # 左眼视力（隐式的位置引用）
9.5
>>> vision[1]   # 右眼视力（隐式的位置引用）
8.8
```

现在，假设我们一直在处理 vision（视力）对象。在某个时刻，设计人员决定强化这个对象，增加组合视力的信息。这样，vision 对象将会按照下面的格式存储数据：（左眼视力，组合视力，右眼视力）。

能明白现在我们所面临的麻烦吗？我们可能有大量的代码依赖于 vision[0]是左眼视力的信息（现在仍然如此）、vision[1]是右眼视力的信息（现在不再如此）。当我们处理这些对象时，必须对代码进行重构，把 vision[1]改为 vision[2]，这个过程会很痛苦。如果使用本小节开始所提到的 namedtuple，则可以更好地解决问题。下面我们观察具体的做法：

```
>>> from collections import namedtuple
>>> Vision = namedtuple('Vision', ['left', 'right'])
>>> vision = Vision(9.5, 8.8)
>>> vision[0]
9.5
>>> vision.left   # 与 vision[0]相同，但明确指定
9.5
>>> vision.right  # 与 vision[1]相同，但明确指定
8.8
```

如果在代码中，我们使用 vision.left 和 vision.right 表示左眼视力和右眼视力，现在为了修正设计问题，我们只需要修改对象工厂以及创建实例的方式，剩余的代码不需要修改：

```
>>> Vision = namedtuple('Vision', ['left', 'combined', 'right'])
>>> vision = Vision(9.5, 9.2, 8.8)
>>> vision.left        # 仍然正确
```

```
9.5
>>> vision.right      # 仍然正确（尽管现在是 vision[2]）
8.8
>>> vision.combined  # 新的 vision[1]
9.2
```

我们可以看到，通过名称来引用值要比通过位置来引用值方便得多。不管怎样，一位智者曾经写过，“明确指定胜过隐含表示（还记得《禅意 Python》吗？）”。当然，这个例子可能有点极端，代码设计者不太可能有机会做这样的事情。但是在专业的环境中，我们常常可以看到与此类似的问题，对这样的代码进行重构是一件痛苦的事情。

2.8.2　defaultdict

defaultdict 数据类型是我最爱的数据类型之一。它允许我们在第一次访问字典的一个键时简单地将它插入字典中，从而避免了检查这个键是否在字典中的麻烦。与这个插入的键相关联的值是在创建时以默认值的形式传递的。在有些情况下，这个工具极为实用，可以有效地缩短我们的代码。让我们观察一个简单的例子。假设我们正在更新年龄的值，如果年龄存在，则将它加上 1 年；如果年龄不存在，我们就假设它原先是 0，并把它更新为 1：

```
>>> d = {}
>>> d['age'] = d.get('age', 0) + 1  # age 不存在，结果是 0 + 1
>>> d
{'age': 1}
>>> d = {'age': 39}
>>> d['age'] = d.get('age', 0) + 1  # age 存在，结果是 40
>>> d
{'age': 40}
```

现在，让我们观察怎么用 defaultdict 数据类型完成上面的操作。第 2 行实际上是 4 行长度的 if 子句的精简版本，是在字典不存在 get 方法时必须编写的代码（我们将在第 3 章迭代和决策中详细讨论 if 子句）：

```
>>> from collections import defaultdict
>>> dd = defaultdict(int)  # int 是默认类型（值为 0）
>>> dd['age'] += 1          # dd['age'] = dd['age'] + 1 的精简形式
>>> dd
defaultdict(<class 'int'>, {'age': 1})  # 1，和预期的一样
```

注意，我们只需要指示 defaultdict 工厂如果这个键不存在就使用一个 int 值（结果为 0，这是 int 类型的默认值）。

另外注意，尽管在这个例子中，代码中的行数并没有变化，但代码显然更容易理解了，这是非常重要的。我们还可以使用一种不同的技巧实例化一个 defaultdict 类型，它涉及创

建一个工厂对象。如果想更深入地探索这个类型，可以参阅官方文档。

2.8.3　ChainMap

ChainMap 是一种极为优秀的数据类型，它是在 Python 3.3 中所引入的。它的行为与常规的字典相似。但是，根据 Python 文档的说法："它用于快速链接一个映射成员，使它们可以按照一个独立的单元进行处理。"这种方法比创建一个字典并在它上面运行多个更新调用要快速得多。ChainMap 可用于模拟嵌套的作用域，在模板方面非常实用。底层的映射存储在一个列表中。这个列表是公共的，可以使用 map 属性进行访问或更新。它的查找操作是对底层的映射进行连续的搜索，直到找到一个键。与此形成对照的是，它的写入、更新和删除操作只对第一对映射进行。

它的一种极为常见的用法是提供默认值，下面我们观察一个例子：

```
>>> from collections import ChainMap
>>> default_connection = {'host': 'localhost', 'port': 4567}
>>> connection = {'port': 5678}
>>> conn = ChainMap(connection, default_connection)  # 映射的创建
>>> conn['port']  # port 在第一个字典中找到
5678
>>> conn['host']  # host 是从第二个字典中提取的
'localhost'
>>> conn.maps     # 我们可以看到映射对象
[{'port': 5678}, {'host': 'localhost', 'port': 4567}]
>>> conn['host'] = 'packtpub.com'  # 让我们添加 host
>>> conn.maps
[{'port': 5678, 'host': 'packtpub.com'},
 {'host': 'localhost', 'port': 4567}]
>>> del conn['port']  # 让我们删除 port
>>> conn.maps
[{'host': 'packtpub.com'}, {'host': 'localhost', 'port': 4567}]
>>> conn['port']  # 现在 port 是从第二个字典提取的
4567
>>> dict(conn)    # 很容易归并和转换为常规的字典
{'host': 'packtpub.com', 'port': 4567}
```

我非常喜欢 Python 简化工作的方式。我们可以操作一个 ChainMap 对象，并根据自己的需要配置第一对映射。当我们需要一个具有所有的默认值以及自定义条目的完整字典时，我们只需要把这个 ChainMap 对象输入 dict 的构造函数即可。如果我们从来没有用过 Java 或 C++这样的语言进行编程，很可能无法意识到这种方法的珍贵，也无法领会 Python 是怎样让我们的工作变得更轻松的。现在，当我不得不用其他语言进行编程的时候，心情就会无比压抑。

2.9 枚举

从技术上说，枚举并不是内置数据类型，我们必须从 enum 模块中导入它们。但是，它们非常值得我们讨论。它们是在 Python 3.4 中引入的，虽然在专业代码中并不太容易见到它们（目前如此），但我还是觉得有必要提供一个例子。

枚举的官方定义是这样的："枚举是一组符号名称（成员），它们绑定到各不相同的常量值上。在枚举内部，各个成员可以根据身份进行比较，枚举本身也可以进行迭代。"

假设我们需要表示红绿灯信号。在代码中，我们可以采取下面的方法：

```
>>> GREEN = 1
>>> YELLOW = 2
>>> RED = 4
>>> TRAFFIC_LIGHTS = (GREEN, YELLOW, RED)
>>> # 或使用一个字典
>>> traffic_lights = {'GREEN': 1, 'YELLOW': 2, 'RED': 4}
```

上面的代码没有任何特殊之处。事实上，这是一种极为常见的做法。但是，我们可以考虑下面的替代方法：

```
>>> from enum import Enum
>>> class TrafficLight(Enum):
...     GREEN = 1
...     YELLOW = 2
...     RED = 4
...
>>> TrafficLight.GREEN
<TrafficLight.GREEN: 1>
>>> TrafficLight.GREEN.name
'GREEN'
>>> TrafficLight.GREEN.value
1
>>> TrafficLight(1)
<TrafficLight.GREEN: 1>
>>> TrafficLight(4)
<TrafficLight.RED: 4>
```

暂时忽略类定义的（相对）复杂性，我们可以欣赏这种方法的好处：数据结构更为清晰，它所提供的 API 功能更为强大。我鼓励读者阅读官方文档，探索 enum 模块所提供的所有优秀特性。我觉得这个模块值得我们探索，读者应至少阅读一次。

2.10　注意事项

就是这些了。现在我们已经了解了在 Python 中将要使用的相当一部分的数据结构。我鼓励读者认真研究 Python 文档，并对我们在本章所看到的每一种数据类型进行试验。相信我，这种做法是非常值得的。我们将要编写的所有代码都与处理数据有关，因此要确保自己对数据结构的理解犹如岩石般坚固。

在进入第 3 章迭代和决策之前，我想和读者分享一些不同方面的注意事项。我觉得它们是非常重要的，不应该被忽略。

2.10.1　小值缓存

当我们在本章开头讨论对象时，我们看到了当我们把一个名称分配给一个对象时，Python 会创建这个对象，设置它的值，然后将这个名称指向它。我们可以为不同的名称赋相同的值，并期望 Python 会创建不同的对象，就像下面这样：

```
>>> a = 1000000
>>> b = 1000000
>>> id(a) == id(b)
False
```

在上面这个例子中，a 和 b 被分配给两个 int 对象，这两个对象具有相同的值但它们并不是同一个对象。正如我们看到的那样，它们的 ID 并不相同。因此，让我们再次进行下面的操作：

```
>>> a = 5
>>> b = 5
>>> id(a) == id(b)
True
```

哦！是 Python 出了问题吗？为什么两个对象现在变成了同一个？我们并没有进行 a = b = 5 的操作，而是单独对它们进行设置。出现这个现象是性能的缘故。Python 会对短字符串和小数值进行缓存，避免它们的许多份副本簇集在系统内存中。Python 会在后台适当地处理此事，因此我们不必为此担心。但是，如果我们的代码需要对 ID 进行操作，就要记住这个行为。

2.10.2　如何选择数据结构

正如我们所看到的那样，Python 向我们提供了一些内置的数据类型。如果我们的经验不够丰富，可能并不容易选择出最适合的数据类型，尤其是在和集合有关的时候。例如，假设我们有许多字典用于存储，每个字典表示一位顾客。在每个顾客的字典中，存在一个ID（即"code"），表示独一无二的标识码。我们应该在什么类型的集合中放置它们呢？说实话，如果对这些顾客的信息不够了解，那么将很难给出正确的答案。我们需要进行哪些类型的访问？我们必须对每位顾客进行哪些类型的操作？操作的次数是否频繁？这个集合是否会随着时间的变化而发生变化？我们是否可以按照某种方法修改顾客字典？我们对这个集合所执行的最频繁的操作是什么？

如果我们可以回答上述这些问题，就会知道怎样进行选择。如果集合不会收缩或增长（换言之，它在创建之后不需要删除和添加任何顾客对象），也不会打乱顺序，那么元组就是一个很好的选择。否则，列表可能更为合适。每个顾客字典都具有一个独一无二的标识符，因此即使选择一个字典作为顾客对象的容器也是可行的。下面我把这些选项聚集在一起：

```
# 示例顾客对象
customer1 = {'id': 'abc123', 'full_name': 'Master Yoda'}
customer2 = {'id': 'def456', 'full_name': 'Obi-Wan Kenobi'}
customer3 = {'id': 'ghi789', 'full_name': 'Anakin Skywalker'}
# 在一个元组中收集它们
customers = (customer1, customer2, customer3)
# 或者在一个列表中收集它们
customers = [customer1, customer2, customer3]
# 或者可以在一个字典中，不管怎么说，它们具有唯一标识符
customers = {
    'abc123': customer1,
    'def456': customer2,
    'ghi789': customer3,
}
```

已经有一些顾客在里面了，是不是？我很可能不会选择元组，除非我特别强调这个集合不会被修改。我认为列表通常会是更好的选择，因为它有更大的灵活性。

另一个需要记住的是：元组和列表都是有序列表。如果我们使用字典（在 Python 3.6 之前）或集合，就会失去这种有序性，因此我们需要知道在我们的应用中这种顺序是否重要。

那么性能呢？例如，在列表中，像插入和成员测试这样的操作所需要的时间复杂度是 $O(n)$，而字典则是 $O(1)$。但字典并不是总是能够适用的。如果无法保证集合中的每个元素都能用其中一个属性唯一地进行标识，并且这个属性是可散列的（使它可以作为字典中的键），那么就不适合使用字典。

如果读者不明白 $O(n)$ 和 $O(1)$ 的含义，可以通过搜索引擎搜索大 O 表示法。现在，我们简单地对它进行描述，内容如下：在一个数据结构上执行一个操作 Op 的时间复杂度是 $O(f(n))$，它的意思是 Op 需要的时间上限 $t \leqslant c * f(n)$，其中 c 是某个正数常量，n 是输入的长度，f 是某个函数。因此，可以把 $O(...)$ 看成是一个操作的运行时间的上限（当然，它也可用于对其他可测量的数据进行衡量）。

理解是否选择了正确的数据结构的另一种方法是观察我们为了操作这种数据结构所编写的代码。如果所有的代码都很容易阅读并且非常自然，我们就很可能做出了正确的选择。如果觉得自己的代码变得不必要地复杂，就很有必要重新思考自己的选择。但是，如果没有实际的例子，很难提出实用的建议。因此，当我们为自己的数据选择了一种数据结构时，要设法使之容易使用和操作，把优先级放在当前的上下文环境中最重要的地方。

2.10.3　关于索引和截取

在本章开头的地方，我们了解了如何对字符串进行截取。一般而言，截取作用于序列，即元组、列表和字符串等。对于列表，截取还可以用于赋值。我几乎没有在专业的代码中看到这种做法，但这种做法至少在理论上是成立的。我们能不能对字典或集合进行截取？我想我们应该毫不犹豫地给出否定的答案。下面让我们讨论索引。

Python 有一个与索引有关的特征是我之前没有提到的，我将通过一个例子来说明。我们应该怎样处理集合的最后一个元素？我们先来观察下面的代码：

```
>>> a = list(range(10))  # 列表 a 有 10 个元素，最后一个是 9
>>> a
[0, 1, 2, 3, 4, 5, 6, 7, 8, 9]
>>> len(a)   # 它的长度是 10
10
>>> a[len(a) - 1]  # 最后一个元素的位置是 len(a) - 1
9
>>> a[-1]    # 但我们并不需要 len(a)，Python 会报错！
9
>>> a[-2]    # 相当于 len(a) - 2
8
>>> a[-3]    # 相当于 len(a) - 3
7
```

如果列表 a 有 10 个元素，由于 Python 的索引是从 0 开始的，因此第 1 个元素的位置是 0，最后一个元素的位置是 9。在上面这个例子中，列表 a 中的元素被方便地放在与它们的值相等的位置上：0 位于位置 0 处，1 位于位置 1 处，接下来以此类推。

因此，为了提取最后一个元素，我们需要知道整个列表（或元组、字符串等）的长度，然后把它减去 1。因此，最后一个元素的位置是 len(a) – 1。这是一种相当常见的操作，因此 Python 向我们提供了一种使用**负索引**提取元素的方法。当我们对数据进行操作时，这被证明是一种极为有效的方法。图 2-2 清楚地描述了如何在字符串 HelloThere 上进行索引操作。

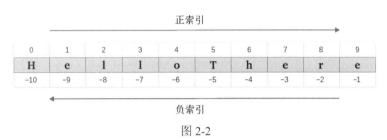

图 2-2

我们可以尝试使用大于 9 或小于 –10 的索引值，它将如预期的那样产生一个 IndexError。

2.10.4 关于名称

读者可能已经注意到了，为了使例子尽可能地保持简单，我使用简单字母（如 a、b、c、d 等）作为许多对象的名称。当我们在控制台中进行调试或者进行 a + b == 7 这样的表达时，这种做法是非常合适的。但是，它并不适用于专业的代码（因此也不适合任何类型的编程）。我希望读者不介意我有时采用的这种做法，因为我的目的是用一种更紧凑的方式展示代码。

但是，在现实的环境中，当我们为自己的数据选择名称时，应该进行精心的选择，使这些名称能够反映它们所表示的数据。因此，如果有一个包含顾客对象的集合，customers 就是一个完美的名称。customers_list、customers_tuple 或 customers_collection 是不是适合使用呢？这个问题值得三思。

它们是不是很好地把集合的名称与数据类型进行了关联？我不觉得，至少在大多数情况下并不如此。如果读者觉得自己有非常充分的理由采用这类名称，当然也可以这样做。否则，我不推荐这种方法。我的理由是：一旦在代码中的不同地方使用 customers_tuple，后来又意识到自己实际想使用的是列表而不是元组，就得对代码进行重构（这会**浪费时间**）。数据的名称应该是名词，函数的名称应该是动词。名称应该尽可能地具有表述性。Python 在名称设置方面实际上是一个很好的例子。大多数时候，我们只要知道一个函数能够执行什么操作，就可以猜出它的名称是什么。

《Meaningful Names of Clean Code》（作者 Robert C. Martin，由 Prentice Hall 出版）的第 2 章就专门讲述了名称。这是一本非常出色的书，在许多不同的方面帮助我完善了自己的编程风格。如果读者想把自己的编程水平向上提升一级，这本书可以说是必读的。

2.11　总结

在本章中，我们探索了 Python 的内置数据类型。我们了解了大量的内置数据类型，并了解了只是通过不同的组合用法，就可以实现非常广泛的用途。

我们了解了数值类型、序列、集合、映射（以及 Enum 这位特殊的嘉宾）。我们了解了在 Python 中一切都是对象。我们明白了可变对象和不可变对象之间的区别，还了解了截取和索引（还非常自豪地学习了负索引）。

我们讨论了一些简单的例子。但是关于这个主题，还有很多值得学习的东西，因此我们应该认真阅读官方文档，对这个主题继续进行探索。

最重要的是，我鼓励读者自己尝试所有的练习，亲手输入这些代码，建立坚固的记忆并不断地进行试验。了解在除零时、把不同的数值类型组合在一个表达式中时、对字符串进行管理时会发生什么情况。尽情地对所有的数据类型进行试验、练习和分解，发现它们的所有方法，享受其中的乐趣，并最终熟练地掌握它们。

如果我们的基础不够扎实，我们所编写的代码的质量也就可想而知。数据是一切的基础。数据能够反映我们对它所进行的操作。

当我们不断深入本书的时候，很可能会发现我（或读者）的代码中的一些差异或者微小的输入错误。我们会得到错误信息，有时候程序就会无法工作。这是非常好的！当我们编写代码时，总是在不断地出错，我们总是在不断地调试和纠错。因此，我们可以把错误看成是一个非常实用的练习，能够让我们更深地理解自己所使用的语言，而不要把它们看成是失败或问题。在我们完成代码之前，会不断地出现错误，这是必然的。因此，我们要学会心平气和地看待错误。

第 3 章是关于迭代和决策的。我们将了解如何实际使用集合，并根据我们得到的数据做出决策。既然我们已经开始建立自己的知识体系，我们的节奏也会加快一些，因此在学习第 3 章之前要确保已经理解了本章的内容。再次强调，要学会寻找乐趣、勇于探索并分解事物，这是非常好的学习方式。

第 3 章
迭代和决策

"所谓精神错乱，就是一遍又一遍地重复做同一件事情，期待产生不同的结果。"

——阿尔伯特·爱因斯坦

在第 2 章中，我们讨论了 Python 的内置数据类型。既然我们已经熟悉了许多不同格式和形态的数据，现在是时候观察程序是如何使用数据的了。

根据维基百科的定义：

"在计算机科学中，控制流表示一个正在执行的程序中的独立语句、指令或函数调用的执行顺序（或求值顺序）的规范。"

为了控制程序流，我们拥有两个主要的"武器"：**条件编程**（又称**分支**）和**循环**。我们可以按照许多不同的组合和变型使用它们。但是，在本章中，我们并不会以文档的风格介绍这两种结构可能出现的所有形式，而是会介绍它们的基础知识，并提供一些简短的脚本。在第 1 个脚本中，我们将看到如何创建一个原始的质数生成器。在第 2 个脚本中，我们将看到如何根据优惠券为顾客打折。按照这种方式，我们可以更好地理解条件编程和循环的用法。

在本章中，我们将讨论下面这些内容。

◆ 条件编程。

◆ Python 中的循环。

◆ 快速浏览 itertools 模块。

3.1 条件编程

条件编程（或分支）是我们在每一天的每时每刻都会经历的事情。它涉及对条件进行评估：如果是绿灯，就可以通过；如果下雨了，就带上雨伞；如果上班迟到了，就打电话给经理。

条件编程的主要工具是 if 语句，它具有不同的形式，但在本质上都是对一个表达式进行求值，并根据求值结果选择执行哪一部分的代码。和往常一样，我们观察一个例子：

```
# conditional.1.py
late = True
if late:
    print('I need to call my manager!')
```

这很可能是最简单的例子：当我们进入 if 语句时，late 作为一个条件表达式，对其求值的结果是个布尔值（就像我们调用 bool(late)一样）。如果求值结果为 True，程序就执行紧随 if 语句之后的那个代码块。注意 print 指令向右缩进了，意味着它属于 if 子句所定义的作用域。执行这段代码所产生的结果是：

```
$ python conditional.1.py
I need to call my manager!
```

由于 late 的值是 True，因此 print 语句总是会被执行。下面我们对这个例子进行扩展：

```
# conditional.2.py
late = False
if late:
    print('I need to call my manager!')   #1
else:
    print('no need to call my manager...')   #2
```

这一次，我把 late 设置为 False，因此执行这段代码时，结果会有不同：

```
$ python conditional.2.py
no need to call my manager...
```

根据 late 表达式的求值结果，程序将进入代码块#1 或代码块#2，但不会同时进入两者。当 late 的求值结果为 True 时，代码块#1 会被执行。当 late 的求值结果为 False 时，代码块#2 会被执行。我们可以试着向 late 这个名称赋 False 或 True 值，观察这段代码的输出所发生的相应变化。

上面这个例子还引入了 else 子句，当我们想要提供一组备选指令在 if 子句的表达式的求值结果为 False 时执行时，它能提供极大的便利。else 子句是可选的，比较上面这两个例子就能清晰地得出这个结论。

3.1.1　一种特化的 else-elif

有时候，我们需要在一个条件满足时执行某些操作（简单的 if 子句）。还有一些时候，我们需要提供另一些替代操作，在条件为 False 时执行（if / else 子句）。但是，还有一些情况可能有超过两条的路径可供选择。打电话给经理或者不打给他是一个二选一的例子。我们可以改变例子的类型，继续进行扩展。这次，我们决定以税率为例子。如果收入小于 10 000 就不需要缴税；如果收入在 10 000 和 30 000 之间（包括 10 000），需要上缴 20%的税；如果收入在 30 000 和 100 000 之间（包括 30 000），需要上缴 35%的税；如果收入超过 100 000（包括 100 000），就需要上缴 45%的税。我们把这个逻辑优美地融入 Python 代码中：

```
# taxes.py
income = 15000
if income < 10000:
    tax_coefficient = 0.0   #1
elif income < 30000:
    tax_coefficient = 0.2   #2
elif income < 100000:
    tax_coefficient = 0.35  #3
else:
    tax_coefficient = 0.45  #4

print('I will pay:', income * tax_coefficient, 'in taxes')
```

执行上面的代码产生了下面的结果：

```
$ python taxes.py
I will pay: 3000.0 in taxes
```

让我们逐行分析这个例子。我们开始设置了收入值。在这个例子中，我的收入是 15 000。我们进入 if 子句。注意这一次我还使用了 elif 子句，它是 else-if 的缩写形式，它与单纯的 else 子句的不同之处在于它具有自己的条件。因此，income < 10 000 这个 if 表达式的结果为 False，代码块#1 不会被执行。

控制转移到下一个条件评估表达式：elif income < 30 000。这个表达式的结果为 True，因此代码块#2 会被执行。然后，Python 在整个 if/elif/elif/else 子句（从现在开始，我们简单地称之为 if 子句）之后恢复执行。在 if 子句之后只有一条指令，即 print 调用，它告诉我们本年需要支付 3 000.0 的税款（15 000 × 20%）。注意，这个执行顺序是强制的：if 首先出现，然后是根据需要出现的多个可选的 elif 子句，再是一个可选的 else 子句。

是不是觉得很有趣？不管每个代码块中有多少行代码，当其中一个条件的结果为 True 时，与之相关联的代码块就会被执行，然后控制转移到整个子句之后恢复执行。如果没有任何一个条件的结果为 True（如 income = 200 000），else 子句的代码块就会被执行（代码块#4）。这个例子扩展了我们对 else 子句的行为的理解。它的代码块是在前面的 if/elif/.../elif 表达式都为 False 时执行的。

尝试修改 income 的值，直到能够随意舒适地执行所有的代码块（当然，一次只能执行一个代码块）。然后，尝试使用**边界值**，这是至关重要的。当我们用**相等**或**不相等**以及其他比较符号（==、!=、<、>、<=、>=）表示条件时，这些数字就表示边界。对边界值进行完全测试是极为重要的。考驾照的年龄是 18 还是 17 岁？应该用 age < 18 还是 age <= 18 来检查年龄？读者可能想象不到由于使用了不正确的操作符而导致的微小缺陷的数量极其惊人，因此我们要预先做好准备，对上面的代码进行试验。把一些 < 修改为 <= 并把 income 设置为其中一个边界值（10 000、30 000、100 000）或者它们之间的任何值。观察结果的变化，在进一步处理之前对它有一个良好的理解。

现在让我们观察另一个例子，它显示了如何嵌套 if 子句。假设我们的程序遇到了一个错误。如果警报系统是控制台，我们就输出这个错误。如果警报系统是一封电子邮件，我们就根据错误的严重程度向不同的人发送邮件。如果警报系统是控制台或电子邮件之外的其他机制，我们就不知道做什么，因此干脆什么也不做。我们把上面这段逻辑反映到代码中：

```python
# errorsalert.py
alert_system = 'console'      # 可能的其他值'email'
error_severity = 'critical'   # 其他值: 'medium'或'low'
error_message = 'OMG! Something terrible happened!'

if alert_system == 'console':
    print(error_message)  #1
elif alert_system == 'email':
    if error_severity == 'critical':
        send_email('admin@example.com', error_message)  #2
    elif error_severity == 'medium':
        send_email('support.1@example.com', error_message)  #3
    else:
        send_email('support.2@example.com', error_message)  #4
```

上面这个例子相当有趣，有趣之处就来自它的愚蠢。它向我们显示了两个嵌套的 if 子句（**外层**和**内层**）。它还向我们显示了外层的 if 子句没有任何 else 子句，而内层的 if 子句则有 else 子句。注意，我们可以使用缩进把一个子句嵌套于另一个子句的内部。

如果 alert_system == 'console'，代码块#1 会被执行，其他的代码块都不会被执行。反之，如果 alert_system == 'email'，就会进入另一个 if 子句，我们称之为内层子句。在这个内层 if 子句中，根据 error_severity 的值，我们会向管理员、第一层的技术支持或第二层的技术支持（分别是代码块#2、#3 和#4）发送一封电子邮件。在这个例子中并没有定义 send_email 函数，因此运行这段代码时会产生错误。在可以通过网站下载的本书源代码中，我采用了一个技巧，把这个调用重定向到一个常规的 print 函数，这样我们就可以在控制台上进行试验，而不需要实际发送电子邮件。我们可以尝试修改相关的值，看看这段代码的运行结果。

3.1.2　三元操作符

在讨论下一个话题之前，我还想最后讨论一下**三元操作符**（大众的说法为 if-else 子句的精简版本）。当一个名称的值需要根据一些条件进行赋值时，有时候用三元操作符代替适当的 if 子句会更为方便，也更容易理解。在下面这个例子中，两个代码块执行的是完全相同的任务：

```python
# ternary.py
order_total = 247 # GBP

# 经典的 if-else 形式
if order_total > 100:
    discount = 25 # GBP
else:
    discount = 0 # GBP
print(order_total, discount)

# 三元操作符
discount = 25 if order_total > 100 else 0
print(order_total, discount)
```

对于像这样的简单例子，我觉得用一行代码而不是 4 行代码表示这个逻辑是非常出色的做法。记住，作为程序员，我们在阅读代码上所花费的时间要远远多于编写代码的时间，因此 Python 的简洁性具有无可估量的价值。

能够理解三元操作符的工作方式吗？它的基本逻辑是 name = something if 条件 else something else。如果条件的结果为 True，name 就会被赋值为 something。如果条件的结果为 False，name 就会被赋值为 something else。

既然我们已经了解了与控制代码的路径有关的所有知识，现在可以讨论另一个主题：循环。

3.2 循环

如果我们曾经使用过其他编程语言的循环，将会发现 Python 的循环方式有所不同。首先，什么是循环呢？循环的意思就是根据给定的循环参数，重复多次执行一个代码块。循环的结构有几种不同的形式，它们分别具有不同的用途。Python 对这些形式进行了提炼，只保留了两种形式，它们可以实现我们所需要的所有循环功能。这两种循环结构就是 for 循环和 while 循环。

尽管只使用其中一种结构也可以完成我们所需要的所有循环任务，但它们具有明显不同的用途，因此分别用于不同的上下文环境中。我们将在本节中详细讨论它们的区别所在。

3.2.1 for 循环

for 循环适用于对一个序列（如列表、元组或对象集合）进行循环。我们先来观察一个简单的例子，并对它的概念进行扩展，看看 Python 的语法允许我们做些什么：

```
# simple.for.py
for number in [0, 1, 2, 3, 4]:
    print(number)
```

这段简单的代码被执行之后，程序会输出从 0 到 4 的所有整数。我们向这个 for 循环输入了列表[0, 1, 2, 3, 4]。在这个 for 循环每次迭代时，number 会依次从这个序列中取一个值（按顺序进行线性迭代），然后执行这个循环的循环体（print 那一行）。在每次迭代时，number 的值都会发生变化，它的具体值取决于序列中的下一个值。当这个序列用完时，for 循环就结束。正常情况下，代码会在这个循环之后恢复执行。

1. 对范围内的数进行迭代

有时候，我们需要对一个范围内的数进行迭代。手动处理列表中的数字是件令人极不愉快的事情。在这种情况下，range 函数可以为我们排忧解难。我们观察一段与前面的代码片段等效的代码：

```
# simple.for.py
for number in range(5):
    print(number)
```

Python 程序在创建序列时常常会用到 range 函数：我们可以调用它并向它传递一个值，这个值就作为终止值（从 0 开始计数）；或者我们可以向它传递两个值（分别表示起始值和终止值），甚至传递 3 个值（分别表示起始值、终止值和步长）。观察下面这个例子：

```
>>> list(range(10))       # 1个值: 从 0 到这个值 (不包括此值)
[0, 1, 2, 3, 4, 5, 6, 7, 8, 9]
>>> list(range(3, 8))     # 两个值: 从起始值到终止值 (不包括此终止值)
[3, 4, 5, 6, 7]
>>> list(range(-10, 10, 4))   # 3个值: 增加了步长
[-10, -6, -2, 2, 6]
```

现在,我们暂且忽略需要在列表中包装 range(…)这个事实。range 对象有点特殊,但在这个例子中,我们只对它所返回的值感兴趣。我们可以看到它的处理方式与字符串的截取相同:起始值是被包括在内的,终止值是被排除在外的,另外,我们可以选择是否增加一个步长参数,它的默认值为 1。

我们可以在 simple.for.py 的代码中修改 range()调用的参数,观察它的输出结果。我们需要熟练掌握它的用法。

2．对序列进行迭代

现在,我们已经具备了对序列进行迭代的工具,因此让我们先创建一个例子:

```
# simple.for.2.py
surnames = ['Rivest', 'Shamir', 'Adleman']
for position in range(len(surnames)):
    print(position, surnames[position])
```

上面这段代码为游戏增加了一点复杂性。执行这段代码将显示下面的结果:

```
$ python simple.for.2.py
0 Rivest
1 Shamir
2 Adleman
```

让我们深入浅出地分解它的结构。我们首先从最内层开始,看看能否理解,然后向外层扩展。len(surnames)表示 surnames 列表的长度:3。因此,range(len(surnames))实际上可以转换为 range(3),它表示的范围是[0, 3],相当于序列(0, 1, 2)。这意味着 for 循环将运行3 次迭代。在第 1 次迭代时,position 所取的值是 0。在第 2 次迭代时,它所取的值是 1。在最后一次也就是第 3 次迭代时,它所取的值是 2。(0, 1, 2)是什么?不就是 surnames 列表可能的索引位置吗?在位置 0 处,我们找到了 Rivest。在位置 1 处是 Shamir,在位置 2处是 Adleman。如果读者对一起创建这 3 个名字的效果感到好奇,可以把 print(position, surnames[position])修改为 print(surnames[position][0], end="),并在循环的外面添加一个最终的 print 语句,然后再次运行这段代码。

现在,这种循环风格实际上与 Java 或 C++语言极为接近了。但是,在 Python 中,很

少看到像这样的代码。我们可以对任何序列或集合进行迭代，因此不需要获取位置列表并在每次迭代时提取序列中的元素。这种操作的开销很大，而且是毫无必要的。我们可以把这个例子修改为更具 Python 风格的形式：

```
# simple.for.3.py
surnames = ['Rivest', 'Shamir', 'Adleman']
for surname in surnames:
    print(surname)
```

这就是我们想要的！它实际上就是英语的表述形式。for 循环可以对 surnames 列表进行迭代，并依次在每次迭代时返回一个元素。运行这段代码后，程序将输出 3 个名字，一次输出一个。这段代码明显更容易理解，是不是？

如果我们还想输出位置值应该怎么办呢？或者如果我们确实需要位置值该怎么办呢？是不是应该回到 range(len(...))形式？不，我们可以使用内置函数 enumerate，像下面这样：

```
# simple.for.4.py
surnames = ['Rivest', 'Shamir', 'Adleman']
for position, surname in enumerate(surnames):
    print(position, surname)
```

这段代码也非常有趣。注意 enumerate 函数在每次迭代时会返回一个二元组（position，surname），但它仍然比 range(len(...))这种写法更容易理解。我们可以用一个 start 参数调用 enumerate 函数，如 enumerate(iterable, start)，它将从 start 而不是从 0 开始迭代。这也是 Python 在设计时殚精竭虑做出的一个小小改变让我们的工作变得更轻松的另一个例子。

我们可以使用 for 循环对列表、元组进行迭代，或者按照通常的说法，对 Python 中称为可迭代对象的任何对象进行迭代。这是一个非常重要的概念，因此下面我们对它进行更深入的讨论。

3.2.2　迭代器和可迭代对象

根据 Python 文档的说法，可迭代对象（iterable）是指：

"一个对象一次能够返回它的一个成员。可迭代对象的例子包括所有的序列类型（如列表、字符串和元组）以及一些非序列对象（如字典、文件对象以及定义了__iter__或__getitem__方法的任何类的对象）。可迭代对象可用于 for 循环以及许多其他需要使用序列的场合（如 zip 函数、map 函数等）。当一个可迭代对象作为参数传递给内置函数 iter 时，它将返回该对象的一个迭代器。迭代器适用于访问一组值。当我们使用可迭代对象时，一般并不需要调用 iter 函数或自己处理迭代器对象。for 语句会自动为我们完成这个任务，它会创建一个临时的无名对象，用于在循环期间保存迭代器对象。"

概括地说，当我们采用 for k in sequence: ... body ...这样的形式时，实际所发生的事情是 for 循环向 sequence 请求下一个元素，它将获取某个称为 k 的对象，并执行它的代码体。然后，for 循环再次向 sequence 请求下一个元素，仍然获取称为 k 的对象，并再次执行循环体，接下来以此类推，直到整个序列的值都被用完。如果序列为空，循环体就会被执行 0 次。

有些数据结构在迭代时会按照顺序生成它们的元素，如列表、元组和字符串。但有些数据结构并不会这样，如集合和字典（在 Python 3.6 之前）。Python 使用一种称为**迭代器**的对象类型向我们提供了对可迭代对象进行迭代的功能。

根据 Python 官方文档的说法，迭代器是指：

"一种表示数据流的对象。反复调用迭代器的__next__方法（或把它传递给内置函数 next）返回数据流中的后续元素。如果不存在后续的数据，就会引发一个 StopIteration 异常。此时，迭代器对象就会被耗尽，对它的__next__方法的任何后续调用都会再次触发 StopIteration 异常。迭代器需要提供一个__iter__方法返回迭代器对象本身，这样每个迭代器也是一个可迭代对象，能够用于接受其他可迭代对象的大多数场合。一个引人注目的例外是对一个可迭代对象进行多次迭代的代码。一个容器对象（如列表）每次传递给 iter 函数或者在一个 for 循环中使用时，都会生成一个全新的迭代器。如果对迭代器对象尝试这种做法，就会返回在前一次迭代时已经用尽的同一个迭代器，使它看上去就像一个空的容器。"

如果无法完全理解上面的描述，也不必心怀焦虑，在适当的时候总会理解的。我在这里放上这块内容是想为未来提供方便的参考。

在实际使用中，完整的可迭代对象和迭代器机制多多少少是隐藏在代码背后的。除非我们出于某种原因需要自己编写可迭代对象或迭代器，否则不需要太关心它们。但是，理解 Python 是怎样处理这个关键的控制流是至关重要的，因为它会影响我们编写代码的方式。

3.2.3　对多个序列进行迭代

我们接下来观察的这个例子是对两个相同长度的序列进行迭代，将这两个序列的元素进行配对。假设有一个列表包含了人名，另一个列表所包含的数字表示第一个列表中每个人的年龄。我们需要输出每个人的人名和年龄，每行输出一个人的信息。我们把这个例子作为起点，并对它进行逐步的优化：

```
# multiple.sequences.py
people = ['Conrad', 'Deepak', 'Heinrich', 'Tom']
```

```
ages = [29, 30, 34, 36]
for position in range(len(people)):
    person = people[position]
    age = ages[position]
    print(person, age)
```

现在，这段代码看上去应该比较容易理解了。我们需要对列表位置（0，1，2，3）进行迭代，因为我们想要从两个不同的列表中提取元素。执行这段代码将产生下面的结果：

```
$ python multiple.sequences.py
Conrad 29
Deepak 30
Heinrich 34
Tom 36
```

这段代码不仅效率不高，而且不符合 Python 风格。它的效率不高在于通过位置提取元素是较为烦琐的操作，我们在每次迭代时都要从头开始。快递员不会在每次送完一个快递后回到配送站重新开始配送，他们会按照地址依次派送快递，从一家送到下一家。我们使用枚举对这段代码进行优化：

```
# multiple.sequences.enumerate.py
people = ['Conrad', 'Deepak', 'Heinrich', 'Tom']
ages = [29, 30, 34, 36]
for position, person in enumerate(people):
    age = ages[position]
    print(person, age)
```

这个方法要好一些，但仍然不够完美。它看上去仍然不够优雅。我们对人名列表进行了适当的迭代，但仍然需要通过位置索引提取年龄信息，这是我们想要竭力避免的。是的，不用担心，还记得 Python 为我们提供了 zip 函数吗？现在让我们使用这个函数：

```
# multiple.sequences.zip.py
people = ['Conrad', 'Deepak', 'Heinrich', 'Tom']
ages = [29, 30, 34, 36]
for person, age in zip(people, ages):
    print(person, age)
```

这样就好很多了。我们再次把上面这段代码与第一个例子进行比较，体会 Python 的优雅所在。我提供这个例子出于两个原因：一方面，我想展示 Python 代码的简洁性，尤其是当把它与那些无法方便地对序列或集合进行迭代的语言进行比较时；另一方面，也是更为重要的一个方面是注意当 for 循环要求 zip（序列 A，序列 B）提供下一个元素时，它会返回一个元组而不是单个对象。它返回的元组所包含的元素与我们输入 zip 函数的序列数量相同。我们通过两种方式对前面这个例子进行一些扩展，分别使用显式和隐式的赋值：

```
# multiple.sequences.explicit.py
people = ['Conrad', 'Deepak', 'Heinrich', 'Tom']
ages = [29, 30, 34, 36]
nationalities = ['Poland', 'India', 'South Africa', 'England']
for person, age, nationality in zip(people, ages, nationalities):
    print(person, age, nationality)
```

在上面这个例子中，我们增加了 nationalities 列表。现在我们向 zip 函数输入了 3 个序列，for 循环在每次迭代时都会获取一个三元组对象。注意，这个元组中的元素位置与 zip 函数调用中的序列位置保持一致。

执行这段代码将产生下面的结果：

```
$ python multiple.sequences.explicit.py
Conrad 29 Poland
Deepak 30 India
Heinrich 34 South Africa
Tom 36 England
```

有时候，出于前面这样的简单例子无法展示的原因，我们可以在 for 循环体内对元组进行分解。如果确实需要这样做，也是完全可行的：

```
# multiple.sequences.implicit.py
people = ['Conrad', 'Deepak', 'Heinrich', 'Tom']
ages = [29, 30, 34, 36]
nationalities = ['Poland', 'India', 'South Africa', 'England']
for data in zip(people, ages, nationalities):
    person, age, nationality = data
    print(person, age, nationality)
```

一般情况下 for 循环会自动为我们完成这个任务，但在有些情况下我们可以自己动手。在这个例子中，来自 zip(…) 的三元组 data 在 for 循环体内被分解为 3 个变量：person、age 和 nationality。

3.2.4　while 循环

在前面的介绍中，我们了解了 for 循环的用法。当我们需要对一个序列或集合进行循环时，for 循环是极为实用的。我们需要记住的关键点是：当我们需要区分应该使用哪种循环结构时，要知道 for 循环总是适用于对有限数量的元素进行迭代；需要迭代的元素数量可能极为庞大，但循环总会在某个时刻终止。

但是，还有一种情况是需要一直进行循环，直到某个条件得到满足，甚至需要进行无限循环，直到应用程序终止。在这些情况下，我们并不需要对什么东西进行迭代，此时 for

循环就不是一个很好的选择。但是不要害怕，对于这样的循环场景，Python 为我们提供了 while 循环。

while 循环与 for 循环的相似之处在于它们都会进行循环，它们在每次迭代时都会执行由指令组成的循环体。它们的区别在于 while 循环并不是对一个序列进行循环（它也可以对序列进行循环，但必须手动编写循环的逻辑，这是非常不合理的，远远不如使用 for 循环方便），而是在某个条件保持满足时一直进行循环。当这个条件不再满足时，循环就会停止。

和往常一样，我们观察一个能够阐明细节的例子。我们想要输出一个正数的二进制表示形式。为此，我们可以使用一种简单的算法，收集这个数被 2 整除所得到的余数，然后按照相反的顺序进行排序，其结果就是这个数本身的二进制表示形式，如下所示。

```
6 / 2 = 3 (remainder: 0)
3 / 2 = 1 (remainder: 1)
1 / 2 = 0 (remainder: 1)
List of remainders: 0, 1, 1.
Inverse is 1, 1, 0, which is also the binary representation of 6: 110
```

让我们编写一些代码，计算 39 的二进制表示形式（100111）：

```
# binary.py
n = 39
remainders = []
while n > 0:
    remainder = n % 2    # 除以 2 的余数
    remainders.insert(0, remainder)  # 记录余数
    n //= 2    # 把 n 除以 2

print(remainders)
```

在上面的代码中，我把 n > 0 加粗显示，因为它是循环保持执行的条件。我们可以使用 divmod 函数使代码变得更短（也更 Python 化）。在调用这个函数时向它提供被除数和除数，它会返回一个元组，包含了整除的商和余数。例如，divmod(13, 5)返回(2, 3)，确实 $5 \times 2 + 3 = 13$：

```
# binary.2.py
n = 39
remainders = []
while n > 0:
    n, remainder = divmod(n, 2)
    remainders.insert(0, remainder)

print(remainders)
```

在上面的代码中，我们只用了一行代码就把 *n* 重新赋值为 *n* 除以 2 的商，并把 remainder 重新赋值为 *n* 除以 2 的余数。

注意，while 循环中的条件是使循环保持继续的条件。如果它的结果为 True，循环体就会执行，然后进行下一次求值，接下来以此类推，直到这个条件的结果为 False。出现结果为 False 的情况后，就会立即退出循环，不再执行循环体。

如果这个条件永远不会变成 False，循环就成了所谓的**无限循环**。我们有时也会使用无限循环，例如对网络设备进行轮询的时候：我们询问 socket 是否存在数据，如果有就对它执行一些操作，然后休眠一小段时间，再次询问 socket，这个过程不断重复，永远不会停止。

根据条件进行循环或者进行无限循环是只使用 for 循环无法满足需要的原因。因此，Python 提供了 while 循环。

顺便说一下，如果我们需要一个数的二进制表示形式，可以直接使用 bin 函数。

纯粹为了娱乐，我们用 while 循环重新改写前面的一个例子（multiple.sequences.py）：

```
# multiple.sequences.while.py
people = ['Conrad', 'Deepak', 'Heinrich', 'Tom']
ages = [29, 30, 34, 36]
position = 0
while position < len(people):
    person = people[position]
    age = ages[position]
    print(person, age)
    position += 1
```

在上面的代码中，我加粗显示了初始化、条件和 position 变量的更新，通过手动处理迭代变量来模拟对应的 for 循环代码。for 循环可以完成的所有任务都可以改用 while 循环来完成，尽管为了实现相同的效果，代码看上去会有点刻板。反过来也是如此，但除非有充分的理由这样做，否则还是应该使用正确的循环结构来完成任务，在 99.9%的情况下都不会有问题。

简要地回顾一下，当我们需要对一个可迭代对象进行迭代时使用 for 循环，当我们需要根据是否满足条件来决定是否进行循环时使用 while 循环。如果牢记这两种循环在用途上的区别，就不会选择错误的循环结构。

现在让我们观察如何更改循环的正常执行流。

3.2.5　continue 语句和 break 语句

根据手头上的任务，我们有时候需要更改循环的正常执行流。我们可以跳过一次迭代（也可以根据需要跳过多次迭代）或者可以彻底跳出整个循环。例如，跳出迭代的一个常见例子是我们对一个数据项列表进行迭代，并在某个条件得到满足时才对当前的数据项进行处理；另一个例子是我们对一个数据项集合进行迭代，并且找到了其中一个数据项满足我们的某个需要，于是决定不再继续执行这个循环，因此要退出循环。有无数的场景可能会出现这种情况，因此我们最好通过一些例子进行说明。

假设我们希望对购物车中所有今天过期的产品实施 20%的折扣。我们可以用 continue 语句完成这个任务，它可以告诉循环结构（for 循环或 while 循环）立即结束当前循环体的执行，并进入下一次迭代（如果还有的话）。这个例子将带我们探索 Python 的更多知识，因此我们要准备向前迈一大步：

```python
# discount.py
from datetime import date, timedelta

today = date.today()
tomorrow = today + timedelta(days=1)  # today + 1 表示明天
products = [
    {'sku': '1', 'expiration_date': today, 'price': 100.0},
    {'sku': '2', 'expiration_date': tomorrow, 'price': 50},
    {'sku': '3', 'expiration_date': today, 'price': 20},
]
for product in products:
    if product['expiration_date'] != today:
        continue
    product['price'] *= 0.8  # 相当于应用 20%的折扣
    print(
        'Price for sku', product['sku'],
        'is now', product['price'])
```

我们首先导入 date 和 timedelta 对象，然后设置我们的产品。那些 sku 为 1 或 3 的产品的过期日期是今天，我们将对它们应用 20%的折扣。我们对每个产品进行循环，并检查它的过期日期。如果它的过期日期不是今天（不相等操作符!=），我们就不想执行循环体的剩余部分，因此使用 continue 语句直接跳转到下一次迭代。

注意，在循环体中把 continue 语句放在什么地方并不重要（甚至可以多次使用）。当执行到 continue 语句时，执行就会停止并跳转到下一次迭代。如果我们运行 discount.py 模块，程序会输出下面的结果：

```
$ python discount.py
Price for sku 1 is now 80.0
Price for sku 3 is now 16.0
```

它显示了 sku 编号为 2 的产品并没有执行循环体的最后两行。现在让我们观察一个跳出整个循环的例子。假设我们想要知道输入 bool 函数的一个列表中是否至少有一个元素的值为 True。假设列表中至少有一个符合这个条件的元素，当我们找到这个元素时，我们就不需要继续执行这个循环。在 Python 代码中，这个功能是由 break 语句实现的。让我们把这个逻辑反映到代码中：

```
# any.py
items = [0, None, 0.0, True, 0, 7]  # True 和 7 的求值结果为 True

found = False      # 这称为 "标志"
for item in items:
    print('scanning item', item)
    if item:
        found = True    # 更新标志
        break

if found:          # 检查标志
    print('At least one item evaluates to True')
else:
    print('All items evaluate to False')
```

上面的代码是一种相当常见的编程模式，我们以后将会看到很多这样的例子。当我们按照这种方式检查数据项时，我们一般所做的就是设置一个标志变量，然后开始进行检查。如果找到了一个元素符合我们的标准（在这个例子中，其值为 True），我们就更新这个标志并停止迭代。在迭代之后，我们需要检查这个标志并采取相应的行动。执行上面的代码后，程序会产生下面的结果：

```
$ python any.py
scanning item 0
scanning item None
scanning item 0.0
scanning item True
At least one item evaluates to True
```

能理解程序在找到 True 之后，执行是怎么停止的吗？break 语句的作用与 continue 语句相似，它们都可以立即停止当前循环体的执行，但 break 语句同时还阻止了其他迭代的运行，从而有效地退出了整个循环。continue 语句和 break 语句可以联合使用，其数量没有限制，在 for 循环和 while 循环结构中都适用。

顺便说一句，我们不需要编写代码检测序列中是否至少有一个元素的值为 True，我们可以直接使用内置函数 any。

3.2.6　一种特殊的 else 子句

我只在 Python 中看到过的一种特性是能够让 else 子句出现在 while 循环和 for 循环之后。这是一种非常罕见的用法，但这个功能绝对是值得拥有的。简而言之，我们可以在 for 循环或 while 循环之后添加一个 else 子句。如果循环正常结束（由于 for 循环的迭代器耗尽或者 while 循环的条件最终不满足），则 else 子句（如果存在）就会被执行。但如果循环的执行是被 break 语句所中断的，那么 else 子句就不会被执行。让我们观察一个例子，这个 for 循环对一组数据项进行迭代，寻找一个满足某个条件的数据项。如果没有找到任何一个数据项满足这个条件，就会触发一个**异常**。这意味着我们需要使程序的常规执行有别于表示我们无法处理的错误（或异常）的信号。异常是第 8 章测试、性能分析和异常处理的主题之一，因此不必担心现在不能完全理解这个概念。我们只需要记住，它们会更改代码的常规执行流。

让我们观察两个完成同一个任务的例子，但是其中一个例子使用了特殊的 for...else 语法。假设我们想在一个包含人名的集合中找到一个会开车的人：

```
# for.no.else.py
class DriverException(Exception):
    pass

people = [('James', 17), ('Kirk', 9), ('Lars', 13), ('Robert', 8)]
driver = None
for person, age in people:
    if age >= 18:
        driver = (person, age)
        break

if driver is None:
    raise DriverException('Driver not found.')
```

再次注意 flag 模式。我们把 driver 设置为 None，如果找到一个会开车的人，就更新 driver 标志，并在循环结束时对这个标志进行检查，判断是否找到了会开车的人。不管怎么说，注意如果没有找到会开车的人，就会触发 DriverException，向程序发出信号表示执行无法继续（因为没有司机）。

我们也可以使用下面的代码以更优雅的方式实现相同的功能：

```python
# for.else.py
class DriverException(Exception):
    pass


people = [('James', 17), ('Kirk', 9), ('Lars', 13), ('Robert', 8)]
for person, age in people:
    if age >= 18:
        driver = (person, age)
        break
else:
    raise DriverException('Driver not found.')
```

注意，这里我们不再需要使用 flag 模式。现在，异常的触发是 for 循环逻辑的一部分。这是非常合理的，因为对条件进行检查的正是 for 循环。我们需要做的就是在找到一个会开车的人的同时设置一个 driver 对象，这样剩余的代码就可以在某个地方使用这个信息。注意现在代码更短、更优雅，因为现在程序的逻辑正确地聚焦在它所属的地方。

在《Transforming Code into Beautiful, Idiomatic Python》视频中，Raymond Hettinger 建议为与 for 循环相关联的 else 语句提供一个更好的名称：nobreak。如果我们无法透彻地理解 else 语句与怎样与 for 循环相关联，这个名称可以很好地帮助我们理解这一点。

3.3　综合应用

既然我们已经理解了条件和循环的概念，现在是时候更深入一步了。观察我在本章开头所提到的两个例子，我们将进行混合搭配，因此将会综合应用本章所提到的概念。我们需要先编写一些代码，生成一个小于某数的质数列表。记住，我使用了一种非常低效和原始的算法对质数进行检测。但对我们来说，重要的是把注意力集中在代码中与本章的主题有关的片段上。

3.3.1　质数生成器

根据维基百科的说法：

"质数是指在大于 1 的自然数中，除了 1 和自身之外再也没有其他因数的自然数。大于 1 的非质数自然数称为合数。"

根据这个定义，如果我们考虑 10 以内的自然数，可以发现 2、3、5 和 7 是质数，而 1、

4、6、8、9 和 10 不是质数。为了让计算机告诉我们一个自然数 N 是否为质数，我们可以
把这个数除以范围[2, N)之间的所有自然数。如果任何一个除法产生的余数为 0，这个数就
不是质数。言归正传，下面我们直接观察例子。我将编写两个版本，其中第二个版本将会
用到 for...else 的语法：

```python
# primes.py
primes = []  # 这个列表将包含最终的质数
upto = 100  # 上限，包含此数
for n in range(2, upto + 1):
    is_prime = True  # 标志，外层 for 循环每次迭代时都会更新
    for divisor in range(2, n):
        if n % divisor == 0:
            is_prime = False
            break
    if is_prime:  # 检查标志
        primes.append(n)
print(primes)
```

在上面的代码中，有许多东西值得注意。首先，我们设置了一个空的 primes 列表，它
将包含最终产生的所有质数。然后，我们设置的上限为 100，我们可以看到在外层循环中
调用 range 时是包含此数的。如果我们采用 range(2, upto)的写法，范围就是[2, upto)。因此，
range(2, upto + 1)的范围就是[2, upto]。

因此，这里出现了两个 for 循环。在外层循环中，我们对候选质数（即从 2 到 upto 的
所有自然数）进行循环。在这个外层循环的每次迭代中，我们设置了一个标志（在每次迭代
时设置为 True），并开始把当前的 n 除以从 2 到 n－1 之间的所有自然数。如果找到 n 的一个
整除因数，那么意味着 n 是一个合数，因此我们把标志设置为 False，并用 break 语句跳出内
层循环。注意当我们跳出内层循环时，外层循环仍然会正常运行。我们为什么只需要在找到
n 的一个因数后就跳出内层循环呢？因为我们不需要其他信息就可以充分判定 n 不是质数。

当我们检查 is_prime 标志时，如果它仍然是 True，意味着我们无法在[2, n)之间找到 n
的任何因数，因此 n 是一个质数。我们把 n 添加到 primes 列表中并开始下一次迭代，直到
n 等于 100。

运行这段代码将产生下面的结果：

```
$ python primes.py
[2, 3, 5, 7, 11, 13, 17, 19, 23, 29, 31, 37, 41, 43, 47, 53, 59, 61, 67,
71, 73, 79, 83, 89, 97]
```

在观察下一个版本之前，我们要理解一个问题：对于外层循环的所有迭代，其中有一
次是与其他迭代不同的。能说出是哪一次迭代吗？为什么？可以稍微思考一会，重新回顾

代码，看看能不能找到答案，然后继续往下阅读。

能不能找出答案？如果不能，也不必感觉很糟糕，这是非常正常的。这只是一个小测验，因为这是程序员一直在做的事情。简单观察代码并理解它的作用是一种我们能够随着时间不断积累的技巧。这是非常重要的，因此只要有可能就应该多进行练习。现在我可以揭晓答案：所有迭代中与众不同的就是第 1 次迭代。原因是在第 1 次迭代时，n 是 2。因此，最内层的 for 循环不会运行，因为这个 for 循环是对范围(2, 2)进行迭代，为什么不是[2, 2]呢？我们可以自己试验一下，为这个范围编写一个简单的 for 循环，并在循环体中编写一个 print 语句，观察程序是否会输出任何结果（不会输出）。

现在，站在算法的角度观察，之前那段代码的效率并不高，因此我们设法让它变得更优雅：

```python
# primes.else.py
primes = []
upto = 100
for n in range(2, upto + 1):
    for divisor in range(2, n):
        if n % divisor == 0:
            break
    else:
        primes.append(n)
print(primes)
```

是不是优雅多了？is_prime 标志不见了，当内层 for 循环没有遇到任何 break 语句时，程序就会把 n 添加到 primes 列表中。这样的代码是不是看上去更清晰并且更容易理解？

3.3.2　应用折扣

在这个例子中，我想介绍一个我非常喜欢的技巧。在许多编程语言中，除了 if/elif/else 结构之外，不管语法的形式如何，都可以找到一种通常称为 switch/case 的语句。但是，Python 中并没有这种结构。它等价于瀑布式的 if/elif/.../elif/else 子句，其语法类似下面这样（警告！这是 JavaScript 代码！）：

```javascript
/* switch.js */
switch (day_number) {
    case 1:
    case 2:
    case 3:
    case 4:
    case 5:
        day = "Weekday";
```

```
        break;
    case 6:
        day = "Saturday";
        break;
    case 0:
        day = "Sunday";
        break;
    default:
        day = "";
        alert(day_number + ' is not a valid day number.')
}
```

在上面的代码中，我们根据一个名为 day_number 的变量进行切换。这意味着我们获取它的值并确定它适合哪个 case（如果有）。从 1 到 5 是一种瀑布形式，意味着[1, 5]之间的任何一个数，都会进入把 day 设置为 Weekday 的逻辑。然后 0 和 6 各自有一个单独的 case，另外还有一个默认的 case（default）表示不在[0, 6]的范围之内。Python 可以使用 if/elif/else 语句很完美地实现这样的逻辑：

```python
# switch.py
if 1 <= day_number <= 5:
    day = 'Weekday'
elif day_number == 6:
    day = 'Saturday'
elif day_number == 0:
    day = 'Sunday'
else:
    day = ''
    raise ValueError(
        str(day_number) + ' is not a valid day number.')
```

在上面的代码中，我们在 Python 中使用 if/elif/else 语句复制了 JavaScript 代码的相同逻辑。我在最后触发 ValueError 异常只是作为一个例子表示 day_number 并不在[0, 6]的范围之内。这是转换 switch/case 逻辑的一种可行方法，但是另外还有一种称为 dispatching（分派）的方法，将在下一个例子的最后一个版本中介绍。

 顺便说一句，有没有注意到前面这个片段的第 1 行代码？有没有注意到 Python 可以进行双重（实际上甚至允许多重）比较？这是个非常优秀的特性！

在下面这个新的例子中，我们简单地编写了一些代码，根据优惠价对顾客实施一个折扣。我尽量让这个逻辑保持简单，记住我们真正需要关注的是理解条件和循环：

```
# coupons.py
customers = [
    dict(id=1, total=200, coupon_code='F20'), # F20: 固定, £20
    dict(id=2, total=150, coupon_code='P30'), # P30: 百分比, 30%
    dict(id=3, total=100, coupon_code='P50'), # P50: 百分比, 50%
    dict(id=4, total=110, coupon_code='F15'), # F15: 固定, £15
]
for customer in customers:
    code = customer['coupon_code']
    if code == 'F20':
        customer['discount'] = 20.0
    elif code == 'F15':
        customer['discount'] = 15.0
    elif code == 'P30':
        customer['discount'] = customer['total'] * 0.3
    elif code == 'P50':
        customer['discount'] = customer['total'] * 0.5
    else:
        customer['discount'] = 0.0

for customer in customers:
    print(customer['id'], customer['total'], customer['discount'])
```

我们首先设置一些顾客。他们具有一个订单总金额、一个优惠码和一个 ID。然后，我设置了 4 种不同类型的优惠，其中 2 种是固定的，另外 2 种是根据百分比确定的。我们可以在 if/elif/else 瀑布结构中看到我根据情况应用的具体的折扣，并在 customer 字典中把它设置为 discount 键。

最后，我只输出了部分数据，从这些数据中可以看出代码是否正确地工作：

```
$ python coupons.py
1 200 20.0
2 150 45.0
3 100 50.0
4 110 15.0
```

这段代码非常简单，很容易理解，但所有这些子句都属于逻辑聚集的类型。它初看上去并不容易理解其用途，我并不喜欢这个。遇到这样的场合，我们可以利用一个字典，像下面这样：

```
# coupons.dict.py
customers = [
    dict(id=1, total=200, coupon_code='F20'),  # F20: 固定，£20
    dict(id=2, total=150, coupon_code='P30'),  # P30: 百分比，30%
```

```
        dict(id=3, total=100, coupon_code='P50'),  # P50: 百分比, 50%
        dict(id=4, total=110, coupon_code='F15'),  # F15: 固定, £15
]
discounts = {
    'F20': (0.0, 20.0),  # 每个值是(percent, fixed)
    'P30': (0.3, 0.0),
    'P50': (0.5, 0.0),
    'F15': (0.0, 15.0),
}
for customer in customers:
    code = customer['coupon_code']
    percent, fixed = discounts.get(code, (0.0, 0.0))
    customer['discount'] = percent * customer['total'] + fixed

for customer in customers:
    print(customer['id'], customer['total'], customer['discount'])
```

运行这段代码所产生的结果与之前的代码所产生的结果完全相同。我们节省了两行代码，但更重要的是，这段代码的可读性更佳，因为 for 循环体现在的长度只有 3 行，非常容易理解。这个例子所用到的概念就是使用一个字典作为分派器。换句话说，我们尝试根据一个代码从字典中提取某个值（coupon_code），并使用 dict.get(key, default)保证当字典中不存在这个优惠码时程序会设置一个默认值。

注意，为了正确地计算折扣，我不得不应用一些非常简单的线性代数。每种折扣在字典中都有一个百分比和一个固定折扣金额，用一个二元组表示。通过应用 percent * total + fixed，我们就能得到正确的折扣。当百分比是 0 时，这个公式就给出固定折扣金额。如果固定折扣金额为 0，这个公式的结果就是 percent * total。

这个技巧非常重要，因为它还用于与函数有关的其他上下文环境中，此时它的功能要比我们在上面这段代码中所看到的更为强大。使用这种技巧的另一个优点是我们在编写代码时可以动态地提取折扣字典中的键和值（如从数据库中提取）。这就允许代码适应任何折扣和条件，而不需要修改任何东西。

如果读者还不完全清楚它的工作方式，我建议花点时间对它进行试验。读者可以修改相关的值并添加 print 语句，观察当程序运行时会发生什么。

3.4 itertools 模块

如果丝毫不讨论 itertools 模块，那么这个介绍可迭代对象、迭代器、条件逻辑和循环的一章就是不完整的。如果我们深入使用迭代，会发现它是一个非常得心应手的工具。

根据 Python 官方文档的说法，itertools 模块是：

"这个模块实现了一些迭代器基本构件，它是受 APL、Haskell 和 SML 这样的结构所启发而开发出来的。每个结构都根据适合 Python 的形式进行了重构。这个模块对一组快速、内存高效的核心工具进行了标准化，不论是本身单独使用还是组合使用都具有很强的实用性。它们合在一起形成了'迭代器代码'，能够构建对 Python 而言非常简洁高效的专业化工具。"

本书没有太多的篇幅介绍这个模块所提供的所有工具，因此我鼓励读者自己对它进行探索，我相信读者会乐在其中的。概括地说，它提供了范围极广的迭代器，我将提供一些非常简单的例子。每个例子都使用了其中的一个迭代器，看看能不能让读者觉得眼热。

3.4.1　无限迭代器

无限迭代器允许我们用一种不同的风格使用 for 循环，就像它是个 while 循环一样：

```
# infinite.py
from itertools import count

for n in count(5, 3):
    if n > 20:
        break
    print(n, end=', ')  # 代替了换行符、逗号和空格
```

运行这段代码产生下面的结果：

```
$ python infinite.py
5, 8, 11, 14, 17, 20,
```

count 工厂类使迭代器继续进行计数。它从 5 开始，每次循环都加上 3。如果我们不想陷入无限循环，可以手动跳出循环或设置一个条件。

3.4.2　终止于最短输入序列的迭代器

这种类型的迭代器非常有趣。它允许我们根据多个迭代器创建一个迭代器，并根据一些逻辑组合它们的值。关键点是在这些迭代器中，如果任何一个迭代器短于其他的迭代器，最终的迭代器并不会跳出，而是会在最短的迭代器被耗尽时简单地停止。我知道，这段话听上去十分抽象，因此我们观察一个使用 compress 迭代器的例子。这个迭代器会根据一个选择器中的某个项为 True 或 False 返回数据：

compress('ABC', (1, 0, 1))将返回 A 和 C，因为它们对应 1。让我们观察一个简单的例子：

```
# compress.py
from itertools import compress
data = range(10)
even_selector = [1, 0] * 10
odd_selector = [0, 1] * 10

even_numbers = list(compress(data, even_selector))
odd_numbers = list(compress(data, odd_selector))

print(odd_selector)
print(list(data))
print(even_numbers)
print(odd_numbers)
```

注意，odd_selector 和 even_selector 的长度都是 20，但 data 的长度是 10。compress 迭代器会在 data 生成最后一个元素后停止。运行这段代码将产生下面的结果：

```
$ python compress.py
[0, 1, 0, 1, 0, 1, 0, 1, 0, 1, 0, 1, 0, 1, 0, 1, 0, 1, 0, 1]
[0, 1, 2, 3, 4, 5, 6, 7, 8, 9]
[0, 2, 4, 6, 8]
[1, 3, 5, 7, 9]
```

这是一种对可迭代对象的元素进行选择的快速而优雅的方法。这段代码非常简单，只要注意我们并没有使用 for 循环对 compress 迭代器调用所返回的每个值进行迭代，而是使用了 list，它可以完成相同的功能，但它并不是执行一个循环体，而是把所有的值放在一个列表中并返回。

3.4.3　组合迭代器

我们所讨论的最后一种重要的迭代器是组合迭代器。如果我们深入其中，就会觉得这种迭代器非常有趣。鉴于篇幅，我们只观察一个用于排列的简单例子。

根据 Wolfram Mathworld 的说法：

"排列是指对一个有序列表 S 中的元素进行重新排列，使之与有序列表 S 本身具有一对一的对应关系。"

例如，ABC 共有 6 种排列方式：ABC、ACB、BAC、BCA、CAB 和 CBA。如果一个集合具有 N 个元素，则它的排列方式就有 $N!$（N 的阶乘）种。对于 ABC 这个具有 3 个元素的字符串，排列方式的种数是 $3! = 3 \times 2 \times 1 = 6$。让我们在 Python 中实现它：

```
# permutations.py
from itertools import permutations
```

```
print(list(permutations('ABC')))
```

运行上面这段非常短的代码将产生下面的结果：

```
$ python permutations.py
[('A', 'B', 'C'), ('A', 'C', 'B'), ('B', 'A', 'C'), ('B', 'C', 'A'), ('C',
'A', 'B'), ('C', 'B', 'A')]
```

当我们处理排列时应该非常小心。排列方式种数增长率与我们所排列的元素数量的阶乘成正比，它很快就会变得非常高。

3.5　总结

在本章中，我们又朝着扩展自己的编程词汇方向迈出了一步。我们了解了如何对条件进行评估以驱动代码的执行，并了解了如何对对象序列和对象集合进行循环和迭代。Python 向我们提供了对代码的运行流程进行控制的强大功能，使我们可以根据自己的需要对代码进行调整，使它能够对动态变化的数据做出反应。

我们还了解了怎样把所有的东西组合在几个简单的例子中。最后，我们简单了解了 itertools 模块，它提供了很多有趣的迭代器，可以极大地丰富 Python 的功能。

现在，我们是时候切换档位进行提速，再次迈出重要的一步，对函数展开讨论了。第 4 章就是关于函数的，它们是非常重要的。读者应该熟练掌握目前所学习的内容。我想为大家提供一些有趣的例子，因此步子需要迈得大一点。准备好了吗？让我们进入下一章。

第 4 章
函数，代码的基本构件

"创建建筑结构是为了摆放有序。把什么摆放有序？功能和物体。"

——建筑大师勒•柯布西耶

在前几章中，我们了解了 Python 中的所有东西都是对象，函数也不例外。但是，函数的确切含义是什么呢？**函数**是执行一项任务的指令序列，并且这些指令序列组合为一个单元的形式。我们可以在任何需要这个单元的地方导入并使用它。在代码中使用函数有许多优点，稍后我们就会看到。

在本章中，我们将讨论下面这些主题。

◆ 函数——什么是函数以及为什么要使用函数。

◆ 作用域和名称解析。

◆ 函数的签名——输入参数和返回值。

◆ 递归和匿名函数。

◆ 导入对象实现代码复用。

我相信"一图胜过千言万语"的说法，尤其是在向刚刚接触函数概念的人解释什么是函数的时候。因此，我们首先观察图 4-1。

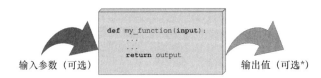

图 4-1

　　我们可以看到，函数是包装为一个整体的指令集合，就像一个盒子一样。函数可以接收输入参数并产生输出值。它们都是可选的，我们将在本章的例子中看到这些细节。

　　Python 中的函数是用 def 关键字定义的，其后是函数的名称，以一对括号（括号内包含也可以不包含输入参数）和一个冒号（:）结束，后者表示函数定义行的结尾。紧随函数定义行之后的代码行缩进 4 个空格，它们是函数体，也就是当函数被调用时将会执行的指令集合。

　　注意，4 个空格的缩进并不是强制的，但它是 **PEP 8** 规则所建议的缩进数量。在实践中，这也是使用得最为广泛的缩进约定。

　　函数可以返回一个输出值，也可以不返回。如果想要函数返回一个输出值，可以通过关键字 return 来实现这个功能，return 后面的语句是需要的输出。如果读者的观察力非常敏锐，可能注意到上面这张图的"输出值"部分的"**可选**"后面有个小小的星号。这是因为函数在 Python 中总是会返回一些东西，即使我们并没有明确地使用 return 语句。如果函数体内没有 return 语句，或 return 语句没有指定返回值，函数就会返回 None。这个设计的幕后原因超出了这个入门章节的范围。我们只需要知道这个行为可以使我们的工作变得更加轻松。和往常一样，我们需要感谢 Python。

4.1　函数的优点

　　函数对于任何语言而言都是最重要的概念和结构，因此下面给出了需要使用函数的一些理由。

◆　它们减少了程序中代码的重复。函数中一个经过精致包装的代码块负责一个特定的任务。我们只要在需要的地方导入并调用函数，就不需要在程序中重复输入代码。

◆　它们可以帮助我们把复杂的任务或过程分割为更小的片段，每个片段都成为一个函数。

◆　它们可以在用户面前隐藏实现细节。

◆　它们提高了可追踪性。

◆　它们提高了可读性。

让我们观察一些例子以便更好地理解上面的每一点。

4.1.1　减少代码的重复

　　想象一下，我们正在编写一个科学软件，需要计算小于某个限值的所有质数，就像我们在第 3 章所做的那样。我们有一个出色的算法可以计算质数，因此我们把它复制并粘贴到需要它的地方。但是，有一天，我们的朋友 B.Riemann 设计了一种更好的计算质数的算法，可以节省大量的时间。此时，我们需要检查所有的代码，并用新算法的代码替换旧算法的代码。

　　这实际上是一种非常糟糕的方法。它容易产生错误，当我们复制代码并将其粘贴到其他代码中时，我们无法知道自己是否误删掉了哪些代码行或者不小心遗漏了一些代码行。我们可能会遗漏其中一个进行了质数计算的地方，从而导致软件处于不一致状态，也就是同一个行为在不同的地方以不同的方式执行。如果我们不是用更好的代码版本替换原代码，而是需要修正原代码中的一些缺陷，此时如果遗漏了一个地方会怎么样呢？这无疑是一种更加糟糕的情况。

　　因此，我们应该怎么做呢？很简单，我们可以编写一个函数 get_prime_numbers(upto)，并在任何需要计算一个质数列表的地方使用它。当 B.Riemann 向我们提供他的新代码时，我们需要做的只是把这个函数的函数体用这种新的实现代替，然后就万事无忧了。软件的其余部分会自动适应这种情况，因为它们只是调用这个函数。

　　我们的代码会变得更短，它不会导致执行一项任务的旧方法和新方法之间出现不一致的情况，或者由于复制和粘贴的错误或遗漏导致未检测到缺陷。使用函数是一种有利无弊的方法。

4.1.2　分割复杂任务

　　函数非常适用于把漫长或复杂的任务分割为几个更小的任务。这种做法可以使代码具有好几个方面的优点，如可读性、可测试性和复用性。作为一个简单的例子，想象一下我们正在准备一个报告。我们的代码需要从一个数据源提取数据，对它进行解析和过滤，并对它进行润色，然后对它应用一整套的算法，使结果可以作为 Report 类的输入。把整个这样的过程放在一个巨大的 do_report(data_source)函数中并不是罕见的做法。为了返回报告，这个函数可能包含几十行甚至几百行代码。

　　这种情况在科学代码中较为常见，它从算法的角度来看是极为出色的。但是，有时候就编写风格而言，它不像是经验丰富的程序员所为。现在，我们可以想象一下几百行的代码。我们很难仔细地将它从头看到尾，从中找到场景的变化（如完成了一项任务或开始下一个任务）。我们的大脑里是不是有这样一幅画面？很好，但不要这样做！反之，让我们观察下面的代码：

```
# data.science.example.py
def do_report(data_source):
    # 提取和准备数据
    data = fetch_data(data_source)
    parsed_data = parse_data(data)
    filtered_data = filter_data(parsed_data)
    polished_data = polish_data(filtered_data)

    # 在数据上运行算法
    final_data = analyse(polished_data)

    # 创建和返回报告
    report = Report(final_data)
    return report
```

当然，上面这个例子是虚构的。但是，我们可以看到阅读这样的代码是多么地简单。如果结果看上去是错误的，也非常容易对 do_report 函数中的单独数据输出进行调试。而且，把整个过程的某个部分临时排除在整个过程之外也是极为简单的（我们只需要注释掉需要暂时排除的代码）。类似这样的代码更容易处理。

4.1.3　隐藏实现细节

我们仍然沿用上面这个例子讨论这个优点。通过阅读 do_report 函数的代码，我们可以看到我们不需要阅读每一行的实现代码就可以对这个函数的功能有一个很好的理解。这是因为函数隐藏了实现细节。这个特性意味着如果我们不需要深入细节，就没有必要把实现细节都显示出来，只需要把 do_report 看成是一个巨大的完整函数就可以了。以前，为了理解详细的过程，我们必须阅读每一行代码。但如果使用了函数，我们就不需要这样做。这样可以减少代码的阅读时间。由于在专业的环境中，阅读代码所花的时间要远多于编写代码的时间，因此尽可能减少代码的阅读量是极为重要的。

4.1.4　提高可读性

程序员在编写只有一行或两行代码的函数体时，有时候并不能理解函数的这个优点。因此，我们来讨论一个例子，看看为什么应该这样做。

假设我们需要像图 4-2 所示的那样把两个矩阵相乘。

$$\begin{pmatrix} 1 & 2 \\ 3 & 4 \end{pmatrix} \cdot \begin{pmatrix} 5 & 1 \\ 2 & 1 \end{pmatrix} = \begin{pmatrix} 9 & 3 \\ 23 & 7 \end{pmatrix}$$

我们是喜欢看到下面这样的代码：

图 4-2

```
# matrix.multiplication.nofunc.py
a = [[1, 2], [3, 4]]
b = [[5, 1], [2, 1]]
```

```
c = [[sum(i * j for i, j in zip(r, c)) for c in zip(*b)]
     for r in a]
```

还是愿意看到这样的代码:

```
# matrix.multiplication.func.py
# 这个函数也可以在另一个模块中定义
def matrix_mul(a, b):
    return [[sum(i * j for i, j in zip(r, c)) for c in zip(*b)]
            for r in a]

a = [[1, 2], [3, 4]]
b = [[5, 1], [2, 1]]
c = matrix_mul(a, b)
```

在第 2 个例子中,我们更容易理解 c 是 a 和 b 的乘积。如果我们并不需要修改矩阵乘法的逻辑,第 2 段代码显然更容易看懂,我们甚至并不需要了解实现细节。因此,第 2 段代码提高了代码的可读性。在第 1 段代码中,我们可能要花一些时间才能理解它所进行的复杂的列表解析操作。

 如果不理解列表解析这个概念,不需要担心。我们将在第 5 章节省时间和内存中学习它们。

4.1.5 提高可追踪性

假设我们编写了一个电子商务网站。我们在页面上显示了产品的价格。假设在数据库中存储的价格是不含 VAT(增值税)或营业税的,但我们希望页面上所显示的价格包含 20% 的增值税。下面是根据不含税价格计算含税价格的几种方法:

```
# vat.py
price = 100   # 无增值税
final_price1 = price * 1.2
final_price2 = price + price / 5.0
final_price3 = price * (100 + 20) / 100.0
final_price4 = price + price * 0.2
```

这 4 种计算含税价格的方法都是完全可接受的,我可以保证在我同事的代码中都能找到它们的身影。现在,假设我们开始在不同的国家销售自己的产品,并且这些国家具有不同的增值税率,因此我们需要对代码进行重构,使 VAT 的计算动态化。

当我们执行 VAT 计算时,怎样才能追踪所有执行计算的地方呢?如今的编程是一项协作性的任务，我们无法保证 VAT 的计算只使用了其中一种方法。相信我，这是一场噩梦。

因此，我们编写一个函数，它所接收的输入值是增值税率和不含税价格，它将返回一个包含增值税的价格：

```
# vat.function.py
def calculate_price_with_vat(price, vat):
    return price * (100 + vat) / 100
```

现在，我们可以导入这个函数，并在网页中需要计算含税价格的任何地方使用这个函数。当我们需要追踪所有的调用时，直接搜索 calculate_price_with_vat 即可。

 注意，在上面这个例子中，price 假定是不含增值税的，vat 表示的是百分之多少（如 19、20 或 23）。

4.2　作用域和名称解析

读者是否还记得我们在第 1 章 Python 概述中提到过的作用域和名字空间的概念？现在，我们打算对这个概念进行扩展。最后，我们可以讨论一下函数，使一切都变得更容易理解。下面，我们从一个非常简单的例子开始：

```
# scoping.level.1.py
def my_function():
    test = 1  # 这个 test 是在这个函数的局部作用域中定义的
    print('my_function:', test)

test = 0  # 这个 test 是在全局作用域中定义的
my_function()
print('global:', test)
```

在上面这个例子中，我在两个不同的地方定义了 test。它们实际上位于两个不同的作用域。其中一个是全局作用域（test = 0），另一个是 my_function 函数的局部作用域（test = 1）。如果执行这段代码，我们将会看到下面的结果：

```
$ python scoping.level.1.py
my_function: 1
global: 0
```

很显然，在 my_function 函数中，test = 1 屏蔽了 test = 0 的赋值。在全局作用域中，test 仍然是 0，这点可以从程序的输出结果中看到。但是，我们在函数体内再次定义了 test，并把它设置为指向整数值 1。

因此，这两个 test 都存在，只是一个是在全局作用域中，指向一个值为 0 的 int 对象；另一个是在 my_function 作用域中，指向一个值为 1 的 int 对象。我们注释掉 test = 1 的那行代码。Python 会在下一个外层作用域中搜索 test 这个名称（记住第 1 章 Python 概述所描述的 **LEGB** 规则：局部、外层、全局和内置）。在这种情况下，我们会看到 0 这个值被输出了 2 次。读者可以在自己的代码中进行尝试。

现在，让我们进一步提高门槛：

```
# scoping.level.2.py
def outer():
    test = 1  # outer 作用域
    def inner():
        test = 2  # inner 作用域
        print('inner:', test)

    inner()
    print('outer:', test)
test = 0  # 全局作用域
outer()
print('global:', test)
```

在上面的代码中，我们实现了两个层次的屏蔽。一个层次是在函数 outer 中，另一个层次是在函数 inner 中。这种情况远远谈不上高级，但还是有点复杂。如果我们运行这段代码，会得到下面的结果：

```
$ python scoping.level.2.py
inner: 2
outer: 1
global: 0
```

注释掉 test = 1 这行代码。预测一下结果会是怎么样的？在执行到 print('outer:', test)这一行时，Python 将会在下一个外层作用域中查找 test，因此它会找到并输出 0 而不是 1。在学习下面的内容之前，可以把 test = 2 这一行也注释掉，看看自己是否理解其结果，是否已经弄清了 LEGB 规则。

另一件值得注意的事情是 Python 允许我们在一个函数的内部定义另一个函数。内层函数的名称是在外层函数的名字空间中定义的，就像在这个名字空间中定义其他任何名称一样。

Global 语句和 nonlocal 语句

回到前面的例子，我们可以使用两种特殊的语句——global 语句和 nonlocal 语句的其中之一更改对 test 的屏蔽行为。在前面的例子中，我们可以看到，当我们在 inner 函数中定义 test = 2 时，我们既没有在 outer 函数中屏蔽 test，也没有在全局作用域中屏蔽 test。如果我们在一个并没有定义它们的嵌套作用域中使用了这两个名称，我们可以读取它们的值，但不能修改它们。因为当我们编写一条赋值指令时，我们实际上是在当前作用域中定义了一个新的名称。

我们怎么才能改变这个行为？不错，我们可以使用 nonlocal 语句。根据官方文档的说法：

"nonlocal 语句会使它之后的标识符所引用的名称是最近一个外层作用域（不包括全局作用域）中以前所绑定的一个名称。"

让我们在 inner 函数中引入 nolocal 语句，观察会发生什么？

```python
# scoping.level.2.nonlocal.py
def outer():
    test = 1  # outer 作用域
    def inner():
        nonlocal test
        test = 2  #最接近的外层作用域（outer 作用域）
        print('inner:', test)

    inner()
    print('outer:', test)

test = 0   # 全局作用域
outer()
print('global:', test)
```

注意在 inner 函数体中，我把 test 声明为 nonlocal。运行这段代码将产生下面的结果：

```
$ python scoping.level.2.nonlocal.py
inner: 2
outer: 2
global: 0
```

哇！看这结果！它意味着在 inner 函数中把 test 声明为 nonlocal 之后，实际上就把 test 这个名称绑定到 outer 函数所声明的 test 上了。如果我们从 inner 函数中删除 nonlocal test 这一行，并在 outer 函数中尝试同一个技巧，就会得到一个 SyntaxError，因为 nonlocal 语句所适用的外层作用域不包括全局作用域。

那么，有没有办法在全局名字空间中让 test = 0？当然可以，我们只需要使用 global 语句：

```python
# scoping.level.2.global.py
def outer():
    test = 1  # outer 作用域
```

```
    def inner():
        global test
        test = 2  # 全局作用域
        print('inner:', test)

    inner()
    print('outer:', test)

test = 0  # 全局作用域
outer()
print('global:', test)
```

注意，我们现在把 test 声明为 global，其作用基本上就等于把它绑定到全局作用域所定义的 test（test = 0）上。运行这段代码将得到下面的结果：

```
$ python scoping.level.2.global.py
inner: 2
outer: 1
global: 2
```

这个结果显示了现在 test = 2 这个赋值所影响的名称是全局作用域中的 test。这个方法在 outer 函数中也适用，因为在这种情况下，我们所表示的是全局作用域。我们可以自己尝试一下，并观察什么地方发生了变化。我们要熟练掌握作用域和名称解析，这是非常重要的。另外，如果在上面这个例子中，我们在 outer 之外定义 inner，会发生什么情况呢？

4.3　输入参数

在本章开头，我们了解了函数可以接受输入参数。在深入探究所有可能类型的参数之前，我们先要确保对"把一个参数传递给一个函数"的含义有一个清晰的理解。我们需要记住以下 3 个关键的点。

◆　参数传递只不过就是把一个对象赋值给一个局部变量名称。

◆　在函数内把一个对象赋值给一个参数名称并不会影响调用者。

◆　在函数中修改一个可变对象会影响调用者。

我们分别用一个例子说明每个要点。

4.3.1　参数传递

观察下面的代码。我们在全局作用域中声明了一个名称 x，然后声明了一个函数 func，并最终调用这个函数，向它传递 x：

```
# key.points.argument.passing.py
x = 3
def func(y):
    print(y)
func(x)    # 输出：3
```

以 x 为参数调用 func 函数时，程序会在这个函数的局部作用域中创建一个名称 y，它指向的对象与 x 相同。图 4-3 所示更清楚地说明了这一点（不要担心 **Python 3.3**，这个特性并没有变化）。

图 4-3

图 4-3 的右半部分描绘了当程序执行完成时（在函数 func 返回了 None 之后）的状态。观察"框架"这一列，注意在全局名字空间（**全局框架**）中有名称 x 和 func，它们分别指向一个 int 对象（值为 3）和一个 function 对象。在它们的正下方是一个标题为 func 的矩形，我们可以看到这个函数的局部名字空间，它只定义了一个名称：y。由于我们用 x 调用 func（图 4-3 的左半部分的第 5 行），因此 y 指向的对象与 x 相同。这是把参数传递给函数时在后台所发生的事情。如果我们在函数定义中使用 x 这个名称而不是 y，情况仍然是一样的（只不过看上去容易混淆），在函数中有一个局部的 x，在外面又有一个全局的 x，正如我们在本章前面的作用域和名称解析一节中所看到的那样。

因此，概括地说，实际上所发生的事情是这个函数在它的局部作用域中创建了参数所定义的名称。当我们调用这个函数时，相当于告诉 Python 这些名称必须指向哪些对象。

4.3.2 对参数名称的赋值并不会影响调用者

这个概念乍看上去有点难以理解，因此我们先来观察一个例子：

```
# key.points.assignment.py
x = 3
```

```
def func(x):
    x = 7   # 定义一个局部的 x，并不改变全局的 x
func(x)
print(x)   # 输出: 3
```

在上面的代码中，当 func 函数的局部作用域中 x = 7 这一行被执行时，x 这个名称指向值为 7 的那个整数，但全局名称 x 并不会被修改。

4.3.3   修改可变对象会影响调用者

这是最后一个要点，它极为重要，因为 Python 很显然在可变对象方面具有不同的行为（不过很显而易见）。让我们观察一个例子：

```
# key.points.mutable.py
x = [1, 2, 3]
def func(x):
    x[1] = 42   # 这会影响调用者！

func(x)
print(x)   # 输出: [1, 42, 3]
```

哇！我们实际上修改了原先的对象。如果细加思量，就会发现这个行为并不奇怪。函数中的名称 x 在这个函数调用中被设置为指向调用者对象。在函数体中，我们并不是对 x 进行修改，因为我们并不是修改它的引用，或者说我们并没有修改 x 所指向的对象。我们所访问的是 x 中位置 1 处的对象元素，并修改它的值。

记住这个要点：**在一个函数内部把一个对象赋值给一个参数名并不会影响调用者**。如果已经理解了这个概念，就不会对下面的代码感到吃惊：

```
# key.points.mutable.assignment.py
x = [1, 2, 3]
def func(x):
    x[1] = 42   # 它对调用者进行了修改！
    x = 'something else'   # 使 x 指向一个新的字符串对象

func(x)
print(x)   # 仍然输出: [1, 42, 3]
```

注意加粗显示的两行代码。首先，和以前一样，我们访问了调用者对象，把位置 1 处的值修改为 42。然后，我们把 x 重新赋值为指向 something else 字符串。这个操作并不会改变调用者。事实上，它的输出与之前的代码段相同。

花点时间思考这个概念，并通过输出语句以及调用 id 函数进行试验，直到完全弄明白这个概念。这是 Python 的关键概念之一，必须熟练掌握，否则就容易在代码中引入缺陷。另外，Python 辅导网站将这些概念可视化，以帮助我们加深对它的理解。

现在，我们对输入参数以及它们的行为已经有了良好的理解，现在让我们观察如何指定输入参数。

4.3.4　指定输入参数

我们可以指定 5 种不同类型的输入参数。

◆　位置参数。

◆　关键字参数和默认值。

◆　可变数量的位置参数。

◆　可变数量的关键字参数。

◆　仅关键字参数。

让我们逐个观察它们。

1．位置参数

位置参数是从左向右读取的，它是最常见的参数类型：

```
# arguments.positional.py
def func(a, b, c):
    print(a, b, c)
func(1, 2, 3)  # 输出: 1 2 3
```

这种类型的输入参数没有太多可补充的。它们可以根据需要出现多个，并且根据位置进行赋值。在函数调用的过程中，首先调用 1，然后是 2，接着是 3，因此它们分别被赋值给 a、b 和 c。

2．关键字参数和默认值

关键字参数是使用 name=value 这样的语法根据关键字进行赋值的：

```
# arguments.keyword.py
def func(a, b, c):
    print(a, b, c)
func(a=1, c=2, b=3)  # 输出: 1 3 2
```

关键字参数是根据名称匹配的，即使它们并不符合原先位置的定义（当我们在后面对不同类型的参数进行混合和匹配时，将会看到这个行为所存在的一个限制）。

在函数的定义端，与关键字参数相对应的是**默认值**。它们的语法相同，即 name=value。如果我们对给定的默认值没有异议，就可以在调用时不提供参数值：

```
# arguments.default.py
def func(a, b=4, c=88):
    print(a, b, c)

func(1)          # 输出: 1 4 88
func(b=5, a=7, c=9) # 输出: 7 5 9
func(42, c=9)      # 输出: 42 4 9
func(42, 43, 44)   # 输出: 42, 43, 44
```

有两个地方值得注意，它们非常重要。首先，我们无法在位置参数的左边指定默认参数。其次，注意在这个例子中，当一个参数并不是通过 argument_name=value 的语法进行传递时，它必须是参数列表中的第 1 个，并总是赋值给 a。另外还要注意以位置风格传递参数值仍然是有效的，并且遵循函数签名的顺序（这个例子的最后一行）。

对这些参数进行混合试验，看看会发生什么情况。Python 的错误信息可以很好地告诉我们在哪里发生了错误。因此，如果我们尝试像下面这样的代码：

```
# arguments.default.error.py
def func(a, b=4, c=88):
    print(a, b, c)
func(b=1, c=2, 42)  # 位置参数出现在关键字参数的后面
```

将会得到下面的错误：

```
$ python arguments.default.error.py
  File "arguments.default.error.py", line 4
    func(b=1, c=2, 42)   # 位置参数出现在关键字参数的后面
                 ^
SyntaxError: positional argument follows keyword argument
```

错误提示告诉我们这个函数的调用方式不正确。

3. 可变数量的位置参数

有时候，我们需要向函数传递可变数量的位置参数。Python 为我们提供了这个功能。我们来观察一个非常常见的例子，minimum 函数。这个函数可以计算它的输入值的最小值：

```
# arguments.variable.positional.py
def minimum(*n):
    # print(type(n))  # n是一个元组
    if n:  # 在代码之后解释
```

```
        mn = n[0]
        for value in n[1:]:
            if value < mn:
                mn = value
        print(mn)
```

```
minimum(1, 3, -7, 9)  # n = (1, 3, -7, 9)- 输出: -7
minimum()             # n = (), 不输出印任何内容
```

我们可以看到，当我们指定一个参数并在参数名前面添加一个*时，就相当于告诉 Python 这个参数是一个可变数量的位置参数的集合，具体取决于函数的调用方式。在这个函数中，n 是一个元组。

我们可以取消 print(type(n))这一行的注释并运行代码，观察运行结果。

有没有注意到我们是如何用一个简单的 if n:表达式检查 n 是否为空的？在 Python 中，集合对象在非空时的求值结果为 True，否则为 False。这种方式对于元组、集合、列表、字典等对象都是适用的。

另一件值得注意的事情是当我们调用这个函数时，如果未传递参数，我们希望函数在此时抛出一个错误，而不是什么都不做。不过就现在而言，我们的重心并不是让函数更为健壮，而是着重于理解可变位置参数。

我们通过另一个例子来说明对新手而言很容易混淆的两个概念（根据我的经验）：

```
# arguments.variable.positional.unpacking.py
def func(*args):
    print(args)


values = (1, 3, -7, 9)
func(values)  # 相当于: func((1, 3, -7, 9))
func(*values) # 相当于: func(1, 3, -7, 9)
```

仔细观察上面这段代码的最后两行。在倒数第 2 行中，我们用一个参数（包含 4 个元素的元组）调用函数 func。在倒数第 1 行中，通过*语法，我们执行了一种称为**拆包**的操作，意思是把这个 4 元素元组进行拆包，并用 4 个参数 1, 3, −7, 9 来调用这个函数。

这个行为是 Python 的魔法之一，它允许我们在动态调用函数时完成一些奇妙的事情。

4．可变数量的关键字参数

可变数量的关键字参数与可变数量的位置参数非常相似。它们之间的唯一区别是语法不同（**代替了*），并且可变数量的关键字参数被收集在一个字典中。

收集和拆包也是按照相同的方式进行的，因此让我们观察一个例子：

```python
# arguments.variable.keyword.py
def func(**kwargs):
    print(kwargs)

# 所有的调用都是等效的，它们都输出: {'a': 1, 'b': 42}
func(a=1, b=42)
func(**{'a': 1, 'b': 42})
func(**dict(a=1, b=42))
```

在上面这个例子中，所有的调用都是等效的。我们可以看到，在函数定义的参数名前面添加**可以告诉 Python 使用这个名称收集可变数量的关键字参数。另一方面，当我们调用这个函数时，我们可以显式地传递 name=value 函数，或者使用相同的**语法拆包一个字典。

现在，读者可能无法理解传递可变数量的关键字参数这个功能为什么非常重要。因此，我们可以观察一个更为现实的例子。我们定义一个连接到一个数据库的函数。如果我们在调用这个函数时未向它传递任何参数，它就会简单地连接到一个默认的数据库。我们可以向这个函数传递适当的参数，让它连接到其他任何数据库。在阅读代码之前，可以花几分钟时间看看自己能不能想出一种解决方案：

```python
# arguments.variable.db.py
def connect(**options):
    conn_params = {
        'host': options.get('host', '127.0.0.1'),
        'port': options.get('port', 5432),
        'user': options.get('user', ''),
        'pwd': options.get('pwd', ''),
    }
    print(conn_params)
    # 接着我们连接到 db（该行被注释掉）
    # db.connect(**conn_params)

connect()
connect(host='127.0.0.42', port=5433)
connect(port=5431, user='fab', pwd='gandalf')
```

注意在这个函数中，我们可以准备一个连接参数的字典（conn_params），并使用默认值作为后备值，如果在函数调用中提供了参数，那么程序就会对它们进行覆盖。我们可以采取更好的方法用更少的代码行完成这个任务，但现在我们并不关注这个。运行上面这个例子的代码将产生下面的结果：

```
$ python arguments.variable.db.py
```

```
{'host': '127.0.0.1', 'port': 5432, 'user': '', 'pwd': ''}
{'host': '127.0.0.42', 'port': 5433, 'user': '', 'pwd': ''}
{'host': '127.0.0.1', 'port': 5431, 'user': 'fab', 'pwd': 'gandalf'}
```

注意函数调用和输出之间的对应关系。注意默认值是如何根据传递给函数的实际参数被覆盖的。

5. 仅关键字参数

Python 3 允许一种新类型的参数：**仅关键字**参数。我们只打算对它稍做讨论，因为它并不常用。我们可以采用两种方法指定这种类型的参数，要么是在可变数量的位置参数后面，要么是在一个单独的*后面。下面我们观察这两种方法的具体例子：

```
# arguments.keyword.only.py
def kwo(*a, c):
    print(a, c)

kwo(1, 2, 3, c=7)  # 输出: (1, 2, 3) 7
kwo(c=4)    # 输出: () 4
# kwo(1, 2) # 出错，非法的语法，存在下面这个错误
# TypeError: kwo()缺少一个必需的仅关键字参数:c

def kwo2(a, b=42, *, c):
    print(a, b, c)

kwo2(3, b=7, c=99)  # 输出: 3 7 99
kwo2(3, c=13)   # 输出: 3 42 13
# kwo2(3, 23)    # 出错，非法的语法，存在下面这个错误
# TypeError: kwo2()缺少一个必需的仅关键字参数: c
```

和预期的一样，函数 kwo 接收一个可变数量的位置参数 a 和一个仅关键字参数 c。这些调用的结果非常简单，我们可以取消第 3 个调用的注释，观察 Python 所返回的错误。

函数 kwo2 的参数也是如此，它与函数 kwo 的区别在于它接收一个位置参数 a、一个关键字参数 b 和一个仅关键字参数 c。我们可以取消第 3 个调用的注释，观察它所产生的错误。

既然我们已经理解了怎样指定不同类型的输入参数，现在让我们观察如何在函数定义中对它们进行组合。

6. 输入参数

我们可以对输入参数进行组合，但要遵循下面的顺序规则。

◆　一方面，当我们定义一个函数时，首先出现的是常规的位置参数（name），然后是

任何默认参数（name = value），接着是可变数值的位置参数（*name 或简单的*），
再是任何仅关键字参数（name 或 name = value 形式都可以），最后是任何可变数
量的关键字参数（**name）。

◆ 另一方面，当我们调用一个函数时，必须按照下面的顺序提供参数：首先是位置
参数（value），然后是任何关键字参数的组合（name = value）、可变数量的位置参
数（*name），接着是可变数量的关键字参数（**name）。

由于光用理论描述显得有些抽象，因此让我们观察几个简单的例子：

```
# arguments.all.py
def func(a, b, c=7, *args, **kwargs):
    print('a, b, c:', a, b, c)
    print('args:', args)
    print('kwargs:', kwargs)

func(1, 2, 3, *(5, 7, 9), **{'A': 'a', 'B': 'b'})
func(1, 2, 3, 5, 7, 9, A='a', B='b')   # 与前一个相同
```

注意这个函数定义中的参数顺序，并且注意这两个调用是等效的。在第一个调用中，
我们对可迭代对象和字典使用了拆包操作符，而在第二个调用中使用了更直白的语法。执
行这段代码将产生下面的结果（只输出了其中一个调用的结果，另一个调用的结果相同）：

```
$ python arguments.all.py
a, b, c: 1 2 3
args: (5, 7, 9)
kwargs: {'A': 'a', 'B': 'b'}
```

现在让我们观察一个使用仅关键字参数的例子：

```
# arguments.all.kwonly.py
def func_with_kwonly(a, b=42, *args, c, d=256, **kwargs):
    print('a, b:', a, b)
    print('c, d:', c, d)
    print('args:', args)
    print('kwargs:', kwargs)

# 这两个调用是等效的
func_with_kwonly(3, 42, c=0, d=1, *(7, 9, 11), e='E', f='F')
func_with_kwonly(3, 42, *(7, 9, 11), c=0, d=1, e='E', f='F')
```

注意，我在函数声明中加粗显示了仅关键字参数。它们出现在*args 可变数量的位置参
数的后面，如果它们出现在单个*号后面也是一样的（在这种情况下就不存在可变位置参
数）。执行这段代码将产生下面的结果（只输出了一个调用的结果）：

```
$ python arguments.all.kwonly.py
a, b: 3 42
c, d: 0 1
args: (7, 9, 11)
kwargs: {'e': 'E', 'f': 'F'}
```

另一件值得注意的事情是为可变数量的位置参数和关键字参数所提供的名称。我们当然可以随心所欲地选择其他名称，但是要明白 args 和 kwargs 是这两种参数的约定名称是得到广泛应用的。

7．额外的拆包通用化

Python 3.5 所引入的新特性之一就是能够对可迭代对象和字典的拆包操作符（分别是*和**）进行扩展，允许这些拆包操作符在更多的位置进行拆包，可以执行任意的次数，并且可以应用于更多的场合。下面展示一个与函数调用有关的例子：

```
# additional.unpacking.py
def additional(*args, **kwargs):
    print(args)
    print(kwargs)


args1 = (1, 2, 3)
args2 = [4, 5]
kwargs1 = dict(option1=10, option2=20)
kwargs2 = {'option3': 30}
additional(*args1, *args2, **kwargs1, **kwargs2)
```

在上面这个例子中，我们定义了一个简单的函数，它输出了输入参数 args 和 kwargs。新特性在于我们调用这个函数的方式。注意我们是如何对多个可迭代对象和字典进行拆包的，并且它们可以在参数 args 和参数 kwargs 中正确地合并。这个特性之所以非常重要是因为它允许我们不在代码中合并参数 args1 和参数 args2 以及参数 kwargs1 和参数 kwargs2。运行这段代码将产生下面的结果：

```
$ python additional.unpacking.py
(1, 2, 3, 4, 5)
{'option1': 10, 'option2': 20, 'option3': 30}
```

请参阅 PEP 448 来学习这个新特性的完整功能，并观察更多的例子。

8．避免陷阱！可变的默认值

在 Python 中，非常需要注意的一点就是默认值是在 def 时间创建的。因此，同一个函数的后续调用很可能会因为默认值的可变性而具有不同的行为。让我们观察一个例子：

```
# arguments.defaults.mutable.py
def func(a=[], b={}):
    print(a)
    print(b)
    print('#' * 12)
    a.append(len(a))    # 这将影响 a 的默认值
    b[len(a)] = len(a)   # 这将影响 b 的默认值


func()
func()
func()
```

这两个参数都具有可变的默认值。这意味着如果我们影响了这些对象，所有的修改都会延续到后面的函数调用中。读者可以看一下是否能够理解这些调用的输出：

```
$ python arguments.defaults.mutable.py
[]
{}
############
[0]
{1: 1}
############
[0, 1]
{1: 1, 2: 2}
############
```

很有趣，是不是？虽然这个行为初看上去似乎非常奇怪，但它实际上是合理的，并且非常方便，就好像我们使用记忆技巧（如果对此感兴趣，可以通过搜索引擎搜索这方面的例子）。更为有趣的是在两次调用之间，我们引入一个不使用默认值的函数调用，就像下面这样：

```
# arguments.defaults.mutable.intermediate.call.py
func()
func(a=[1, 2, 3], b={'B': 1})
func()
```

当我们运行这段代码时，它的输出结果如下：

```
$ python arguments.defaults.mutable.intermediate.call.py
[]
{}
############
[1, 2, 3]
{'B': 1}
############
[0]
```

```
{1: 1}
############
```

这个输出结果向我们显示了默认值是会保留的，即使我们用其他值调用了函数。浮现在我们面前的一个问题是，怎样才能在每次得到一个新鲜的空值？约定的方法像下面这样：

```
# arguments.defaults.mutable.no.trap.py
def func(a=None):
    if a is None:
        a = []
    # 对 a 执行一些操作
```

注意，通过使用上面这个技巧（如果在调用函数时并未传递 a），我们总是可以得到一个全新的空列表。

好了，对输入已经讨论得太多了，下面让我们观察函数的另一方面，也就是它的输出（返回值）。

4.4 返回值

函数的返回值是 Python 领先于其他大多数语言的特性之一。在其他语言中，函数通常允许返回一个对象（一个值）。但是在 Python 中，函数可以返回一个元组，意味着它可以根据需要返回多个值。这个特性允许程序员更方便地编写代码，而使用其他语言的程序员要想实现相同的功能则需要花费更多的精力，至少其过程更加无趣。我们曾经提到过，为了从一个函数返回一些东西，需要使用 return 语句，然后才能返回想要的东西。在函数体中，可以根据需要使用多个 return 语句。

另一方面，如果在函数体中，我们并没有返回任何东西，或者使用了一个光秃秃的 return 语句，函数将会自动返回 None。这个行为是无害的，但我不打算花时间解释 Python 为什么要设计成这个样子，我们只需要知道这个特性允许一些有趣的模式，并且相信 Python 是一种非常具有一致性的语言。

我之所以说它无害是因为我们从不需要强制收集函数调用的结果。我将通过一个例子来表达这个意思：

```
# return.none.py
def func():
    pass
func()      # 这个调用的返回结果不会被收集，它将会丢失
a = func()  # 这个调用的返回值会被收集到 a 中
print(a)    # 输出: None
```

注意，整个函数体只是由一个 pass 语句所组成。正如官方文档所描述的那样，pass 语句是个空操作。当它被执行时，不会发生任何事情。它适合作为占位符使用，适用于必须出现一个语句但又不需要执行任何操作的地方。在其他语言中，我们可以用一对花括号（{}）表示这个意思，它定义了一个空的作用域。但是在 Python 中，作用域是通过缩进代码来定义的，因此引进一种像 pass 这样的语句是很有必要的。

另外，注意 func 函数的第 1 个调用返回了一个我们并不收集的值（None）。正如前面所述，收集函数调用的返回值并不是强制的。现在这个函数虽然没有问题，但缺少趣味。那么，我们怎样才能编写一个有趣的函数呢？在第 1 章 Python 概述中，我们讨论了一个阶乘函数。现在，让我们自己编写一个这样的函数（简单起见，这个函数被调用时总是会向它传递正确的参数，因此这里就省略了安全性检查）：

```python
# return.single.value.py
def factorial(n):
    if n in (0, 1):
        return 1
    result = n
    for k in range(2, n):
        result *= k
    return result


f5 = factorial(5)  # f5 = 120
```

注意，我们具有两个返回点。如果 n 是 0 或 1（在 Python 中，用 in 进行类型检查是很常见的做法，我用它取代了更冗长的 if n==0 或 n == 1），那么程序返回 1；否则，程序执行必要的计算并返回结果。下面我们尝试采用更充分的方式编写这个函数：

```python
# return.single.value.2.py
from functools import reduce
from operator import mul


def factorial(n):
    return reduce(mul, range(1, n + 1), 1)


f5 = factorial(5)  # f5 = 120
```

读者可能会想：只需要一行代码？这是因为 Python 非常优雅，并且极为简洁。我觉得这个函数很容易理解，即使我们之前没有并看到过 reduce 或 mul。但是，如果有些读者无法看懂它，可以停顿几分钟，查阅一下 Python 文档，直到弄明白。在文档中查阅函数并理解其他人所编写的代码是每个开发人员必须完成的一个任务，因此可以把这个任务作为一种挑战。

最后，要确保认真查阅 help 函数，它可以极好地帮助我们对控制台进行探索。

返回多个值

和大多数其他语言不同，在 Python 中，我们可以很方便地从一个函数返回多个对象。这个特性为我们开启了一个全新的世界，Python 允许我们用一种其他语言难以企及的方式编写代码。我们的思维受到我们所使用的工具的限制，因此当 Python 向我们提供了比其他语言更大的自由度时，它实际上就扩展了我们的创造力。从函数中返回多个值是非常简单的，只需要使用元组就可以了（可以是显式的或隐式的）。我们观察一个简单的例子，它模仿了内置函数 divmod：

```
# return.multiple.py
def moddiv(a, b):
    return a // b, a % b

print(moddiv(20, 7))  # 输出(2, 6)
```

我可以把上面代码中加粗的部分放在一对括号中，使其成为一个明确的元组，但这种做法并无必要。上面这个函数将同时返回除法的商和余数。

在这个例子的源代码中，我留下了一个简单的测试函数的例子，以确保自己的代码执行了正确的计算。

4.5 一些实用的提示

在编写函数的时候，遵循一些指导原则是非常有益的，它们可以帮助我们编写好函数。下面将简单地介绍其中的一些原则。

◆ **一个函数应该完成一项任务**。只完成一项任务的函数很容易用短短的一行代码来编写。完成多项任务的函数可以分割为几个只完成一项任务的更小函数。这些更小的函数通常更容易阅读和理解。我们可以回想一下前面我们所看到的那个数据科学的例子。

◆ **函数应该保持简短**。函数越小，就越容易对它进行编写和测试，使它们只完成一项任务。

◆ **输入参数越少越好。** 接收大量参数的函数很难管理（另外还会产生其他问题）。

◆ **函数在返回值方面应该保持一致。** 返回 False 和 None 并不是同一回事，即使在布尔值语境中它们的求值结果都是 False。False 表示存在信息（False），None 表示没有信息。在编写函数时，函数应该在返回值方面具有一致的行为，不管函数体内发生了什么。

◆ **函数不应该具有副作用。** 换句话说，函数不应该影响调用它们的那些值。现在要理解这个概念可能有点困难，因此我将提供一个使用列表的例子。在下面的代码中，注意 numbers 并没有被 sorted 函数所排序，后者实际所返回的是 numbers 的一份有序副本。反之，list.sort 方法是对 numbers 对象本身进行操作。这种做法完全没有问题，因为它是一个方法（属于一个对象的函数有权利修改这个对象）：

```
>>> numbers = [4, 1, 7, 5]
>>> sorted(numbers)   # 不会对原始的 numbers 列表进行排序
[1, 4, 5, 7]
>>> numbers   # 让我们进行验证
[4, 1, 7, 5]     #很好，numbers 列表没有被修改
>>> numbers.sort()    # 这将对该列表产生作用
>>> numbers
[1, 4, 5, 7]
```

这些指导原则可以帮助我们编写更优秀的函数，使函数能够更好地为我们服务。

 Robert C. Martin 的著作 *Functions in Clean Code*（Prentice Hall）的第 3 章对函数的论述很可能是我所读过的关于这个主题的最佳指导原则。

4.6 递归函数

一个函数调用自身并产生一个结果的过程称为**递归**。有时候，递归函数极为实用，它使得代码的编写变得非常容易。有些算法可以通过递归函数来非常容易地实现，但有些算法则不然。所有的递归函数都可以改写成迭代形式，因此当两种方法都可行时，通常由程序员自己选择更好的方法。

递归函数的函数体通常分为两个部分：一部分的返回值依赖于对自身的一个后续调用，另一部分则不依赖（称为基本条件）。

例如，我们可以考虑阶乘函数 $N!$（希望读者现在已经对此非常熟悉了）。基本条件是 N 为 0 或 1，此时函数不需要进一步的计算就可以返回 1。另一方面，在递归条件下，$N!$返回 $1 \times 2 \times ... \times (N–1) \times N$ 的乘积。如果仔细观察，可以发现 $N!$可以改写为 $N! = (N–1)! \times N$。例如，$5! = 1 \times 2 \times 3 \times 4 \times 5 = (1 \times 2 \times 3 \times 4) \times 5 = 4! \times 5$。

让我们把它体现在代码中：

```
# recursive.factorial.py
def factorial(n):
    if n in (0, 1):    # 基本条件
        return 1
    return factorial(n - 1) * n  # 递归条件
```

 在编写递归函数时，总是要考虑进行了多少个嵌套的调用，因为这方面存在一个限制。关于这方面的更多信息，可以用 sys.getrecursionlimit() 和 sys.setrecursionlimit()进行检查。

递归函数经常用于算法的编写中，并且它们的编写极富乐趣。作为练习，读者可以尝试同时用递归函数和迭代方法解决一些简单的问题。

4.7　匿名函数

我想讨论的最后一种类型的函数是**匿名**函数。这类函数在 Python 中被称为 **lambda**，它所适用的场合通常是使用功能完整的具有正式名称的函数显得有些大材小用，最好只用一个简单快速的单行函数来完成当前的任务时。

例如，我们需要一个列表，列表中的数都是 5 的倍数并且最大不超过 N。我们可以用 filter 函数过滤不符合条件的数，但这种做法需要一个函数以及一个可迭代对象，并构建一个可以进行迭代的过滤器对象，对可迭代对象的那些元素根据函数是否返回True进行过滤。如果不使用匿名函数，我们就需要采取下面这样的做法：

```
# filter.regular.py
def is_multiple_of_five(n):
    return not n % 5


def get_multiples_of_five(n):
    return list(filter(is_multiple_of_five, range(n)))
```

注意我们是如何使用 is_multiple_of_five 对前 n 个自然数进行过滤的。上面的代码看上去有点烦琐，因为这个任务非常简单，并且我们不需要在其他地方使用 is_multiple_of_five

函数。因此我们用 lambda 对它进行改写：

```
# filter.lambda.py
def get_multiples_of_five(n):
    return list(filter(lambda k: not k % 5, range(n)))
```

它们的逻辑是相同的，但过滤器函数现在是 lambda。lambda 的定义非常简单，只需要采用这种形式：func_name = lambda[参数列表]:表达式。它返回一个函数对象，相当于 def func_name([参数列表]): return 表达式。

    注意，可选参数仍然采用常见的语法，出现在一对方括号内部。

接下来我们观察另外一些等效的函数，它们采用了两种不同的定义形式：

```
# lambda.explained.py
# 例子 1：加法
def adder(a, b):
    return a + b

# 等价于：
adder_lambda = lambda a, b: a + b

# 例子 2：转换为大写形式
def to_upper(s):
    return s.upper()

# 等价于：
to_upper_lambda = lambda s: s.upper()
```

上面这些例子非常简单。第 1 个函数是把两个数相加，第 2 个函数是把一个字符串转换成大写形式。注意我把 lambda 表达式的返回结果分配给一个名称（adder_lambda，to_upper_lambda），但是当我们像过滤器例子一样使用 lambda 时，就不需要采用这样的做法。

4.8　函数的属性

每个函数都是一个功能完整的对象，因此它具有许多属性。有些属性比较特殊，可以用一种内省的方式在运行时检查函数对象。下面这个脚本就是一个例子，不仅显示了函数的一些属性，还描述了如何显示一个示例函数的属性值：

```
# func.attributes.py
def multiplication(a, b=1):
    """返回 a 乘以 b 的结果."""
    return a * b

special_attributes = [
    "__doc__", "__name__", "__qualname__", "__module__",
    "__defaults__", "__code__", "__globals__", "__dict__",
    "__closure__", "__annotations__", "__kwdefaults__",
]

for attribute in special_attributes:
    print(attribute, '->', getattr(multiplication, attribute))
```

我使用了内置函数 getattr 获取这些属性的值。getattr(obj,attribute) 与 obj.attribute 等效，当我们需要在运行时通过函数的字符串名称获取它的一个属性时，使用这种方法是非常方便的。运行这个脚本将产生下面的结果：

```
$ python func.attributes.py
__doc__ -> Return a multiplied by b.
__name__ -> multiplication
__qualname__ -> multiplication
__module__ -> __main__
__defaults__ -> (1,)
__code__ -><code object multiplication at 0x10caf7660, file
"func.attributes.py", line 1>
__globals__ -> {...omitted...}
__dict__ -> {}
__closure__ -> None
__annotations__ -> {}
__kwdefaults__ -> None
```

我省略了 __globals__ 属性的值，因为它实在太大了。关于这个属性的含义的解释，可以在 Python 数据模型文档页面的"可调用类型"一节中找到。如果想观察一个对象的所有属性，可以调用 dir(object_name)，它会列出这个对象的所有属性。

4.9　内置函数

Python 提供了大量的内置函数。我们随时可以使用它们，并可以通过 dir(--builtins--) 来检查 builtins 模块，获取内置函数的列表。当然，我们也可以访问 Python 的官方文档。

遗憾的是，本书没有太多的空间讨论所有的内置函数。我们已经了解了一些内置函数，如 any、bin、bool、divmod、filter、float、getattri、id、int、len、list、min、print、set、tuple、type 和 zip 等。但是，内置函数还有很多，我们至少应该知道它们的存在。我们要熟悉它们、对它们进行试验、为每个内置函数编写一小段代码以确保熟练掌握它们，这样我们就可以在需要它们的时候随时使用它们。

4.10　最后一个例子

在结束本章之前，需不需要观察最后一个例子？我觉得可以编写一个函数，生成不超过某个上限值的质数列表。我们已经知道了完成这个任务的代码，我想把它写成函数的形式，并且为了提升趣味，可以对它进行一些优化。

事实上，我们并不需要把一个数 N 除以从 2 到 $N-1$ 之间的所有数来确定 N 是否为质数。我们在 $\sqrt{N}$ 就可以止步。而且，我们并不需要把 N 除以从 2 到 $\sqrt{N}$ 之间的所有数，只需要除以这个范围内的质数就可以了。如果读者有兴趣，可以思考为什么这种方式是可行的。现在让我们观察代码所发生的变化：

```python
# primes.py
from math import sqrt, ceil

def get_primes(n):
    """计算最大不超过 n（含 n）的质数列表. """
    primelist = []
    for candidate in range(2, n + 1):
        is_prime = True
        root = ceil(sqrt(candidate))  # 除法限制
        for prime in primelist: # 我们只对质数进行尝试
            if prime > root:  # 不需要检查其他
                break
            if candidate % prime == 0:
                is_prime = False
                break
        if is_prime:
            primelist.append(candidate)
    return primelist
```

代码与前一章相同。我们修改了除法算法，只使用之前计算所得的质数来测试是否可以整除，当被测试的除数大于候选数的平方根时就停止。我们用 primelist 结果列表容纳执行除法的质数，并使用一个奇妙的公式计算平方根值，也就是候选数的平方根的天花板值。

虽然简单的 int(k ** 0.5) + 1 也可以达到目的，但我所选择的这个公式更为清晰，并且导入了两个函数，而这正是我想展示给大家的技巧。我们可以查阅 math 模块中的函数，它们是非常有趣的！

4.11　代码的文档

我是无须文档的代码的狂热支持者。当我们正确地进行编程，选择适当的名称并注意相关的细节后，我们所编写的代码就会具有清晰的含义，不需要什么文档。但是，有时候注释是非常有用的，文档也是如此。我们可以在 PEP257 – Docstring 约定中找到 Python 文档的指导原则，这里将讨论文档的一些基础知识。

Python 文档采用字符串进行注释，它被恰当地称为 **docstring**。任何对象都可以进行文档注释，我们可以使用单行或多行的 docstring。单行注释非常简单，它们不需要提供函数的另外签名，而是需要清晰地陈述它的作用：

```python
# docstrings.py
def square(n):
    """返回一个数 n 的平方. """
    return n ** 2


def get_username(userid):
    """根据 id 返回给定用户的用户名. """
    return db.get(user_id=userid).username
```

连续 3 对双引号字符串允许我们在以后方便地对函数进行扩展。每句话都以句点结束，每行注释的前后都不要留下空白。

多行注释的结构与此相似。单行注释提供了相关对象的精要概括，而多行注释则提供了更为详细的描述。例如，我在下面这个例子中使用 Sphinx 记法对一个虚构的 connect 函数进行了注释：

```python
def connect(host, port, user, password):
    """连接到一个数据库.

    使用给定的参数直接连接到一个 PostgreSQL 数据库.

    :param host: 主机 IP.
    :param port: 目标端口.
    :param user: 连接的用户名.
    :param password: 连接的密码.
```

```
:return: 连接对象.
"""
# 函数体出现在这里...
return connection
```

 Sphinx 也许是创建 Python 文档时使用得最为广泛的工具。事实上，Python 官方文档也是用它编写的。花点时间弄清它的含义是非常有必要的。

4.12 导入对象

既然我们已经学习了与函数有关的大量知识，现在就可以观察如何使用函数。编写函数的要旨就在于以后能够对它们进行复用。在 Python 中，这相当于把它们导入需要使用它们的名字空间中。我们可以使用许多不同的方法把对象导入某个名字空间中，最常见的用法是 import module_name 和 from module_name import function_name。当然，它们非常简单，但目前还请耐下性子观察它们的用法。

使用 import module_name 这种形式找到 module_name 模块，并在 import 语句执行时所在的局部名字空间中为它定义一个名称。from module_nameimport identifier 这种形式稍稍复杂一点，但基本上作用是相同的。它会找到 module_name 并搜索一个属性（或子模块），然后在局部名字空间中存储 identifier 的一个引用。

这两种形式都可以选择使用 as 子句更改导入对象的名称：

```
from mymodule import myfunc as better_named_func
```

为了感受 import 的使用风格，我们观察一个来自我的其中一个项目的测试模块的例子（注意 import 语句之间的空行，它遵循了 PEP 8 的指导原则：

```
from datetime import datetime, timezone # 同一行的 2 个 import
from unittest.mock import patch # 单个 import

import pytest # 第三方库

from core.models import ( # 多个 import
    Exam,
    Exercise,
    Solution,
)
```

当我们的文件结构是从项目的根开始时，就可以使用点号记法获取想要导入当前名字

空间中的对象，不管它是程序包、模块、类、函数还是其他东西。from module import 这种
语法允许采用一种捕捉全部的子句，即 from module import *，它有时候用于把一个模块中
的所有名称一次性地导入当前名字空间中。但出于几个原因，这种做法并不是很好，如性
能问题以及它可能会悄无声息地屏蔽掉其他名称。我们可以在 Python 官方文档中看到与
import 有关的所有信息。在结束这个话题之前，我们来观察一个更好的例子。

　　假设我们已经定义了几个函数：在一个模块 funcdef.py 中定义了 square(n)和 cube(n)，
这个模块位于 lib 文件夹中。现在我们想在与 lib 文件夹同一级的 func_import.py 和
func_from.py 模块中使用它们，下面是这个项目的树形结构：

```
├── func_from.py
├── func_import.py
├── lib
    ├── funcdef.py
    └── __init__.py
```

在显示每个模块的代码之前，记住为了告诉 Python 这实际上是个程序包，需要在其中
放置一个__init__.py 模块。

> 关于__init__.py 模块，有两点值得注意。首先，它是一个功能完整的
> Python 模块，因此我们可以像任何其他模块一样把代码放在它的内部。
> 其次，对于 Python 3.3 而言，为了使一个文件夹被解释为 Python 程序包，
> 并不需要在其中放置这个文件。

它的代码如下：

```python
# funcdef.py
def square(n):
    return n ** 2
def cube(n):
    return n ** 3
```

```python
# func_import.py
import lib.funcdef
print(lib.funcdef.square(10))
print(lib.funcdef.cube(10))
```

```python
# func_from.py
from lib.funcdef import square, cube
print(square(10))
print(cube(10))
```

这两个函数在执行时都会输出 100 和 1000。根据导入当前作用域的方式，我们可以看到访问 square 函数和 cube 函数的不同之处。

相对导入

我们到目前为止所看到的导入都称为**绝对导入**，也就是定义了我们想要导入的模块（或想要导入的对象所在的模块）的完整路径。我们可以采用另一种方法把对象导入 Python 中，该方法称为**相对导入**。在有些场合，我们想要重新整理大型程序包的结构，但又不想对子程序包进行编辑；还有一些时候，我们想要让一个程序包内部的一个模块能够导入自身，都可以使用相对导入。相对导入是在作为我们需要回溯的文件夹名称的模块前面添加点号来找到我们想要搜索的东西。

简而言之，它是类似下面这样的代码：

```
from .mymodule import myfunc
```

关于相对导入的完整解释，可以参阅 PEP 328。在本书后面的章节中，我们将使用不同的程序库来创建项目，将会用到几种不同类型的导入，包括相对导入。因此，读者可以花点时间在 Python 官方文档中阅读这个主题的内容。

4.13　总结

在本章中，我们探索了函数的世界。它们非常重要。从现在开始，我们将一直使用函数。我们讨论了使用函数的主要原因，其中最重要的原因是实现代码的复用以及细节的隐藏。

我们看到一个函数对象就像一个箱子一样，接收可选的输入并产生输出。我们可以采用许多不同的方式向函数提供输入值，可以使用位置参数和关键字参数，并使用这两种参数的可变数量参数语法。

现在，我们应该掌握了怎样编写函数、怎样编写函数的文档以及怎样把它导入自己的代码中并调用它。

在下一章中，我们将进一步加深学习的深度，因此我建议读者抓紧时间阅读 Python 的官方文档，巩固和丰富到目前为止所学习的知识。

第 5 章
节省时间和内存

"不是一天天地增加要求，而是一天天地减少。去掉那些不必要的东西。"

——李小龙

我喜欢李小龙的这句名言。他是个非常聪明的人。尤其是这句话的后半部分"去掉那些不必要的东西"，对我来说就是让计算机程序变得更为优雅。不管如何，如果有更好的方法可以完成任务，不需要浪费时间或内存，为什么不用呢？

一方面，有时候，出于一些合理的原因，我们不能把代码压缩到最大限度。例如，为了一个微不足道的改进，并不值得牺牲代码的可读性或可维护性。如果一个是网页的服务时间保持在 1 秒之内，却需要使用难以理解的复杂代码，而另一个是服务时间是 1.05 秒但容易理解的清晰代码，孰优孰劣不言而喻。

另一方面，有时候让一个函数节省 1 毫秒也是非常合理的做法，尤其是当这个函数需要被成千上万次调用的时候。我们所节省的每毫秒在 1 000 次调用之后总共就节省了 1 秒，这对于应用程序而言是极有意义的。

出于这些考虑，本章并没有把注意力集中在提供工具把代码压缩到绝对的性能限制以及那些"不管怎样都要进行"的优化上，而是致力于编写高效、优雅并且容易理解、运行快速的代码，而且不会明显浪费资源。

在本章中，我们打算讨论下面这些主题。

◆ map、zip 和 filter 函数。

◆ 解析。

◆ 生成器。

我将会进行一些测试和比较，并小心翼翼地得出一些结论。记住，在不同设置或不同操作系统中，结果可能有所区别。观察下面的代码：

```
# squares.py
def square1(n):
    return n ** 2  # 通过乘方操作符返回结果

def square2(n):
    return n * n   # 通过乘法返回结果
```

这两个函数返回的都是 n 的平方，但哪个函数的运行速度更快呢？根据我针对它们所运行的简单基准测试结果，第 2 个函数似乎要稍微快一点。如果读者也是这么想的，那就对了。

计算一个数的平方涉及乘法，因此不管我们在进行乘方运算时使用了什么算法，其速度不可能比 square2 所采用的简单乘法更快。

我们是否关注这个结果呢？在绝大多数情况下，我们并不关注。如果我们为电子商务网站编写代码，很少有机会需要取一个数的平方。即使需要这样做，也是极为少见的操作。我们不需要关注少许几次调用某个函数所节省的零点几微秒的时间。

那么，什么时候这种优化会变得非常重要呢？一种极为常见的情况是当我们必须处理巨量的数据集合时。如果我们需要对 100 万个顾客对象应用同一个函数，那么我们就希望这个函数能够实现最快的速度。一次调用如果能够节省 1/10 秒，在 100 万次调用之后就可以节省 10 万秒的时间，相当于 27.7 小时。这就大为不同了，对不对？因此，我们将把注意力集中在集合上，并观察 Python 所提供的工具，更高效、更优雅地对它们进行处理。

我们在本章中将要看到的许多概念是建立在迭代器和可迭代对象的基础之上的。简而言之，就是能够让一个对象根据需要返回它的下一个元素，如果不存在下一元素就抛出一个 StopIteration 异常。我们将在第 6 章面向对象编程、装饰器和迭代器中学习怎样编写自定义的迭代器和可迭代对象。

由于我们在本章中将要探索的对象的本质，我常常迫使自己把代码包装在一个 list 构造函数中。这是因为向 list(...)传递一个迭代器或生成器后，系统会把它耗尽并把所有生成的元素放在一个新创建的列表中。这样我们就可以很方便地进行输出，显示它们的内容。这个技巧会导致代码的可读性略差，因此我为列表提供了一个别名：

```
# alias.py
>>> range(7)
```

```
range(0, 7)
>>> list(range(7))    # 把所有元素放在一个列表中，以便对它们进行观察
[0, 1, 2, 3, 4, 5, 6]
>>> _ = list          # 为列表创建一个别名
>>> _(range(7))       # 与 list(range(7))相同
[0, 1, 2, 3, 4, 5, 6]
```

在加粗显示的 3 个地方中，第 1 处是我们需要进行的调用，以显示 range(7)所生成的内容；第 2 处就是为列表创建别名（我选择了很低调的下划线）；第 3 处是在等效调用中我用别名代替了 list。

 我们希望这种做法能够改善代码的可读性。另外，需要记住这个别名是为本章中的所有代码所定义的。

5.1 map、zip 和 filter 函数

我们将首先讨论 map、filter 和 zip 函数，它们是我们在处理集合时所使用的主要内置函数。然后，我们将学习如何使用两个非常重要的结构（**解析**和**生成器**）实现相同的结果。我们马上就要加速了，请系好安全带！

5.1.1 map 函数

根据 Python 官方文档的说法：

"map（函数，可迭代对象，...）返回一个迭代器，它将把函数应用于可迭代对象中的每个元素并生成结果。如果向它传递了额外的可迭代对象参数，那么函数必须接收这些参数，并且平行地应用于所有可迭代对象中的元素。如果存在多个可迭代对象，那么当最短的那个可迭代对象被耗尽时，迭代器就停止工作。"

我们将在本章的后面再解释"生成结果"的概念。从现在开始，我们把这些概念转换为代码。我们将使用一个 lambda 函数，它会接收可变数量的位置参数，并以元组的形式返回它们：

```
# map.example.py
>>> map(lambda *a: a, range(3))      # 1 个可迭代对象
<map object at 0x10acf8f98>          # 不实用！我们使用别名
>>> _(map(lambda *a: a, range(3)))   # 1 个可迭代对象
[(0,), (1,), (2,)]
>>> _(map(lambda *a: a, range(3), 'abc'))   # 2 个可迭代对象
```

```
[(0, 'a'), (1, 'b'), (2, 'c')]
>>> _(map(lambda *a: a, range(3), 'abc', range(4, 7)))  # 3 个可迭代对象
[(0, 'a', 4), (1, 'b', 5), (2, 'c', 6)]
>>> # map 在最短的迭代器处终止
>>> _(map(lambda *a: a, (), 'abc'))  # 空元组是最短的
[]
>>> _(map(lambda *a: a, (1, 2), 'abc'))  # (1, 2) 最短
[(1, 'a'), (2, 'b')]
>>> _(map(lambda *a: a, (1, 2, 3, 4), 'abc'))  # abc 最短
[(1, 'a'), (2, 'b'), (3, 'c')]
```

在上面的代码中，我们可以看到为什么必须把调用包装在 list(...)（或它的别名 _，如此例所示）中。如果不采用这种形式，我们所得到的是一个 map 对象的字符串表现形式，这在当前的上下文环境中并没有实际用途。

我们还注意到每个可迭代对象的元素是如何应用于这个函数的：一开始是每个可迭代对象的第 1 个元素，接着是每个可迭代对象的第 2 个元素，接下来以此类推。另外，注意当我们所调用的那个最短的可迭代对象被耗尽时，map 函数就停止工作。这实际上是一个非常优秀的行为。它并不会强迫我们把所有的可迭代对象调整为相同的长度，这些对象的长度不同并不会导致代码失败。

当我们必须把同一个函数应用于一个或多个对象集合时，map 函数是非常实用的。作为一个更为有趣的例子，我们观察一种"装饰—排序—去装饰"的用法（又称 **Schwartzian 变换**）。在 Python 的排序没有提供键功能的时代，这是一个极为流行的技巧。时至今日，它已经不太常用，但它依旧是一个非常酷的技巧，时常会在代码中出现。

我们在下面这个例子中观察它的一个变型：我们想要按照学生的累计学分之和的降序进行排序，成绩最好的学生排在位置 0。我们编写一个函数，生成一个经过装饰的对象，然后进行排序，最后再执行去装饰。每个学生在 3 个（可能不同的）科目上有学分。在这个上下文环境中，装饰一个对象相当于对它进行转换，要么向它添加额外的数据，要么把它放在另一个对象中，这样才能使我们可以按照想要的方式对原先的对象进行排序。这个技巧与 Python 的装饰器无关，我们将在本书的后面再讨论装饰器。

在排序之后，我们恢复装饰后的对象再根据它们获取原先的对象，这个过程称为去装饰：

```python
# decorate.sort.undecorate.py
students = [
    dict(id=0, credits=dict(math=9, physics=6, history=7)),
    dict(id=1, credits=dict(math=6, physics=7, latin=10)),
    dict(id=2, credits=dict(history=8, physics=9, chemistry=10)),
    dict(id=3, credits=dict(math=5, physics=5, geography=7)),
```

```
]
def decorate(student):
    # 根据 student 字典创建一个二元组(学分之和, student)
    return (sum(student['credits'].values()), student)

def undecorate(decorated_student):
    # 丢弃学分之和，返回原先的 student 字典
    return decorated_student[1]

students = sorted(map(decorate, students), reverse=True)
students = _(map(undecorate, students))
```

我们要理解每个 student 对象是什么。事实上，我们先输出第 1 个对象：

```
{'credits': {'history': 7, 'math': 9, 'physics': 6}, 'id': 0}
```

我们可以看到，它是一个具有两个键（id 和 credits）的字典。credits 的值也是个字典，其中包含了 3 个 subject/grade 键值对。只要对数据结构稍有了解，就知道 dict.values()返回的是一个与 iterable（可迭代对象）相似的对象，只包含了 dict 中的值。因此，对第 1 个学生调用 sum(student['credits']. values())相当于 sum((9, 6, 7))。

下面是对第 1 个学生调用 decorate 函数的输出结果：

```
>>> decorate(students[0])
(22, {'credits': {'history': 7, 'math': 9, 'physics': 6}, 'id': 0})
```

如果我们按照这种方式对所有的学生进行装饰，那么只需要对元组列表进行排序就可以实现按照学分之和对学生进行排序。为了对 students 集合中的每个元素进行装饰，可以调用 map(decorate, students)。然后，我们就可以对结果进行排序，并按照类似的方式执行去装饰。如果读者认真学习了前面的章节，理解这段代码应该并无困难。

在运行整段代码之后，将产生下面的结果：

```
$ python decorate.sort.undecorate.py
[{'credits': {'chemistry': 10, 'history': 8, 'physics': 9}, 'id': 2},
 {'credits': {'latin': 10, 'math': 6, 'physics': 7}, 'id': 1},
 {'credits': {'history': 7, 'math': 9, 'physics': 6}, 'id': 0},
 {'credits': {'geography': 7, 'math': 5, 'physics': 5}, 'id': 3}]
```

观察学生对象的顺序，我们可以发现它们确实已经按照学分之和进行了排序。

关于“装饰—排序—去装饰”用法的更详细信息，Python 官方文档关于如何排序的章节对它进行了非常精彩的介绍。

关于排序部分，有一点需要注意：如果两个（或更多个）学生的学分之和相同该怎么处理呢？排序算法会对 student 对象进行比较以便继续进行排序，但这种做法并没有意义。在更复杂的情况下，这种做法可能会导致不可预料的结果，甚至产生错误。如果我们明确地想要避免这种问题，可以采用一种简单的解决方案，即创建一个三元组而不是二元组，其中第 1 个位置就是学分之和，第 2 个位置是 student 对象在学生列表中的位置，第 3 个位置是 student 对象本身。按照这种方式，如果几个元组的学分之和相同，那么系统就会按照位置进行排序，而位置总是不同的。因此，这种方法足以解决任意元组之间的排序问题。

5.1.2　zip 函数

我们已经在前面的章节中讨论过 zip 函数，现在我们来讨论它的定义，并讨论如何把它与 map 函数进行结合。

根据 Python 官方文档的描述：

"zip（*可迭代对象）返回一个元组迭代器，其中第 i 个元组包含了参数序列或可迭代对象各自的第 i 个元素。当最短的那个可迭代输入对象被耗尽时，这个迭代器便结束工作。如果参数中只有 1 个可迭代对象，它将返回一个单元组迭代器。如果没有提供参数，则它将返回一个空迭代器。"

让我们观察一个例子：

```
# zip.grades.py
>>> grades = [18, 23, 30, 27]
>>> avgs = [22, 21, 29, 24]
>>> _(zip(avgs, grades))
[(22, 18), (21, 23), (29, 30), (24, 27)]
>>> _(map(lambda *a: a, avgs, grades))  # 相当于 zip 函数
[(22, 18), (21, 23), (29, 30), (24, 27)]
```

在上面这段代码中，我们把每位学生的平均分与最后一次考试的成绩结合在一起。注意，我们可以极为方便地使用 map 函数复制 zip 函数的功能（这个例子的最后两条指令）。同样，为了显示结果，我们必须使用 "_" 表示 list 的别名。

组合使用 map 函数和 zip 函数的一个简单例子是计算几个序列中逐元素的最大值，也就是每个序列的第 1 个元素的最大值，然后是第 2 个元素的最大值，依次类推：

```
# maxims.py
>>> a = [5, 9, 2, 4, 7]
>>> b = [3, 7, 1, 9, 2]
>>> c = [6, 8, 0, 5, 3]
>>> maxs = map(lambda n: max(*n), zip(a, b, c))
```

```
>>> _(maxs)
[6, 9, 2, 9, 7]
```

注意，现在计算这 3 个序列的最大值变得更加方便。当然，这个例子并不是严格需要 zip 函数的，我们也可以只使用 map 函数。有时候我们很难通过一个简单的例子来领悟某种技巧是优是劣。不要忘了，我们并不总是能够控制源代码，因为我们可能使用的是第三方的程序库，无法按照自己的意愿对它进行修改。因此，能够使用不同的方式对数据进行操作会对我们有所帮助。

5.1.3　filter 函数

根据 Python 官方文档的描述：

"filter（函数，可迭代对象）根据可迭代对象中应用了函数之后结果为 True 的那些元素构建一个迭代器。可迭代对象可以是序列、支持迭代的容器或迭代器。如果函数为 None，就使用 identity 函数，即可迭代对象中所有值为 False 的元素都会被移除。"

让我们观察一个非常简单的例子：

```
# filter.py
>>> test = [2, 5, 8, 0, 0, 1, 0]
>>> _(filter(None, test))
[2, 5, 8, 1]
>>> _(filter(lambda x: x, test))  # 与前一个相同
[2, 5, 8, 1]
>>> _(filter(lambda x: x > 4, test))  # 只保留大于 4 的元素
[5, 8]
```

在上面这段代码中，注意 filter 函数的第 2 个调用与第 1 个调用是等效的。如果我们向它传递一个接收 1 个参数并返回该参数本身的函数，则只有那些值为 True 的参数会使函数返回 True，因此这个行为与传递 None 是完全相同的。模仿 Python 的一些内置函数的行为常常是个很好的练习。当我们成功完成这个任务时，就可以认为自己完全理解了 Python 在某个特定场景的行为。

理解了 map、zip 和 filter 函数（以及 Python 标准库中的其他一些函数）之后，我们就可以非常高效地对元素序列进行操控了。但这些函数并不是对元素序列进行操控的唯一方式。下面，我们观察 Python 非常优雅的特性之一：解析。

5.2　解析

解析是一种简洁的记法，它可以对一个元素集合执行一些操作，并且还可以从中选择

满足某些条件的一个子集。这个概念是从函数式编程语言 Haskell 中引入的，与迭代器和生成器一起为 Python 提供了一种函数性的风格。

Python 提供了不同类型的解析：list（列表）、dict（字典）和 set（集合）。现在我们先来专注于第 1 种解析。理解了第 1 种解析之后，后面两种解析也就非常容易理解了。

我们先讨论一个非常简单的例子。如果我们想要计算前 10 个自然数的平方，怎么才能完成这个任务呢？我们可以采用以下几种等效的方法：

```
# squares.map.py
# 如果采用这种编程方式，就不是合格的 Python 程序员！
>>> squares = []
>>> for n in range(10):
...     squares.append(n ** 2)
...
>>> squares
[0, 1, 4, 9, 16, 25, 36, 49, 64, 81]

# 这种方法更好一些，只需要一行代码，更优雅并且更容易理解
>>> squares = map(lambda n: n**2, range(10))
>>> _(squares)
[0, 1, 4, 9, 16, 25, 36, 49, 64, 81]
```

上面这个例子对我们来说并不陌生。下面我们观察如何使用 list 解析来实现相同的结果：

```
# squares.comprehension.py
>>> [n ** 2 for n in range(10)]
[0, 1, 4, 9, 16, 25, 36, 49, 64, 81]
```

就是这么简单。它是不是非常优雅？简单地说，我们就是把一个 for 循环放在了一对方括号中。现在，我们过滤掉那些奇数的平方数。我们首先观察如何用 map 函数和 filter 函数完成这个任务，然后观察怎样用 list 解析来完成同一个任务：

```
# even.squares.py
# 使用 map 函数和 filter 函数
sq1 = list(
    map(lambda n: n ** 2, filter(lambda n: not n % 2, range(10)))
)
# 功能等效，但是使用了 list 解析
sq2 = [n ** 2 for n in range(10) if not n % 2]

print(sq1, sq1 == sq2)  # 输出: [0, 4, 16, 36, 64] True
```

我觉得两者在可读性上的差别是非常明显的。list 解析的可读性显然要优秀得多。它几乎与日常的语言描述相同：对于 0 到 9 范围内的自然数 n，如果 n 是偶数，就输出它的平方（n**2）。

根据 Python 官方文档的说法：

"list 解析由一对方括号组成，其中包含了一个表达式，然后是一个 for 子句，再然后是 0 个或多个 for 或 if 子句。其结果是一个新的列表，该列表是在其后的 for 和 if 子句的上下文环境中对表达式进行求值所产生的。"

5.2.1　嵌套的解析

让我们观察一个嵌套循环的例子。如果我们的算法必须要用两个占位符对一个序列进行迭代，则经常会用到嵌套循环。第 1 个循环是针对整个序列运行的，方向是从左到右。第 2 个循环也是如此，但它是从第 1 个循环的当前位置而不是从位置 0 开始迭代的。它的要点就是测试所有不重复的元素对。让我们观察实现相同功能的经典 for 循环：

```
# pairs.for.loop.py
items = 'ABCD'
pairs = []

for a in range(len(items)):
for b in range(a, len(items)):
    pairs.append((items[a], items[b]))
```

如果在最后输出 pairs，会得到下面的结果：

```
$ python pairs.for.loop.py
[('A', 'A'), ('A', 'B'), ('A', 'C'), ('A', 'D'), ('B', 'B'), ('B', 'C'),
('B', 'D'), ('C', 'C'), ('C', 'D'), ('D', 'D')]
```

所有具有相同字母的元组就是那些 b 的位置与 a 相同的元组。现在，让我们观察如何使用 list 解析完成同一个任务：

```
# pairs.list.comprehension.py
items = 'ABCD'
pairs = [(items[a], items[b])
    for a in range(len(items)) for b in range(a, len(items))]
```

这个版本只需要两行代码，却实现了相同的结果。注意在这个特定的例子中，由于对 b 执行的 for 循环对 a 存在依赖性，因此它在解析中必须出现在对 a 执行的 for 循环的后面。如果交换了顺序，就会出现名称错误。

5.2.2　在解析中应用过滤

我们可以在解析中应用过滤。我们先观察 filter 函数的用法。假设我们需要寻找两条短边均小于 10 的所有毕达哥拉斯（勾股）三角形。显然，我们不想两次测试同一个组合，因此可以使用与前一个例子相似的技巧：

```
# pythagorean.triple.py
from math import sqrt
# 生成所有可能的配对
mx = 10
triples = [(a, b, sqrt(a**2 + b**2))
    for a in range(1, mx) for b in range(a, mx)]
# 过滤掉所有非毕达哥拉斯三角形
triples = list(
    filter(lambda triple: triple[2].is_integer(), triples))

print(triples) # prints: [(3, 4, 5.0), (6, 8, 10.0)]
```

 毕达哥拉斯三角形是个整数三元组（a, b, c），并且满足 $a^2 + b^2 = c^2$。

运行上面的代码，系统将生成一个三元组列表 triples。每个元组包含了两个整数（即两条直角边）以及对应的毕达哥拉斯三角形斜边。例如，当 a 为 3 且 b 为 4 时，这个元组就是(3, 4, 5.0)；当 a 为 5 且 b 为 7 时，这个元组就是(5, 7, 8.602325267042627)。

生成了所有的三元组之后，我们需要过滤掉所有斜边不是整数的三元组。为此，我们可以根据 float_number.is_integer() 为 True 这个条件进行过滤。这意味着在上面所显示的两个示例元组中，斜边为 5.0 的那个三元组将被保留，而斜边为 8.602 325 267 042 627 的那个三元组将被过滤掉。

这个方法是可行的，但我不喜欢让元组包含两个整数和一个浮点数。它们都应该是整数。因此，我们用 map 函数来修正这个问题：

```
# pythagorean.triple.int.py
from math import sqrt
mx = 10
triples = [(a, b, sqrt(a**2 + b**2))
    for a in range(1, mx) for b in range(a, mx)]
triples = filter(lambda triple: triple[2].is_integer(), triples)
# 使元组的第 3 个数也是整数
triples = list(
    map(lambda triple: triple[:2] + (int(triple[2]), ), triples))

print(triples)  # 输出: [(3, 4, 5), (6, 8, 10)]
```

注意我所增加的这个步骤。我们取元组中的每个元素并对它进行分割，只取它的前两个元素。接着，把这个片段与一个单元组进行连接，并且把浮点数的整数部分也放入其中。

看上去工作量似乎不少，真是这样吗？

事实上确实如此。让我们观察如何用一个 list 解析来完成所有这些操作：

```
# pythagorean.triple.comprehension.py
from math import sqrt
# 这个步骤与前面相同
mx = 10
triples = [(a, b, sqrt(a**2 + b**2))
    for a in range(1, mx) for b in range(a, mx)]
# 这里，我们在一个清晰的 list 解析中组合了 filter 函数和 map 函数
triples = [(a, b, int(c)) for a, b, c in triples if c.is_integer()]
print(triples)  # 输出: [(3, 4, 5), (6, 8, 10)]
```

这个方法是不是更出色？它更加清晰，更容易理解并且更为简洁。换句话说，它非常优雅。

> 正如第 4 章函数，代码的基本构件的总结部分所述，本章的进度相当之快。要不要好好体验一下这段代码？我建议读者这样做。破坏一些代码、修改一些代码并观察会发生什么情况是非常重要的。要确保对将要发生的事情具有清晰的理解。

5.2.3 dict 解析

dict 解析和 set 解析的工作方式与 list 解析相似，仅有的区别在于语法。下面这个例子足以解释我们需要了解的所有东西：

```
# dictionary.comprehensions.py
from string import ascii_lowercase
lettermap = dict((c, k) for k, c in enumerate(ascii_lowercase, 1))
```

如果输出 lettermap，则可以看到下面的结果（省略了中间结果，只保留要点）：

```
$ python dictionary.comprehensions.py
{'a': 1,
 'b': 2,
 ...
 'y': 25,
 'z': 26}
```

上面这段代码所执行的操作是向 dict 的构造函数输入一个解析（从技术上说，是一个生成器表达器，稍后讨论）。我们告诉 dict 的构造函数根据解析的每个元组创建键值对。我们使用 enumerate 列举了所有的 ASCII 小写字母序列，从 1 开始。非常简单。

我们还可以采取另一种方式完成相同的操作，它接近于另一种字典语法：

```
lettermap = {c: k for k, c in enumerate(ascii_lowercase, 1)}
```

它完成了相同的操作，语法上的轻微区别是它更强调键:值部分。

字典中不允许出现重复的键，如下面这个例子所示:

```
# dictionary.comprehensions.duplicates.py
word = 'Hello'
swaps = {c: c.swapcase() for c in word}
print(swaps) # prints: {'H': 'h', 'e': 'E', 'l': 'L', 'o': 'O'}
```

我们创建了一个字典，它的键来自 Hello 字符串中的字母，它的键来自同一些字母，但切换了大小写形式。注意它只包含了 1 对'l': 'L'。构造函数并不会报错，它只会简单地把重复的键重新分配给最新的那个值。我们可以通过另一个例子来更清晰地说明这一点，即把字符串中的每个位置分配给每个键:

```
# dictionary.comprehensions.positions.py
word = 'Hello'
positions = {c: k for k, c in enumerate(word)}
print(positions)  # 输出: {'H': 0, 'e': 1, 'l': 3, 'o': 4}
```

注意与字母'l': 3 相关联的值。'l': 2 这一对不再存在，因为它被'l': 3 所覆盖了。

5.2.4　set 解析

set 解析与 list 解析和 dict 解析非常相似。Python 既允许使用 set 构造函数，也允许使用显式的{}语法。让我们观察一个简单的例子:

```
# set.comprehensions.py
word = 'Hello'
letters1 = set(c for c in word)
letters2 = {c for c in word}
print(letters1)  # 打印: {'H', 'o', 'e', 'l'}
print(letters1 == letters2)  # 打印: True
```

注意，和 dict 解析一样，set 解析也不允许出现重复元素，因此最终的集合中只有 4 个字母。另外，注意赋值给 letters1 和 letters2 的两个表达式所产生的集合是相同的。

创建 letters2 的语法与创建 dict 解析的语法非常相似。我们可以发现唯一的区别是 dict 解析需要用冒号分隔键和值，而 set 解析不需要。

5.3　生成器

生成器是 Python 所提供的一种功能非常强大的工具。它建立在迭代这个概念的基础之上。它允许我们使用一种把优雅和高效结合在一起的编程模式。

生成器具有以下两种类型。

◆ **生成器函数**：它与常规的函数非常相似，但它并不是通过 return 语句返回结果，而是使用了 yield，从而允许在每个调用之间暂停和恢复它们的状态。

◆ **生成器表达式**：它与我们在本章所看到的 list 解析非常相似，但它并不是返回一个列表，而是返回一个能够逐个生成结果的对象。

5.3.1　生成器函数

生成器函数的行为在各个方面都与常规函数相似，只存在一个区别：生成器函数并不是收集结果并一次返回它们，而是把它们自动转入迭代器中。在迭代器上调用一次 next 时会产生一个结果。Python 会自动把生成器函数转入它们各自的迭代器。

上面的描述非常抽象，因此我们观察一个例子，以便理解为什么这种机制具有强大的功能。

假设我们需要从 1 到 1 000 000 进行报数。我们开始报数，并在某个时刻被要求暂停。过了一会，我们又需要恢复报数。此时，为了正确地恢复报数，我们至少需要知道什么信息？很显然，我们需要知道最近一次所报的数。如果我们是在报到 31 415 时暂停的，接下来只要从 31 416 开始恢复报数就可以了，以此类推。

关键在于，我们并不需要记住 31 415 以前的所有数字，也不需要把它们写下来。现在，虽然我们还不理解生成器函数的概念，但是对它的行为已经有了一个初步的了解。

仔细观察下面的代码：

```
# first.n.squares.py
def get_squares(n):  # 传统的函数方法
    return [x ** 2 for x in range(n)]
print(get_squares(10))

def get_squares_gen(n):  # 生成器函数方法
    for x in range(n):
        yield x ** 2  # 生成结果，但并不返回
print(list(get_squares_gen(10)))
```

两个 print 语句的结果是相同的：[0, 1, 4, 9, 16, 25, 36, 49, 64, 81]。但是，这两个函数之间存在一个巨大的区别。get_squares 是个传统函数，它会在一个列表中收集[0, n)范围内的所有整数的平方数并返回这个列表。而 get_squares_gen 是个生成器函数，它的行为具有很

大的区别，每次当 Python 解释器执行到 yield 这行代码时，它就会暂停执行。这两个 print 语句返回相同结果的唯一原因是我们把 get_squares_gen 作为 list 构造函数的参数，后者不断请求下一个元素直到触发一个 StopIteration 异常，从而完全耗尽了这个生成器。下面我们对它进行详细的观察：

```python
# first.n.squares.manual.py
def get_squares_gen(n):
    for x in range(n):
        yield x ** 2

squares = get_squares_gen(4)  # 创建了一个生成器对象
print(squares)    # <generator object get_squares_gen at 0x10dd...>
print(next(squares))   # 输出: 0
print(next(squares))   # 输出: 1
print(next(squares))   # 输出: 4
print(next(squares))   # 输出: 9
# 下面的调用会触发 StopIteration 异常, 生成器被耗尽
# 对 next 所有未来的调用都会触发 StopIteration 异常
print(next(squares))
```

在上面的代码中，每次当我们在生成器对象上调用 next 时，我们要么启动它（第 1 个 next），要么使它从上一次暂停状态恢复运行（其他所有的 next）。

当我们在生成器对象上第 1 次调用 next 时，得到的结果是 0，它是 0 的平方。然后依次得到 1、4、9。由于 for 循环在 n 为 4 时停止，因此生成器很自然地就停止了。传统函数在这个时候会返回 None，但为了遵循迭代协议，生成器在这种情况下将触发一个 StopIteration 异常。

这就解释了 for 循环的工作方式。当我们调用 for k in range(n)时，后台所发生的事情是 for 循环获得了 range(n)的一个迭代器，并开始在它上面调用 next，直到触发 StopIteration 异常，该异常会告诉 for 循环迭代已到达末尾。

把这个行为全方位地融入 Python 的迭代中会使生成器的功能更为强大，因为一旦编写了生成器之后，就可以把它们插入任何需要迭代机制的地方。

现在这个时候，我们可能会疑惑为什么要使用生成器来代替常规函数。不错，本章的标题就是答案所在。以后我再讨论性能问题，现在我们把注意力集中在一个地方：有时候生成器允许我们完成简单的列表无法完成的任务。例如，我们想对一个序列的所有排列数量进行分析，如果这个序列的长度是 N，那么它的排列数量是 $N!$。这意味着如果这个序列的长度为 10，那么它的排列数量为 3 628 800；如果序列的长度为 20，则它的排列数量高达 2 432 902 008 176 640 000。排列的数量是呈指数级增长的。

现在，假设有一个传统函数试图计算所有的排列数量，然后把它们放在一个列表中并返回这个列表。如果序列的长度是 10，它可能需要几十秒的时间完成这个任务。但是，如果序列的长度为 20，那么它可能根本就无法完成这个任务。

另一方面，生成器函数能够启动排列计算，返回第 1 个排列，然后返回第 2 个排列，以此类推。当然，我们没有时间对它们进行全部解析，因为数量实在太多。但是，至少我们能够对其中的一些进行处理。

还记得我们是在什么时候讨论 for 循环的 break 语句的吗？当我们发现一个数可以被某个候选质数整除时就可以退出循环，不需要继续。

有时候情况是完全一样的，只不过现在我们必须迭代的数据过于庞大，无法把它们都放在内存或列表中。在这种情况下，生成器就具有无可估量的价值：它们能够化不可能为可能。

因此，为了节省内存（和时间），只要有可能就应该使用生成器。

另外还值得注意的是，我们可以在生成器函数中使用 return 语句。它将触发一个 StopIteration 异常，从而有效地结束迭代，这是极为重要的。如果 return 语句使生成器函数实际返回了某个对象，那么就会破坏迭代协议。Python 的一致性不允许出现这种情况，从而给代码的编写带来了极大的便利。让我们观察一个简单的例子：

```
# gen.yield.return.py
def geometric_progression(a, q):
    k = 0
    while True:
        result = a * q**k
        if result <= 100000:
            yield result
        else:
            return
        k += 1


for n in geometric_progression(2, 5):
    print(n)
```

上面的代码生成几何级数的所有项：a，aq，aq^2，aq^3，…，当几何级数生成一个大于 100 000 的项时，生成器就停止（通过一个 return 语句）。运行上面这段代码将产生下面的结果：

```
$ python gen.yield.return.py
2
```

```
10
50
250
1250
6250
31250
```

下一个项将是 156 250，但它过于庞大了，不会被输出。

 说到 StopIteration 异常，在 Python 3.5 中，生成器处理异常的方式发生了变化。要想理解这些变化的含义有点为时过早，现在只需要明白我们可以在 PEP 479(https://legacy.python.org/dev/peps/pep-0479/)阅读这个话题就行了。

5.3.2　next 工作方式

在本章之初，我提到了生成器对象是基于迭代协议的。我们将在第 6 章面向对象编程、装饰器和迭代器中看到一个编写自定义的迭代器和可迭代对象的完整例子。现在，我们只需要理解 next 的工作方式就可以了。

当我们调用 next(generator)时，实际上所发生的事情是调用 generator.__next__方法。记住，**方法**就是属于某个对象的函数，而 Python 中的对象具有一些特殊的方法。__next__就是这些特殊方法之一，它的作用是返回迭代的下一个元素，或者当迭代结束无法返回元素时触发一个 StopIteration 异常。

 我们可能还记得，在 Python 中，对象的特殊方法又称**魔法方法**，或称 **dunder**（取自"双下划线 double underscore"）**方法**。

当我们编写一个生成器函数时，Python 会自动把它转换为一个与迭代器非常相似的对象。当我们调用 next(generator)时，这个调用会被转换为 generator.__next__。现在，我们回到前面那个生成平方数的例子：

```python
# first.n.squares.manual.method.py
def get_squares_gen(n):
    for x in range(n):
        yield x ** 2

squares = get_squares_gen(3)
print(squares.__next__())  # 输出: 0
print(squares.__next__())  # 输出: 1
```

```
print(squares.__next__())  # 输出: 4
# 接下来的调用会触发 StopIteration 异常，生成器被耗尽
# 对 next 所有未来的调用都会触发 StopIteration 异常
```

其结果与前面那个例子完全相同，只不过这次并没有使用 next(squares)这样的代理调用，而是直接调用了 squares.__next__。

生成器对象还提供了 3 个其他方法，即 send、throw 和 close，允许我们对它的行为进行控制。send 方法允许我们把一个值返回给生成器对象，实现与它的通信。throw 方法和 close 方法分别允许我们在生成器内部触发一个异常和将它关闭。它们的用法相当高级，我不会在这里展开详细的讨论，只是通过一个简单的例子对 send 方法稍做介绍：

```
# gen.send.preparation.py
def counter(start=0):
    n = start
    while True:
        yield n
        n += 1


c = counter()
print(next(c))  # 输出: 0
print(next(c))  # 输出: 1
print(next(c))  # 输出: 2
```

上面这个迭代器创建了一个将会永远运行的生成器对象。我们可以一直调用它，它永远不会停止。另外，如果我们把它放在一个 for 循环中，如 for n in counter(): ...，它也会一直运行。但是，如果我们想在某个时刻让它停止，应该怎么办呢？一种解决方案是使用一个变量来控制 while 循环，就像下面这样：

```
# gen.send.preparation.stop.py
stop = False
def counter(start=0):
    n = start
    while not stop:
        yield n
        n += 1


c = counter()
print(next(c))  # 输出: 0
print(next(c))  # 输出: 1
stop = True
print(next(c))  # 触发 StopIteration 异常
```

这样就可以了。我们开始执行时 stop = False，在它变成 True 之前，生成器会像前面一

样一直运行。但是，当我们把 stop 修改为 True 时，while 循环就会退出，下一个调用会触发 StopIteration 异常。这个技巧是可行的，但我不怎么喜欢。因为它依赖一个外部变量，这可能会导致其他问题，例如，如果另一个函数修改了 stop 会出现什么情况呢？而且，这段代码显得有点杂乱。简而言之，这个方法不够好。

我们可以使用 generator.send 更好地完成这个任务。当我们调用 generator.send 时，提供给 send 方法的值将被传递给生成器，执行就会恢复。我们可以使用 yield 表达式提取它的值。这个过程用语言来解释非常复杂，因此让我们观察一个例子：

```
# gen.send.py
def counter(start=0):
    n = start
    while True:
        result = yield n            # A
        print(type(result), result) # B
        if result == 'Q':
            break
        n += 1


c = counter()
print(next(c))          # C
print(c.send('Wow!'))   # D
print(next(c))          # E
print(c.send('Q'))      # F
```

执行上面的代码将产生下面的结果：

```
$ python gen.send.py
0
<class 'str'> Wow!
1
<class 'NoneType'> None
2
<class 'str'> Q
Traceback (most recent call last):
  File "gen.send.py", line 14, in <module>
    print(c.send('Q')) # F
StopIteration
```

我觉得有必要逐行解释一下这段代码，就像一步步执行它一样，看看大家能否理解整个过程。

我们调用 next（#C）开始了生成器的执行。在这个生成器中，n 被设置为与 start 相同的值，随后进入 while 循环，此时执行停止（#A），n（0）被生成并返回给调用者。此时，在控制台中输出 0。

接着我们调用 send（#D）恢复执行，result 被设置为 Wow!（仍然是#A），然后在控制台中输出它的类型和值（#B）。result 不等于 Q，因此 n 的值增加 1，执行回到 while 的条件"True"，这个条件的结果自然也是 True。这样就启动了另一个循环周期，执行再次停止（#A），n（1）被生成并返回到调用者。控制台中输出 1。

此时，我们调用 next（#E），执行再次恢复（#A），由于我们并没有显式地向生成器发送任何内容，因此 Python 在这种情况下的行为就像执行不使用 return 语句的函数一样。yield n 这个表达式（#A）返回 None。因此，result 被设置为 None，它的类型和值再次被输出在控制台中（#B）。

代码继续执行，result 并不是 Q，因此 n 的值增加 1，并开始另一次循环。执行再度暂停（#A），n（2）被生成并返回给调用者，控制台中输出 2。

现在到了最后的重点。我们再次调用 send（#F），但这次我们向它传递了 Q，因此当执行恢复时，result 被设置为 Q（#A）。它的类型和值被输出在控制台中（#B），最后 if 子句的结果为 True，于是程序通过 break 语句停止了 while 循环。然后生成器很自然地终止，这意味着它触发了一个 StopIteration 异常。我们可以在控制台所输出的最后几行信息看到它的回溯。

这段代码并不简单，很难在第一遍就完全理解。因此，如果我们觉得理解困难，也不要气馁。我们可以继续往下阅读，并在适当的时候重温这个例子。

send 方法的用法可以实现一些有趣的模式。值得注意的是，send 方法也可以用于启动生成器的执行（要用 None 调用它）。

5.3.3　yield from 表达式

另一个有趣的结构是 yield from 表达式。这个表达式允许我们从一个子迭代器中生成一些值。它可以实现一些相当高级的模式，因此我们只是观察一个非常简单的例子：

```
# gen.yield.for.py
def print_squares(start, end):
    for n in range(start, end):
        yield n ** 2


for n in print_squares(2, 5):
    print(n)
```

执行上面这段代码，控制台将输出数字 4、9 和 16（分别位于单独的一行）。现在，

我们应该已经能够理解这段代码了，但这里还是稍做解释。函数外部的 for 循环从
print_squares(2, 5)获取一个迭代器，并在它的上面调用 next 直到迭代结束。每次调用生成
器时，执行就会在 yield n ** 2 之后暂停（后面再恢复），这个语句将返回当前 n 的平方。
下面我们观察怎样利用 yield from 表达式的优点来转换这段代码：

```
# gen.yield.from.py
def print_squares(start, end):
    yield from (n ** 2 for n in range(start, end))

for n in print_squares(2, 5):
    print(n)
```

这段代码产生的结果是相同的。但是，我们可以看到，yield from 实际上运行了一个子
迭代器(n ** 2 ...)。yield from 表达式可以向调用者返回子迭代器所生成的每个值。这段代码
更短并且更容易理解。

5.3.4 生成器表达式

现在我们讨论一次生成一个值的另一种技巧。它的语法与 list 解析极为相似，唯一的
区别是它在表达式的两边并不使用方括号，而是使用圆括号，这种结构称为**生成器表达式**。

一般而言，生成器表达式的行为与等效的 list 解析相同，但我们要记住非常重要的一
点：生成器只能迭代一遍，然后就会被耗尽。让我们观察一个例子：

```
# generator.expressions.py
>>> cubes = [k**3 for k in range(10)]   # 常规的 list 解析
>>> cubes
[0, 1, 8, 27, 64, 125, 216, 343, 512, 729]
>>> type(cubes)
<class 'list'>
>>> cubes_gen = (k**3 for k in range(10))   # 创建生成器表达式
>>> cubes_gen
<generator object <genexpr> at 0x103fb5a98>
>>> type(cubes_gen)
<class 'generator'>
>>> _(cubes_gen)   # 耗尽生成器
[0, 1, 8, 27, 64, 125, 216, 343, 512, 729]
>>> _(cubes_gen)   # 无法再返回任何对象
[]
```

观察创建了生成器表达式并把它赋值给 cubes_gen 的那行代码，我们可以看到它是个
生成器对象。为了查看它的元素，我们可以使用一个 for 循环，以手动操作的形式调用一
组 next，或简单地把它输入一个 list 构造函数，这也是我所采用的做法（记住我使用了_作

为 list 的别名）。

注意，当生成器被耗尽时，我们就没有办法再根据它恢复同样的元素了。如果我们需要从头再使用它，就需要重新创建它。

在接下来的几个例子中，我们观察如何使用生成器表达式复制 map 函数和 filter 函数的操作：

```
# gen.map.py
def adder(*n):
    return sum(n)
s1 = sum(map(lambda *n: adder(*n), range(100), range(1, 101)))
s2 = sum(adder(*n) for n in zip(range(100), range(1, 101)))
```

在上面这个例子中，s1 和 s2 完全相同：它们都是 adder(0, 1)，adder(1, 2)，adder(2, 3)⋯这个序列的和，并且都可以转换为 sum(1, 3, 5, ⋯)。但两者的语法不同，但我觉得生成器表达式的语法要容易理解得多：

```
# gen.filter.py
cubes = [x**3 for x in range(10)]

odd_cubes1 = filter(lambda cube: cube % 2, cubes)
odd_cubes2 = (cube for cube in cubes if cube % 2)
```

在上面这个例子中，odd_cubes1 和 odd_cubes2 是相同的：它们都可以生成一个奇数立方数的序列。出自同样的原因，我更倾向于采用生成器表达式。如果情况变得更为复杂，两者之间的区别就更显而易见：

```
# gen.map.filter.py
N = 20
cubes1 = map(
    lambda n: (n, n**3),
    filter(lambda n: n % 3 == 0 or n % 5 == 0, range(N))
)
cubes2 = (
    (n, n**3) for n in range(N) if n % 3 == 0 or n % 5 == 0
)
```

上面这段代码创建了两个生成器，即 cubes1 和 cubes2。它们的作用是完全相同的，当 n 是 3 或 5 的倍数时返回一个二元组（n, n^3）。

如果输出 list(cubes1)，会得到[(0, 0), (3, 27), (5, 125), (6, 216), (9, 729), (10, 1000), (12, 1728), (15, 3375), (18, 5832)]。

现在可以明白为什么生成器表达式更容易理解了吧？当情况非常简单时，两者孰优孰劣尚有争议，但是一旦像这个例子一样涉及嵌套的函数时，生成器表达式的优越性就显而易见了，因为它的代码更短、更简单，并且更加优雅。

现在，我们需要回答一个问题：下面这几行代码有什么区别？

```
# sum.example.py
s1 = sum([n**2 for n in range(10**6)])
s2 = sum((n**2 for n in range(10**6)))
s3 = sum(n**2 for n in range(10**6))
```

严格地说，它们都会产生相同的和。计算 s2 和 s3 的表达式是完全相同的，因为 s2 中有一对括号是冗余的。它们都是 sum 函数内部的生成器表达式。但是，用于计算 s1 的表达式是不同的。在 sum 内部，我们找到了一个 list 解析。这意味着为了计算 s1，sum 函数必须在一个列表上调用 next 共 100 万次。

能够明白为什么我们会浪费时间和内存了吗？在 sum 可以在这个列表上开始调用 next 之前，这个列表必须已经被创建完成，这完全是在浪费时间和内存。让 sum 在一个简单的生成器表达式上调用 next 是好得多的方法，这样就不需要把 range(10**6)中的所有数都存储在一个列表中。

因此，在编写表达式的时候，要警惕额外的括号。有时候很容易忽略这些细节，导致代码产生很大的区别。如果不相信，可以观察下面的代码：

```
# sum.example.2.py
s = sum([n**2 for n in range(10**8)])  # 不可行
# s = sum(n**2 for n in range(10**8))  # 可行
print(s)  # 输出: 333333328333333350000000
```

尝试运行上面这个例子。如果在一台 8GB 内存的旧式 Linux 计算机上运行第 1 行代码，会出现下面的结果：

```
$ python sum.example.2.py
Killed
```

反之，如果注释掉第 1 行代码，并取消第 2 行代码的注释，会出现下面的结果：

```
$ python sum.example.2.py
333333328333333350000000
```

生成器表达式实在太贴心了。这两行代码之间的区别在于：在第 1 行代码中，对前 1 亿个数的平方求和之前，必须把这些数放在一个列表中。这个列表极其巨大，无法存储在内存中，因此 Python 会为我们杀死这个进程。

但是，当我们去掉方括号后，就不再需要列表了。sum 函数依次接收 0、1、4、9 等数，直到最后一个数，然后对它们求和。这样就没有问题。

5.4　性能上的考虑

我们已经了解到了可以采用很多不同的方法实现相同的结果。我们可以使用 map、zip 和 filter 函数的任意组合，或者选择使用解析，又或者选择使用生成器（生成器函数或生成器表达式）。我们甚至可以使用 for 循环，当每个参数所涉及的逻辑并不简单时，这种方法也许是最好的选择。

但是，除了可读性问题之外，我们还需要考虑性能。在涉及性能时，通常有两个因素扮演了重要的角色：**空间**和**时间**。

空间表示数据结构需要占据的内存的大小。在面临选择时，最好能够明白是确实需要使用列表（或元组），还是简单的生成器函数就足够使用。生成器函数可以节省大量的内存。如果实际上并不需要函数返回一个列表或元组，就可以把它们转换为生成器函数。

有时候，我们必须使用列表（或元组）。例如，有些算法需要使用多个指针对数据序列进行扫描，或者需要多次访问整个序列。生成器函数（或表达式）只能被迭代一次然后便被耗尽。因此，在这样的场合，它就不是正确的选择。

时间因素要比空间更难衡量，因为它取决于更多的变量，因此无法确定无疑地认为 X 在任何情况下都比 Y 更快。但是，根据当前在 Python 上所运行的测试，我们可以认为在一般情况下，map 函数的性能与 list 解析和生成器表达式相似，而 for 循环总是要慢一些。

为了完全理解这些结论背后的原因，我们需要理解 Python 的工作方式，这有点超出了本书的范畴，因为它涉及太多的技术细节。简单地说，map 函数和 list 解析在解释器中可以实现 C 语言的运行速度，而 Python 的 for 循环在 Python 的虚拟机中是以 Python 字节码的形式运行的，它通常要慢得多。

> Python 具有几种不同的实现。它的最初实现（仍然是最常见的实现）是 Cpython，Cpython 是用 C 语言编写的。C 语言仍然是当今功能非常强大和非常流行的编程语言之一。

能不能通过一个简单的练习来验证我所陈述的这些结论都是正确的？我将编写一小段代码，收集几对整数的 divmod(a, b) 的结果。我将使用 time 模块中的 time 函数来计算将要执行的操作所消耗的时间：

```
# performances.py
```

```
from time import time
mx = 5000

t = time()  # for 循环的起始时间
floop = []
for a in range(1, mx):
    for b in range(a, mx):
        floop.append(divmod(a, b))
print('for loop: {:.4f} s'.format(time() - t))  # 流逝时间

t = time()  # list 解析的起始时间
compr = [
    divmod(a, b) for a in range(1, mx) for b in range(a, mx)]
print('list comprehension: {:.4f} s'.format(time() - t))

t = time()  # 生成器表达式的起始时间
gener = list(
    divmod(a, b) for a in range(1, mx) for b in range(a, mx))
print('generator expression: {:.4f} s'.format(time() - t))
```

我们可以看到，我们创建了 3 个列表：floop、compr 和 gener。运行这段代码将产生下面的结果：

```
$ python performances.py
for loop: 4.4814 s
list comprehension: 3.0210 s
generator expression: 3.4334 s
```

list 解析的运行时间大约只有 for 循环的 67%，这是非常明显的差别。生成器表达式的结果与 list 解析比较接近，运行时间大约是 for 循环的 77%。生成器表达式稍慢的原因是我们需要把它输入 list 构造函数，和纯粹的 list 解析相比具有一些额外的耗时。如果我们并不需要保留这些计算的结果，生成器表达式很可能是更合适的选择。

一个值得注意的有趣结果是：在 for 循环体中，我们把数据添加到了一个列表的尾部。这意味着 Python 会不时在后台完成一些操作，改变列表的长度，为需要添加的数据分配空间。我猜测创建一个包含 0 值的列表并简单地用结果进行填充可以提高 for 循环的运行速度，但这种想法是错误的。我们可以自行验证，我们实际上只需要预先分配 mx * (mx - 1) // 2 个元素。

让我们观察一个类似的分别对 for 循环和 map 函数调用进行比较的例子：

```
# performances.map.py
from time import time
```

```
mx = 2 * 10 ** 7

t = time()
absloop = []
for n in range(mx):
    absloop.append(abs(n))
print('for loop: {:.4f} s'.format(time() - t))
t = time()
abslist = [abs(n) for n in range(mx)]
print('list comprehension: {:.4f} s'.format(time() - t))

t = time()
absmap = list(map(abs, range(mx)))
print('map: {:.4f} s'.format(time() - t))
```

从概念上说，这段代码与前面的例子非常相似。唯一有所变化的地方是我们使用了 abs
函数而不是 divmod 函数，并且只使用了一个循环而不是两个嵌套的循环。执行这段代码将
产生下面的结果：

```
$ python performances.map.py
for loop: 3.8948 s
list comprehension: 1.8594 s
map: 1.1548 s
```

使用 map 函数的方案取得了最佳成绩，它的运行时间大约是 list 解析的 62% 和 for 循
环的 30%。但是，这个结果还需要斟酌，因为许多不同的因素都会影响这个结论，如操作
系统和 Python 的版本等。但是，一般而言，我认为这些结果还是能够比较客观地反映这些
方案的性能。

但是，除了不同场合所存在的微小区别之外，很明显 for 循环是最慢的方案，因此我
们要明白为什么仍然需要使用它。

5.5 不要过度使用解析和生成器表达式

我们已经看到了解析和生成器表达式的强大功能。不要误解我的意思，但我觉得它们
的复杂性是呈指数级增长的。我们在一个单独的 list 解析或生成器表达式中所做的事情越
多，代码就越难以阅读和理解，因此维护和修改的难度也变得更大。

如果再次重温《禅意 Python》，我觉得有几句话值得我们在处理和优化代码时常记在心：

```
>>> import this
...
```

要直截了当地表达，不要含蓄。

简单比复杂更好。

...

要注意代码的可读性。

...

如果一种方法很难解释清楚，那么它就不是个好方法。

...

解析和生成器表达式在形式上更为隐晦，常常难以阅读和理解，并且难以解释。有时候我们必须采用深入浅出的技巧对它们进行分析，才能理解它们的工作方式。

关于这方面的例子，我们可以对毕达哥拉斯三角形进行一些延伸讨论。所谓毕达哥拉斯三角形，就是一个正整数三元组(a, b, c)满足 $a^2 + b^2 = c^2$。

我们在 5.2.2 在解析中应用过滤这一小节看到了如何计算毕达哥拉斯三角形（勾股数），但是当时采用了一种非常低效的方式，因为我们是对某个门槛值之下的所有整数对进行扫描，计算它们的斜边，并过滤掉那些无法形成毕达哥拉斯三角形的整数对。

另外一种获取毕达哥拉斯三角形列表的更好方法是直接生成它们。我们可以使用许多公式来完成这个任务。在这里，我们使用**欧几里得公式**。

这个公式表示任何三元组（a, b, c）如果满足 $a = m^2 - n^2$，$b = 2mn$，$c = m^2 + n^2$，m 和 n 都是正整数且 $m > n$，则由 a, b, c 这 3 个整数长度的线段组成的三角形就是个毕达哥拉斯三角形。例如，当 $m = 2$ 且 $n = 1$ 时，我们就可以找到最小的三角形（3 条边分别为 3、4、5）。

但是有一点值得注意：考虑（6, 8, 10）这个组合，它与（3, 4, 5）相似，只不过每个数都乘以 2。这个组合当然也是个毕达哥拉斯三角形，因为 $6^2 + 8^2 = 10^2$。但是，我们可以通过把（3, 4, 5）的每个元素都乘以 2，从而引申出这个组合。对于（9, 12, 15）、（12, 16, 20）以及可以写成（$3k, 4k, 5k$）形式的所有组合（其中 k 是大于 1 的正整数），情况也是如此。

一个毕达哥拉斯三角形不能由另一个毕达哥拉斯三角形的各个元素乘以某个因数 k 而得到，这个三元组称为**原始组合**。原始组合的另一种表述形式是：如果一个组合的 3 个元素是互质的，则这个组合是原始组合。两数互质的意思是它们的因数中没有任何共同的质因数，即它们的**最大公因数（GCD）**是 1。例如，3 和 5 是互质的，而 3 和 6 不是互质的，因为它们都可以被 3 所整除。

因此，欧几里得公式告诉我们，如果 m 和 n 是互质的，$m - n$ 是奇数，则它们所产生的组合是原始组合。在下面这个例子中，我们将编写一个生成器表达式计算斜边（c）小于或等于某个整数 N 的所有毕达哥拉斯原始组合。这意味着我们需要计算满足 $m^2 + n^2 \leq N$ 的所有组合。当 n 等于 1 时，这个公式就是 $m^2 \leq N - 1$，意味着我们可以近似地把上界限

看成是 $m \leqslant \sqrt{N}$ 。

简单地说：m 必须大于 n，它们必须是互质的，并且它们的差 $m - n$ 必须是奇数。除此之外，为了避免无用的计算，我们可以将把 m 的上界限设置为 floor(sqrt(N)) + 1。

 如果提供给 floor 函数的参数是实数 x，那么它将返回一个满足 $n < x$ 的最大整数 n。例如，floor(3.8) = 3，floor(13.1) = 13。

取 floor(sqrt(N)) + 1 意味着取 N 的平方根的整数部分并加 1 以确保不会错过任何满足条件的数。

让我们把上面这些概念逐步转换成代码。我们先来编写一个简单的使用**欧几里得算法**的 gcd 函数：

```
# functions.py
def gcd(a, b):
    """计算(a, b)的最大公约数. """
    while b != 0:
        a, b = b, a % b
    return a
```

欧几里得公式的解释可以在网上找到，因此我在这里不再赘述。我们需要把注意力集中在生成器表达式上。下一个步骤是使用我们在前面所收集的知识生成毕达哥拉斯原始组合的一个列表：

```
# pythagorean.triple.generation.py
from functions import gcd
N = 50

triples = sorted(                                    # 1
    ((a, b, c) for a, b, c in (                       # 2
        ((m**2 - n**2), (2 * m * n), (m**2 + n**2))   # 3
        for m in range(1, int(N**.5) + 1)             # 4
        for n in range(1, m)                          # 5
        if (m - n) % 2 and gcd(m, n) == 1             # 6
    ) if c <= N), key=lambda *triple: sum(*triple)    # 7
)
```

这样就可以了。这段代码并不容易理解，因此我们逐行进行分析。在#3 行，我们启动了一个创建三元组的生成器表达式。我们可以在#4 行和#5 行看到，一方面，我们在*[1, M]*范围内对 m 进行循环，其中 M 是 sqrt(N)的整数部分加上 *1*；另一方面，在*[1, m)* 的范围内对 n 进行循环，以遵循 m > n 的规则。注意计算 *sqrt(N)*的方式，也就是 N**.5，这也是我想要展示的另一种方式。

在#6 行,我们可以看到用于筛选原始组合的过滤表达式:当(m − n)为奇数时,(m − n) % 2 的结果为 True,且 gcd(m, n) == 1,这意味着 m 和 n 是互质的。满足这些条件之后,我们就知道这些组合是原始组合。这是由最内层的生成器表达式所负责的。最外层的生成器表达式在#2 行启动,并在#7 行结束。我们选取组合(a, b, c),使 c <= N。

最后,在#1 行,我们进行了排序,使列表按顺序显示。在#7 行,当外层生成器表达式结束时,我们可以看到我们指定了用于排序的键是 $a + b + c$ 之和。这只是我的个人喜好,其中并没有数学方面的原因。

因此,大家觉得怎么样?现在是不是能够看懂了?我不这么认为。相信我,这还算是简单的例子。在我的经历中,还看到过糟糕得多的例子。这种类型的代码很难理解、调试和修改。在专业级的环境中,不应该有它的容身之地。

因此,我们看看能不能把这段代码改写成更容易阅读的形式:

```
# pythagorean.triple.generation.for.py
from functions import gcd

def gen_triples(N):
    for m in range(1, int(N**.5) + 1):                        # 1
        for n in range(1, m):                                 # 2
            if (m - n) % 2 and gcd(m, n) == 1:                # 3
                c = m**2 + n**2                               # 4
                if c <= N:                                    # 5
                    a = m**2 - n**2                           # 6
                    b = 2 * m * n                             # 7
                    yield (a, b, c)                           # 8

triples = sorted(
    gen_triples(50), key=lambda *triple: sum(*triple))  # 9
```

这样就好多了。我们逐行进行分析。我们将会发现它现在容易理解得多了。

和前面这个例子一样,我们在#1 行和#2 行启动循环。在#3 行,我们过滤原始组合。在#4 行,我们在此前工作的基础上进行一些延伸:我们在#5 行计算 c,根据 c 小于或等于 N 进行过滤。只有当 c 满足这个条件时,我们才计算 a 和 b,并生成最终的组合。尽可能地推迟计算步骤总是好思路,因为这样可以避免浪费时间和内存。在最后一行,我们根据前面的生成器表达式例子所使用的键进行排序。

我希望读者能够认同这个例子更容易理解。我可以保证,如果有一天需要修改代码,会发现修改这样的代码是非常容易的，但是修改前面那个版本的代码则要费劲得多（并且更容易出错）。

如果运行这两个例子的代码（它们的结果是相同的），可以看到下面的输出：

```
[(3, 4, 5), (5, 12, 13), (15, 8, 17), (7, 24, 25), (21, 20, 29), (35, 12,
37), (9, 40, 41)]
```

这一节的核心思想是：尽可能地尝试使用解析和生成器表达式。但是，如果代码开始变得复杂，难以修改或阅读，就应该对它进行重构，将其转换为更容易阅读的形式。你的同事们肯定会赞赏这种做法的。

5.6　名称局部化

既然我们已经熟悉了所有类型的解析和生成器表达式，现在可以讨论在它们中实现名称局部化了。Python 3.*对 4 种形式的解析（list 解析，dict 解析，set 解析和生成器表达式）都实现了循环变量的局部化。因此，这个行为与 for 循环不同。让我们观察一个显示所有情况的简单例子：

```
# scopes.py
A = 100
ex1 = [A for A in range(5)]
print(A)    # 输出: 100

ex2 = list(A for A in range(5))
print(A)    # 输出:  100

ex3 = dict((A, 2 * A) for A in range(5))
print(A)    # 输出: 100

ex4 = set(A for A in range(5))
print(A)    # 输出: 100

s = 0
for A in range(5):
    s += A
print(A)    # 输出: 4
```

在上面这段代码中，我们声明了一个全局变量 A = 100，然后试验了 4 种解析：list 解析、生成器表达式、dict 解析和 set 解析。它们都没有更改全局名称 A。反之，我们可以看到 for 循环的最后对它进行了修改。最后的 print 语句输出 4。

我们可以观察一下如果 A 不存在会发生什么：

```
# scopes.noglobal.py
ex1 = [A for A in range(5)]
print(A)   # 出错: NameError: 名称 A 未定义
```

上面这段代码的工作方式与 4 种类型的解析中的任何一种都相同。在运行了第 1 行代码之后，A 在全局名字空间中并未定义。同样，for 循环的表现与此不同：

```
# scopes.for.py
s = 0
for A in range(5):
    s += A
print(A)     # 输出: 4
print(globals())
```

上面这段代码显示了在一个 for 循环之后，如果在它之前并没有定义循环变量，那么可以在全局框架中找到它。为了确保这一点，我们调用内置函数 globals 进行观察：

```
$ python scopes.for.py
4
{'__name__': '__main__', '__doc__': None, ..., 's': 10, 'A': 4}
```

忽略其他一大段内容，我们可以在最后看到'A': 4。

5.7　内置的生成行为

现在，在内置类型中生成行为是相当常见的。这是 Python 2 和 Python 3 的一个主要区别。大量的函数如 map、zip 和 filter 都进行了转换，使它们返回具有可迭代行为的对象。这个变化背后的思路是如果我们需要创建这些结果的一个列表，只要把这个调用包装在一个 list 类中就可以了。如果我们只需要进行迭代，并且使它对内存的影响尽可能地少，也可以安全地使用这些函数。

另一个值得注意的是 range 函数，在 Python 2 中，它返回的是一个列表。另外还有一个 xrange 函数，它返回的是一个可以进行迭代的对象，也就是可以根据需要随时生成数字。在 Python 3 中，这个函数已经消失，而 range 函数现在的行为就和它一样。

但是总的来说，这个概念现在变得相当普及。我们可以在 open 函数中找到它，这个函数以前只能用于对文件对象进行操作（我们将在第 7 章文件和数据持久化中讨论），但现在还可以用于枚举，或用于字典的 keys、values 以及 items 方法，甚至还可以用于其他一些场合。

这其实是相当合理的：Python 的目标是尽量避免浪费空间，从而减少内存占用，尤其是在函数和方法被密集使用的大多数场合。

在本章之初，我曾经说过，对必须处理大量对象的代码进行优化是合理的。但是，对于那些很少被调用的函数，花很大的力气去节省几毫秒没有太大的意义。

5.8　最后一个例子

在结束本章之前，我们讨论一个简单的问题。这个问题是我在一家曾经工作过的公司用来测试应聘 Python 开发人员的应试者的。

问题如下：根据一个数列 0，1，1，2，3，5，8，13，21，⋯编写一个函数，要求返回这个数列小于某上限 N 的所有项。

这个数列称为斐波那契数列，它被定义为 F(0) = 0，F(1) = 1。对于所有大于 1 的 n，F(n) = F($n-1$) + F($n-2$)。这个数列是用于测试递归、记忆化技巧和其他技术细节的优秀例子。但是在当前情况下，它很适合测试应试者对生成器是否熟悉。

我们从一个函数的初步版本开始，然后对它进行改进：

```
# fibonacci.first.py
def fibonacci(N):
    """返回到 N 为止所有斐波那契数． """
    result = [0]
    next_n = 1
    while next_n <= N:
        result.append(next_n)
        next_n = sum(result[-2:])
    return result

print(fibonacci(0))    # [0]
print(fibonacci(1))    # [0, 1, 1]
print(fibonacci(50))   # [0, 1, 1, 2, 3, 5, 8, 13, 21, 34]
```

从最上面开始，我们把 result 列表设置为开始值[0]。然后，我们从下一个元素（next_n）也就是 1 开始迭代。如果下一个元素不大于 N，就把它添加到列表中并计算下一个元素。计算下一个元素的方式是在 result 列表中取最后两个元素并把它们传递给 sum 函数。为了清晰起见，我们还添加了几个 print 语句。不过，到了现在这个时候，这段代码的逻辑应该不会对我们造成困扰。

当 while 循环的条件的结果为 False 时，程序就退出循环并返回 result。我们可以在几个 print 语句右边的注释中看到它们的结果。

此时，我向应试者提出下面这个问题：如果我只想对这些数进行迭代应该怎么办？合格的应试者会把代码修改成下面这个样子（优秀的应试者一开始就会写出这样的代码！）：

```python
# fibonacci.second.py
def fibonacci(N):
    """返回到 N 为止所有斐波那契数."""
    yield 0
    if N == 0:
        return
    a = 0
    b = 1
    while b <= N:
        yield b
        a, b = b, a + b

print(list(fibonacci(0)))    # [0]
print(list(fibonacci(1)))    # [0, 1, 1]
print(list(fibonacci(50)))   # [0, 1, 1, 2, 3, 5, 8, 13, 21, 34]
```

这实际上就是当时我所提供的解决方案之一。我忘了为什么现在还保留着它，不过我很高兴现在可以把它展示给读者。现在，fibonacci 函数是个生成器函数。我们首先产生 0，然后如果 N 为 0，我们就直接返回（这将触发一个 StopIteration 异常）。如果 N 不为 0，我们就开始迭代，在每个循环周期产生 b 并更新 a 和 b。为了产生数列的下一个元素，我们需要做的就是传递最近的两个元素，分别是 a 和 b 。

这段代码要好得多，它的内存占用率也更低。和往常一样，我们需要做的就是用 list 包装 fibonacci 调用来获取一个斐波那契数列。但是，如果考虑到代码的优雅性呢？我不想看到这种样子的代码，能不能做到？我们可以尝试下面的做法：

```python
# fibonacci.elegant.py
def fibonacci(N):
    """返回到 N 为止所有斐波那契数."""
    a, b = 0, 1
    while a <= N:
        yield a
        a, b = b, a + b
```

这样就更加出色了。整个函数体由 4 行代码组成（如果把注释也算上就是 5 行）。注意在这个例子中，是如何使用元组赋值（a, b = 0, 1 和 a, b = b, a + b）使代码变得更短并且更容易阅读的。

5.9　总结

在本章中，我们更加深入地探索了迭代和生成的概念。我们详细观察了 map、zip 和 filter 函数，并学习了如何使用它们代替常规的 for 循环。

接着，我们讨论了解析的概念，包括 list 解析、dict 解析和 set 解析。我们讨论了它们的语法以及如何用它们代替传统的 for 循环以及 map、zip 和 filter 函数。

最后，我们讨论了生成的概念，它有两种形式：生成器函数和生成器表达式。我们学习了如何使用生成技巧节省时间和空间，并学习了如何用它完成常规的基于列表的方式无法完成的任务。

我们还讨论了性能问题，并注意到 for 循环的速度是最慢的，但它的可读性最好，并且非常灵活和容易修改。而像 map 和 filter 这样的函数以及 list 解析的速度要快得多。尽管速度要快得多，但使用这些技巧所编写的代码的复杂性随着问题本身的复杂度增加而呈指数级地增加。为了保持代码的可读性并使其容易维护，有时候我们仍然会使用传统的 for 循环方法。另一个区别是名称的局部化，for 循环的行为与其他所有类型的解析都不相同。

下一章将讨论对象和类。它们的结构与本章相似，我们不会探讨太多的主题，只是选取其中的一部分，但是我们会适度深入地对它们进行探索。

在学习下一章之前，要确保已经理解了本章所讨论的概念。我们用砖砌墙，如果根基不牢靠，就无法修得更高。

第 6 章
面向对象编程、装饰器和迭代器

"类将会过时。"

——意大利俗语

关于**面向对象编程（OOP）**和类，足足可以写上一整本书。在本章中，我面临一个艰巨的挑战，那就是要在宽度和深度之间找到平衡。有太多的东西需要讲解，很多主题如果想要进行深入的描述，本身就需要超过一章的篇幅。因此，本章接下来所讨论的内容我认为是这些主题的基础知识的一个良好的全景视图，再加上接下来几章中将会用到的一些内容。我们可以在 Python 的官方文档中找到本章未能涵盖的内容。

在本章中，我们将讨论下面这些主题。

◆ 装饰器。

◆ Python 与面向对象编程。

◆ 迭代器。

6.1　装饰器

在第 5 章节省时间和内存中，我对各种表达式的执行时间进行了测量。读者可能还记得，我必须初始化一个变量表示开始时间，并在执行之后从当前时间减去这个变量的值才能计算出期间所流逝的时间。在每次测量之后，我还需要在控制台上输出结果。这个过程非常乏味。

每当我们发现自己正在重复执行某项操作时，就应该敲响警钟。我们能不能把这段代码放在一个函数中以避免重复编写代码呢？大多数情况下答案是肯定的，因此让我们观察一个例子：

```
# decorators/time.measure.start.py
from time import sleep, time

def f():
    sleep(.3)

def g():
    sleep(.5)

t = time()
f()
print('f took:', time() - t)  # f花费的时间: 0.3001396656036377

t = time()
g()
print('g took:', time() - t)  # g花费的时间: 0.5039339065551758
```

在上面这段代码中，我定义了两个函数，即 f 和 g，它们不执行任何操作，只是休眠一段时间（分别是 0.3 秒和 0.5 秒）。我使用 sleep 函数把代码的执行暂停一段时间。注意时间的测量是相当精确的。现在，我们如何才能避免重复编写这些代码和计算呢？第一种潜在的方法可能像下面这样：

```
# decorators/time.measure.dry.py
from time import sleep, time

def f():
    sleep(.3)

def g():
    sleep(.5)

def measure(func):
    t = time()
    func()
    print(func.__name__, 'took:', time() - t)

measure(f)  # f took: 0.30434322357177734
measure(g)  # g took: 0.5048270225524902
```

现在确实好多了。整个计时机制被封装到一个函数中，这样就无须重复编写代码。我们可以动态地打印函数的名称，因此代码的编写也非常容易。如果我们需要为所测量的函数传递参数该怎么办呢？这个时候情况就变得有些复杂了，因此让我们观察一个例子：

```python
# decorators/time.measure.arguments.py
from time import sleep, time

def f(sleep_time=0.1):
    sleep(sleep_time)

def measure(func, *args, **kwargs):
    t = time()
    func(*args, **kwargs)
    print(func.__name__, 'took:', time() - t)

measure(f, sleep_time=0.3)  # f took: 0.30056095123291016
measure(f, 0.2)    # f took: 0.2033553123474121
```

现在，f 预期接收的参数是 sleep_time（默认值是 0.1），因此我们不再需要 g。我们还必须修改 measure 函数，使它现在可以接收一个函数、任何可变数量的位置参数以及任何可变数量的关键字参数。按照这种方式，当我们调用 measure 函数时，程序就会把这些参数重新定位到它内部的 func 调用中。

这个方法非常好，但我们还可以更进一步完善。假设我们想把计时功能内置到 f 函数中，这样只要简单地调用这个函数就可以完成测量。下面是我们可以采取的做法：

```python
# decorators/time.measure.deco1.py
from time import sleep, time

def f(sleep_time=0.1):
    sleep(sleep_time)

def measure(func):
    def wrapper(*args, **kwargs):
        t = time()
        func(*args, **kwargs)
        print(func.__name__, 'took:', time() - t)
    return wrapper

f = measure(f)    # 装饰点
f(0.2) # f took: 0.20372915267944336
f(sleep_time=0.3) # f took: 0.30455899238586426
print(f.__name__) # wrapper <- 噢!
```

上面这段代码并不是那么简洁明了，让我们观察到底发生了什么。神奇之处在于**装饰点**。它基本上相当于把以 f 为参数调用 measure 函数所返回的东西重新赋值给 f。在 measure

函数内部，我们定义了另一个函数 wrapper，然后返回它。因此，它的作用就是当我们在装饰点之后调用 f 时，我们实际上所调用的是 wrapper 函数。由于这个内部的 wrapper 函数调用了 func，而后者就是 f，因此我们实际上是闭合了一个循环。如果读者表示怀疑，可以观察最后一行代码。

Wrapper 函数实际上就是个包装器。它接收可变数量的参数和位置参数，并用它们调用 f。它还围绕这些调用进行时间测量的计算。

这个技巧称为**装饰**，而 measure 函数就是个**装饰器**。这个模式变得非常流行并得到广泛的应用，因此 Python 为它增加了一种特殊的语法。我们将探讨 3 种情况，分别是一个装饰器、两个装饰器和一个接收参数的装饰器：

```python
# decorators/syntax.py
def func(arg1, arg2, ...):
    pass
func = decorator(func)

# 相当于下面这样：

@decorator
def func(arg1, arg2, ...):
    pass
```

基本上，我们不是对装饰器所返回的函数进行手动重新赋值，而是在函数的定义之前添加一种特殊的语法：@decorator_name。

我们可以按照下面的方法为同一个函数应用多个装饰器：

```python
# decorators/syntax.py
def func(arg1, arg2, ...):
    pass
func = deco1(deco2(func))

# 相当于下面这样：

@deco1
@deco2
def func(arg1, arg2, ...):
    pass
```

应用多个装饰器时，要注意它们的顺序。在上面这个例子中，func 首先用 deco2 进行装饰，其结果再用 deco1 进行装饰。一个良好的经验准则是：装饰器越靠近函数，它就越早被应用。

有些装饰器可以接收参数。这个技巧一般用于生成其他装饰器。我们首先观察它的语法，然后观察它的一个例子：

```python
# decorators/syntax.py
def func(arg1, arg2, ...):
    pass
func = decoarg(arg_a, arg_b)(func)

# 相当于下面这样：

@decoarg(arg_a, arg_b)
def func(arg1, arg2, ...):
    pass
```

我们可以看到，这次情况有所不同。首先，decoarg 是根据给定的参数被调用的，然后它的返回值（实际的装饰器）用 func 进行调用。在讨论另一个例子之前，我们需要校正一个小麻烦。当我们对一个函数进行装饰时，我们不想丢失原来的函数名以及它的注释（以及其他属性，详细信息可以参考相关文档）。但是，由于在我们的装饰器中，我们返回了 wrapper，func 原先的属性就丢失了，f 最终会被赋予 wrapper 的属性。这个问题可以通过优美的 functools 模块很轻松地解决。我将修正最后一个例子，并改写它的语法，使用@操作符：

```python
# decorators/time.measure.deco2.py
from time import sleep, time
from functools import wraps

def measure(func):
    @wraps(func)
    def wrapper(*args, **kwargs):
        t = time()
        func(*args, **kwargs)
        print(func.__name__, 'took:', time() - t)
    return wrapper

@measure
def f(sleep_time=0.1):
    """I'm a cat. I love to sleep! """
    sleep(sleep_time)
f(sleep_time=0.3) # f took: 0.3010902404785156
print(f.__name__, ':', f.__doc__)  # f : I'm a cat. I love to sleep!
```

这就是我们想要的！我们可以看到，我们只需要告诉 Python 包装器实际上是对 func 进行包装（通过 wraps 函数），就可以看到原来的名称和注释都得到了保留。

让我们观察另外一个例子。我希望当一个函数的结果大于特定的门槛值时，装饰器会输出一条错误信息。我还想借这个机会展示如何同时应用两个装饰器：

```python
# decorators/two.decorators.py
from time import sleep, time
from functools import wraps


def measure(func):
    @wraps(func)
    def wrapper(*args, **kwargs):
        t = time()
        result = func(*args, **kwargs)
        print(func.__name__, 'took:', time() - t)
        return result
    return wrapper


def max_result(func):
    @wraps(func)
    def wrapper(*args, **kwargs):
        result = func(*args, **kwargs)
        if result > 100:
            print('Result is too big ({0}). Max allowed is 100.'
                  .format(result))
        return result
    return wrapper


@measure
@max_result
def cube(n):
    return n ** 3


print(cube(2))
print(cube(5))
```

 花点时间研究上面这个例子，直到完全理解。如果能够做到这一点，就不存在我们无法编写的装饰器。

我必须对 measure 装饰器进行改进，使它的 wrapper 现在返回 func 的调用结果。max_result 装饰器也需要如此改进，但在返回之前，它会检查以确保 result 不大于 100，也就是允许的上限。我同时用它们两个对 cube 函数进行了装饰。首先应用的是 max_result，然后是 measure。运行这段代码将产生下面的结果：

```
$ python two.decorators.py
cube took: 3.0994415283203125e-06
8

Result is too big (125). Max allowed is 100.
cube took: 1.0013580322265625e-05
125
```

为了便于观察，我在两个调用的结果之间用空行进行了分隔。在第 1 个调用中，结果是 8，顺利地通过了门槛值检查。它测量并输出运行时间。最后，输出结果（8）。

在第 2 个调用中，结果是 125，因此会输出一条错误信息并返回结果，然后由 measure 接手，后者再次输出运行时间。最后，输出结果（125）。

如果我采用相反的顺序用这两个装饰器装饰 cube 函数，错误信息将在输出运行时间之后被输出，而不是在之前。

装饰器工厂

现在我们简化这个例子，只使用一个装饰器：max_result。我想对这个装饰器进行修改，以便能够用不同的门槛值对不同的函数进行装饰，因为我不想为每个门槛值编写一个单独的装饰器。让我们修改 max_result，使它允许我们对函数进行装饰时动态地指定门槛值：

```
# decorators/decorators.factory.py
from functools import wraps

def max_result(threshold):
    def decorator(func):
        @wraps(func)
        def wrapper(*args, **kwargs):
            result = func(*args, **kwargs)
            if result > threshold:
                print(
                    'Result is too big ({0}). Max allowed is {1}.'
                    .format(result, threshold))
            return result
        return wrapper
    return decorator

@max_result(75)
def cube(n):
    return n ** 3
```

```
print(cube(5))
```

上面这段代码显示了如何编写**装饰器工厂**。读者可能还记得，用一个接收参数的装饰器装饰一个函数就相当于 func = decorator(argA, argB)(func)这样的写法。因此，当我们用 max_result(75)对 cube 函数进行装饰时，实际所执行的是 cube = max_result(75)(cube)。

让我们逐步解释实际所发生的事情。当我们调用 max_result(75)时，程序会进入它的函数体。这个函数体内定义了一个 decorator 函数，后者可以接收一个函数作为它的唯一参数。在这个函数内部执行了寻常的装饰器技巧。我们定义了 wrapper 函数，程序会在它的内部检查原始函数调用的结果。这种方法的优美之处在于最内层，我们仍然可以同时引用 func 和 threshold，这就允许我们动态地设置门槛值。

wrapper 返回 result，装饰器返回 wrapper，max_result 返回 decorator。这意味着我们的 cube = max_result(75)(cube)调用实际上变成了 cube = decorator(cube)。它不单单是个装饰器，而且具有 75 这个门槛值。这是通过一种称为**闭合**的机制所实现的，这个概念超过了本书的范畴，不过它非常有趣，如果读者对它感兴趣，可以自行探索。

运行前面的例子将产生下面的结果：

```
$ python decorators.factory.py
Result is too big (125). Max allowed is 75.
125
```

上面的代码允许我们根据自己的意愿在 max_result 装饰器中使用不同的门槛值，类似下面这样：

```
# decorators/decorators.factory.py
@max_result(75)
def cube(n):
    return n ** 3


@max_result(100)
def square(n):
    return n ** 2


@max_result(1000)
def multiply(a, b):
    return a * b
```

注意，每次装饰都使用了一个不同的 threshold 值。

在 Python 中，装饰器是非常流行的。它们极为常用，能够极大地简化代码（我可以大胆地说，还美化了代码）。

6.2 面向对象编程（OOP）

在探索 Python 的过程中，我们已经走过了一段相当漫长的路程，这个过程非常美妙。现在，我们准备探索面向对象编程。我们将采用 EKindler 和 IKrivy 于 2011 年发表的论文 "Object-oriented simulation of systems with sophisticated control by International Journal of General Systems" 中的定义，并把它采纳到 Python 中：

"面向对象编程（OOP）是一种基于'对象'概念的编程模式。数据结构包含了数据，以属性的形式出现。代码以函数的形式出现，称为方法。对象的一个突出特点是一个对象的方法可以访问并经常修改与它们相关联的对象（用'self'记法表示的对象）的数据属性。在面向对象编程中，计算机程序被设计成由对象所组成，并且对象之间彼此交互。"

Python 对这种模式提供了完全的支持。实际上，正如我们曾经所说过的那样，Python 中的所有东西都是对象，因此 Python 不仅仅是支持 OOP，OOP 实际上已经是它的核心所在。

OOP 中的两个主要角色是**对象**和**类**。类用于创建对象（对象是类的实例，是以类为模板创建的），因此我们可以把类看成是实例工厂。当对象是由一个类所创建时，这些对象就继承了这个类的属性和方法。在程序的领域中，对象表示具体的东西。

6.2.1 Python 中最简单的类

我们先来观察在 Python 中可以编写的最简单的类：

```python
# oop/simplest.class.py
class Simplest():      # 当括号为空时，它是可有可无的
    pass


print(type(Simplest)) #这个对象的类型是什么?
simp = Simplest()     #我们创建了 Simplest 的一个实例: simp
print(type(simp))     # simp 的类型是什么?
# simp 是 Simplest 的实例吗?
print(type(simp) == Simplest) # 存在一种更好的方法
```

让我们运行上面这段代码，并逐行进行解释：

```
$ python simplest.class.py
<class 'type'>
<class '__main__.Simplest'>
True
```

我所定义的 Simplest 类的类体中只有一条 pass 指令，这意味着它不存在任何自定义的属性或方法。类名后面的括号如果为空，那么括号是可以省略的。我将输出它的类型（__main__是顶层代码执行时所在的作用域）。注意，我在注释中使用了"对象"而不是"类"。从这个 print 语句的结果中可以看出，类实际上就是对象。准确地说，它们是 type 的实例。如果要解释这个概念，就会涉及**元类和元编程**，这是非常高级的概念，需要我们对基础知识有着非常扎实的理解，这就超出了本章的范围。和往常一样，我简单地提及这个概念，如果读者感兴趣，可以自行深入探索。

我们回到这个例子，我使用了 Simplest 创建了一个实例 simp。我们可以看到，创建一个实例的语法与调用一个函数的语法是相同的。然后，我们输出 simp 所属的类型，以验证 simp 是否是 Simplest 的实例。在本章的后面，我将展示一种完成这个任务的更好的方法。

到目前为止，一切都非常简单。但是，当我们编写了 class ClassName():pass 时发生了什么呢？不错，Python 所做的就是创建了一个类对象，并为它分配了一个名称，非常类似于我们使用 def 声明了一个函数时所发生的事情。

6.2.2　类和对象的名字空间

创建了类对象之后（通常是在引入模块之后），它基本上表示了一个名字空间。我们可以调用这个类创建它的实例。

每个实例都会继承类的属性和方法，并具有它自己的名字空间。我们已经知道，访问一个名字空间只需要使用点号（.）操作符。

让我们观察另一个例子：

```
# oop/class.namespaces.py
class Person:
    species = 'Human'

print(Person.species)  # Human
Person.alive = True    # 动态添加！
print(Person.alive)    # True

man = Person()
print(man.species)     # Human（继承而来）
print(man.alive)       # True（继承而来）

Person.alive = False
print(man.alive)       # False（继承而来）
```

```
man.name = 'Darth'
man.surname = 'Vader'
print(man.name, man.surname)  # Darth Vader
```

在上面这个例子中，我定义了一个名为 species 的类属性。在类体中所定义的任何变量都是这个类的属性。在代码中，我还定义了 Person.alive，这是另一个类属性。我们可以看到，访问类的属性并没有任何限制。我们可以看到 man 作为 Person 类的一个实例，继承了这两个属性，并在它们发生变化时立刻得到反映。

man 还具有两个专属于它自己的名字空间的属性，这类属性称为**实例属性**：name 和 surname。

 类属性由它的所有实例所共享，而实例属性却非如此。因此，我们应该使用类属性提供所有实例所共享的状态和行为，并使用实例属性表示属于某个特定对象的数据。

6.2.3 属性屏蔽

当我们搜索一个对象的某个属性时，如果没有找到，Python 就会继续在创建这个对象的类中寻找（不断寻找直到找到或者到达了继承链的顶端）。这会导致一种称为屏蔽的有趣行为。让我们观察另一个例子：

```
# oop/class.attribute.shadowing.py
class Point:
    x = 10
    y = 7

p = Point()
print(p.x)  # 10（来自类属性）
print(p.y)  # 7（来自类属性）

p.x = 12    # p 得到它自己的"x"属性
print(p.x)  # 12（现在在实例中找到）
print(Point.x)  # 10（类属性仍然相同）

del p.x   # 删除实例属性
print(p.x)  # 10（现在需要在类属性中搜索）

p.z = 3   # 使它成为一个 3D 的点
print(p.z)  # 3
```

```
print(Point.z)
# 属性错误：Point 对象没有 z 属性
```

上面这段代码非常有趣。我们定义了一个称为 Point 的类，它具有两个类属性：x 和 y。当我们创建它的一个实例 p 时，可以看到我们可以从 p 的名字空间中输出 x 和 y（p.x 和 p.y）。此时会发生什么呢？Python 在实例中没有找到 x 或 y 属性，因此它就在类中进行搜索，并找到了它们。

接着，我们通过 p.x = 12 这个赋值语句为 p 提供了它自己的 x 属性。这个行为初看上去有点奇怪，但是如果细加思量，就会发现它的情况与一个函数声明了 x = 12 并且在外部的全局空间中存在一个 x = 10 是完全一样的。我们知道 x = 12 不会影响同名的全局变量，对于类和实例而言，情况也是相同的。

进行了 p.x = 12 的赋值之后，当我们输出它时，程序并不需要搜索类属性，因为 x 已经在实例中找到，因此实际输出的是 12。我们还输出了 Point.x，此时输出的是类名字空间中的 x。

然后，我们在 p 的名字空间中删除了 x，这意味着在下一行中，当我们再次输出它时，Python 将在类中搜索它，因为现在已经无法在实例中找到它了。

最后 3 行代码显示了对一个实例进行属性赋值并不意味着这些属性在类中也可以找到。在实例中找不到的属性可以在类中继续寻找，但反过来并非如此。

为什么把 x 和 y 作为类属性呢？它是不是个好主意？如果我们添加另一个 Point 类的实例会怎么样呢？这是不是可以说明类属性是非常实用的？

6.2.4　self 变量

在一个类方法的内部，我们可以通过一个特殊的参数（按照约定是 self）访问一个实例。self 总是一个实例方法的第 1 个属性。下面我们讨论这个行为，观察应该如何实现共享，不仅仅是属性，还包括所有实例的方法：

```python
# oop/class.self.py
class Square:
    side = 8
    def area(self):    # self 是一个实例的一个引用
        return self.side ** 2

sq = Square()
print(sq.area())       # 64（side 是在类中找到的）
print(Square.area(sq)) # 64（与 sq.area()等效）
```

```
sq.side = 10
print(sq.area())          # 100（side 是在实例中找到的）
```

注意 sq 是如何使用 area 方法的。Square.area(sq) 和 sq.area() 这两个调用是等效的，这说明了这种机制是如何发挥作用的。我们可以把实例传递给方法调用（Square.area(sq)），此时在这个方法的内部将接收 self 这个名称。或者，我们也可以使用一种更舒适的语法 sq.area()，Python 会在后台为我们完成转换。

让我们观察一个更好的例子：

```
# oop/class.price.py
class Price:
    def final_price(self, vat, discount=0):
        """应用了增值税和固定折扣之后返回价格."""
        return (self.net_price * (100 + vat) / 100) - discount
p1 = Price()
p1.net_price = 100
print(Price.final_price(p1, 20, 10))  # 110 (100 × 1.2 - 10)
print(p1.final_price(20, 10))     # 等效
```

上面这段代码显示了我们在声明方法时必定可以使用参数。我们可以使用与函数相同的语法，但是要记得第 1 个参数总是实例本身。我们并不一定要把它称为 self，但这是一种约定，上述情况也是需要遵守这种约定的极少数场合之一。

6.2.5　实例的初始化

不知读者有没有注意到，在调用 p1.final_price(...) 之前，我们必须把 net_price 赋值给 p1。我们可以采用一种更好的方法来完成这个任务。在其他语言中，这种方法称为**构造函数**。但是在 Python 中并不是这样。它实际上是个**初始化方法**，因为它是在一个已经创建的实例上进行操作的，因此称为 __init__。这是一个神奇的方法，它会在对象刚被创建时立即运行。Python 对象还具有一个 __new__ 方法，它才是实际的构造函数。在实际使用中，对它进行重写并不是很常见，它更多地用于元类的编写。如前所述，元类是个相当高级的概念，并不会在本书中详细讨论。

```
# oop/class.init.py
class Rectangle:
    def __init__(self, side_a, side_b):
        self.side_a = side_a
        self.side_b = side_b

    def area(self):
        return self.side_a * self.side_b
```

```
r1 = Rectangle(10, 4)
print(r1.side_a, r1.side_b)  # 10 4
print(r1.area())      # 40

r2 = Rectangle(7, 3)
print(r2.area())      # 21
```

事情在最后开始成形。当一个对象被创建时，__init__ 方法会立即自动运行。在这个例子中，我采用的方法是在创建一个对象时（通过像调用函数一样调用类名），把参数传递给这个创建调用，就像任何常规的函数调用一样。我们传递参数的方式与 __init__ 方法的签名保持一致，因此在两个创建语句中，10 和 7 分别是 r1 和 r2 的 side_a，而 4 和 3 分别是 r1 和 r2 的 side_b。我们可以从 r1 和 r2 的 area() 调用中看到，它们具有不同的实例参数。按照这种方式设置对象无疑更为优雅、更为方便。

6.2.6　OOP 与代码复用有关

现在情况应该变得比较明晰：OOP 是与代码复用有关的。我们定义了一个类、创建了一些实例，并且这些实例仅调用由这个类所定义的方法。根据初始化方法所进行的不同设置，这些实例将具有不同的行为。

继承和合成

这些只是故事的一部分，OOP 的功能远不止于此。我们可以利用两种主要的设计结构：继承和合成。

继承意味着两个对象通过一种"Is-A（是）"类型的关系进行关联。而**合成**意味着两个对象通过"Has-A（具有）"类型的关系进行关联。我们可以通过一个例子非常清楚地说明两者的区别：

```
# oop/class_inheritance.py
class Engine:
    def start(self):
        pass

    def stop(self):
        pass

class ElectricEngine(Engine):  # Is-A Engine
    pass

class V8Engine(Engine):   # Is-A Engine
```

```python
        pass

class Car:
    engine_cls = Engine

    def __init__(self):
        self.engine = self.engine_cls()  # Has-A Engine
    def start(self):
        print(
            'Starting engine {0} for car {1}... Wroom, wroom!'
            .format(
                self.engine.__class__.__name__,
                self.__class__.__name__)
        )
        self.engine.start()

    def stop(self):
        self.engine.stop()

class RaceCar(Car):    # Is-A Car
    engine_cls = V8Engine

class CityCar(Car):    # Is-A Car
    engine_cls = ElectricEngine

class F1Car(RaceCar): # Is-A RaceCar 并且 Is-A Car
    pass       # engine_cls 与父类相同

car = Car()
racecar = RaceCar()
citycar = CityCar()
f1car = F1Car()
cars = [car, racecar, citycar, f1car]

for car in cars:
    car.start()

""" 输出:
Starting engine Engine for car Car... Wroom, wroom!
Starting engine V8Engine for car RaceCar... Wroom, wroom!
Starting engine ElectricEngine for car CityCar... Wroom, wroom!
Starting engine V8Engine for car F1Car... Wroom, wroom!
"""
```

上面这个例子同时显示了对象之间 Is-A 和 Has-A 的关系类型。首先，我们考虑 Engine。这是一个简单的类，具有两个方法，即 start 和 stop。然后，我们定义了 ElectricEngine 和 V8Engine 这两个类，它们都是从 Engine 类继承的。我们可以看到，当我们定义这两个类时，事实上是把 Engine 放在这两个类名后面的括号中的。这意味着 ElectricEngine 和 V8Engine 都继承了 Engine 类的属性和方法，后者被认为是它们的**基类**。

对于各种汽车类，情况也是如此。Car 是 RaceCar 和 CityCar 的基类。RaceCar 又是 F1Car 的基类。另一种描述方法是 F1Car 是从 RaceCar 继承的，而后者又是从 Car 继承的。因此，F1Car Is-A RaceCar 并且 RaceCar Is-A Car。由于继承的传递性，我们可以认为 F1Car Is-A Car。同样，CityCar Is-A Car。

当我们定义 class A(B): pass 时，表示的是 A 是 B 的子类，B 是 A 的父类。父类和基类是同义词，子类和派生类也是同义词。另外，我们可以说一个类从另一个类继承，或者说前者扩展了后者。这就是继承机制。

让我们回到代码中。每个类都具有一个类属性 engine_cls，它是我们想要为每种类型的汽车所指定的一个引擎类引用。Car 类具有一个通用的 Engine，而两种赛车具有动力澎湃的 V8 引擎，城市汽车则具有电动引擎。

当我们在初始化方法__init__中创建一个汽车对象时，我们就创建了一个具有一种引擎类型的汽车类实例，引擎类型是在它的 engine 实例属性中设置的。

让汽车类的所有实例共享 engine_cls 属性是合理的，因为一种汽车的所有实例很可能具有相同类型的引擎。然而，把一个具体的引擎（任何 Engine 类的实例）作为类属性是不合理的，因为这会让所有的实例共享同一个引擎，这是不正确的。

汽车和它的引擎之间的关系属于 Has-A 类型。汽车具有（Has-A）引擎。这种结构称为**合成**，它反映了一个对象可能由多个其他对象所组成。汽车具有引擎、变速箱、轮胎、车架、车门和座位等。

当我们设计 OOP 代码时，按照这两种方式描述对象是极其重要的。这样，我们就可以使用继承和合成，按照最好的方式正确地构造我们的代码。

 注意，在 class_inheritance.py 脚本名称中必须要避免点号，因为模块名称中如果出现点号会导致导入变得困难。本书源代码中的大多数模块是以标准脚本的形式运行的，因此在有些情况下添加点号会提高可读性。但一般而言，我们需要避免在模块名称中使用点号。

我们通过另一个例子来验证我说的是否正确：

```
# oop/class.issubclass.isinstance.py
from class_inheritance import Car, RaceCar, F1Car

car = Car()
racecar = RaceCar()
f1car = F1Car()
cars = [(car, 'car'), (racecar, 'racecar'), (f1car, 'f1car')]
car_classes = [Car, RaceCar, F1Car]

for car, car_name in cars:
    for class_ in car_classes:
        belongs = isinstance(car, class_)
        msg = 'is a' if belongs else 'is not a'
        print(car_name, msg, class_.__name__)

""" 输出:
car is a Car
car is not a RaceCar
car is not a F1Car
racecar is a Car
racecar is a RaceCar
racecar is not a F1Car
f1car is a Car
f1car is a RaceCar
f1car is a F1Car
"""
```

我们可以看到，car 只是 Car 的实例，而 racecar 则是 RaceCar 的实例（通过引申，它也是 Car 的实例），f1car 是 F1Car 的实例（通过引申，它也是 RaceCar 和 Car 的实例）。香蕉是香蕉类的实例，但也同时也是水果类的实例，并且可以进一步认为是食物类的实例，其中蕴含的概念是相同的。为了检查一个对象是否为一个类的实例，可以使用 isinstance 方法。不过我推荐使用纯粹的类型比较：(type(object) ==Class)。

注意，我省略了对汽车进行实例化时所输出的内容。我们可以在前面那个例子中看到这些内容。

另外让我们检查"继承—相同"设置，并检查 for 循环中的不同逻辑：

```
# oop/class.issubclass.isinstance.py
for class1 in car_classes:
    for class2 in car_classes:
        is_subclass = issubclass(class1, class2)
```

```
        msg = '{0} a subclass of'.format(
            'is' if is_subclass else 'is not')
        print(class1.__name__, msg, class2.__name__)

""" 输出:
Car is a subclass of Car
Car is not a subclass of RaceCar
Car is not a subclass of F1Car
RaceCar is a subclass of Car
RaceCar is a subclass of RaceCar
RaceCar is not a subclass of F1Car
F1Car is a subclass of Car
F1Car is a subclass of RaceCar
F1Car is a subclass of F1Car
"""
```

有趣的是，我们发现一个类是它自身的一个子类。观察上面这个例子的输出，可以发现它们符合我所提供的解释。

> 关于约定，有一件值得注意的事情是类名中的每个单词总是采用首字母大写的形式，这意味着像 ThisWayIsCorrect 这样的写法才是正确的，这点与函数和方法不同，它们总是写成 this_way_is_correct 的形式。另外，当我们在代码中想要使用的名称是 Python 所保留的关键字或内置的函数名或类名时，采用的约定就是在名称后面添加下划线后缀。在第一个 for 循环例子中，我使用 for class_ in ... 对类名执行循环，因为 class 是 Python 所保留的关键字。不过，我们对这些应该已经了如指掌，因为我们应该详细研究过 PEP8，对不对？

为了帮助自己理解 Is-A 和 Has-A 之间的区别，可以观察图 6-1：

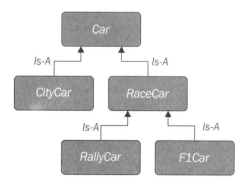
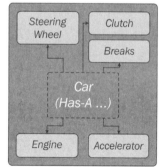

图 6-1

6.2.7 访问基类

我们已经看到了类的声明,如 class ClassA: pass 和 classClassB(BaseClassName): pass。当我们没有明确地指定一个基类时,Python 会把特殊的 object 类作为我们所定义的类的基类。所有的类最终都是从 **object** 类继承的。注意,如果我们并没有指定基类,刚可以省略类名后面的括号。

因此,class A: pass、class A(): pass 以及 class A(object): pass 这几种写法是完全相同的。object 类是一种特殊的类,因为它的方法是由所有 Python 类所共享的,并且它不允许我们在它的内部设置任何属性。

下面我们观察如何在一个类中访问它的一个基类:

```
# oop/super.duplication.py
class Book:
    def __init__(self, title, publisher, pages):
        self.title = title
        self.publisher = publisher
        self.pages = pages


class Ebook(Book):
    def __init__(self, title, publisher, pages, format_):
        self.title = title
        self.publisher = publisher
        self.pages = pages
        self.format_ = format_
```

观察上面这段代码,可以看到输入参数中有 3 个是与 Ebook 的参数重复的。这是一种相当糟糕的做法,因为我们现在有两组指令在完成相同的事情。而且,对 Book.__init__ 的签名所进行的任何修改都不会反映到 Ebook 中。我们知道,Ebook Is-A Book,因此我们很可能需要把这些修改反映到子类中。

让我们观察一种修正这个问题的方法:

```
# oop/super.explicit.py
class Book:
    def __init__(self, title, publisher, pages):
        self.title = title
        self.publisher = publisher
        self.pages = pages


class Ebook(Book):
```

```
    def __init__(self, title, publisher, pages, format_):
        Book.__init__(self, title, publisher, pages)
        self.format_ = format_

ebook = Ebook(
    'Learn Python Programming', 'Packt Publishing', 500, 'PDF')
print(ebook.title)     # Learn Python Programming
print(ebook.publisher) # Packt Publishing
print(ebook.pages)     # 500
print(ebook.format_)   # PDF
```

现在，情况就好一些了。我们消除了恼人的重复代码。上面的代码基本上相当于告诉 Python 调用 Book 类的__init__方法，并把 self 传递给这个调用，以确保这个调用绑定到了当前的实例上。

如果我们在 Book 的__init__方法的内部修改了它的逻辑，那么我们并不需要修改 Ebook，后者会自动适应这些修改。

这个方法很不错，但我们还可以做得更好一些。假设我们把 Book 这个名称修改为 Liber（可能是因为我们爱上了拉丁文）。此时，我们就必须修改 Ebook 的__init__方法以反映这个修改，但我们可以使用 super 避免这个麻烦：

```
# oop/super.implicit.py
class Book:
    def __init__(self, title, publisher, pages):
        self.title = title
        self.publisher = publisher
        self.pages = pages

class Ebook(Book):
def __init__(self, title, publisher, pages, format_):
    super().__init__(title, publisher, pages)
    # 完成同一个任务的另一种方法:
    # super(Ebook, self).__init__(title, publisher, pages)
    self.format_ = format_

ebook = Ebook(
    'Learn Python Programming', 'Packt Publishing', 500, 'PDF')
print(ebook.title)     # Learn Python Programming
print(ebook.publisher) # Packt Publishing
print(ebook.pages)     # 500
print(ebook.format_)   # PDF
```

super 是个函数，它返回的是一个代理对象，然后把方法调用委托给一个父类或兄弟类。在这个例子中，程序将把__init__调用委托给 Book 类。这种方法的优美之处在于我们现在可以自由地把 Book 修改为 Liber，而不需要修改 Ebook 的__init__方法中的逻辑。

既然我们已经知道了如何在子类中访问基类，现在让我们探索 Python 的多重继承。

6.2.8　多重继承

除了可以使用多个基类合成一个类之外，我们感兴趣的还有属性搜索在这种情况下是如何进行的。我们先来观察图 6-2。

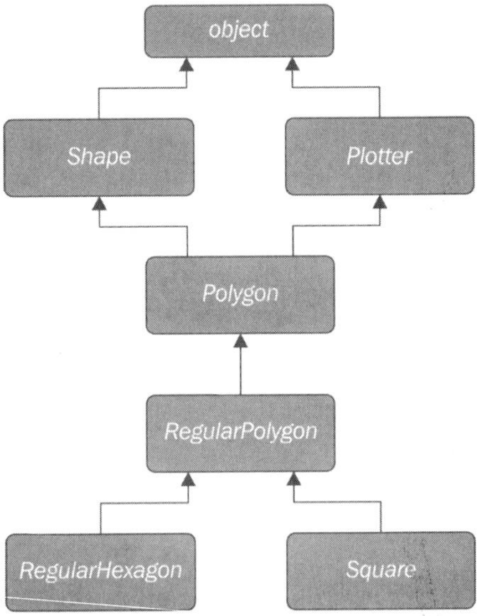

我们可以看到，Shape 和 Plotter 是其他所有类的基类。Polygon 是直接从这两个类继承的，RegularPolygon 是从 Polygon 继承的，RegularHexagon 和 Square 都是从 RegularPolygon 继承的。另外，注意 Shape 和 Plotter 是隐式地从 object 继承的，因此我们称之为**菱形继承**，或者按照更简单的说法：到达基类的路径不止一条。稍后我们将看到这个事实为什么非常重要。我们先把上面的概念转换为一些简单的代码：

图 6-2

```python
# oop/multiple.inheritance.py
class Shape:
    geometric_type = 'Generic Shape'
    def area(self):          # 作为接口的占位符
        raise NotImplementedError
    def get_geometric_type(self):
        return self.geometric_type


class Plotter:
    def plot(self, ratio, topleft):
        # 设想这里有一些出色的绘图逻辑
        print('Plotting at {}, ratio {}.'.format(
            topleft, ratio))


class Polygon(Shape, Plotter):    # 多边形的基类
    geometric_type = 'Polygon'


class RegularPolygon(Polygon):    # Is-A Polygon
```

```
        geometric_type = 'Regular Polygon'
        def __init__(self, side):
            self.side = side

class RegularHexagon(RegularPolygon): # Is-A RegularPolygon
    geometric_type = 'RegularHexagon'
    def area(self):
        return 1.5 * (3 ** .5 * self.side ** 2)

class Square(RegularPolygon):  # Is-A RegularPolygon
    geometric_type = 'Square'
    def area(self):
        return self.side * self.side

hexagon = RegularHexagon(10)
print(hexagon.area())       # 259.8076211353316
print(hexagon.get_geometric_type())  # RegularHexagon
hexagon.plot(0.8, (75, 77))   # Plotting at (75, 77), ratio 0.8.

square = Square(12)
print(square.area())         # 144
print(square.get_geometric_type())  # Square
square.plot(0.93, (74, 75))    # Plotting at (74, 75), ratio 0.93.
```

观察上面这段代码，可以看到 Shape 类具有一个属性 geometric_type 和两个方法：area 和 get_geometric_type。使用基类（如这个例子中的 Shape）定义子类必须提供具体定义的接口方法是非常常见的做法。我们还可以使用其他更好的方法来完成这个任务，但是我在尽量让这个例子保持简单。

我们还定义了 Plotter 类，它增加了 plot 方法，因此从它继承的所有类都具有绘图功能。当然，这个例子的 plot 方法的实现就是简单地执行输出。第 1 个有趣的类是 Polygon，它同时继承了 Shape 和 Plotter。

多边形具有很多种类型，其中之一是正多边形。正多边形满足等角（所有的角都相等）和等边（所有边的长度相等），因此我们创建了从 Polygon 继承的 RegularPolygon 类。对于所有的边都等长的正多边形，我们可以在 RegularPolygon 中实现一个简单的__init__方法，它可以接收边的长度为参数。最后，我们创建了 RegularHexagon 和 Square 类，它们都是从 RegularPolygon 继承的。这个结构相当地长，我希望它能够给我们带来启示，理解在设计代码时应该如何明确对象的分类。

现在，我们观察最后 8 行代码。注意当我在 hexagon 和 square 上调用 area 方法时，能够得到两者的正确面积。这是因为它们都提供了这个方法的正确实现逻辑。另外，我还在它们上面调用了 get_geometric_type 方法，尽管这两个类都没有定义这个方法，但 Python 会向上进行搜索在 Shape 类中找到这个方法的实现。注意，尽管它的实现是在 Shape 类中提供的，但作为返回值的 self.geometric_type 仍然能够正确地取自调用者实例。

plot 方法调用也非常有趣，它显示了我们可以用一种其他方法无法实现的功能来丰富自己的对象。这个技巧在诸如 Django（将在第 14 章 Web 开发中探索）这样的 Web 框架中非常流行，因为它提供了名为 **mixin** 的特定类，我们可以直接使用它们的功能。我们只需要把所需的 mixin 类作为自己的类的基类之一，非常简单。

多重继承的功能非常强大，但也可能造成很大的混乱，因此当我们使用它的时候，需要确保理解具体发生了什么。

方法的解析顺序

现在，我们知道当我们请求 someobject.attribute 并且在这个对象中并未找到 attribute 时，Python 会在创建 someobject 的类中进行搜索。如果在这个类中也没有找到，Python 会顺着继承链向上继续搜索，直到找到 attribute 或者到达 object 类。如果继承链采用的是单继承模式，则这个过程非常容易理解，因为每个类只有一个父类。但是，如果牵涉到多重继承，在未找到 attribute 时要想预测应该往哪个类进行搜索就不是那么简单了。

Python 提供了一种方法，使我们总是能够知道属性查找过程中类的搜索顺序。这个方法就是**方法解析顺序**（**MRO**）。

 MRO 表示在查找过程中搜索一个成员时的搜索顺序。从 Python 2.3 版本开始，Python 使用了一种名为 **C3** 的算法，它能保证单调性。Python 2.2 引入了新风格的类。在 Python 2.* 中编写新风格类的方法就是在定义它的时候显式地指定 object 作为它的基类。传统的类并不是显式地从 object 类继承的，它们在 Python 3 中已经被移除了。在 Python 2.* 中，传统类和新风格类的其中一个区别是新风格类是用新的 MRO 方法进行搜索的。

对于前面那个例子，我们可以观察如何对 Square 类应用 MRO：

```
# oop/multiple.inheritance.py
print(square.__class__.__mro__)
# 输出：
# (<class '__main__.Square'>, <class '__main__.RegularPolygon'>,
# <class '__main__.Polygon'>, <class '__main__.Shape'>,
```

```
# <class '__main__.Plotter'>, <class 'object'>)
```

为了获取一个类的 MRO，我们可以从这个实例进入它的 __class__ 属性，并根据这个属性访问它的 __mro__ 属性。另外，我们也可以直接调用 Square.__mro__ 或 Square.mro()，但是如果我们想动态地完成这个操作，实际所操作的很可能是个对象而不是类。

注意，唯一可能产生分歧的地方是 Polygon 后面的三岔口，继承链在这里分成了两条：一条指向 Shape，另一条指向 Plotter。通过扫描 Square 类的 MRO，我们可以知道 Shape 在搜索时先于 Plotter。

它为什么非常重要呢？可以观察一下下面的代码：

```
# oop/mro.simple.py
class A:
    label = 'a'

class B(A):
    label = 'b'

class C(A):
    label = 'c'

class D(B, C):
    pass

d = D()
print(d.label)  # 假设它是 b 或 c
```

B 和 C 都是从 A 继承的，D 同时继承了 B 和 C。这意味着对 label 属性的查找通过 B 或 C 都可以到达顶部（A）。根据先搜索的类的不同，我们得到的结果并不相同。

因此，在上面这个例子中，我们得到了 b，这正是我们所期望的，因为 B 是 D 的基类中位于最左边的。但是，如果我们从 B 中删除了 label 属性会发生什么情况呢？此时就会产生混淆：算法是直接向上到达 A 呢还是先迂回到 C 呢？让我们进行探究：

```
# oop/mro.py
class A:
    label = 'a'

class B(A):
    pass # was: label = 'b'

class C(A):
    label = 'c'
```

```
class D(B, C):
    pass

d = D()
print(d.label)     # 'c'
print(d.__class__.mro()) # 注意这是获取 MRO 的另一种方法
# 输出:
# [<class '__main__.D'>, <class '__main__.B'>,
# <class '__main__.C'>, <class '__main__.A'>, <class 'object'>]
```

因此，我们知道了这个例子的 MRO 是 D - B - C - A - object，这意味着当我们请求 d.label 时，我们所得到的是 c，这是正确的。

在日常编程中，很少遇到需要处理 MRO 的情况，但是当读者首次遇到一个框架的某个 mixin 类并且面临疑惑时，会感谢我在这里专门花了一个段落的篇幅对它进行解释。

6.2.9　静态方法和类方法

到目前为止，我们所编写的类包含了数据形式的属性以及实例方法，但类中还可能出现另外两种类型的方法：**静态方法**和**类方法**。

1．静态方法

我们可能还记得，当我们创建一个类对象时，Python 会为它分配一个名称。这个名称可以作为名字空间使用，有时候在它的下面聚集一些功能是合理的做法。静态方法非常适合这种用途，因为与实例方法不同，调用静态方法时不需要向它传递任何特殊的参数。让我们观察一个虚构的 StringUtil 类的例子：

```
# oop/static.methods.py
class StringUtil:

    @staticmethod
    def is_palindrome(s, case_insensitive=True):
        # 我们只允许字母和数字
        s = ''.join(c for c in s if c.isalnum())         # 认真研究！
        # 由于是大小写敏感的比较，所以把 s 转换为小写形式
        if case_insensitive:
            s = s.lower()
        for c in range(len(s) // 2):
            if s[c] != s[-c -1]:
                return False
        return True
```

```
    @staticmethod
    def get_unique_words(sentence):
        return set(sentence.split())

print(StringUtil.is_palindrome(
    'Radar', case_insensitive=False))  # False: 大小写敏感
print(StringUtil.is_palindrome('A nut for a jar of tuna'))  # True
print(StringUtil.is_palindrome('Never Odd, Or Even!'))  # True
print(StringUtil.is_palindrome(
    'In Girum Imus Nocte Et Consumimur Igni') # Latin! Show-off!
)   # True

print(StringUtil.get_unique_words(
    'I love palindromes. I really really love them!'))
# {'them!', 'really', 'palindromes.', 'I', 'love'}
```

上面这段代码相当有趣。首先，我们知道了创建静态方法就是简单地在方法上应用 staticmethod 装饰器。然后，我们可以看到它们并不接收任何特殊的参数，因此除了装饰之外，它们看上去就像函数一样。

我们定义了一个 StringUtil 类作为函数的容器。另一种方法是创建一个独立的模块，并在其中定义函数。在大多数情况下，它们只是个人偏好的不同，功能上并没有什么差异。

is_palindrome 函数内部的逻辑应该非常简单，不过我在这里还是稍做解释。首先，我们需要从 s 中删除所有并非字母或数字的字符。为此，我们使用这个字符串对象（在此例中为空的字符串对象）的 join 方法。通过在一个空字符串上调用 join 方法，程序会将我们传递给 join 的可迭代对象中的所有元素连接在一起。程序向 join 传递一个生成器表达式以获取 s 中的所有属于字母或数字的字符。这是因为在回文句子中，我们需要丢弃任何并非字母或数字的字符。

然后，如果 case_insensitive 为 True，程序就把 s 转换为小写形式，然后继续检查 s 是否为回文。为此，程序会比较第 1 个字符和最后一个字符，然后比较第 2 个字符和倒数第 2 个字符，以此类推。如果找到任意一处不同，就意味着这个字符串不是回文，因此程序就返回 False。另外，如果程序正常地退出 for 循环，就意味着没有发现不同之处，因此就可以认为这个字符串是回文。

注意，不管字符串的长度如何，这段代码都能正确地工作。也就是说，不管字符串的长度是奇数还是偶数都没有问题。len(s) // 2 表达的是取 s 的一半，如果 s 的长度为奇数，就不会对正中间那个字符进行检查（例如在 RaDaR 中，D 不会被检查）。但是我们对此并

不关心，因为它是与自身进行比较，其结果总是能够通过检查。

get_unique_words 方法更加简单：它能够简单地返回一个集合。这个方法能够接收一个列表，后者包含了一个句子中的所有单词。set 类会为我们删除所有的重复元素，因此我们不需要再执行任何操作。

StringUtil 类为我们提供了一个出色的容器名字空间，可用于容纳对字符串进行操作的方法。我也可以用类似的方法定义一个 MathUtil 类，提供一些静态方法对数值进行操作，不过我想向读者展示一些不同的东西。

2. 类方法

类方法与静态方法略有不同，它和实例方法一样可以接收一个特殊的第 1 个参数。但在类方法中，它所接收的第 1 个参数是类对象本身。类方法的一个非常常见的用途是为类提供工厂功能。让我们观察一个例子：

```
# oop/class.methods.factory.py
class Point:
    def __init__(self, x, y):
        self.x = x
        self.y = y

    @classmethod
    def from_tuple(cls, coords): # cls 是 Point
        return cls(*coords)

    @classmethod
    def from_point(cls, point): # cls 是 Point
        return cls(point.x, point.y)

p = Point.from_tuple((3, 7))
print(p.x, p.y)  # 3 7
q = Point.from_point(p)
print(q.x, q.y)  # 3 7
```

在上面这段代码中，我展示了如何使用一个类方法为这个类创建一个工厂的操作。在这个例子中，我们希望可以通过传递两个坐标来创建一个 Point 实例（常规的创建方法为 p = Point(3, 7)），但我们还希望能够通过传递一个元组（Point.from_tuple）或另一个实例（Point.from_point）来创建一个 Point 实例。

在这两个类方法中，cls 参数表示 Point 类。和接收 self 为第 1 个参数的实例方法一样，类方法接收一个 cls 参数。self 和 cls 都是按照一种约定而命名的，这种约定并非强制，但强烈建议遵循这种约定。Python 程序员几乎都不会违反这个约定，因为这个约定具有非常强的效力，解析器、linter 以及会对我们的代码自动执行一些操作的任何工具都遵循这个约定，因此我们最好还是遵守它。

　　类方法和静态方法能够很好地协作。静态方法非常有助于分解类方法的逻辑，完善它的格局。下面我们观察一个对 StringUtil 类进行重构的例子：

```python
# oop/class.methods.split.py
class StringUtil:

    @classmethod
    def is_palindrome(cls, s, case_insensitive=True):
        s = cls._strip_string(s)
        #由于是大小写敏感的比较，所以将 s 转换为小写形式
        if case_insensitive:
            s = s.lower()
        return cls._is_palindrome(s)

    @staticmethod
    def _strip_string(s):
        return ''.join(c for c in s if c.isalnum())

    @staticmethod
    def _is_palindrome(s):
        for c in range(len(s) // 2):
            if s[c] != s[-c -1]:
                return False
        return True

    @staticmethod
    def get_unique_words(sentence):
        return set(sentence.split())

print(StringUtil.is_palindrome('A nut for a jar of tuna'))   # True
print(StringUtil.is_palindrome('A nut for a jar of beans'))  # False
```

将这段代码与之前的那个版本进行比较。注意尽管 is_palindrome 现在是个类方法，但我们可以像对待静态方法一样调用它。我们把它修改为类方法的原因是我们在提炼出它的几段逻辑（_strip_string 和 _is_palindrome）之后，需要获取它们的一个引用。如果方法中无法使用 cls，唯一的方法就是像下面这样调它们：StringUtil._strip_string(...)和StringUtil._is_palindrome(...)。这种做法显然不好，因为我们在 is_palindrome 方法中使用了硬编码形式的类名，以后万一需要修改类名就会比较麻烦。使用 cls 作为类名意味着我

们将来即使修改了类名也无须修改代码。

注意，新的逻辑明显比以前的版本容易理解得多。而且，把提炼出的方法用下划线前缀进行命名提示了这些方法不支持在类的外部被调用，不过这个行为将是下一小节内容的主题。

6.2.10 私有属性和名称改写

如果读者拥有像 Java、C#或 C++语言的编程背景，应该知道它们允许程序员为属性（包括数据和方法）设定私有状态。

在这个行为方面，每种语言的风格都稍有不同，但要点在于公共属性可以在代码的任何地点访问，而私有属性只能在定义它们的作用域中访问。

在 Python 中，不存在这样的东西。所有的属性都是公共的，因此我们依靠约定和一种名为**名称改写**的机制。

Python 所采用的约定如下：如果一个属性的名称没有下划线前缀，那么它就被认为是公共的。这意味着我们可以自由地访问和修改它。当属性的名称具有一个下划线前缀时，这个属性就被认为是私有的，这意味着它很可能是被内部使用的，不应该在外部使用和修改它。私有属性的一个常见用例是作为公共方法所使用的帮助方法（很可能出现在与其他方法一起形成的调用链中），或者作为内部数据，如缩放因子或其他在理想状态下应该作为常数（不能进行修改的变量，但令人吃惊的是，Python 竟然不支持常量）使用的任何数据。

这个特性通常会使拥有其他语言背景的人望而却步，因为他们感觉受到了缺乏隐私的威胁。坦率地说，在我使用 Python 的整个编程生涯中，我从来没有听到过有人抱怨“上帝啊！我发现了一个巨大的问题，Python 竟然没有私有属性！”我发誓，哪怕一次也没有听到过。

即便如此，对私密性的诉求实际上是合理的，因为没有了私密性，我们确实会面临在代码中引入缺陷的风险。下面我通过代码来说明我的意思：

```
# oop/private.attrs.py
class A:
    def __init__(self, factor):
        self._factor = factor

    def op1(self):
        print('Op1 with factor {}...'.format(self._factor))

class B(A):
    def op2(self, factor):
```

```
        self._factor = factor
        print('Op2 with factor {}...'.format(self._factor))

obj = B(100)
obj.op1()    # Op1 with factor 100...
obj.op2(42)  # Op2 with factor 42...
obj.op1()    # Op1 with factor 42... <- 这个很糟糕
```

在上面这段代码中有一个名为_factor 的属性，假设这个属性非常重要，在创建了实例之后它就不应该在运行时被修改，因为 op1 要想正常发挥作用就必须依赖于它。我们在对它进行命名时使用了一个下划线前缀，但是问题在于当我们调用 obj.op2(42)时，我们修改了它，这会反映在 op1 的后续调用中。

我们通过添加另一个下划线前缀来修正这个不希望出现的行为：

```
# oop/private.attrs.fixed.py
class A:
    def __init__(self, factor):
        self.__factor = factor

    def op1(self):
        print('Op1 with factor {}...'.format(self.__factor))

class B(A):
    def op2(self, factor):
        self.__factor = factor
        print('Op2 with factor {}...'.format(self.__factor))

obj = B(100)
obj.op1()    # Op1 with factor 100...
obj.op2(42)  # Op2 with factor 42...
obj.op1()    # Op1 with factor 100... <- 哇哦！现在很好了！
```

看到了吗？现在在它的行为就是我们所需要的。Python 非常神奇，在这种情况下名称改写机制就会介入。

名称改写意味着至少具有两个下划线前缀和最多只有一个下划线后缀的任何属性名（如__my_attr）都会被一个新的名称所代替，新名称是在原来的实际名称前面加上一个下划线前缀和类名（如_ClassName__my_attr）。

这意味着当从一个类继承时，名称改写机制会为基类和子类中的私有属性提供两个不同的名称以避免名称冲突。一个名为__dict__的特殊属性会存储每个类和实例对象的属性的引用，因此我们可以检查 obj.__dict__，以观察名称改写是怎样实际发生的：

```
# oop/private.attrs.py
print(obj.__dict__.keys())
# dict_keys(['_factor'])
```

这是我们在这个例子的问题版本中找到的_factor 属性。但是，我们可以观察一下使用__factor 的那个版本：

```
# oop/private.attrs.fixed.py
print(obj.__dict__.keys())
# dict_keys(['_A__factor', '_B__factor'])
```

明白了吗？obj 现在具有两个属性，即_A__factor（在 A 类中进行了改写）和_B__factor（在 B 类中进行了改写）。这个机制保证了当我们执行 obj.__factor = 42 时，A 中的__factor 并不会改变，因为程序所接触的是_B__factor。这样，_A__factor 既健康又安全。

如果我们正在设计一个程序库，其中的类可以由其他开发人员所使用和扩展，我们就需要记住这个机制，以避免出现不符合我们意图的属性重写。类似这样的缺陷是相当微妙的，很难被发现。

6.2.11　property 装饰器

另外一样必须提到的东西是 property 装饰器。假设 Person 类有一个 age 属性，在某个时刻我们想要确保当我们修改它的值时，age 能够位于适当的范围之内，如[18, 99]。我们可以编写访问器方法，如 get_age()和 set_age(...)（又称 **getter** 和 **setter**），并把具体的逻辑放在那里。get_age()很可能只会简单地返回 age，而 set_age(...)还会进行范围检测。问题在于，我们很可能已经有很多代码是直接访问 age 属性的，这意味着我们面临一些乏味的重构。类似 Java 这样的语言一般通过使用访问器模式来克服这个问题。许多 Java **集成开发环境**会在我们编写 getter 和 setter 访问器方法时自动完成属性的声明。

Python 更加智能，它将通过 property 装饰器来完成这个任务。当我们用 property 装饰器对一个方法进行装饰时，可以像使用数据属性一样使用方法的名称。出于这个原因，我们最好克制住自己并花点时间添加一些逻辑来完善这类方法的想法，因为以属性的形式访问它们时，我们一般并不希望进行等待。

让我们观察一个例子：

```
# oop/property.py
class Person:
    def __init__(self, age):
        self.age = age  # 任何人可以自由地对它进行修改

class PersonWithAccessors:
```

```python
    def __init__(self, age):
        self._age = age

    def get_age(self):
        return self._age

    def set_age(self, age):
        if 18 <= age <= 99:
            self._age = age
        else:
            raise ValueError('Age must be within [18, 99]')

class PersonPythonic:
    def __init__(self, age):
        self._age = age

    @property
    def age(self):
        return self._age

    @age.setter
    def age(self, age):
        if 18 <= age <= 99:
            self._age = age
        else:
            raise ValueError('Age must be within [18, 99]')

person = PersonPythonic(39)
print(person.age)    # 39 ，注意我们以数据属性的形式进行访问
person.age = 42      # 注意我们以数据属性的形式进行访问
print(person.age)    # 42
person.age = 100     # ValueError: Age must be within [18, 99]
```

　　Person 类可能是我们所编写的第 1 个版本。接着，我们意识到需要在里面添加一些范围检查逻辑。如果是其他语言，我们可能需要把 Person 类改写为 PersonWithAccessors 类，并对所有使用 Person.age 的代码进行重构。但在 Python 中，我们可以把 Person 改写为 PersonPythonic（当然，一般情况下我们不会修改类名），把年龄存储在一个私有的_age 变量中，并使用这个装饰定义具有 property 性质的 getter 方法和 setter 方法，这就允许我们像原先一样使用 person 实例。getter 方法是我们访问一个属性用于读取时所调用的方法，而 setter 方法是我们访问一个属性用于写入它时所调用的方法。在诸如 Java 这样的其他语言中，常见的做法是把它们定义为 get_age()和 set_age(int value)，但我觉得 Python 的语法更加清晰。它允许我们一开始编写简单的代码，以后有需要时可以对它们进行重构。我们不

需要只是因为它在以后可能会被用到才在一开始就用访问器污染自己的代码。

　　property 装饰器还允许设置只读数据（没有 setter 方法），并在属性被删除时执行一些特殊的操作。为了深入挖掘这方面的细节，读者可以阅读官方文档。

6.2.12　操作符重载

　　我觉得 Python 所采用的**操作符重载**方法极为光彩夺目。所谓操作符重载，就是程序根据操作符使用时所处的上下文环境向它提供特定的含义。例如，+操作符在处理数值时表示加法，但在处理序列时表示连接。

　　在 Python 中，当我们使用操作符时，程序很可能会在后台调用某些对象的特殊方法。例如，a[k]这个调用大致可以转换为 type(a).__getitem__(a, k)。

　　作为一个例子，让我们创建一个类，它将存储一个字符串，当这个字符串包含 42 时结果为 True，否则为 False。另外，我们为这个类定义一个 length 属性，该属性对应于这个字符串的长度：

```
# oop/operator.overloading.py
class Weird:
    def __init__(self, s):
        self._s = s

    def __len__(self):
        return len(self._s)

    def __bool__(self):
        return '42' in self._s

weird = Weird('Hello! I am 9 years old!')
print(len(weird))    # 24
print(bool(weird))   # False

weird2 = Weird('Hello! I am 42 years old!')
print(len(weird2))   # 25
print(bool(weird2))  # True
```

很有趣，是不是？关于我们可以在类中进行重载提供自定义实现的神奇方法的完整列表，读者可以在官方文档中查阅 Python 的数据模型。

6.2.13　多态——简单说明

　　多态这个词源自希腊语，表示许多的形态，它的意思是一个单独的接口表示不同类型的实体。在我们的汽车例子中，我们可以直接调用 engine.start()，而不用管具体的引擎类型是什么。只要它提供了 start 方法，我们就可以调用它。这就是多态的一个例子。

在其他语言中，如 Java，为了让一个函数能够接受不同类型的对象并在它们上面调用一个方法，这些类型在编写时就需要共享一个接口。按照这种方式，不管传递给这个函数的对象是什么类型（当然，前提是这种类型对适当的接口进行了扩展），编译器都知道这个函数是可以被调用的。

在 Python 中，情况大不相同。多态是隐式的，没有什么东西可以防止我们在一个对象上调用一个方法。因此，从技术上说，我们并不需要实现接口或其他模式。

有一种特殊类型的多态称为**临时多态**，也是我们在前一小节内容中所看到的：操作符重载。这种多态的功能就是允许操作符根据它所操作的数据变化自己的形态。

多态还允许 Python 程序员简单地使用一个对象所展示的接口（方法和属性），而不需要检查是哪个类实例化了这个对象。这就使代码变得更加紧凑，看上去更加自然。

我无法花太多的时间讨论多态，但读者可以自行探索这个主题，它可以扩展我们对 OOP 的理解。

6.2.14　数据类

在结束 OOP 的介绍之前，还有最后一样东西值得一提：数据类。它是由 PEP557 在 Python 3.7 中引入的，可以被描述为具有默认值的有名称的可变元组。让我们通过一个例子来了解这个概念：

```python
# oop/dataclass.py
from dataclasses import dataclass

@dataclass
class Body:
    '''表示物体的类.'''
    name: str
    mass: float = 0.  # Kg
    speed: float = 1. # m/s

    def kinetic_energy(self) -> float:
        return (self.mass * self.speed ** 2) / 2


body = Body('Ball', 19, 3.1415)
print(body.kinetic_energy())  # 93.755711375 Joule
```

```
print(body)  # Body(name='Ball', mass=19, speed=3.1415)
```

在上面这段代码中，我创建了一个表示物体的类，它提供了一个方法允许我计算它的动能（使用著名公式 $E_k = \frac{1}{2}mv^2$）。注意，名称会被认为是个字符串，而 mass 和 speed 都是浮点数，它们都有一个默认值。另外，比较有趣的是我并不需要编写任何 __init__ 方法，这个任务由 dataclass 装饰器为我完成，另外用于进行比较的方法以及用于生成该物体的字符串表示形式的方法（在最后一行由 print 语句隐式地调用）也不需要编写。

如果读者对这个话题感兴趣，可以阅读 PEP557 的所有规范，但现在只需要记住数据类可以作为有名称的元组的更出色、功能也略强的替代品，可以在需要的时候使用。

6.3　编写自定义的迭代器

现在，我们已经拥有了编写自定义的迭代器所需的所有工具。我们先来定义一个可迭代对象和一个迭代器。

◆ **可迭代对象**。如果一个对象能够一次返回它的一个成员，那么它就是可迭代对象。列表、元组、字符串和字典都是可迭代对象。定义了 __iter__ 或 __getitem__ 方法的自定义对象也是可迭代对象。

◆ **迭代器**。如果一个对象表示一个数据流，那么它就是个迭代器。自定义的迭代器需要提供返回对象本身的 __iter__ 方法的实现，并提供返回数据流中下一个元素（直到数据流被耗尽，此时对 __next__ 的所有后续调用都会简单地触发一个 StopIteration 异常）的 __next__ 方法的实现。内置函数（如 iter 函数和 next 函数）在后台被映射为在一个对象上调用 __iter__ 和 __next__。

让我们编写一个迭代器，要求能够首先返回一个字符串中所有奇数位置的字符，然后返回偶数位置的字符：

```
# iterators/iterator.py
class OddEven:

    def __init__(self, data):
        self._data = data
        self.indexes = (list(range(0, len(data), 2)) +
            list(range(1, len(data), 2)))

    def __iter__(self):
        return self
```

```
    def __next__(self):
        if self.indexes:
            return self._data[self.indexes.pop(0)]
        raise StopIteration

oddeven = OddEven('ThIsIsCoOl!')
print(''.join(c for c in oddeven))  # TIICO!hssol


oddeven = OddEven('HoLa')  # 或采用手动操作的方法
it = iter(oddeven) # 在内部调用 oddeven.__iter__
print(next(it))  # H
print(next(it))  # L
print(next(it))  # o
print(next(it))  # a
```

因此，我们需要为返回对象本身的__iter__提供一个实现，并为__next__也提供一个实现。下面我们详细讨论具体的方法。程序需要执行的操作是返回_data[0]、_data[2]、_data[4]、...、_data[1]、_data[3]、_data[5]、...，直到返回了 data 中的所有元素。为此，我们准备了一个列表 indexes，如[0, 2, 4, 6, ..., 1, 3, 5, ...]，当这个列表中至少还有一个元素时，程序就从中弹出第 1 个元素并从 data 中返回这个位置的元素，从而就实现了我们的目标。当 indexes 列表为空时，程序就触发 StopIteration 异常，这也是迭代器协议所要求的。

我们还可以使用其他方法实现同样的结果，因此可以尝试编写不同的代码进行试验。但要确保最终结果对于所有的边缘情况，空序列，长度分别为 1、2 等的序列都适用。

6.4　总结

在本章中，我们讨论了装饰器，探索了使用它们的原因，并讨论了同时使用一个或多个装饰器的例子。我们还介绍了接收参数的装饰器，它们通常作为装饰器工厂使用。

我们对 Python 的面向对象编程进行了初步的了解。我们讨论了关于它的所有的基础知识，因此能够理解后面章节中将要出现的代码。

我们讨论了在类中可以编写的所有类型的方法和属性，我们还讨论了继承和合成、方法重载、属性、操作符重载和多态等知识。

最后，我们非常简单地探索了迭代器的基础，从而使我们对生成器有了更深刻的理解。

在下一章中，我们将讨论如何处理文件以及如何采用几种不同的方法和格式实现数据持久化。

第 7 章
文件和数据持久化

"持久性是我们称为生活的这种经历的关键所在。"

——托斯滕·亚历山大·朗格

在前面几章中，我们探索了 Python 的几个不同的主题。由于这些章节的例子主要用于展示，因此它们是在一个简单的 Python shell 中运行的，或者是以 Python 模块的形式运行的。它们在运行时可能会在控制台输出一些东西，然后就结束了，不再留下其他痕迹。

但是，现实世界的应用程序一般都不是这样。当然，它们仍然是在内存中运行的，但它们会与网络、磁盘和数据库进行交互。它们还会按照适当的格式，与其他应用程序和设备交换信息。

在本章中，我们将进一步靠近现实世界，探索下面这些主题。

◆　文件和目录。

◆　压缩。

◆　网络和流。

◆　JSON 数据交换格式。

◆　使用标准库的 pickle 模块和 shelve 模块实现数据持久化。

◆　使用 SQLAlchemy 实现数据持久化。

和往常一样，我尽量保持宽度和深度之间的平衡。因此在本章结束时，我们能够比较熟练地掌握相关的基础知识，并知道怎样在网络上寻找更多的信息。

7.1　操作文件和目录

关于文件和目录，Python 提供了丰富的实用工具。具体地说，在后面的例子中，我们将使用 os 和 shutil 模块。因为我们将读取文件并写入磁盘中，所以我将使用一个文件 fear.txt。它包含了 Thich Nhat Hanh 的著作《Fear》的一段摘录，本章中的一些例子将使用到它。

7.1.1　打开文件

在 Python 中，打开一个文件是非常简单和直观的。事实上，我们只需要使用 open 函数。我们观察一个简单的例子：

```
# files/open_try.py
fh = open('fear.txt', 'rt')  # r: read, t: text

for line in fh.readlines():
    print(line.strip())        # 删除空白字符并输出

fh.close()
```

上面的代码非常简单。我们调用了 open 函数，把文件名传递给了它，并告诉 open 函数我们想要以文本模式读取这个文件。在文件名之前并没有路径信息，因此 open 函数将认为这个文件所在的文件夹与脚本运行时所在的文件夹相同。这意味着如果我们在 files 文件夹之外运行这段脚本，将无法找到 fear.txt 文件。

当文件被打开之后，我们就获取了一个文件对象 fh，我们可以用它对文件的内容进行操作。在这个例子中，我们使用 readlines 方法对这个文件的所有文本行进行迭代并输出它们。我们对每行文本调用 strip 方法去除内容两边多余的空白字符（包括最后的行终止字符），因为 print 语句已经为我们添加了这个字符。这是一个简单粗糙的解决方案，对于这个例子是适用的。但是，如果文件的内容包含了需要保留的有意义的空白字符，我们在净化数据时就应该小心谨慎。在这段脚本的最后，我们刷新并关闭了文件流。

关闭文件是非常重要的，因为我们不想冒忘了释放文件句柄的风险。因此，我们需要采取一些预防措施，即把前面的逻辑包装在一个 try/finally 代码块中。这种做法的效果是能够保证我们在试图打开和读取文件时一旦发生错误，close 方法会被调用。

```
# files/open_try.py
try:
    fh = open('fear.txt', 'rt')
    for line in fh.readlines():
```

```
        print(line.strip())
finally:
    fh.close()
```

代码的逻辑是相同的，但现在它更加安全。

 现在不理解 try/finally 代码块不需要着急。我们将在下一章讨论如何处理异常。现在，只需要理解把代码放在 try 的代码块中相当于为代码增加了一种检测错误（即异常）的机制，使程序在发生错误的时候可以决定做些什么。在这个例子中，我们在遇到错误时实际上并没有采取什么措施，只不过在 finally 代码块中关闭了文件，不管是否发生错误，这行代码都会保证被执行。

我们可以按照下面的方法对上面这个例子进行简化：

```
# files/open_try.py
try:
    fh = open('fear.txt')        # rt 是默认的
    for line in fh:              # 我们可以直接对 fh 进行迭代
        print(line.strip())
finally:
    fh.close()
```

我们可以看到，rt 是默认的文件打开模式，因此我们并不需要特别指定这个模式。而且，我们可以对 fh 的迭代进行简化，不需要显式地在它上面调用 readlines 方法。Python 非常聪明，为我们提供了便捷记法，使代码更简洁、更容易读懂。

运行上面这两个例子中的代码后，程序都在控制台上输出这个文件的内容（检测源代码，阅读完整的内容）：

```
An excerpt from Fear - By Thich Nhat Hanh

The Present Is Free from Fear

When we are not fully present, we are not really living. We're not really
there, either for our loved ones or for ourselves. If we're not there,
then where are we? We are running, running, running, even during our
sleep. We run because we're trying to escape from our fear.
...
```

使用上下文管理器打开文件

我们必须承认，把代码嵌入到 try/finally 代码块中并不是一件愉快的事情。和往常一样，Python 提供了一种更为优雅的、安全的方式打开文件，也就是使用上下文管理器。我们先来观察一段代码：

```python
# files/open_with.py
with open('fear.txt') as fh:
    for line in fh:
        print(line.strip())
```

上面这个例子与前面的例子效果相同，但可读性更佳。with 语句支持上下文管理器所定义的运行时间上下文这个概念。它是使用一对方法__enter__和__exit__实现的，允许用户定义的类定义一个运行时上下文，在语句体被执行之前进入并在语句体结束时退出。当 open 函数是由上下文管理器所调用的时候，它将能够产生一个文件对象。但是，这个机制的真正优美之处在于 fh.close() 会被自动调用，即使是在遇到错误的情况下。

上下文管理器可用于几种不同的场景，如线程同步、文件或其他对象的关闭以及网络和数据库连接的管理等。我们可以在 contextlib 文档页面中查看与它有关的信息。

7.1.2　读取和写入文件

既然我们知道了如何打开文件，现在就可以观察读取和写入文件的几种不同方法：

```python
# files/print_file.py
with open('print_example.txt', 'w') as fw:
    print('Hey I am printing into a file!!!', file=fw)
```

第 1 种方法使用了 print 函数，我们已经在前面几章中多次看到这个函数了。在获取一个文件对象之后，这次指定想要进行写入（w），则我们可以告诉 print 函数调用把它的输出定向到这个文件中，而不是默认的 sys.stdout。当程序在执行代码时，sys.stdout 就会被映射到控制台。

上面这段代码的效果是在 print_example.txt 文件不存在时创建它或者当它已经存在时清除它的内容，然后再在它里面写入"Hey I am printing into a file!!!"这行文本。

这种方法既简洁又方便，但并不是我们在写入文件时所采用的常规方法。让我们观察一种更常见的方法：

```python
# files/read_write.py
with open('fear.txt') as f:
    lines = [line.rstrip() for line in f]

with open('fear_copy.txt', 'w') as fw:
    fw.write('\n'.join(lines))
```

在上面这个例子中，程序会首先打开 fear.txt 文件，然后，把它的内容逐行收集到一个列表中。注意，这一次我们调用了一个更加精确的方法 rstrip，以确保只删除每行文本最右边的空白字符。

在这段代码的后半部分，程序创建了一个新文件 fear_copy.txt，并把来自原始文件的所有文本行都写入这个文件，每行文本用换行符\n 分隔。Python 是非常友好的，它在默认情况下使用统一换行符，这意味着即使原始文件所采用的可能是与\n 不同的换行符，Python 也会在返回文本行之前自动为我们执行转换。当然，这个行为是可以自定义的，不过正常情况下这正是我们所需要的。说到换行符，有没有想到其中的一个会在这个复制后的文件中丢失呢？

1. 用二进制模式读取和写入

注意，在打开一个文件时在选项中传递 t（或者将它省略，因为它是默认的），程序就会以文本模式打开这个文件。这意味着这个文件的内容会被当作文本处理和解释。我们也可能想把字节写入一个文件，以便用二进制模式打开这个文件。当我们处理并不仅仅包含原始文本的文件（如图像、音频、视频以及其他任何专用格式）时，这是一种常见的需求。

为了处理二进制形式的文件，在打开文件时可以简单地指定 b 标志，就像下面这个例子一样：

```
# files/read_write_bin.py
with open('example.bin', 'wb') as fw:
    fw.write(b'This is binary data...')

with open('example.bin', 'rb') as f:
    print(f.read())  # 输出: b'This is binary data...'
```

在这个例子中，我仍然使用文本作为二进制数据，但它也可以是其他任何内容。我们可以看到它被看成是二进制数据，因为输出是以 b'This ...'开头的。

2. 保护现有文件不被覆盖

Python 允许我们打开文件并写入。但是，使用 w 标志之后，我们打开一个文件并清除它的内容意味着该文件将被一个空文件所覆盖，原始内容将会丢失。如果我们打开一个文件时只想当它不存在时才写入，可以改用 x 标志，就像下面这个例子一样：

```
# files/write_not_exists.py
with open('write_x.txt', 'x') as fw:
    fw.write('Writing line 1')      # 成功

with open('write_x.txt', 'x') as fw:
    fw.write('Writing line 2')      # 失败
```

如果运行上面这段代码，会发现自己的目录中出现了一个名为 write_x.txt 的文件，它只包含了一行文本。这段代码的后半部分执行失败。这段代码在我的控制台上执行时所产生的输出如下：

```
$ python write_not_exists.py
Traceback (most recent call last):
  File "write_not_exists.py", line 6, in <module>
    with open('write_x.txt', 'x') as fw:
FileExistsError: [Errno 17] File exists: 'write_x.txt'
```

7.1.3　检查文件和目录是否存在

如果想要检测一个文件或目录是否存在，os.path 模块就是我们所需要的。让我们观察一下简单的例子：

```python
# files/existence.py
import os

filename = 'fear.txt'
path = os.path.dirname(os.path.abspath(filename))

print(os.path.isfile(filename)) # True
print(os.path.isdir(path))  # True
print(path)  # /Users/fab/srv/lpp/ch7/files
```

上面这段代码相当有趣。用一个相对引用（也就是不包含路径信息）声明了文件名之后，我们使用 abspath 方法来计算这个文件的完整绝对路径。接着，我们调用 dirname 方法来获取路径信息（在末尾删除文件名）。其结果正如我们所看到的那样被输出在最后一行。另外，注意我们是如何调用 isfile 方法和 isdir 方法来检查文件和目录是否存在的。在 os.path 模块中，我们可以找到与路径名的操作有关的所有函数。

> 如果想用一种不同的方式对路径进行操作，可以使用 pathlib 模块。os.path 模块适用于字符串，pathlib 模块提供了表示文件系统路径的类，其语义适用于不同的操作系统。这个模块超出了本章的范围，如果读者感兴趣，可以参阅 PEP428 以及它在标准库中的相关页面。

7.1.4　对文件和目录进行操作

下面我们观察几个对文件和目录进行操作的简单例子。第 1 个例子是对文件的内容进行操作：

```
# files/manipulation.py
from collections import Counter
from string import ascii_letters

chars = ascii_letters + ' '

def sanitize(s, chars):
    return ''.join(c for c in s if c in chars)

def reverse(s):
    return s[::-1]

with open('fear.txt') as stream:
    lines = [line.rstrip() for line in stream]

with open('raef.txt', 'w') as stream:
    stream.write('\n'.join(reverse(line) for line in lines))

# 现在我们可以计算一些统计数字
lines = [sanitize(line, chars) for line in lines]
whole = ' '.join(lines)
cnt = Counter(whole.lower().split())
print(cnt.most_common(3))
```

上面这个例子定义了两个函数：sanitize 函数和 reverse 函数。它们都是简单的函数，其作用分别是从字符串中删除所有并非字母或空格的字符以及生成一个字符串的反向副本。

我们打开 fear.txt 文件并把它的内容读取在一个列表中。然后，我们创建一个新文件 raef.txt，它包含了原文件的水平镜像版本。

我们对一个换行符使用 join 方法，这样只用一个操作就写入了 lines 的所有内容。更为有趣的事情出现在最后。首先，我们通过列表解析把 lines 重新赋值给它本身的一个净化版本。然后，我们在 whole 字符串中把它们放在一起，最后把结果传递给 Counter。注意，我们分割了字符串并把它们都转换为了小写字母形式。这样，每个单词都会被正确地计数，不管它的大小写情况如何。感谢 split 函数，我们不再需要担心额外的空白字符。当我们输出 3 个最常见的单词时，才意识到 Thich Nhat Hanh 真正关注的是其他东西，因为 "we" 才是这段文本最常见的单词：

```
$ python manipulation.py
[('we', 17), ('the', 13), ('were', 7)]
```

现在，我们观察一个更加面向磁盘操作的例子，此时需要使用 shutil 模块：

```
# files/ops_create.py
import shutil
import os

BASE_PATH = 'ops_example'      # 这是基本路径
os.mkdir(BASE_PATH)

path_b = os.path.join(BASE_PATH, 'A', 'B')
path_c = os.path.join(BASE_PATH, 'A', 'C')
path_d = os.path.join(BASE_PATH, 'A', 'D')

os.makedirs(path_b)
os.makedirs(path_c)

for filename in ('ex1.txt', 'ex2.txt', 'ex3.txt'):
    with open(os.path.join(path_b, filename), 'w') as stream:
        stream.write(f'Some content here in {filename}\n')

shutil.move(path_b, path_d)

shutil.move(
    os.path.join(path_d, 'ex1.txt'),
    os.path.join(path_d, 'ex1d.txt')
)
```

在上面的代码中，我们首先声明了一个基本路径，从而可以安全地把将要创建的文件和文件夹放在这个目录中。然后，我们使用 makedirs 函数创建了两个目录：ops_example/A/B 和 ops_example/A/C。（能不能想到一种方法使用 map 函数创建这两个目录？）

我们使用 os.path.join 连接目录名，因为使用/会使代码只适用于目录分隔符为/的平台，如果代码在使用其他分隔符的平台上运行就会失败。我们应该把推断正确的分隔符的这个任务委托给 join 方法。

在创建了目录之后，在一个简单的 for 循环内部，是一些在目录 B 创建 3 个文件的代码。接着，我们把文件夹 B 以及它的内容移动到另一个不同的文件夹 D。最后，我们把 ex1.txt 重命名为 ex1d.txt。如果打开这个文件，将会看到它仍然包含了来自 for 循环的原始文本。在结果上调用 tree 将产生下面的输出：

```
$ tree ops_example/
ops_example/
└── A
    ├── C
    └── D
```

```
├──── ex1d.txt
├──── ex2.txt
└──── ex3.txt
```

对路径名进行操作

我们通过一个简单的例子来对 os.path 模块的功能进行更多的探索：

```
# files/paths.py
import os

filename = 'fear.txt'
path = os.path.abspath(filename)

print(path)
print(os.path.basename(path))
print(os.path.dirname(path))
print(os.path.splitext(path))
print(os.path.split(path))

readme_path = os.path.join(
    os.path.dirname(path), '...', '...', 'README.rst')
print(readme_path)
print(os.path.normpath(readme_path))
```

阅读这段代码所产生的结果足以使我们理解这个例子：

```
/Users/fab/srv/lpp/ch7/files/fear.txt        # path
fear.txt                                      # basename
/Users/fab/srv/lpp/ch7/files                  # dirname
('/Users/fab/srv/lpp/ch7/files/fear', '.txt') # splitext
('/Users/fab/srv/lpp/ch7/files', 'fear.txt')  # split
/Users/fab/srv/lpp/ch7/files/.../.../README.rst  # readme_path
/Users/fab/srv/lpp/README.rst                 # normalized
```

7.1.5　临时文件和临时目录

　　有时候，在运行一些代码的时候创建一个临时目录和临时文件是极为实用的。例如，当我们编写将会影响磁盘的测试时，可以使用临时文件和临时目录运行自己的代码并判断它是否是正确的，另外还要确保当测试运行结束时，测试文件夹内不会有剩余的内容。我们来观察一下如何在 Python 中完成这个任务：

```
# files/tmp.py
import os
from tempfile import NamedTemporaryFile, TemporaryDirectory
```

```
with TemporaryDirectory(dir='.') as td:
    print('Temp directory:', td)
    with NamedTemporaryFile(dir=td) as t:
        name = t.name
        print(os.path.abspath(name))
```

上面这个例子相当简明：我们在当前目录（"."）中创建了一个临时目录，并在其中创建了一个有名称的临时文件。它的文件名以及它的完整路径如下：

```
$ python tmp.py
Temp directory: ./tmpwa9bdwgo
/Users/fab/srv/lpp/ch7/files/tmpwa9bdwgo/tmp3d45hm46
```

每次运行这段脚本都会产生不同的结果，因为它是我们所创建的临时随机名称。

7.1.6　检查目录的内容

在 Python 中，我们还可以检查目录的内容。我们将讨论完成这个任务的两种方法：

```
# files/listing.py
import os

with os.scandir('.') as it:
    for entry in it:
        print(
            entry.name, entry.path,
            'File' if entry.is_file() else 'Folder'
        )
```

这段代码在当前目录上调用了 os.scandir。我们对它的结果进行迭代，它们每个都是 os.DirEntry 的一个实例。这是个很出色的类，因为它提供了一些非常实用的属性和方法。在这段代码中，我们访问了其中的 name、path 和 is_file()。

运行这段代码将产生下面的结果（为了简单起见，我省略了一些结果）：

```
$ python listing.py
fixed_amount.py ./fixed_amount.py File
existence.py ./existence.py File
...
ops_example ./ops_example Folder
...
```

对目录树进行扫描的一种更为强大的方法是使用 os.walk。我们观察一个例子：

```
# files/walking.py
```

```
import os

for root, dirs, files in os.walk('.'):
    print(os.path.abspath(root))
    if dirs:
        print('Directories:')
        for dir_ in dirs:
            print(dir_)
        print()
    if files:
        print('Files:')
        for filename in files:
            print(filename)
        print()
```

运行这段代码将产生当前目录中所有文件和目录的列表，对于每个子目录也是如此。

7.1.7　文件和目录的压缩

在结束本节之前，我们再来观察一个创建压缩文件的例子。在本书的源代码中，我提供了两个例子，一个用于创建 ZIP 文件，另一个用于创建 tar.gz 文件。Python 允许我们用几种不同的方法和格式创建压缩文件。下面，我们观察如何创建最常见的压缩格式（ZIP）：

```
# files/compression/zip.py
from zipfile import ZipFile

with ZipFile('example.zip', 'w') as zp:
    zp.write('content1.txt')
    zp.write('content2.txt')
    zp.write('subfolder/content3.txt')
    zp.write('subfolder/content4.txt')

with ZipFile('example.zip') as zp:
    zp.extract('content1.txt', 'extract_zip')
    zp.extract('subfolder/content3.txt', 'extract_zip')
```

在上面这段代码中，我们导入了 ZipFile，然后在上下文管理器中把 4 个简单的上下文环境文件写入其中（有两个位于一个子文件夹中，这是为了显示 ZIP 能够保留完整的路径）。此后，我们打开这个压缩文件并从中提取几个文件到 extract_zip 目录。如果读者对数据的压缩感兴趣，可以阅读标准库中的数据压缩和归档一节，我们可以从中了解与这个主题有关的更多信息。

7.2　数据交换格式

现代的软件架构倾向于把应用程序划分为几个组件。不管我们是否采纳面向服务的架构，甚至更深入一步进入微服务架构的领域，这些组件都需要交换数据。而且，即使我们所编写的是独立的应用程序，也就是一个项目包含了所有的代码库，它仍然可能需要在 API 之间或与其他程序交换数据，又或者需要简单地处理网站的前端与后端之间的数据流，因为两者很可能是用不同的语言编写的。

选择交换信息的正确格式是至关重要的。如果选择某种语言特定的格式，该语言可能会很轻松地向我们提供数据序列化和反序列化所需的所有工具。但是，这样我们就无法与使用该语言的不同版本所编写的其他组件或者使用其他编程语言所编写的组件进行通信。一般来说，采用某种语言特定的格式只有在别无选择的情况下才能采用。

选择一种与语言无关的格式要好得多，它可以被所有的（至少是大部分）语言所支持。在我领导的小组中，有来自英国、波兰、南非、西班牙、希腊、印度、意大利等国的伙伴。我们都讲英语，因此不管大家的母语是什么，我们大多数人都能交流。

在软件世界中，有些流行的格式在最近一些年里已经成为标准，其中最著名的很可能是 XML、YAML 和 JSON。Python 标准库广泛采用 xml 和 json 模块，在 PyPI 中，我们可以找到一些可以在 YAML 中使用的不同程序包。

在 Python 环境中，JSON 可能是最常用的格式。它胜过另外两种格式的原因是它是标准库的组成部分，并且它非常简洁。如果我们使用过 XML，应该能明白它的缺陷是什么。

使用 JSON

JSON 是 **JavaScript Object Notation**（JavaScript 对象记法）的缩写，也是 JavaScript 语言的一个子集。它问世差不多已有 20 年，现在已经广为人知，并且被几乎所有的语言所采用，尽管它实际上是与语言无关的。我们可以在它的网站了解与它有关的所有信息，不过我还是打算在这里对它进行简单的介绍。

JSON 建立在两个结构的基础之上：一个是 "名称/值" 对的集合，另一个是值的有序列表。我们马上就能意识到这两种对象分别可以映射到 Python 中的字典和列表数据类型。作为数据类型，它提供了字符串、数值、对象和值，如 True、False 和 Null 等。我们以一个简单的例子作为起点：

```
# json_examples/json_basic.py
```

```
import sys
import json

data = {
    'big_number': 2 ** 3141,
    'max_float': sys.float_info.max,
    'a_list': [2, 3, 5, 7],
}

json_data = json.dumps(data)
data_out = json.loads(json_data)
assert data == data_out    # 经过 JSON 序列化和反序列化操作，数据是匹配的
```

我们首先导入了 sys 和 json 模块，然后用一些数值和一个列表创建了一个简单的字典。我想用极其巨大的数值（分别包括 int 和 float 类型）来测试序列化和反序列化。因此，我在这个字典中放入了 2^{3141} 以及我的系统能够处理的最大的浮点数。

我们用 json.dumps 进行序列化，程序将接收数据并把它转换为一个 JSON 格式化字符串。然后，把这个数据输入 json.loads，后者执行相反的操作：程序将根据一个 JSON 格式化字符串，把数据重新构建到 Python 中。在最后一行，我们在确保原先的数据与通过 JSON 进行了序列化和反序列化操作之后的结果是相同的。

在下面这个例子中，我们观察当我们需要输出 JSON 数据时，代码看上去是什么样的：

```
# json_examples/json_basic.py
import json

info = {
    'full_name': 'Sherlock Holmes',
    'address': {
        'street': '221B Baker St',
        'zip': 'NW1 6XE',
        'city': 'London',
        'country': 'UK',
    }
}

print(json.dumps(info, indent=2, sort_keys=True))
```

在这个例子中，我们用与福尔摩斯有关的数据创建了一个字典。如果读者也是福尔摩斯的粉丝并且正好也在伦敦，可以通过这个地址找到关于他的博物馆（我推荐去参观一下，这个地方虽然很小，但很漂亮）。

但是，需要注意我们是怎么调用 json.dumps 的。我们告诉程序缩进两个空格，并按照字母顺序进行排序。它的结果如下：

```
$ python json_basic.py
{
  "address": {
    "city": "London",
    "country": "UK",
    "street": "221B Baker St",
    "zip": "NW1 6XE"
  },
  "full_name": "Sherlock Holmes"
}
```

它与 Python 极为相似。有一个区别是如果我们在字典的最后一个元素后面添加了一个逗号，就像我在 Python 中所做的那样（这是习惯的做法），JSON 就会报错。

我们再来观察一些有趣的东西：

```
# json_examples/json_tuple.py
import json

data_in = {
    'a_tuple': (1, 2, 3, 4, 5),
}

json_data = json.dumps(data_in)
print(json_data) # {"a_tuple": [1, 2, 3, 4, 5]}
data_out = json.loads(json_data)
print(data_out) # {'a_tuple': [1, 2, 3, 4, 5]}
```

在这个例子中，我们放入了一个元组而不是列表。有趣之处在于，元组从概念上说也是一种有序的元素列表。它虽然不如列表灵活，但是从 JSON 的角度来说，它被认为是与列表相同的。因此，我们可以从第 1 个输出结果中看到，JSON 把元组转换为了列表。很自然，"它曾经是个元组"这个信息就丢失了。经过反序列化操作之后，在我们所得到的 data_out 中，a_tuple 实际上是个列表。在处理数据时需要记住的是，当转换过程所涉及的格式只是由数据结构的一个可推断的子集所组成时，就有可能导致信息的丢失。在这个例子中，我们丢失了与类型有关的信息（元组与列表）。

这实际上是个常见的问题。例如，我们不能把所有的 Python 对象序列化到 JSON 中，因为我们并不清楚 JSON 会把它们转换成什么样子（或者应该怎么转换）。例如，datetime 这个类的实例就是 JSON 不允许进行序列化的 Python 对象。如果我们把它转换为一个诸如

2018-03-04T12:00:30Z 这样的字符串（包含了时间和时区信息的 ISO 8601 日期表示形式），JSON 应该怎样对它进行反序列化呢？它是表示一个可以实际反序列化为 datetime 对象的对象，使我们可以进行这样的操作呢，还是应该简单地把它看成是个字符串并保留这种形式呢？对于可以按照不止一种方式解释的数据类型，我们应该怎么办？

答案是：在处理数据交换时，我们常常需要把对象转换为一种更简单的形式，然后再使用 JSON 对它们进行序列化。这样，程序在对它们进行反序列化时就知道应该如何正确地对它们进行重建。

但是，在有些情况下，特别是在内部使用时，对自定义对象进行序列化是非常实用的。因此，仅仅是为了寻找乐趣，我打算展示两个关于怎么进行这种操作的例子：复数（因为我喜欢数学）和 datetime 对象。

使用 JSON 进行自定义的编码和解码

在 JSON 的世界中，我们可以把编码和解码这样的术语看成是序列化和反序列化的同义词。它们基本上都表示转换到 JSON 以及从 JSON 转换回来。在下面这个例子中，我展示了如何对复数进行编码：

```python
# json_examples/json_cplx.py
import json

class ComplexEncoder(json.JSONEncoder):
    def default(self, obj):
        if isinstance(obj, complex):
            return {
                '_meta': '_complex',
                'num': [obj.real, obj.imag],
            }
        return json.JSONEncoder.default(self, obj)

data = {
    'an_int': 42,
    'a_float': 3.14159265,
    'a_complex': 3 + 4j,
}

json_data = json.dumps(data, cls=ComplexEncoder)
print(json_data)

def object_hook(obj):
```

```
    try:
        if obj['_meta'] == '_complex':
            return complex(*obj['num'])
    except (KeyError, TypeError):
        return obj

data_out = json.loads(json_data, object_hook=object_hook)
print(data_out)
```

我们首先定义了 ComplexEncoder 类，它需要实现 default 方法。然后，这个方法被传递给 obj 变量中必须进行序列化的所有对象，一次传递给一个对象。在某个时刻，obj 变量将是我们的复数 3 + 4j。当确实是这种情况时，程序将返回一个包含了一些自定义的元信息的字典和一个包含了复数的实部和虚部的列表。为了避免丢失复数的信息，我们只需要这样做就可以了。

接着我们调用 json.dumps，但这次使用的是 cls 参数来指定我们的自定义解码器。其输出结果为：

```
{"an_int": 42, "a_float": 3.14159265, "a_complex": {"_meta": "_complex",
"num": [3.0, 4.0]}}
```

现在，序列化这部分的工作就完成了。对于反序列化的那部分工作，我们可以编写另一个从 JSONDecoder 继承的类。但是，为了更加有趣，我们可以使用一种不同的技巧。它更为简单，即使用一个小函数 object_hook。

在 object_hook 函数体中，可以发现另一个 try 代码块，不过现在无须关注它。我将在下一章中对它进行详细的解释。重要的是 try 代码块内部的那两行代码。这个函数接收一个对象（注意，这个函数只有当 obj 是个字典时才会被调用），如果元数据与我们的复数匹配，程序就把它的实部和虚部传递给 complex 函数。这里的 try / except 代码块只是为了防止形式不良的 JSON 破坏这个过程（如果发生这种情况，程序就会简单地按原样返回这个对象）。

最后一个 print 语句返回的是下面的结果：

```
{'an_int': 42, 'a_float': 3.14159265, 'a_complex': (3+4j)}
```

我们可以看到，a_complex 已经被正确地反序列化。

现在我们观察一个稍微复杂些的例子：处理 datetime 对象。我打算把代码分为两个代码块（序列化部分以及后面的反序列化部分）：

```
# json_examples/json_datetime.py
import json
```

```
from datetime import datetime, timedelta, timezone

now = datetime.now()
now_tz = datetime.now(tz=timezone(timedelta(hours=1)))

class DatetimeEncoder(json.JSONEncoder):
    def default(self, obj):
        if isinstance(obj, datetime):
            try:
                off = obj.utcoffset().seconds
            except AttributeError:
                off = None

            return {
                '_meta': '_datetime',
                'data': obj.timetuple()[:6] + (obj.microsecond, ),
                'utcoffset': off,
            }
        return json.JSONEncoder.default(self, obj)
data = {
    'an_int': 42,
    'a_float': 3.14159265,
    'a_datetime': now,
    'a_datetime_tz': now_tz,
}

json_data = json.dumps(data, cls=DatetimeEncoder)
print(json_data)
```

这个例子稍微复杂的原因是 Python 中的 datetime 对象可能要考虑时区问题。因此，我们必须更加小心谨慎。流程与前面基本相同，只不过它现在处理的是一种不同的数据类型。我们首先获取当前的日期和时间信息，并同时处理不考虑时区（now）和考虑时区（now_tz）的情况，以确保脚本能正确地工作。然后，我们和前面一样定义了一个自定义的编码器，并再次实现了 default 方法。重要之处在于我们在这个方法中是如何获取时区以秒为单位的偏移信息（off）以及如何对返回数据的字典进行结构化的。这一次，元数据表示的是日期时间信息，我们把前 6 个项保存到 time 元组中（年、月、日、时、分和秒），再加上 data 键所保存的毫秒数以及后面的偏移量。能不能看出 data 的值就是元组中各个元素连接在一起的？如果能就非常不错！

有了自定义的编码器之后，我们继续创建一些数据并进行序列化。

print 语句返回的是下面的结果（进行了一些美化之后）：

```
{
  "a_datetime": {
    "_meta": "_datetime",
    "data": [2018, 3, 18, 17, 57, 27, 438792],
    "utcoffset": null
  },
  "a_datetime_tz": {
    "_meta": "_datetime",
    "data": [2018, 3, 18, 18, 57, 27, 438810],
    "utcoffset": 3600
  },
  "a_float": 3.14159265,
  "an_int": 42
}
```

有趣的是，我们发现 None 被转换为了 null，也就是 JavaScript 中与 None 对应的值。而且，我们可以发现 data 看上去进行了正确的编码。接下来，我们继续观察脚本的下半部分：

```
# json_examples/json_datetime.py
def object_hook(obj):
    try:
        if obj['_meta'] == '_datetime':
            if obj['utcoffset'] is None:
                tz = None
            else:
                tz = timezone(timedelta(seconds=obj['utcoffset']))
            return datetime(*obj['data'], tzinfo=tz)
    except (KeyError, TypeError):
        return obj


data_out = json.loads(json_data, object_hook=object_hook)
```

同样，我们首先验证元数据表示的是否是个 datetime 对象，然后继续获取时区信息。获取了这些信息之后，程序把这个 7 元组（使用*在调用时对它的值进行解包）和时区信息传递给 datetime 调用，并返回原先的对象。我们可以通过输出 data_out 来进行验证：

```
{
  'a_datetime': datetime.datetime(2018, 3, 18, 18, 1, 46, 54693),
  'a_datetime_tz': datetime.datetime(
    2018, 3, 18, 19, 1, 46, 54711,
    tzinfo=datetime.timezone(datetime.timedelta(seconds=3600))),
  'a_float': 3.14159265,
  'an_int': 42
}
```

我们可以看到，程序正确地返回了原先的对象。作为练习，我希望读者为 date 对象完成同样的逻辑，它应该更加简单一点。

在讨论下一个主题之前，我还要提出一个警告。虽然不符合直觉，但处理 datetime 对象是最复杂的事情之一，尽管我非常确信这段代码能够按照预想的方式工作，但我还是必须强调，我对它所进行的测试是非常少的。因此，如果读者想在实际项目中直接使用这段代码，还是需要对它进行彻底的测试。例如，对不同的时区进行测试、对夏令时和非夏令时进行测试以及对公元前的日期进行测试等。最后读者可能会发现本节的代码需要一些修改才能适用于自己的情况。

现在，让我们讨论下一个主题：IO。

7.3   IO、流和请求

IO 表示**输入**和**输出**，它泛指计算机和外部世界之间的通信。IO 有几种不同的类型，对它们进行完整的解释将超出本书的范围，不过我仍然会提供几个例子。

7.3.1   使用内存中的流

我们先来讨论 io.StringIO 类，它是用于文本 IO 的内存中的流。第 2 个例子将脱离本地计算机的束缚，讨论如何执行 HTTP 请求。我们先观察第 1 个例子：

```
# io_examples/string_io.py
import io

stream = io.StringIO()
stream.write('Learning Python Programming.\n')
print('Become a Python ninja!', file=stream)

contents = stream.getvalue()
print(contents)

stream.close()
```

在上面这段代码中，我们从标准库中导入了 io 模块。这是一个非常有趣的模块，它提供了许多与流和 IO 相关的工具。其中一个工具就是 StringIO，它是一个内存中的缓冲区。我们将使用两种不同的方法在其中写入两句话，就像我们在本章的第 1 个例子中对文件所进行的操作一样。我们既可以调用 StringIO.write，也可以使用 print，它们都可以把数据定向到我们的流中。

通过调用 getvalue，我们可以获取流的内容（并输出它）。最后，我们关闭这个流。调用 close 会导致文本缓冲区立即被丢弃。

下面是上面这段代码更优雅的编写方式（在看到代码之前，能不能猜到这样的写法？）：

```
# io_examples/string_io.py
with io.StringIO() as stream:
    stream.write('Learning Python Programming.\n')
    print('Become a Python ninja!', file=stream)
    contents = stream.getvalue()
    print(contents)
```

是的，我们再次使用了上下文管理器。与 open 相似，io.StringIO 可以很好地在上下文管理器的代码块中工作。注意它与 open 的相似之处：我们在这个例子中也不需要手动关闭这个流。

内存中的对象在大量的场合中都非常实用。内存要比磁盘快得多，对于少量的数据，内存是完美的选择。

运行上面这段脚本将产生下面的结果：

```
$ python string_io.py
Learning Python Programming.
Become a Python ninja!
```

7.3.2　执行 HTTP 请求

现在，我们探索几个与 HTTP 请求有关的例子。在这些例子中，我将使用 requests 程序库，该程序库可以用 pip 进行安装。我们打算针对 httpbin 网站这个 API 执行 HTTP 请求。有趣的是，这个 API 就是 requests 的创建者 Kenneth Reitz 本人所开发的。它是当前被广泛使用的程序库之一：

```
import requests

urls = {
    'get': 'https://httpbin 网址/get?title=learn+python+programming',
    'headers': 'https://httpbin 网址/headers',
    'ip': 'https://httpbin 网址/ip',
    'now': 'https://now.httpbin 网址/',
    'user-agent': 'https://httpbin 网址/user-agent',
    'UUID': 'https://httpbin 网址/uuid',
}

def get_content(title, url):
    resp = requests.get(url)
```

```
    print(f'Response for {title}')
    print(resp.json())

for title, url in urls.items():
    get_content(title, url)
    print('-' * 40)
```

上面这段代码应该很容易理解。它在开始就声明了一个包含 URL 的字典，程序将根据这些 URL 执行 requests。我把执行请求的代码封装在一个很小的函数 get_content 中。我们可以看到，该函数非常简单，其效果就是执行一个 GET 请求（通过使用 requests.get），并输出响应的标题以及响应主体的 JSON 解码版本。关于最后一点，我们稍微花点时间进行解释。

当我们执行针对某个网站或 API 的请求时，我们将得到后者所返回的一个响应对象。这个过程非常简单，服务器所返回的就是我们所请求的东西。来自 httpbin 网站的所有响应的主体正好都是用 JSON 编码的，因此我们并不是按照原样接收响应主体（通过获取 resp.text）并手动对它进行解码，而是在它上面调用 json.loads，利用响应对象的 json 方法简单地把两者组合在一起。requests 程序包被广泛采用的原因有很多，其中之一就是它的易用性。

现在，当我们在自己的应用程序中执行一个请求时，需要一种更为健壮的方法处理错误等情况，但对于本章而言，一个简单的例子就够了。不要担心，我们将在第 14 章 Web 开发中对 HTTP 请求进行更为深入的介绍。

回到我们的代码，我们在最后运行了一个 for 循环并获取所有的 URL。当我们运行这段代码时，可以在控制台看到每个调用的结果，类似下面这样（简单起见，我进行了一些美化和裁剪）：

```
$ python reqs.py
Response for get
{
  "args": {
    "title": "learn python programming"
  },
  "headers": {
    "Accept": "*/*",
    "Accept-Encoding": "gzip, deflate",
    "Connection": "close",
    "Host": "httpbin.org",
    "User-Agent": "python-requests/2.19.0"
  },
```

```
    "origin": "82.47.175.158",
    "url": "https://httpbin 网址/get?title=learn+python+programming"
}
...输出的剩余部分被省略...
```

注意，由于版本号和 IP 的不同，输出结果可能存在微小的区别，但无伤大雅。现在，GET 只是 HTTP 动词之一，当然是最常用的一个。第 2 个是广泛使用的 POST，这是我们需要向服务器发送数据时所创建的请求类型。每次我们在网络上提交一个表格，基本上就相当于创建了一个 POST 请求。因此，我们用下面的代码创建了一个 POST 请求：

```python
# io_examples/reqs_post.py
import requests

url = 'https://httpbin.org/post'
data = dict(title='Learn Python Programming')

resp = requests.post(url, data=data)
print('Response for POST')
print(resp.json())
```

上面这段代码与我们前面所看到的代码非常相似，只不过这次我们没有调用 get，而是调用了 post。由于我们想要发送一些数据，因此在调用中指定了这些数据。requests 库所提供的功能远远不止这些，它经常会因为它所提供的优美 API 而受到大家的普遍赞扬。我觉得可以把对这个库进行检查和探索看成是一个值得着手的项目，因为我们在自己的编程生涯中会一直用到这个库。

运行上面的脚本将产生下面的结果（结果进行了一些美化）：

```
$ python reqs_post.py
Response for POST
{ 'args': {},
  'data': '',
  'files': {},
  'form': {'title': 'Learn Python Programming'},
  'headers': { 'Accept': '*/*',
               'Accept-Encoding': 'gzip, deflate',
               'Connection': 'close',
               'Content-Length': '30',
               'Content-Type': 'application/x-www-form-urlencoded',
               'Host': 'httpbin.org',
               'User-Agent': 'python-requests/2.7.0 CPython/3.7.0b2 '
                             'Darwin/17.4.0'},
  'json': None,
```

```
'origin': '82.45.123.178',
'url': 'https://httpbin.org/post'}
```

注意，现在标题有所不同，并且可以发现我们所发送的数据在响应的主体内采用了键值对的形式。

我希望这些简单的例子可以作为一个良好的学习起点，尤其是对于请求。网络每天都在发生变化，因此很有必要学习一些基础知识，并不断地刷新知识。

现在，我们讨论本章的最后一个主题：用不同的格式对磁盘上的数据进行持久化。

7.4　对磁盘上的数据进行持久化

在本章的最后一节，我们将探索如何用 3 种不同的格式对磁盘上的数据进行持久化。我们将探索 pickle 模块、shelve 模块和一个简单的使用 SQLAlchemy 访问数据库的例子。SQLAlchemy 是 Python 生态系统中使用最广泛的 ORM 库。

7.4.1　使用 pickle 模块对数据进行序列化

来自 Python 标准库的 pickle 模块提供了一些工具用于把 Python 对象转换为字节流或者执行相反的操作。尽管 pickle 和 json 这两个 API 所提供的功能存在一定程度的重叠，但两者还是明显不同的。正如我们在本章前面所看到的那样，JSON 是一种文本格式，是人眼可见的且与语言无关，并且只支持 Python 数据类型的一个受限制的子集。反之，pickle 模块是人眼不可见的，它能够将对象转换为字节，是 Python 特定的。感谢 Python 优秀的自我完善机制，它支持范围极广的数据类型。

但是，尽管存在这些区别，当我们考虑是否使用其中一个模块或另一个模块时，我觉得对于 pickle 模块而言最重要的是它在使用时所面临的安全威胁。对来自不受信任的来源的充满错误的数据或恶意数据进行逆 pickle 操作可能是非常危险的。因此，如果我们决定在应用程序中使用 pickle 模块，需要额外小心谨慎。

让我们通过一个简单的例子来说明这一点：

```python
# persistence/pickler.py
import pickle
from dataclasses import dataclass
@dataclass
class Person:
    first_name: str
    last_name: str
```

```
        id: int

        def greet(self):
            print(f'Hi, I am {self.first_name} {self.last_name}'
                  f' and my ID is {self.id}'
                  )

people = [
    Person('Obi-Wan', 'Kenobi', 123),
    Person('Anakin', 'Skywalker', 456),
]

# 以二进制格式把数据保存到一个文件中
with open('data.pickle', 'wb') as stream:
    pickle.dump(people, stream)

# 从一个文件加载数据
with open('data.pickle', 'rb') as stream:
    peeps = pickle.load(stream)

for person in peeps:
    person.greet()
```

在上面这个例子中，我们使用了 dataclass 装饰器创建了一个 Person 类。装饰器是在第 6 章面向对象编程、装饰器和迭代器中讨论的。我用 dataclass 装饰器编写这个例子的唯一目的是向读者展示 pickle 模块能够毫不费力地处理这种情况，它的处理方式与更简单的数据类型的处理方式是完全相同的。

这个类具有 3 个属性：first_name、last_name 和 id。它还提供了一个 greet 方法，该方法能够简单地输出一条与数据有关的欢迎信息。

我们创建了一个实例列表，然后把它保存到一个文件中。为此，我们使用了 pickle.dump，向它输入需要进行 pickle 操作的内容以及想要写入的流。随后，我们读取同一个文件，通过使用 pickle.load，我们把这个流的完整内容转换回了 Python。为了确保对象进行了正确的转换，我们对两个对象同时调用了 greet 方法。代码的运行结果如下：

```
$ python pickler.py
Hi, I am Obi-Wan Kenobi and my ID is 123
Hi, I am Anakin Skywalker and my ID is 456
```

pickle 模块还允许我们使用 dumps 函数和 loads 函数（注意这两个函数名后面的 s），以转换到字节对象或者从字节对象转换回来。在日常应用程序中，当我们对不需要与其他应用程序进行信息交换的 Python 数据进行持久化时，通常会使用 pickle 模块。最近我偶然发现的一个它的应用例子是一个 flask 插件的会话管理。但是，在实际应用中，我们可能不会很频繁地使用这个库。

另一个模块 shelve 用得更少，但是它在资源不足的情况下却特别实用。

7.4.2 用 shelve 保存数据

shelf 是一种与字典相似的持久化对象。它的优美之处在于我们保存到一个 shelf 的值是能够进行 pickle 处理的任何对象，因此我们可以不像使用数据库一样受到限制。尽管 shelve 模块非常有趣并且很实用，但它在实际应用中却非常罕见。我们来观察一个简单的例子以了解它的工作方式：

```
# persistence/shelf.py
import shelve

class Person:
    def __init__(self, name, id):
        self.name = name
        self.id = id

with shelve.open('shelf1.shelve') as db:
    db['obi1'] = Person('Obi-Wan', 123)
    db['ani'] = Person('Anakin', 456)
    db['a_list'] = [2, 3, 5]
    db['delete_me'] = 'we will have to delete this one...'

    print(list(db.keys()))      # ['ani', 'a_list', 'delete_me', 'obi1']

    del db['delete_me']         # 消失了!

    print(list(db.keys()))      # ['ani', 'a_list', 'obi1']

    print('delete_me' in db)    # False
    print('ani' in db)          # True

    a_list = db['a_list']
    a_list.append(7)
    db['a_list'] = a_list
    print(db['a_list'])         # [2, 3, 5, 7]
```

除了一些花哨的东西之外，上面这个例子看上去就像是对字典进行操作一样。我们创建了一个简单的 Person 类，然后在一个上下文管理器中打开了一个 shelve 文件。我们可以看到，我们使用字典形式的语法存储了 4 个对象：两个 Person 实例、一个列表和一个字符串。如果我们输出 keys，可以看到一个包含了我们所使用的 4 个键的列表。随后，我们从 shelf 中删除了（精心命名的）delete_me 键值对。再次输出 keys 可以看到该键值对已经被删除了。然后我们测试几个键是否为它的成员，最后把数字 7 添加到 a_list。注意我们是怎样从 shelf 中提取这个列表并对它进行修改然后再保存它的。

如果遇到不需要这个行为的场合，我们可以采取下面的做法：

```
# persistence/shelf.py
with shelve.open('shelf2.shelve', writeback=True) as db:
    db['a_list'] = [11, 13, 17]
    db['a_list'].append(19)        # 原地添加
    print(db['a_list'])            # [11, 13, 17, 19]
```

通过用 writeback=True 打开 shelf，我们就启用了 writeback 特性，它允许我们将对象简单地添加到 a_list 中，就像它实际上是个常规字典中的值一样。这个特性在默认情况下并未开启的原因是它会加大内存的消耗，并且会使关闭 shelf 的速度更慢。

讨论了与数据持久化有关的标准库模块之后，我们观察 Python 生态系统中使用最广泛的 ORM：SQLAlchemy。

7.4.3　把数据保存到数据库

在本小节的例子中，我们将使用内存中的数据库，这样可以简化一些操作。在本书的源代码中，我留下了一些注释来说明如何生成一个 SQLite 文件。因此，我希望读者对这个内容也能够进行探索。

 我们可以在 SQLite 官网中找到免费的 SQLite 数据库浏览器。如果对它不满意，还可以在网上找到大量的工具，其中有些是免费的，有些不是免费的。我们可以用它们对数据库文件进行访问和操作。

在深入讨论代码之前，我们简单地介绍一下关系数据库的概念。

关系数据库是允许我们按照**关系模型**保存数据的数据库，它是在 1969 年由 Edgar F. Codd 所发明的。在这个模型中，数据存储在一个或多个表中。每个表具有一些行（又称**记录**或**元组**），每一行表示表中的一条数据。表还具有一些列（又称**属性**），每一列表示记录的一个属性。每条记录是通过一个独一无二的键所标识的，一般称为**主键**，它是表中一个列或多个列的联合。我们可以观察一个例子：想象有一个名为 Users 的表，它的列包括 id、 username、password、name 和 surname。这样的表很适合存储系统中的用户，每一行表示一个不同的用户。例如，一个值为 "3, gianchub, my_wonderful_pwd, Fabrizio 和 Romano" 的行就表示系统中我的用户。

这个模型被称为**关系模型**的原因是我们可以在表之间建立关系。例如，我们在虚构的数据库中添加一个名为 PhoneNumbers 的表后，就可以把电话号码插入这个表中，然后通过表之间的关系，确定哪个电话号码属于哪个用户。

为了在一个关系数据库中进行查询，我们需要一种特殊的语言。主要的标准称为**SQL**，它是 **Structured Query Language**（结构化查询语言）的缩写。它是随着一种名为**关系代数**的东西而产生的。关系代数是代数家族中一个非常出色的成员，用于对按照关系模型所存储的数据以及对它们所进行的查询进行建模。我们可以执行的最常见操作包括对行或列进行过滤、连接几个表、根据某些标准聚合结果等。下面是用文本描述的对一个虚构数据库所进行的查询：提取 username 以字母 m 开头并且最多只有一个电话号码的所有用户（username, name, surname）。在这个查询中，我们请求 User 表的一个列子集。我们根据 username 以字母 m 开头对用户进行过滤，并且进一步根据最多只有一个电话号码为条件进行过滤。

> 回想在意大利帕多瓦，我还是一个学生的时候，我花了一整个学期学习关系代码的语义和标准 SQL（以及其他一些东西）。如果不是因为考试期间的一次自行车事故，这肯定是我最乐意参加的考试之一。

现在，每个数据库都拥有它自己的 SQL 风格。它们都在一定程度上遵循着标准，但都没有完全遵循，总是在某些方面存在一些区别。这在现代的软件开发中就造成了一个问题：如果我们的应用程序包含了一些 SQL 代码，当我们决定使用一种不同的数据库引擎或者同一个引擎的不同版本时，很可能需要对 SQL 代码进行修改。

这可能是件非常痛苦的事情，因为 SQL 查询可能很快就会变得非常复杂。为了稍稍缓解这种痛苦，计算机科学家们（感谢他们）创建了代码，从而可以把一种特定语言的对象映射到一个关系数据库中的表。不出所料，这种代码的名称就叫 **ORM**（**Object-Relational Mapping**，对象-关系映射）。

在现代的应用程序开发中，我们一般使用一种 ORM 与数据库进行交互。有时候，我们会发现无法通过 ORM 执行自己所需的查询，这个时候就只能直接使用 SQL。

这是完全不使用 SQL 和不使用 ORM 之间的一个良好妥协，后者最终意味着对代码进行特化以便与数据库进行交互，但这时候就存在前面所提到的缺点。

在本小节中，我想展示一个利用 SQLAlchemy 的例子，它是最流行的 Python ORM。

我们打算定义两个模型（Person 和 Address），分别将它们映射到一个表。我们打算填充数据库并对它执行一些查询。

　　我们从模型的声明开始：

```
# persistence/alchemy_models.py
from sqlalchemy.ext.declarative import declarative_base
from sqlalchemy import (
    Column, Integer, String, ForeignKey, create_engine)
from sqlalchemy.orm import relationship
```

　　首先，我们导入了一些函数和类型。然后，我们需要做的第一件事情是创建一个引擎。这个引擎会告诉 SQLAlchemy 与这个例子所选择的数据库的类型有关的信息：

```
# persistence/alchemy_models.py
engine = create_engine('sqlite:///:memory:')
Base = declarative_base()

class Person(Base):
    __tablename__ = 'person'

    id = Column(Integer, primary_key=True)
    name = Column(String)
    age = Column(Integer)
    addresses = relationship(
        'Address',
        back_populates='person',
        order_by='Address.email',
        cascade='all, delete-orphan'
    )
    def __repr__(self):
        return f'{self.name}(id={self.id})'

class Address(Base):
    __tablename__ = 'address'

    id = Column(Integer, primary_key=True)
    email = Column(String)
    person_id = Column(ForeignKey('person.id'))
    person = relationship('Person', back_populates='addresses')

    def __str__(self):
        return self.email
    __repr__ = __str__
```

```
Base.metadata.create_all(engine)
```

每个模型都是从 Base 表继承的，后者在这个例子中只是一个由 declarative_base()所返回的默认类。我们定义了 Person，它会映射到一个称为 person 的表，并提供属性 id、name和 age。我们还声明了它与 Address 模型的一个关系，声明了访问 addresses 属性将提取address 表中与我们所处理的特定 Person 实例相关联的所有记录。cascade 选项只影响创建和删除过程，但它是一个更为高级的概念，因此我建议这里暂时先跳过它，以后再对它进行研究。

最后我们声明了__repr__方法，它为我们提供了对象的官方字符串表示形式，这被认为是一种可以用来完全重建这个对象的表示形式。但是在这个例子中，我们简单地用它提供一些输出。Python 会把 repr(obj)重定向到一个 obj.__repr__()调用。

我们还声明了 Address 模型，它包含了电子邮件的地址以及对该地址所属人的引用。我们可以看到person_id和person属性都是与设置Address和Person实例之间的关系相关的。注意我是如何在 Address 上声明__str__方法的。然后我为它分配了一个别名，名为__repr__。这意味着在 Address 对象上调用 repr 和 str 最终都会产生对__str__方法的调用。这是一个相当常见的 Python 技巧，因此我趁机在这里展示这个方法。

在最后一行，我们告诉引擎根据我们的模型在数据库中创建表。要想深入地理解这段代码，需要大量的篇幅进行解释，这将超出本书的范围。因此，我鼓励读者自行阅读与**数据库管理系统（DBMS）**、SQL、关系代数和 SQLAlchemy 有关的内容。

建立了模型之后，我们就可以用它们来对数据进行持久化了。

让我们观察下面这个例子：

```
# persistence/alchemy.py
from alchemy_models import Person, Address, engine
from sqlalchemy.orm import sessionmaker

Session = sessionmaker(bind=engine)
session = Session()
```

我们首先创建了 session，它是我们用于管理数据库的对象。然后，我们继承创建了两个 Person 对象：

```
anakin = Person(name='Anakin Skywalker', age=32)
obi1 = Person(name='Obi-Wan Kenobi', age=40)
```

接着我们使用了两种不同的技巧在这两个对象中添加了电子邮件地址。一种方法是把它们赋值给一个列表，另一种方法是直接简单地添加它们：

```
obi1.addresses = [
    Address(email='obi1@example.com'),
    Address(email='wanwan@example.com'),
]

anakin.addresses.append(Address(email='ani@example.com'))
anakin.addresses.append(Address(email='evil.dart@example.com'))
anakin.addresses.append(Address(email='vader@example.com'))
```

到目前为止我们还没接触到数据库。只有当我们使用 session 对象并在它的内部执行一些实际操作时，才会接触到数据库：

```
session.add(anakin)
session.add(obi1)
session.commit()
```

添加两个 Person 实例就足以同时添加它们的地址（这要感谢连锁效应）。调用 commit 就是实际告诉 SQLAlchemy 提交事务，并把数据保存到数据库。所谓事务，就是一种提供了与沙盒相似的功能的操作，只是它只适用于数据库环境。只要事务还没有被提交，我们仍然可以回滚对数据库所进行的任何修改，这样就可以把状态恢复到开始事务之前的样子。SQLAlchemy 提供了更为复杂和粒度更精细的方式来处理事务，我们可以通过官方文档对它们进行研究，这是个相当高级的主题。现在，我们使用 like 查询名字以 Obi 开头的所有人，结果会被映射到 SQL 中的 LIKE 操作符：

```
obi1 = session.query(Person).filter(
    Person.name.like('Obi%')
).first()
print(obi1, obi1.addresses)
```

我们取这个查询的第 1 个结果（我们知道只有 Obi-Wan 符合这个条件）并输出它。接着，我们使用与名字的准确匹配来提取 anakin（只是为了显示一种不同的过滤方法）：

```
anakin = session.query(Person).filter(
    Person.name=='Anakin Skywalker'
).first()
print(anakin, anakin.addresses)
```

然后，我们捕捉 Anakin 的 ID，并从全局框架中删除 anakin 对象：

```
anakin_id = anakin.id
del anakin
```

这样做的原因是我想说明如何通过 ID 来获取一个对象。在此之前，我们编写了 display_info 函数用于显示数据库的完整内容（从地址开始提取，以说明如何在 SQLAlchemy

中使用关系属性提取对象）：

```
def display_info():
    # 首先获取所有的地址
    addresses = session.query(Address).all()

    # 显示结果
    for address in addresses:
        print(f'{address.person.name} <{address.email}>')

    # 显示总共有多少个对象
    print('people: {}, addresses: {}'.format(
        session.query(Person).count(),
        session.query(Address).count())
    )
```

display_info 函数将输出所有的地址以及地址所属人的名字，并在最后生成一段与数据库中的对象数量有关的信息。我们调用这个函数，然后提取并删除 anakin，然后再次显示信息，以证明它确实已经从数据库中消失了：

```
display_info()

anakin = session.query(Person).get(anakin_id)
session.delete(anakin)
session.commit()

display_info()
```

下面显示了所有这些代码段的输出结果（为了方便起见，我把输出结果分为了 4 块，以反映是 4 块代码实际产生了下面的输出）：

```
$ python alchemy.py
Obi-Wan Kenobi(id=2) [obi1@example.com, wanwan@example.com]

Anakin Skywalker(id=1) [ani@example.com, evil.dart@example.com,
vader@example.com]

Anakin Skywalker <ani@example.com>
Anakin Skywalker <evil.dart@example.com>
Anakin Skywalker <vader@example.com>
Obi-Wan Kenobi <obi1@example.com>
Obi-Wan Kenobi <wanwan@example.com>
people: 2, addresses: 5

Obi-Wan Kenobi <obi1@example.com>
```

```
Obi-Wan Kenobi <wanwan@example.com>
people: 1, addresses: 2
```

我们可以从最后两块输出中看到，删除 anakin 实际上删除了一个 Person 对象，同时删除了与它相关联的 3 个地址。这就是为什么我们在删除 anakin 时产生了连锁反应。

现在，我们就完成了对数据持久化的简单介绍。这是一个非常巨大有时也是非常复杂的领域，我鼓励读者学习与此有关的更多理论。如果缺少足够的知识或者对它的理解不够深入，那么在处理数据库系统时就会感到非常痛苦。

7.5 总结

在本章中，我们探索了文件和目录的操作。我们学习了如何打开、读取和写入文件，并学习了如何使用上下文管理器更优雅地完成这样的任务。我们还探索了字典：如何列出它的内容，包括递归方式和非递归方式。我们还学习了路径名，它是访问文件和目录的通道。

接着，我们简单地了解了如何创建 ZIP 文档以及如何提取它的内容。本书的源代码还包含了一个使用另一种不同的压缩格式 tar.gz 的例子。

我们讨论了数据交换格式，并较为深入地探索了 JSON。我们饶有兴趣地为一些特定的 Python 数据类型编写了自定义的编码器和解码器。

接着，我们探索了 IO，包括内存中的流和 HTTP 请求。

最后，我们描述了如何使用 pickle 模块、shelve 模块和 SQLAlchemy ORM 库对数据进行持久化。

现在，我们对如何处理文件和如何实现数据持久化应该已经有了比较明确的思路，我希望读者能够多花点时间对这些主题进行更深入的探索。

在下一章中，我们将讨论测试、性能分析和异常处理。

第 8 章
测试、性能分析和异常处理

在软件世界中，测试代码可以看成是一个良好的习惯，我们不应该因为一段代码是由某个聪明人所编写的或者它已经运行了很长一段时间没有出错就完全信任这段代码。如果代码没有经过测试，就不应该信任它。

测试为什么非常重要？其中一个原因是它提供了可预测性，或者至少它可以帮助我们实现高度的可预测性。遗憾的是，代码中总会时不时地混入一些缺陷。但是，我们肯定希望自己的代码尽可能地做到可以预测。我们不希望遇到意外，或者说不希望自己的代码具有不可预测的行为。如果对飞机的传感性进行检查的软件报告错误从而使我们不得不终止休假，想必不是一件愉快的事情。

因此，我们需要对代码进行测试，我们需要检查它的行为是否正确，需要检查当它在处理边缘情况时，它能不能如预期的那样工作，需要检查与它所通信的组件发生故障或者不可用时，它会不会不知所措。另外，代码的性能也需要在能够接受的范围之内。

本章就是讨论与这些事宜有关的内容，从而确保自己的代码已经做好准备迎接外部世界，并保证它具有足够的速度和能够正确地处理预料之外的事件或异常情况。

在本章中，我们将要探索下面这些主题。

◆ 测试（将介绍关于它的几个方面，包括对测试驱动的开发的简单介绍）。

◆ 异常处理。

◆ 性能分析。

我们先来理解什么是测试。

8.1　对应用程序进行测试

测试有许多不同的类型。由于它的种类众多，因此很多公司会成立一个专门的部门，称为**质量保证（QA）**部门，这个部门的工作人员的任务就是对公司的开发人员所编写的软件进行测试。

我们可以把测试粗略地分为两大类：白盒测试和黑盒测试。

白盒测试就是对代码的内部细节进行测试，它非常详细地检查代码的每个细节。**黑盒测试**则是把待测软件看成是一个盒子，软件的内部细节被完全忽略。对于黑盒测试而言，盒子内部所采用的技术甚至所使用的编程语言都是不重要的，它的任务就是在盒子的一端进行输入，并对另一端的输出进行验证。

 白盒测试和黑盒测试之间还有一个中间类型，称为**灰盒测试**，它对系统的测试方法与黑盒测试相同，但需要对编写软件的算法和数据结构有所了解，并且只能访问软件的部分源代码。

这几个分类包含了许多不同类型的测试，每种测试都具有重要的用途。下面列出了其中的一些测试类型。

◆ **前端测试**。确保应用程序的客户端提供了它应该提供的信息，包括所有的链接、按钮、广告以及需要显示给客户的所有东西。可能还需要验证是否可以通过一条特定的路径访问用户接口。

◆ **场景测试**。利用故事（或场景）帮助测试人员处理一个复杂的问题或者对系统的一部分进行测试。

◆ **集成测试**。当应用程序的各个不同的组件协同工作并通过接口发送信息时，对这些组件的行为进行检测。

◆ **冒烟测试**。当我们在应用程序中部署一个新的更新时，这种测试就特别实用。这种测试能够检查应用程序中最为本质、最有活力的部分是否按照预期的方式工作，有没有面临风险。这个术语来自对电路进行检查以确保它不冒烟的工程师。

◆ **接受性测试**或**用户接受性测试（UAT）**。由开发人员和产品的用户（如在一个 SCRUM 环境中）一起确认受委托的工作是否得到了正确的实施。

◆ **功能测试**。对软件的特性或功能进行验证。

◆ **破坏性测试**。取系统的一部分，模拟失败的情况，以测试软件剩余部分能否正确地工作。这种类型的测试被那些需要提供极其可靠服务的公司广泛使用，如 Amazon 和 Netflix。

◆ **性能测试**。其目标是验证系统在某个特定的负载或交通下的运行状况，使工程师对导致系统在高负载下性能明显下降或妨碍伸缩性的瓶颈能够有更好的理解。

◆ **可用性测试**以及密切相关的**用户体验（UX）**测试。其目标是检查用户接口是否足够简单，是否容易理解和使用。它们的目标是向设计人员提供建议，改善用户的体验。

◆ **安全和渗透性测试**。其目标是验证系统在面临攻击和入侵时能够得到什么样的保护。

◆ **单元测试**。帮助开发人员按照一种健壮和一致的方式编写代码，对代码提供第一时间的反馈并对编码错误、重构错误等进行第一时间的修正。

◆ **回归测试**。向开发人员提供系统在进行更新之后与某个被牺牲的特性有关的实用信息。系统需要进行回归测试的原因可能是发现了一个旧的缺陷，或者一个现有的特性需要被牺牲，又或者发现了一个新的问题。

有很多书籍和文章是专门关于测试的，如果读者对所有不同类型的测试感兴趣，可以寻找相关的资源。在本章中，我们把注意力集中在单元测试上，因为它们是软件工程的基石所在，在开发人员所编写的测试中占据了主导地位。

测试是一门艺术，但是很难通过看书来领会这门艺术。我们可以学习所有的定义（这是应该的）并且尽量搜集与测试有关的知识。但是，只有当我们长时间地从事这个领域，才有能力对软件进行适当的测试。

当我们对一小段代码进行重构且遇到了麻烦时，又或者当接触到的每件小事情合起来导致测试难以为继时，我们要学会编写稍加变通和稍微放宽限制的测试，它仍然能够验证代码的正确性，同时能够让我们自如地对代码进行操控，按照自己的意愿对它进行塑形。

当我们太过频繁地对代码中出乎意料的缺陷进行修正时，我们要学会编写更详细的测试，制订更加全面的边缘情况的列表，并制订策略使代码能够在遇到缺陷之前对它们进行处理。

当我们花了太多的时间阅读测试，并试图对它们进行重构以便对代码的一个小特性进行更改时，我们要学会编写更简单、更短小和焦点更集中的测试。

当然，我还可以继续灌输"当我们……，我们要学会……"这样的经验，但我认为读者对此已经有所了解。我们需要亲自动手并不断积累经验。我有什么建议？那就是尽可能地研究理论，并用不同的方法不断地进行试验。另外，还要向经验丰富的程序员学习，这是非常有效的。

8.1.1 测试的结构

在详细讨论单元测试之前，我们先来观察什么是测试？它的用途是什么？

测试就是一段代码，它的用途是对系统中的某样东西进行验证。它所验证的东西可能是我们在调用一个函数时向它传递了两个整数，或者一个对象具有一个名为 donald_duck 的属性，或者当我们在某个 API 下了一个订单时，过一会我们可以看到它在数据库中被分解为它的基本元素。

测试一般由 3 个阶段组成。

◆ **准备**。这个阶段负责设置场景。我们在需要的场所准备所有的数据、对象和服务，以便随时使用它们。

◆ **执行**。这个阶段负责执行测试逻辑。我们使用准备阶段所设置的数据和接口执行一个操作。

◆ **验证**。这个阶段是对结果进行验证，以确保它们符合预期。例如，我们检查一个函数的返回值或数据库中的某些数据，有些东西是不是不存在了、有些东西是不是被修改了、是否创建了一个请求、是不是发生了某个事件以及是不是调用了某个方法等。

测试一般都采用这个结构。但是在测试套件中，我们还会找到参与到测试过程的一些其他阶段。

◆ **环境准备**。它在几种不同的测试中都相当常见。我们可以对它的逻辑进行自定义，使它适用于每个测试、类、模块甚至整个会话。在这个阶段中，开发人员通常会设置针对数据库的连接，或许还会在数据库中填充一些数据，使测试变得更有针对性等。

◆ **环境清理**。这是环境准备的反向操作。环境清理阶段是在测试运行完成之后发生的。和环境准备相似，我们可以对它进行自定义，使它适用于每个测试、类、模块甚至整个会话。在这个阶段中，一般会销毁为测试套件创建的所有人工结构，并完成一些最终的清理工作。

◆ **测试夹具**。它们是测试所使用的数据片段。使用特定的测试夹具集合可以使测试的结果变得可以预测，因此测试可以对这些结果执行验证。

在本章中，我们将使用 Python 的 pytest 库。这是一个功能强大得令人难以置信的工具，该工具可以使测试工作变得极为轻松，并且提供了大量的帮助函数，使测试逻辑可以把焦点集中在我们所关注的实际测试中。我们将会看到，当我们把 pytest 库应用于代码时，它的其中一个特点就是把测试夹具、环境准备和环境清理阶段合并为一个阶段。

8.1.2　编写测试的指导原则

与软件相似，有些测试很优秀，也有一些测试很差劲，还有很多测试位于两者之间。为了编写良好的测试，应该遵循下面这些指导原则。

◆ **测试应该尽可能简单**。有时在测试时违反一些良好的编码规则是没有问题的，如采用硬编码的值或者使用重复的代码。对于测试而言，贯穿始终的要求是测试应该尽可能**容易阅读和理解**。当测试很难阅读或理解时，我们就很难相信它能够确保代码正确地执行。

◆ **一个测试应该只验证一件事情**。这是非常重要的，因为这样可以保证测试是简短并可控的。编写多个测试对一个单独的对象或函数进行测试是非常好的做法。要确保每个测试只有一个用途。

◆ **对数据进行验证时，测试不应该有任何不必要的假设**。初看上去有点难以理解，但这是非常重要的。验证一个函数调用的结果是否是[1, 2, 3]与验证一个输出是否是个包含了数字 1、2、3 的列表是不一样的。前者我们还假设了这些数字的顺序，而后者，我们只假设这些数字位于这个列表中。这种区别有时候几乎没有差别，但有时候却会变得非常重要。

◆ **测试应该关注"做什么"而不是"怎么做"**。测试应该把焦点集中在一个函数应该做些什么，而不是它是怎么做的。例如，把注意力集中在计算一个数的平方根（做什么）上而不是集中在调用 math.sqrt 函数执行这个计算（怎么做）。除非我们所编写的是性能测试或者需要特别验证某个操作是否执行，否则就应该避免这种类型的测试，而是把注意力集中在"做什么"上。对"怎么做"进行测试会导致测试的功能受限，使代码的重构变得困难。并且，当我们把注意力集中在"怎么做"时，如果我们频繁地修改软件，我们所编写的测试类型很可能会降低测试代码库的质量。

◆ **测试所使用的测试夹具集合应该尽可能小**，只要能够满足需要即可。这是另一个关键的要点。测试夹具有随着时间的变化而不断增长的趋势，它们还会不断地发生变化。如果在测试中使用了大量的测试夹具并忽略了冗余性，重构的时间就会变得更长，发现缺陷也会变得更加困难。我们所使用的测试夹具集合只要能够保证测试能够正确地执行就可以了，不需要更多。

◆ **测试的运行速度应该尽可能快**。良好的测试代码库最终会比它所测试的代码要长得多。它的具体情况由于所处场景和开发人员而有所不同。但是，不管测试的长度如何，我们最终需要进行的测试有几百个甚至几千个，这意味着测试的速度越快，我们就能够越早地回到代码的编写上。例如，在使用 TDD 时，我们会非常频繁地运行测试，因此测试的速度是至关重要的。

◆ **测试应该尽可能使用最少数量的资源**。原因是对我们的代码进行检查的每个开发人员都应该能够运行我们的测试，不管他们自己的工具箱功能是否强大。它可以是精简的虚拟机或者是可忽略的 Jenkins 工具箱。我们的测试在运行时不应该占用太多的资源。

 Jenkins 工具箱是个运行 Jenkins 的机器。Jenkins 是一种能够自动运行我们的测试的软件（和其他工具配合使用）。如果一家公司的开发人员使用持续集成或极限编程，就会经常使用 Jenkins 工具箱。

8.1.3　单元测试

既然我们已经理解了什么是测试以及为什么需要进行测试，现在我们讨论开发人员最好的朋友：**单元测试**。

在讨论实际例子之前，我需要提出一些告诫：我会尽量解释与单元测试有关的基础知识，但我不会不折不扣地遵守任何特定学校的思路和方法进行讲解。在过年的一些年里，我尝试过许多不同的测试方法，最终形成了我自己的测试方法，而且它仍然在不断地变化。我用李小龙的名言加以总结：

"吸收实用的东西，丢弃无用的东西，加上一些特别适合自己的东西。"

1．编写单元测试

单元测试的名称来源于它们用于对小型的代码单元进行测试。为了说明如何编写单元测试，我们先来观察一段简单的代码：

```
# data.py
def get_clean_data(source):
    data = load_data(source)
    cleaned_data = clean_data(data)
    return cleaned_data
```

get_clean_data 函数负责从 source 获取数据，对它进行清理并返回给调用者。我们应该怎样对这个函数进行测试呢？

一种方法是调用它并确保 load_data 被调用并且把 source 作为它的唯一参数。然后，我们必须验证 clean_data 是否也被调用，并且以 load_data 的返回值作为它的参数。最后，我们还需要确保 clean_data 的返回值也是由 get_clean_data 函数所返回的。

为此，我们需要设置数据来源并运行这段代码，但这可能存在一个问题。单元测试的其中一个黄金准则是需要对围绕应用程序边界的所有东西都进行模拟。我们不想与真正的数据源进行通信，也不想实际运行那些需要与应用程序中并未包含的东西进行通信的真正函数。我们可以模拟的东西包括数据库、搜索服务、外部 API 以及文件系统中的文件等。

我们需要把这些限制作为一种保障，这样就可以安全地运行测试，而不必担心它们会破坏真正数据源的内容。

让一个开发人员在他的工具箱中生成整个测试架构是相当困难的。它可能涉及对数据库、API、服务、文件和文件夹等进行设置，这种任务可能非常困难并且浪费时间，有时候甚至无法做到。

简而言之，**应用程序编程接口（API）**就是一组用于创建软件应用程序的工具。API 根据软件的操作、输入、输出以及底层类型来表达一个软件组件。例如，如果我们创建了一个需要与数据提供程序服务进行交互的软件，就很可能需要仔细研究后者的 API 以便访问数据。

因此，在我们的单元测试中，我们需要按照某种方式模拟所有这些东西。任何开发人员不需要在他们的工具箱中设置整个系统就可以运行单元测试。

另一种我总是会尽量尝试使用的不同方法是在模拟对象时不使用虚构的对象，而是使用具有特殊用途的测试对象。例如，如果我们的代码与一个数据库进行通信，我们并不是仿造与数据库进行通信的所有函数和方法并根据这些虚构对象进行编程，使它们返回真正的对象所返回的东西，而是生成一个测试数据库，设置我们所需要的表和数据，然后修改连接设置，使我们的测试在这个测试数据库上运行真正的代码，这种做法同样没有任何害处。在这些情况下，内存中的数据库就是一个非常好的选择。

允许我们生成一个用于测试的数据库的其中一个应用程序就是 Django。在 django.test 程序包中，我们可以找到几个能够帮助我们编写测试的工具，使我们不需要模拟与数据库的对话。按照这种方式编写测试，我们还能够检查事务、编码方式以及其他与数据库有关的各个方面。这种方法的另一个优点是它能够对因为不同的数据库而有所变化的对象进行检查。

但是，有时候我们没法采用这种方法，只能使用虚构对象，因此我们先讨论虚构对象。

2．mock 对象和 patching

在 Python 中，这种虚构对象称为 **mock**（仿制）。在 Python 3.3 版本之前，mock 库是个第三方的程序包，每个项目一般都需要通过 pip 才能安装这个库。从 Python 3.3 版本开始，它被包含在标准库的 unittest 模块中，从此它的重要性得到了很大的提高，并且被广泛地使用。

用 mock 代替现实的对象或函数（或者是数据结构的任何片段）的行为称为 **patching**。mock 库提供了 patch 工具，该工具可以作为函数或类的装饰器使用，甚至可以作为对对象进行仿制的上下文管理器使用。一旦我们用适当的 mock 替换了并不需要运行的任何对象，就可以进入测试的第二阶段并运行需要进行测试的代码。在执行了这些代码之后，我们就可以对这些 mock 对象进行检查，以验证这些代码是否在正确地运行。

3．断言

验证阶段是使用断言完成的。**断言**是一种函数（或方法），可以用于验证对象之间的相等性，也可以用于验证其他条件。当一个条件无法满足时，断言就会触发一个异常，导致测试失败。我们可以在 unittest 模块的文档中找到一个断言列表。但是，当我们使用 pytest 时，一般会使用通用的 assert 语句，它可以简化我们的工作。

8.1.4　测试一个 CSV 生成器

现在，我们采取一种实用的方法。我将解释如何对一段代码进行测试，并围绕这个例子讨论与单元测试有关的其他重要概念。

我们想要编写一个 export 函数来完成下面的任务：它接收一个字典列表，每个字典表示一位用户；这个函数创建一个 CSV 文件，在其中设置一个标题，并添加满足某些规则的所有用户；这个函数还接收一个文件名，作为输出 CSV 文件的名称；最后，它接收一个指示，表示是否允许覆盖一个具有相同名称的现有文件。

对于用户而言，必须满足下面的条件：每位用户至少必须有邮件地址、名字和年龄。另外也可以有第 4 个字段表示角色，但它是可选的。用户的邮件地址必须是合法的，名字必须是非空的，年龄必须是 18 到 65 之间的整数。

这就是我们的任务。现在我打算显示代码，然后对我为这段代码所编写的测试进行分析。但是，需要注意的是这段代码将使用两个第三方的程序库：marshmallow 和 pytest。它们都是本书的源代码所需要的，因此要确保用 pip 安装了它们。

marshmallow 是个优秀的程序库，它向我们提供了对象的序列化和反序列化功能。最重要的是，它允许我们定义一个方案来对用户字典进行验证。pytest 是我遇到过的非常优秀的软件模块之一，它现在应用得极为广泛，还取代了像 nose 这样的工具。它为我们提供了优秀的工具，帮助我们编写优美的简短测试。

现在，我们观察代码。我把这段代码称为 api.py，因为它只提供了一个可以执行一些操作的函数。我们将分块观察这段代码：

```python
# api.py
import os
import csv
from copy import deepcopy

from marshmallow import Schema, fields, pre_load
from marshmallow.validate import Length, Range

class UserSchema(Schema):
    """表示一个 "合法的" 用户. """

    email = fields.Email(required=True)
    name = fields.String(required=True, validate=Length(min=1))
    age = fields.Integer(
        required=True, validate=Range(min=18, max=65)
    )
    role = fields.String()

    @pre_load(pass_many=False)
    def strip_name(self, data):
        data_copy = deepcopy(data)

        try:
            data_copy['name'] = data_copy['name'].strip()
        except (AttributeError, KeyError, TypeError):
            pass

        return data_copy

schema = UserSchema()
```

在第一部分中，我们导入了所有必需的模块（os 模块和 csv 模块）以及 marshmallow 的一些工具。接着，我们定义了用户的方案。我们可以看到，这个方案是从 marshmallow.Schema 继承的。然后，我们设置了 4 个字段。注意我们使用了两个 String 字段、一个 Email 字段和一个 Integer 字段。这些字段为我们提供了 marshmallow 的一些验证方法。注意，对于 role 字段，并不要求 required=True。

但是，我们还需要添加一些自定义的代码片段。我们需要添加 validate_age 以确保年龄位于我们所希望的范围之内。如果不满足这个条件，就会触发 ValidationError 异常。如果我们所传递的数据不是整数，marshmallow 会非常友好地替我们处理与触发异常有关的细节。

接着，我们添加了 validate_name，这是因为字典使用 name 为键并不能保证 name 实际上是非空的。因此，我们取 name 的值并清除所有的前缀和后缀空白字符。如果结果为空，就再次触发一个 ValidationError 异常。注意，我们并不需要为 email 字段添加一个自定义的验证函数，因为 marshmallow 会对它进行验证，并且合法的邮件地址不能是空的。

然后，我们对这个方案进行实例化，这样就可以用它来对数据进行验证。因此，我们编写了一个 export 函数：

```
# api.py
def export(filename, users, overwrite=True):
    """导出一个 CSV 文件.

    创建一个 CSV 文件并用合法的用户进行填充.
    如果 overwrite 为 False 且文件已经存在, 就触发 IOError 异常.
    """
    if not overwrite and os.path.isfile(filename):
        raise IOError(f"'{filename}' already exists.")

    valid_users = get_valid_users(users)
    write_csv(filename, valid_users)
```

我们可以看到，它的内部逻辑相当简单。如果 overwrite 为 False 并且文件已经存在，就触发一个 IOError 异常，并提供一条信息表示该文件已存在。否则，如果可以继续操作，就简单地获取合法用户的列表，并把它输入 write_csv，后者负责完成实际的工作。我们可以观察这几个函数是怎么定义的：

```
# api.py
def get_valid_users(users):
    """从 users 表一次产生一个合法的用户."""
    yield from filter(is_valid, users)

def is_valid(user):
    """返回该用户是否合法."""
    return not schema.validate(user)
```

事实上我把 get_valid_users 编写为了生成器的形式，因为我们不太可能需要创建一个巨大的列表并把它保存到一个文件。我们可以逐个验证并保存用户。验证工作的核心很简单，就是对 schema.validate 的一个委托，后者使用了 marshmallow 的验证引擎。它的工作方式是返回一个字典，如果验证成功，则字典为空，否则就包含了错误信息。我们并不需要真正关注如何收集这个任务的错误信息，因此简单地将其忽略。对于 is_valid 函数而言，如果 schema.validate 的返回值为空，它就返回 True，否则返回 False。

还少了最后一段代码，如下所示：

```
# api.py
def write_csv(filename, users):
    """根据一个文件名和一个用户列表编写一个 CSV.

    对于给定的 CSV 结构，假设这些用户都是合法的.
    """
    fieldnames = ['email', 'name', 'age', 'role']

    with open(filename, 'x', newline='') as csvfile:
        writer = csv.DictWriter(csvfile, fieldnames=fieldnames)
        writer.writeheader()
        for user in users:
            writer.writerow(user)
```

这段代码的逻辑同样非常简单。我们在 fieldnames 中定义了标题，然后打开文件并将其用于写入，同时指定了 newline=''，这也是官方文档在处理 CSV 文件时所推荐的换行符。当这个文件被创建之后，就使用 csv.DictWriter 类获取一个 writer 对象。这个工具的优美之处在于它能够把用户字典映射到字段名，这样我们就不需要关注字段的顺序。

我们首先编写标题，然后对用户进行循环，并逐个添加它们。注意，这里我们假设这个函数所接收的是合法的用户列表，如果这个假设不成立就可能出错（使用了默认值之后，如果任何用户存在一个额外的字段，它就会出错）。

这些就是我们需要关注的所有代码。我建议读者花点时间再次阅读这段代码。我们不需要记住它，事实上我使用了一些具有直观名称的简单帮助函数，这些函数也可以帮助读者更方便地理解测试过程。

现在我们进入有趣的部分：对 export 函数进行测试。同样，我将分块显示代码：

```
# tests/test_api.py
import os
from unittest.mock import patch, mock_open, call
import pytest
from ..api import is_valid, export, write_csv
```

我们先从导入部分开始，我们需要 os 模块、临时目录（参见第 7 章文件和数据持久化）和 pytest。最后，我们还使用了一个相对导入来提取需要进行实际测试的 3 个函数：is_valid、export 和 write_csv。

但是，在编写测试之前，我们需要创建一些新的夹具（Fixture）。我们知道，夹具就是一种用 pytest.fixture 装饰器进行装饰的函数。在大多数情况下，我们期望夹具返回一些东西，以便在测试中使用。我们对用户字典有一些需求，因此编写了一对用户：其中一个用户具有最少的需求，而另一个用户具有完整的需求。这两个用户都必须是合法的。下面是具体的代码：

```
# tests/test_api.py
@pytest.fixture
def min_user():
    """用最少的数据表示合法用户."""
    return {
        'email': 'minimal@example.com',
        'name': 'Primus Minimus',
        'age': 18,
    }
@pytest.fixture
def full_user():
    """用完整的数据表示合法用户."""
    return {
        'email': 'full@example.com',
        'name': 'Maximus Plenus',
        'age': 65,
        'role': 'emperor',
    }
```

在这个例子中，唯一的区别就是 role 键存在与否，但足以说明我想表达的观点。注意，我们并不是简单地在一个模块层次中声明字典，而是实际编写了两个返回一个字典的函数，并且用 pytest.fixture 装饰器对它们进行了装饰。这是因为当我们在一个模块层次中声明在测试中将要使用的字典时，需要确保把它复制到每个测试的开始位置。如果没有这么做，可能会有一个测试对它进行修改，这将影响它之后的所有测试，从而导致它们的完整性受到影响。

通过使用这些夹具，pytest 在每次运行测试时都会自动产生一个新的字典，这样就使我们不需要经历这种痛苦。注意，如果一个夹具返回一种不是字典的其他类型对象，我们在测试中也将得到这种类型的对象。夹具还是可合成的，这意味着它可以和另一个夹具一起使用，这是 pytest 的一个非常强大的特性。为了说明这一点，我们为一个用户列表编写了一个夹具，其中包含已有的两个用户，再加上另一个因为缺少年龄而无法通过验证的用户。我们观察下面这段代码：

```python
# tests/test_api.py
@pytest.fixture
def users(min_user, full_user):
    """用户列表，两个合法用法和一个非法用户."""
    bad_user = {
        'email': 'invalid@example.com',
        'name': 'Horribilis',
    }
    return [min_user, bad_user, full_user]
```

非常好。因此，我们现在有了两个可以单独使用的用户，另外还有一个包含了 3 个用户的列表。第一个回合的测试是测试如何验证一个用户是否合法。我们把这个任务的所有测试组合在一个类中。这种做法不仅可以给相关的测试提供一个名字空间，稍后我们还会看到，它还允许我们声明类层次的夹具，也就是为只属于这个类的测试所定义的夹具。观察下面这段代码：

```python
# tests/test_api.py
class TestIsValid:
    """测试代码是如何验证一个用户是否合法的."""
    def test_minimal(self, min_user):
        assert is_valid(min_user)
    def test_full(self, full_user):
        assert is_valid(full_user)
```

一开始非常简单，我们确保这些夹具实际传递了验证。这是非常重要的，因为这些夹具会被经常使用，因此我们希望它们能够完美。接着，我们对年龄进行测试。这里需要注意两件事情：我不会重复类的签名，因此后面的代码缩进了 4 个空格，这是因为它们都是同一个类中的方法；其次，我将相当深入地使用参数化。

参数化这种技巧允许我们多次运行同一个测试，但可以在每次测试时输入不同的数据。它非常实用，因为它允许我们可以只编写一次测试，而不需要重复编写，但 pytest 可以非常智能地对结果进行处理，它在运行所有的测试时就好像它们实际上是单独编写的一样，因此在遇到错误时能够向我们提供清晰的错误信息。如果采用手动操作的参数传递方式，就无法利用这个特性，这显然是件不愉快的事情。下面，我们观察如何对年龄进行测试：

```python
# tests/test_api.py
    @pytest.mark.parametrize('age', range(18))
    def test_invalid_age_too_young(self, age, min_user):
        min_user['age'] = age
```

```
assert not is_valid(min_user)
```

因此，我们先编写了一个测试以检查当用户太年轻时验证会不会失败。根据我们的规则，当年龄小于 18 时，就说明用户过于年轻。我们使用 range 对位于 0 和 17 之间的每个年龄进行检查。

如果观察参数化的工作方式，将会发现我们声明了一个对象的名称，然后把它传递给了方法的签名，并指定该对象将接收哪个值。对于每个值，该测试将运行一次。以第 1 次测试为例，对象的名称是 age，值是 range(18)所返回的值，也就是 0 到 17 之间的所有整数。注意我们是如何把 age 输入 test 方法的，它就在 self 之后。然后，我们完成其他一些有趣的事情。我们把夹具 min_user 传递给这个方法，它的效果就是激活这个夹具，使之可以用于运行测试。因此，我们可以使用它，并在测试的内部引用它。在这个例子中，我们简单地在 min_user 字典中修改年龄，然后验证 is_valid(min_user)的结果是否为 False。

我们完成的最后一件事就是断言 not False 是 True。在 pytest 中，这是我们检查事物的方式。我们可以简单地断言某件事情的正确性。如果情况确实如此，测试就得以通过。如果情况正好相反，那么测试就告以失败。

下面让我们继续添加使年龄验证失败所需的所有测试：

```
# tests/test_api.py
    @pytest.mark.parametrize('age', range(66, 100))
    def test_invalid_age_too_old(self, age, min_user):
        min_user['age'] = age
        assert not is_valid(min_user)

    @pytest.mark.parametrize('age', ['NaN', 3.1415, None])
    def test_invalid_age_wrong_type(self, age, min_user):
        min_user['age'] = age
        assert not is_valid(min_user)
```

因此，我们还需要两个测试。其中一个测试负责验证超出年龄的情况，也就是年龄范围在 66 到 99 之间。另一个测试确保当年龄不是整数时，就判断为非法年龄。因此，我们向它传递诸如字符串、浮点值和 None 这样的值来证实这一点。

注意，测试的结构基本上都是相同的，但是受惠于参数化，我们可以向它输入完全不同的参数。

既然我们已经整理了所有类型的年龄失败问题，现在就可以添加一个测试来实际检查年龄是否位于合法范围之内：

```
# tests/test_api.py
```

```
    @pytest.mark.parametrize('age', range(18, 66))
    def test_valid_age(self, age, min_user):
        min_user['age'] = age
        assert is_valid(min_user)
```

非常简单。我们传递了正确的范围，从 18 到 65，并在断言中删除了 not。注意，所有的测试都以 test_ 为前缀，并具有不同的名称。

我们可以认为年龄可以得到正确的测试，现在把目光转向为必填字段编写测试：

```
# tests/test_api.py
    @pytest.mark.parametrize('field', ['email', 'name', 'age'])
    def test_mandatory_fields(self, field, min_user):
        min_user.pop(field)
        assert not is_valid(min_user)

    @pytest.mark.parametrize('field', ['email', 'name', 'age'])
    def test_mandatory_fields_empty(self, field, min_user):
        min_user[field] = ''
        assert not is_valid(min_user)
    def test_name_whitespace_only(self, min_user):
        min_user['name'] = ' \n\t'
        assert not is_valid(min_user)
```

上面这 3 个测试仍然属于同一个类。第 1 个测试用以测试其中一个必填字段为空时，用户是否非法。注意，当每个测试运行时，min_user 这个夹具会被恢复，因此每次测试运行时只有一个未填的字段，这也是检查必填字段的适当方式。我们简单地从字典中移除键。这一次由那个参数化对象接收 name 字段。通过观察第 1 个测试，我们可以在这个参数化的装饰器中看到所有的必填字段：email、name 和 age。

在第 2 个测试中，情况有所变化。它并不是从字典中移除键，而是简单地把它们设置为空字符串（一次设置一个）。最后，在第 3 个测试中，我们检查名字是不是仅由空白字符组成。

上面这几个测试用于检查必填字段是否存在并且非空，而且还负责与用户的 name 键有关的格式化。很好，现在我们可以编写这个类的最后两个测试。我们想要检查邮件地址是否合法，并检查 email、name 和 role 的类型：

```
# tests/test_api.py
    @pytest.mark.parametrize(
        'email, outcome',
        [
            ('missing_at.com', False),
```

```
            ('@missing_start.com', False),
            ('missing_end@', False),
            ('missing_dot@example', False),

            ('good.one@example.com', True),
            ('δοκιμή@παράδειγμα.δοκιμή', True),
            ('аджай@экзампл.рус', True),
        ]
    )
    def test_email(self, email, outcome, min_user):
        min_user['email'] = email
        assert is_valid(min_user) == outcome
```

这一次，参数化变得稍微复杂了一些。我们定义了两个对象（email 和 outcome），然后向装饰器传递了一个元组列表而不是一个简单的列表。

这样做的结果就是当这个测试每次运行时，其中一个元组就会被解包，分别填充 email 和 outcome 的值。这就允许我们同时为合法和不合法的电子邮件地址编写一个测试，而不是编写两个独立的测试。我们定义了一个电子邮件地址，并指定了期望从验证中获得的结果。前 4 个是非法的电子邮件地址，而最后 3 个却是合法的。我使用了几个采用 Unicode 的例子，这是为了确保不要忘了对全世界范围内的朋友的邮件地址进行验证。

注意验证是如何完成的，它断言调用的结果需要与我们已经设置的结果相匹配。

现在让我们编写一个简单的测试，确保当我们输入了错误的字段类型时验证将会失败（和前面一样，年龄必须单独进行验证）：

```
# tests/test_api.py
    @pytest.mark.parametrize(
        'field, value',
        [
            ('email', None),
            ('email', 3.1415),
            ('email', {}),

            ('name', None),
            ('name', 3.1415),
            ('name', {}),

            ('role', None),
            ('role', 3.1415),
            ('role', {}),
        ]
    )
```

```
def test_invalid_types(self, field, value, min_user):
    min_user[field] = value
    assert not is_valid(min_user)
```

和前面的做法一样，为了有趣起见，我们传递了 3 个不同的值，它们都不是字符串。这个测试可以扩展（包含更多的值）。但是，坦率地说，我们不需要按照这种方式编写测试。我在这里包含它只是为了说明这样做是可行的。

在讨论下一个测试类之前，我们讨论在检查年龄时所看到的一些东西。

1. 边界和粒度

在检查年龄时，我们编写了 3 个测试覆盖了 3 个范围：0～17（失败）、18～65（成功）和 66～99（失败）。为什么要这样做？答案是我们需要处理两个边界：18 和 65。因此，我们的测试需要把注意力集中在这两个边界所定义的区域上：小于 18 岁、18 到 65 岁以及大于 65 岁。具体怎么做并不是特别重要，只要能够保证对这些边界进行了正确地测试就可以了。这意味着如果有人把方案中的验证从 18≤value≤65 修改为 18≤value<65（注意少了一个=），肯定会有一个针对 65 的测试失败。

这个概念又称**边界**，在自己的代码中意识到边界的存在是非常重要的，这样我们就可以针对它们进行测试。

另一件重要的事情是理解我们需要什么样的缩放层，也就是与边界的靠近程度。换句话说，就是在测量边界时采用什么单位。以年龄为例，我们处理的是整数，所以单位 1 就是完美的选择（这是我们使用 16，17，18，19，20，…的原因）。但是，如果我们是对时间戳进行测试，应该使用什么单位呢？在这种情况下，正确的粒度很可能因具体情况而异。如果代码必须根据时间戳表现出不同的行为并且时间戳是用秒表示的，那么我们所测试的粒度也应该缩放到秒。如果时间戳是用年表示的，则我们所使用的单位也应该是年。我希望读者能够理解这个概念。这个概念称为**粒度**，需要结合边界一起考虑。因此，在处理边界时使用正确的粒度就可以保证自己的测试不会遗漏什么。

现在，我们继续自己的例子，测试 export 函数。

2. 测试 export 函数

在同一个测试模块中，我定义了另一个类，用以表示 export 函数的测试套件。下面就是这个类的定义：

```
# tests/test_api.py
class TestExport:
```

```
@pytest.fixture
def csv_file(self, tmpdir):
    yield tmpdir.join("out.csv")

@pytest.fixture
def existing_file(self, tmpdir):
    existing = tmpdir.join('existing.csv')
    existing.write('Please leave me alone...')
    yield existing
```

现在，我们开始加深对夹具的理解。这次，我们在类层次定义了夹具，这意味着它们就只是在这个类的测试运行的时候起作用。在这个类的外部，我们并不需要这些夹具，因此像 uers 那个例子一样在模块层次定义这些夹具并没有意义。

因此，我们需要两个文件。在本章之初，我曾经提到过，如果需要与数据库、磁盘、网络等进行交互，我们应该对这些东西进行仿制。但是，只要有可能，我都会推荐使用一种不同的技巧。在这个例子中，我将使用临时文件夹，它们会在夹具中自动产生并消失，不会留下任何痕迹。如果能够避免进行仿制，无疑是一件令人极为愉快的事情。仿制确实是一个强大的功能，但它可能非常复杂，很可能是缺陷的来源，除非我们采用了非常正确的方式来创建它。

现在，第 1 个夹具 csv_file 定义了一个托管的上下文环境，我们在其中获取了一个临时文件的引用。我们可以把这个逻辑看成是包含了 yield，就像设置阶段一样。就数据而言，这个夹具本身是用临时文件名表示的。这个文件本身还不存在。当一个测试运行时，程序就会创建这个夹具。在测试结束时，夹具代码的剩余部分（在 yield 之后，如果有的话）就会被执行。这个部分可以看成是拆卸阶段。在这个例子中，它退出上下文管理器意味着这个临时文件夹（包括它的所有内容）已经被删除了。我们可以在任何夹具的每个阶段中放入更多的代码。有了经验之后，就会熟练掌握按照这种方式完成设置和拆卸阶段。这种方法不仅非常自然，而且极为快速。

第 2 个夹具与第 1 个非常相似，但我们将用它来测试 overwrite=False 的情况下调用 export 函数是否可以防止覆盖。因此，我们在临时文件夹中创建了一个文件，并在其中写入一些内容，目的是提供方法验证它是否并没有被覆盖。

注意，这两个夹具都将返回具有完整路径信息的文件名，以确保在代码中实际使用了这个临时文件夹。现在让我们观察这些测试：

```
# tests/test_api.py
    def test_export(self, users, csv_file):
        export(csv_file, users)

        lines = csv_file.readlines()
```

```
assert [
    'email,name,age,role\n',
    'minimal@example.com,Primus Minimus,18,\n',
    'full@example.com,Maximus Plenus,65,emperor\n',
] == lines
```

这个测试使用了 users 和 csv_files 这两个夹具，并立即用它们调用了 export 函数。我们期望已经创建了一个文件，其中包含了两个合法的用户（记住，这个列表包含了 3 个用户，但其中有一个是非法用户）。

为了验证这一点，我们打开这个临时文件，并把它的所有文本行收集到一个列表中。然后，我们把这个文件的内容与包含了该文件预期文本行的列表进行比较。注意，我们只是按照正确的顺序放入了标题及两个合法的用户。

现在，我们需要另一个测试，确保如果其中一个值中存在一个逗号，我们的 CSV 文件仍然能够正确地生成。作为一种**逗号分隔的值（CSV）**文件，我们需要确保数据中的逗号并不会导致出错：

```
# tests/test_api.py
    def test_export_quoting(self, min_user, csv_file):
        min_user['name'] = 'A name, with a comma'

        export(csv_file, [min_user])

        lines = csv_file.readlines()
        assert [
            'email,name,age,role\n',
            'minimal@example.com,"A name, with a comma",18,\n',
        ] == lines
```

这一次，我们并不需要整个用户列表，我们只需要一个用户，因为我们只测试一件特定的事情，以前的测试已经保证了我们能够正确地生成包含所有用户的文件。记住，我们要尽量减少一个测试需要完成的工作量。

因此，我们使用了 min_user，并在它的名称中包含了一个逗号。接着我们重复这个过程，它与前面的测试非常相似，最终确保放在 CSV 文件中的这个名字由双引号所括起来。所有还过得去的 CSV 解析器都能够理解不需要根据引号内的逗号对文本进行分割。

现在，我们还需要一个测试，用以检查文件是否存在，我们并不想要对它进行重写，这样我们的代码就不需要对它进行操作：

```
# tests/test_api.py
```

```
def test_does_not_overwrite(self, users, existing_file):
    with pytest.raises(IOError) as err:
        export(existing_file, users, overwrite=False)

    assert err.match(
        r"'{}' already exists\.".format(existing_file)
    )
    # 我们还验证文件是否仍然是完整的
    assert existing_file.read() == 'Please leave me alone...'
```

这是一个优美的测试，因为我们可以告诉 pytest 我们期望一个函数调用触发一个异常。为此，我们把期望触发的异常输入 pytest.raises 所提供的上下文管理器，这样当我们在这个上下文管理器内部进行函数调用时就可以实现这个行为。如果未触发异常，就表示测试失败。

我希望自己的测试更彻底一些，因此不打算就此止步。我还使用非常方便的帮助函数 err.match 对消息进行了断言（注意，它接收的是一个正则表达式而不是简单的字符串。我们将在第 14 章 Web 开发中讨论正则表达式）。

最后，我们打开这个文件，并把它的所有内容与预期内容进行比较，确保它仍然包含了原先的内容（这也是我创建 existing_file 这个夹具的原因）。

3．最后的考虑

讨论下一个主题之前，我们再讨论一下与本小节内容有关的一些考虑。

我希望读者已经注意到我并没有对自己所编写的所有函数进行测试。具体地说，我没有测试 get_valid_users、validate 和 write_csv，原因是我们的测试套件已经对这些函数进行了隐含的测试。我们测试了 is_valid 和 export，这足以确保我们的测试方案对用户进行了正确的验证，并且 export 函数正确地对非法用户进行了过滤，还根据需要保留了现有的文件并将其写入一个适当的 CSV 文件中。我们没有测试的几个函数负责处理一些内部细节，它们的代码逻辑实际上已经进行了详细的测试。对这些函数进行额外的测试是利是弊？我们可以细加思量。

这个问题的答案有点难度。我们所进行的测试越多，代码的重构余地也就越小。就现在而言，我可以很轻松地决定用另一个名称表示 is_valid，而不需要对自己的测试进行任何修改。如果考虑到这一点，就可以明白为什么不对那几个函数进行测试了。只要 is_valid 能够对 get_valid 函数进行正确的验证，我们就不需要知道它的细节。能明白这一点吗？

反之，如果我对 is_valid 函数进行了测试，以后又想给它取一个不同的名字（或者更改它的签名），就不得不对这些测试也进行修改。

因此，正确的做法是什么？测试还是不测试？这个将由我们自行决定。我们必须找到正确的平衡。我个人对此的态度是任何东西都需要进行彻底的测试，不管是直接测试还是间接测试。并且，我希望采用尽可能小的测试套件来实现这一点。按照这种方式，我所采用的测试套件具有良好的覆盖性，但又不存在浪费。我们需要维护这些测试！

我希望读者能够理解这个例子，我认为它可以帮助我们理解一些重要的主题。

如果检查本书 test_api.py 模块的源代码，可以发现我添加了几个额外的测试类，它们显示了我们在使用模仿时可以采用的不同测试方法。我希望读者可以阅读这些代码并理解它们。它们相当简单，读者还可以将其与我在本小节所介绍的个人方法进行良好的对比。

现在，运行这些测试将产生下面的结果（输出结果进行了重新排列，以适应本书的格式）：

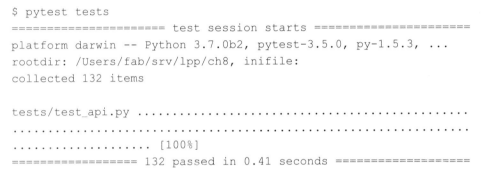

```
$ pytest tests
====================== test session starts =======================
platform darwin -- Python 3.7.0b2, pytest-3.5.0, py-1.5.3, ...
rootdir: /Users/fab/srv/lpp/ch8, inifile:
collected 132 items

tests/test_api.py ...............................................
.................................................................
.................... [100%]
================== 132 passed in 0.41 seconds ====================
```

这虽确保了在 ch8 文件夹中运行 $ pytest test（添加 -vv 标志可以产生更加详细的输出，显示参数化是如何修改测试名的）。我们可以看到，132 个测试所运行的时间还不到半秒，并且它们都是成功的。我强烈建议读者仔细阅读这些代码并对它们进行试验。在代码中修改一些东西，看看会不会有任何测试失败，并思考为什么会失败。修改的地方是不是非常重要？测试不够良好？或者这处修改没什么意思，所以不会导致测试失败？所有这些看上去无伤大雅的问题都可以帮助我们更深入地理解测试的艺术。

我还建议读者研究 unittest 模块和 pytest 模块，它们都是我们一直将要使用的工具，因此需要对它们了如指掌。

现在，我们讨论测试驱动的开发！

8.2　测试驱动的开发

下面我们简单讨论测试驱动的开发（**TDD**）。这是一种由 Kent Beck 重新发现的方法论，内容出自他的著作《Test-Driven Development by Example》（Addison Wesley，2002）。如果读者想了解这个主题的基础知识，可以阅读这本书。

TDD 是一种软件开发方法论，它建立在对一个非常短的开发周期进行持续重复的基础之上。

开发人员会先编写一个测试并运行它。这个测试将检查代码中尚未定型的一个特性。它可能是一个需要添加的新特性，也可能是一个需要删除或修改的特性。运行该测试会导致它失败，因此这个阶段称为 **Red**（红色）阶段。

当测试失败时，开发人员会编写尽可能少的代码让它能够通过。再次运行这个测试并成功时，就进入了所谓的 **Green**（绿色）阶段。在这个阶段中，仅仅为了让测试通过而编写一些欺骗性的代码是没有问题的。这个技巧称为"不断假冒直到成功"。随后，用不同的边缘类对测试进行丰富，然后逐渐用正确的逻辑对那些欺骗性的代码进行重写。添加其他测试例的做法称为**三角测试**。

这个周期的最后一个阶段是开发人员对代码和测试进行维护（在不同的时间）并对它们进行重构，直到它们达到令人满意的状态。最后一个阶段称为 **Refactor**（重构）阶段。

因此，**TDD** 就是**红色—绿色—重构**的反复循环。

刚开始，我们可能会觉得在代码之前编写测试是件奇怪的事情，我必须承认自己也花了挺长时间才习惯这种做法。但是，如果坚持这种做法，并强迫自己学习这种稍微有点违背直觉的工作方式，在某个时刻我们能够看到一些奇妙的事情发生，会发现自己的代码质量得到了其他方法所无法实现的提高。

当我们在测试之前编写代码时，我们必须同时注意代码需要做些什么以及应该怎样做。反之，当我们在编写代码之前编写测试时，我们在编写它们的时候可以把注意力单独放在其中一个方面。当我们在后面编写代码时，可以把注意力集中在测试要求代码所完成的任务上。这种注意力的转换可以让我们在不同的时候分别解决"做什么"和"怎么做"的问题，更大限度地释放思维的力量。

这个技巧还有其他一些优点。

◆ **我们对重构会更有信心**。如果我们引入了缺陷，测试就会失败。而且，在测试的监控之下，软件架构上的重构也会从中受益。

◆ **代码更容易阅读**。这是至关重要的，因为编程已经是一种社交活动，每位专业开发人员都要花费大量的时间阅读和编写代码。

◆ **代码的耦合度更低，更容易测试和维护**。先编写测试会迫使我们更深入地思考代码的结构。

◆ **先编写测试要求我们对业务需求有着更好的理解**。如果我们对需求的理解信息不足，就会发现编写测试是极其困难的，这时候就警示我们加深对业务需求的理解。

◆ **对所有的东西都进行单元测试意味着代码更容易调试**。而且，较小的测试非常适合提供替代文档。日常语言可能会产生误导，但一个简单测试中的 5 行 Python 代码很难被误解。

◆ **更快的速度**。先编写测试再编写代码要比先编写代码再花大量的时间对它进行调试更加快速。如果不编写测试，我们很可能早早就让代码误入歧途，以后不得不费力追踪缺陷并解决它们（放心，肯定会有缺陷）。先编写代码然后再对它进行调试加起来所花费的时间通常要长于使用 TDD 进行开发所需的时间。在 TDD 中，在编写代码之前运行测试可以保证缺陷的数量比传统的方法少得多。

另外，这个技巧的主要缺点如下。

◆ **全公司都要信任这种方法**。否则，我们会不断地陷入与老板的争论，他无法理解为什么代码的发布时间这么长。真正的原因是，站在短期的角度，它的发布时间会长一些。但从长期来看，TDD 能够给我们节省更多的时间。但是，要看到长期效果是比较困难的，因为它不像短期效果那样一眼可见。在我的职业生涯中，我数次与顽固的老板争辩，说服他们使用 TDD。这个过程有时候很痛苦，但最终却是物有所值。我从来不后悔这样的经历，因为最终产品的质量总是赢得了大家的赞赏。

◆ **如果对业务需求缺乏理解，就会反映到我们所编写的测试中，随之反映到代码中**。这种类型的问题在执行 UAT 之前很难被发现，减少这种事情发生概率的一个方法就是与另一位开发人员结对工作。结对开发不可避免地需要对业务需求进行讨论，而这种讨论可以澄清需求，帮助我们编写正确的测试。

◆ **编写得糟糕的测试很难维护**。这是事实。对太多的仿制进行测试，或者在测试中附加额外的假设或采用结构不佳的数据，都很容易使测试成为负担。不要为此感到气馁，只要不断地进行试验，更改编写测试的方法，最终会找到一种方法，使我们每次接触代码时不需要太多的工作量。

我对 TDD 怀有极大的热情。当我接受工作面试时，总是会询问公司是否采用这种开发方式。我鼓励读者研究并使用这种方法，不断地使用这种方法，直到豁然开朗。相信我，这种做法绝不会让我们后悔的。

8.3 异常

虽然到目前为止我还没有正式地介绍异常，但对于异常是什么，读者对此应该有了一个模糊的概念。在前面的章节中，我们看到了当一个迭代器被耗尽时，在它上面调用 next 会触发一个 StopIteration 异常。当我们试图访问合法范围之外的一个列表位置时，会遇到 IndexError 异常。当我们试图访问一个对象并不具有的属性时，会遇到 AttributeError 异常。当我们在一个字典中访问一个并不存在的键时，会遇到 KeyError 异常。

现在，是时候对异常进行正式的讨论了。

有时候，即使一个操作或者一段代码是正确的，仍然会发生出错的情况。例如，我们要把用户的输入从 string 类型转换为 int 类型,而用户可能不小心把某个数字误输入为字母，使我们无法把这个值转换为数值。在执行除法时，我们无法预先知道是否会进行除零运算。当我们打开一个文件时，它可能不存在或者已经被破坏了。

在代码执行期间检测到的一个错误被称为**异常**。异常并不一定致命，事实上我们看到 StopIteration 异常已经深入集成到 Python 的生成器和迭代器机制中。但是，在正常情况下，如果不采取必要的预防措施，异常会导致应用程序终止。有时候，这是我们期望的行为。但是在其他情况下，我们希望防止并控制这样的问题。例如，我们可能想警告用户，他们试图打开的文件已经被破坏或者不存在，然后要求他们修正这个问题或者提供另一个文件，而不是让应用程序因为这个缘故而终止。下面，我们观察一个包含了几个异常的例子：

```
# exceptions/first.example.py
>>> gen = (n for n in range(2))
>>> next(gen)
0
>>> next(gen)
1
>>> next(gen)
Traceback (most recent call last):
  File "<stdin>", line 1, in <module>
StopIteration
>>> print(undefined_name)
Traceback (most recent call last):
  File "<stdin>", line 1, in <module>
NameError: name 'undefined_name' is not defined
>>> mylist = [1, 2, 3]
>>> mylist[5]
```

```
Traceback (most recent call last):
  File "<stdin>", line 1, in <module>
IndexError: list index out of range
>>> mydict = {'a': 'A', 'b': 'B'}
>>> mydict['c']
Traceback (most recent call last):
  File "<stdin>", line 1, in <module>
KeyError: 'c'
>>> 1 / 0
Traceback (most recent call last):
  File "<stdin>", line 1, in <module>
ZeroDivisionError: division by zero
```

我们可以看到，Python 的 shell 具有相当高的容忍度。我们可以看到 Traceback（回溯），这样就能了解与错误有关的信息，但程序并不会终止。这是一种特殊的行为，如果不对异常进行处理，常规的程序或脚本在正常情况下是会终止的。

为了处理异常，Python 为我们提供了 try 语句。当我们进入 try 子句时，Python 就会监测一个或多个不同类型的异常（根据我们的指示）。如果触发了这些异常，就允许我们做出针对性的修改。try 语句由启动该语句的 try 子句、一个或多个定义了在捕捉到某个异常时应该做些什么的 except 子句（均为可选）、一个当 try 子句退出并且没有触发任何异常时执行的 else 子句（可选）以及一个不管其他子句情况如何都会执行的 finally 子句（可选）组成。finally 子句一般用于清理资源（我们在第 7 章文件和数据持久化中如果未使用上下文管理器打开文件，就会看到这种用法）。

注意顺序，这是非常重要的。另外，try 语句的后面至少必须有 1 个 except 子句或 1 个 finally 子句。让我们观察一个例子：

```python
# exceptions/try.syntax.py
def try_syntax(numerator, denominator):
    try:
        print(f'In the try block: {numerator}/{denominator}')
        result = numerator / denominator
    except ZeroDivisionError as zde:
        print(zde)
    else:
        print('The result is:', result)
        return result
    finally:
        print('Exiting')

print(try_syntax(12, 4))
```

```
print(try_syntax(11, 0))
```

上面这个例子定义了一个简单的 try_syntax 函数。我们执行两个数的除法。如果我们调用这个函数时 denominator = 0，程序就准备捕捉一个 ZeroDivisionError 异常。一开始，程序进入 try 代码块。如果 denominator 不为 0 就计算 result。离开 try 代码块后，执行在 else 代码块中恢复。我们输出 result 并返回它。观察输出，我们会发现在返回 result（也就是程序的终点）之前，Python 执行了 finally 子句。

当 denominator 等于 0 时，情况就发生了变化。程序进入 except 代码块并输出 zde。else 代码块不会被执行，因为 try 代码块中触发了一个异常。在（隐式地）返回 None 之前，程序仍然会执行 finally 代码块。观察输出结果，看看能不能理解：

```
$ python try.syntax.py
In the try block: 12/4          # try
The result is: 3.0              # else
Exiting                         # finally
3.0                             # 在 else 中返回

In the try block: 11/0          # try
division by zero                # except
Exiting                         # finally
None                            # 函数结束时隐式地返回
```

当我们执行一个 try 代码块时，可能需要捕捉多个异常。例如，对一个 JSON 对象进行解码时，程序可能会遇到表示不正确的 JSON 格式的 ValueError 异常，或者遇到输入 json.loads() 的数据并不是字符串类型的 TypeError 异常。在这种情况下，代码的结构可能会像下面这样：

```
# exceptions/json.example.py
import json
json_data = '{}'

try:
    data = json.loads(json_data)
except (ValueError, TypeError) as e:
    print(type(e), e)
```

这段代码会同时捕捉 ValueError 异常和 TypeError 异常。尝试把 json_data = '{}'修改为 json_data = 2 或 json_data = '{{'，将会看到不同的输出。

如果想要按照不同的方式处理不同的异常，可以添加更多的 except 子句，如下所示：

```
# exceptions/multiple.except.py
try:
```

```
    # 一些代码
except Exception1:
    # 对 Exception1 做出反应
except (Exception2, Exception3):
    # 对 Exception2 或 Exception3 做出反应
except Exception4:
    # 对 Exception4 做出反应
...
```

记住，异常是在定义该异常类（或它的任何基类）的第一个代码块中处理的。因此，当我们像刚才那样展开多个 except 子句时，要确保把特定的异常放在前面，把通用的异常放在后面。按照 OOP 的术语，子类放在顶部，基类放在底部。而且，要记住当一个异常被触发时，只有一个 except 代码块会被执行。

我们也可以编写**自定义的异常**。为此，我们只需要从任何其他异常类继承即可。由于 Python 的内置异常太多，无法在这里列出，因此最好查阅 Python 官方文档。我们需要知道每个 Python 异常都是从 BaseException 类派生的，但我们的自定义异常不应该直接继承这个类，原因是处理这样的异常还需要捕捉**系统退出异常**，如从 BaseException 派生的 SystemExit 和 KeyboardInterrupt，这可能会导致严重的问题。如果遇到这种灾难性的情况，希望读者能够使用 Ctrl + C 组合键终止程序。

我们可以通过从 Exception 类继承很轻松地解决这个问题。这个类是从 BaseException 继承的，但是它的子类并不包含任何系统退出异常，因为它们是内置的异常体系结构中的兄弟类（参见 https://docs.python.org/3/library/exceptions.html#exception-hierarchy）。

在编程时使用异常可能会非常复杂。我们可能会意外地忽略一些错误，或者捕捉了并不想处理的异常。我们应该遵循一些指导原则，安全地处理异常。例如，只有当代码可能触发我们想要处理的异常时，才把代码放在 try 子句中；当我们编写 except 子句时，应尽可能捕捉特定的异常，不要因为简单而采用 except Exception 这样的做法；使用测试确保代码在处理边缘情况时所需要处理的异常数量尽可能地少。

编写 except 语句时如果没有指定任何异常会导致程序捕捉所有的异常，因此代码所遇到的风险与直接继承 BaseException 类的情况相同。

我们在网络上到处可以找到与异常有关的信息。有些程序员大量地使用异常，有些程序员则使用得比较少。我们可以研究其他人的源代码，然后寻找适合自己的异常处理方式。网络上存在大量有趣的开放源代码的项目，如 GitHub 和 Bitbucket。

在讨论性能分析之前，我们观察一种非常规的异常用法，以开拓我们的视野。这类异常并无特别，也只是简单的错误而已：

```
# exceptions/for.loop.py
n = 100
found = False
for a in range(n):
    if found: break
    for b in range(n):
        if found: break
        for c in range(n):
            if 42 * a + 17 * b + c == 5096:
                found = True
                print(a, b, c)  # 79 99 95
```

上面这段代码是一种非常常见的处理数字的方法。我们对几个嵌套的范围进行迭代，寻找满足某个条件的特定 a、b、c 组合。在这个例子中，这个条件是个简单的线性方程，但我们也可以想象一些比这个有趣得多的情况。令我不快的是我必须在每个循环开始时检查是否找到了答案，以便尽可能快速地退出循环。退出逻辑会影响剩余的代码，这不是我希望看到的。因此，我采用了一种不同的解决方案，读者可以思考是否可以把这种方法应用于其他情况：

```
# exceptions/for.loop.py
class ExitLoopException(Exception):
    pass


try:
    n = 100
    for a in range(n):
        for b in range(n):
            for c in range(n):
                if 42 * a + 17 * b + c == 5096:
                    raise ExitLoopException(a, b, c)
except ExitLoopException as ele:
    print(ele)  # (79, 99, 95)
```

能够明白它的优雅所在吗？现在，循环的退出逻辑完全用一个简单的异常来处理，而异常的名称也提示了它的用途。一旦找到结果，我们就触发这个异常，并把控制立即移交给处理这个异常的 except 子句。这是一个非常引人深思的例子，它还间接地说明了如何触发自己的异常。

阅读官方文档，深入了解这个主题的优美细节。而且，如果读者想迎接挑战，可以尝试把最后一个例子放在一个上下文管理器中，并用于嵌套的 for 循环。

8.4　对 Python 进行性能分析

有几种不同的方法可用于对 Python 应用程序进行性能分析。性能分析意味着让应用程序运行，然后同时追踪几个不同的参数（如一个函数的调用次数以及它所消耗的时间数量）。性能分析可以帮助我们找到应用程序的瓶颈所在，并采取针对性的措施改进程序的性能。

如果阅读标准库官方文档关于性能分析那一节的内容，可以发现同一个性能分析接口存在两个不同的实现：profile 和 cProfile。

◆ cProfile 适合大多数用户，它是一种 C 语言扩展，具有合理的开销，适合对长期运行的程序进行性能分析。

◆ profile 是一个纯粹的 Python 模块，cProfile 模仿了它的接口，但 profile 对程序进行性能分析时的开销明显更高。

这个接口执行**确定性性能分析**，这意味着所有的函数调用、函数的返回结果以及异常事件都会被分析，并且程序会记录这些事件之间的准确时间间隔。另一种方法称为**统计性性能分析**，它对有效的指令指针进行随机取样，并推断时间是在哪里消耗的。

后者的开销往往更低，但它只能提供近似结果。而且，由于 Python 解释器运行代码的方式，确定性性能分析所增加的开销并不像我们想象中的那么多，因此我将展示一个从命令行使用 cProfile 的简单例子。

我们打算使用下面的代码计算毕达哥拉斯三元组（勾股数）：

```
# profiling/triples.py
def calc_triples(mx):
    triples = []
    for a in range(1, mx + 1):
        for b in range(a, mx + 1):
            hypotenuse = calc_hypotenuse(a, b)
            if is_int(hypotenuse):
                triples.append((a, b, int(hypotenuse)))
    return triples
def calc_hypotenuse(a, b):
    return (a**2 + b**2) ** .5

def is_int(n): # 要求 n 是浮点数
    return n.is_integer()

triples = calc_triples(1000)
```

这段脚本极为简单。我们对[1, mx]范围内的 a、b 进行了迭代（设置 b≥a 可以避免重复的 ab 对），并且我们检查了它们是否可以形成直角三角形。我们使用 calc_hypotenuse 来计算 a 和 b 的斜边，并用 is_int 检查 c 是否为整数，也就是（a, b, c）是否为毕达哥拉斯三元组。当我们对这个脚本进行性能分析的时候，我们所得到的是表格形式的信息，其中的列包括 ncalls、totttime、percall、cumtime、percall 和 filename:lineno(function)。它们分别表示一个函数的调用数量、该函数所消耗的时间等信息。我裁剪了几个列以节省空间，因此不必担心实际运行结果与下面不同。下面是性能分析的结果。

```
$ python -m cProfile triples.py
1502538 function calls in 0.704 seconds
Ordered by: standard name

ncalls tottime percall filename:lineno(function)
500500   0.393   0.000  triples.py:17(calc_hypotenuse)
500500   0.096   0.000  triples.py:21(is_int)
     1   0.000   0.000  triples.py:4(<module>)
     1   0.176   0.176  triples.py:4(calc_triples)
     1   0.000   0.000  {built-in method builtins.exec}
  1034   0.000   0.000  {method 'append' of 'list' objects}
     1   0.000   0.000  {method 'disable' of '_lsprof.Profil...
500500   0.038   0.000  {method 'is_integer' of 'float' objects}
```

即使数据量有限，我们仍然能够推断出与这段代码有关的一些实用信息。我们可以看到我们所选择的算法的时间复杂度随着输入长度的增加呈平方级地增长。内层循环体的执行次数正好是 mx (mx + 1) / 2 次。我们在 mx = 1 000 的情况下运行这段脚本，意味着内层 for 循环的运行次数是 500 500。在这个循环中所发生的主要事件包括调用 calc_hypotenuse、调用 is_int 以及在满足条件的情况下把它添加到 triples 列表中。

观察这个性能分析报告，我们可以注意到这个算法在 calc_hypotenuse 中花费了 0.393 秒，在函数的执行次数相同的情况下，它的耗时要比 is_int 的 0.096 秒多很多。因此，让我们思考能不能稍稍改进 calc_hypotenuse 的性能。

事实上，我们可以做到这一点。正如我在本书前面所说的那样，乘方运算符**的开销较大，我们在 calc_hypotenuse 函数中使用了 3 次这个运算符。幸运的是，我们可以很方便地把其中的两个转换为简单的乘法，如下所示：

```
def calc_hypotenuse(a, b):
    return (a*a + b*b) ** .5
```

这个简单的变化应该能够提升这个函数的性能。如果我们再次运行性能分析，可以看到现在下降为了 0.137 秒。很不错！这意味着现在我们在 calc_hypotenuse 中所花费的时间大约只有原来的 37%。

让我们思考是否可以提升 is_int 的性能，可以采取下面这样的修改方式：

```
def is_int(n):
    return n == int(n)
```

它的实现方式发生了变化，优点是 n 也可以是整数。但是，当我们再次运行性能分析时，发现 is_int 函数所消耗的时间上升到 0.135 秒。因此，在这种情况下，我们需要恢复为原来的实现。我们可以在本书的源代码中找到这 3 个版本。

当然，这个例子非常简单。但是，它足以说明如何对应用程序进行性能分析。监测一个函数的调用次数可以帮助我们更好地理解算法的时间复杂度。例如，我们可能无法相信居然有这么多的程序员无法发现这两个 for 循环的运行时间与输入长度的平方成正比。

有一点值得注意：我们所使用的系统不同，性能分析的结果可能是不同的。因此，我们对软件进行性能分析时所使用的系统应该与部署这个软件的系统相同，至少应该尽可能地接近。

什么时候进行性能分析

性能分析是个超级优秀的工具，但我们需要知道什么时候适合进行性能分析，并且需要知道如何衡量性能分析所返回的结果。

Donald Knuth 曾经说过："不成熟的优化是所有罪恶的根源。"尽管这种说法过于偏激，但我还是表示认同。

因此，首先也是最重要的就是正确性。我们希望自己的代码能够产生正确的结果，因此我们需要编写测试、寻找边缘条件并按照我们认为合理的每种方法对代码进行压缩。不要存有侥幸心理、也不要觉得事件不太可能发生就将其置之脑后。必须全面彻底。

其次，关注编程的最佳实践。记住下面这些指导原则：可读性、可扩展性、低耦合、模块化和调用。应用 OOP 原则：封装、抽象、单一职责、开闭原则等。阅读这些概念，它们可以开拓我们的视野，并拓宽我们对代码的思考方式。

然后，像猛兽一样进行重构！Boy Scouts 的规则是：

"结束野营的时候，要让场地比到达之前更干净。"

我们可以把这个规则应用于自己的代码中。

最后，当上面所有事项都安排妥当时，最后剩下需要关注的就是优化和性能分析了。

运行性能分析工具并确认应用程序的瓶颈。当我们对需要解决的瓶颈心中有数时，需要先处理最糟糕的瓶颈。有时候，处理一个瓶颈会产生涟漪效应，扩展和改变其余代码的工作方式。这取决于代码的设计和实现方式，这个问题有时候微不足道，有时候却不容小视。因此，我们首先要解决最大的问题。

Python 非常流行的原因之一是它具有许多不同的实现方式。因此，如果发现单纯使用 Python 很难提升自己的部分代码的性能，完全可以卷起自己的袖子，买上 200 升的咖啡，然后用 C 语言重写这部分性能缓慢的代码，保证非常有趣！

8.5　总结

在本章中，我们探索了与测试、异常和性能分析相关的内容。

我试图对测试展开相对深入的介绍，尤其是单元测试，它是开发人员接触最多的测试。我希望已经向读者传达了一个思想，就是测试并不是光靠看书就能熟练掌握的东西。我们需要对它进行不断的试验，才有可能得心应手。在程序员必须一直研究和试验的所有内容中，我觉得测试是最为重要的。

我们简单地观察了如何防止程序因为一种在运行时所发生的称为异常的错误而终止。为了不落俗套，我展示了异常的一种非同寻常的用法，用于退出嵌套的 for 循环。这并不是唯一的情况，我确信读者作为程序员在不断成长的过程中还会遇到其他情况。

最后，我们非常简单地讨论了性能分析，观察了一个简单的例子并提出了一些指导原则。我之所以讨论性能分析是为了完整起见，因此不必把它放在特别重要的位置。

在下一章中，我们将探索与加密、散列和创建标记相关的内容。

我知道我在本章中指定了太多的参考材料，但没有提供链接或用法说明。我是有意如此的。作为程序员，不应该整天埋头工作，还需要在手册或网络的文档页面上查询信息。我觉得能够根据需要有效地搜索自己所需要的信息对于程序员而言是非常重要的，因此请不要介意我所提供的额外训练。不管怎样，这都是为了读者着想。

第 9 章
加密与标记

本章的篇幅较短，主要简单地介绍了 Python 标准库所提供的加密服务。本章还将简单地介绍一个名为 JSON Web 标记的概念，这是一个非常有趣的标准，用于表示双方之间的安全请求。

在本章中，我们将讨论下面这些主题。

◆ hashlib 模块。

◆ secrets 模块。

◆ HMAC 算法。

◆ 使用 PyJWT 的 JSON Web 标记，它可能是目前最流行的用于处理 JWT 的 Python 库

我们先花点时间讨论加密以及它的重要性。

9.1 加密的需要

智能手机的用户数量越来越多。所有用户都知道用于解锁手机的 PIN 以及用于登录到各种应用的证书。这些应用基本涵盖了我们的日常生活，从购物到找路、从发送消息到觅友，或者查看自己的比特币钱包里自己的财富是否增值。

如果我们是应用程序的开发人员，必须非常严肃地看待安全问题。不管我们的应用看上去多么小或者多么不重要，总是应该把安全放在重要的位置。

在信息技术中，可以通过几种不同的方法实现安全，但到目前为止，最重要的方法仍然是加密。我们用计算机或手机做的任何事情都应该包含一个进行加密的层（如果没有这

个层，那就非常糟糕）。我们可以在这个安全层中进行信用卡的在线支付，或者以一种安全的方式通过网络传送信息，即使信息被人拦截也不会泄密。当我们在云端备份文件时，可以在这个层中对它们进行加密。类似的例子数不胜数。

现在，本章的目的并不是告诉我们散列和加密的区别所在。关于这个主题，足足可以用一本篇幅完整的书来讲述。本章的目的是介绍如何使用 Python 所提供的工具创建摘要、标记，以及按照更广泛的说法，在我们需要实现与加密相关的东西时能够站在（更）安全的一边。

实用的指导原则

我们始终要记住下面这些指导原则。

◆ **原则 1**：不要试图自行创建散列或加密函数。就是这么简单。我们应该使用已经存在的工具和函数。创建一个良好、稳固、健壮的算法进行散列或加密的难度超乎我们的想象，因此最好让专业加密人员来完成这个任务。

◆ **原则 2**：按原则 **1** 说的去做。

我们只需要这两个**原则**。除此之外，理解加密的概念也是很有帮助的。对于这个主题，我们应该尽可能多地进行尝试和学习。网络上可以找到与加密有关的大量信息，但是为了方便起见，我会在本章的最后列出一些实用的网址。

现在，让我们深入讨论本章的第一个标准库模块：hashlib 模块。

9.2　hashlib 模块

这个模块不仅提供了一个常见的接口，还提供了许多不同的安全散列和信息摘要算法。这两个术语的区别纯粹是历史原因：旧的算法一般称为**摘要**，而现代的算法则称为**散列**。

一般而言，散列函数可以是任何能够把一个任意大小的数据映射到一个固定大小的数据的函数。这是单向类型的加密，无法根据散列结果恢复原先的信息。

我们可以使用几种算法计算散列值，因此我们需要观察自己的系统支持哪些方法（注意，具体的结果可能有所不同）：

```
>>> import hashlib
>>> hashlib.algorithms_available
{'SHA512', 'SHA256', 'shake_256', 'sha3_256', 'ecdsa-with-SHA1',
```

```
'DSA-SHA', 'sha1', 'sha384', 'sha3_224', 'whirlpool', 'mdc2',
'RIPEMD160', 'shake_128', 'MD4', 'dsaEncryption', 'dsaWithSHA',
'SHA1', 'blake2s', 'md5', 'sha', 'sha224', 'SHA', 'MD5',
'sha256', 'SHA384', 'sha3_384', 'md4', 'SHA224', 'MDC2',
'sha3_512', 'sha512', 'blake2b', 'DSA', 'ripemd160'}
>>> hashlib.algorithms_guaranteed
{'blake2s', 'md5', 'sha224', 'sha3_512', 'shake_256', 'sha3_256',
'shake_128', 'sha256', 'sha1', 'sha512', 'blake2b', 'sha3_384',
'sha384', 'sha3_224'}
```

打开一个 Python shell，我们可以得到自己的系统中可用的算法列表。如果我们的应用程序必须与第三方的应用程序进行通信，最好在这些获得保证的算法中挑选一种，因为每个平台实际上都支持它们。注意，有很多算法以 **sha** 开头，表示**安全散列算法**。我们继续在同一个 shell 中进行操作，我们为二进制字符串 b'Hash me now!'创建一个散列，并打算用两种方法完成这个任务：

```
>>> h = hashlib.blake2b()
>>> h.update(b'Hash me')
>>> h.update(b' now!')
>>> h.hexdigest()
'56441b566db9aafcf8cdad3a4729fa4b2bfaab0ada36155ece29f52ff70e1e9d'
'7f54cacfe44bc97c7e904cf79944357d023877929430bc58eb2dae168e73cedf'
>>> h.digest()
b'VD\x1bVm\xb9\xaa\xfc\xf8\xcd\xad:G)\xfaK+\xfa\xab\n\xda6\x15^'
b'\xce)\xf5/\xf7\x0e\x1e\x9d\x7fT\xca\xcf\xe4K\xc9|~\x90L\xf7'
b'\x99D5}\x028w\x92\x940\xbcX\xeb-\xae\x16\x8es\xce\xdf'
>>> h.block_size
128
>>> h.digest_size
64
>>> h.name
'blake2b'
```

我们使用了 blake2b 这个加密函数。这个函数相当高级，是在 Python 3.6 中新增的。在创建了散列对象 h 之后，我们采用两个步骤更新它的信息。虽非必须，但有时候我们无法一次完成数据的散列，因此知道怎么按照步骤来完成这个任务是非常重要的。

当信息变成我们所希望的样子之后，我们就得到了摘要的十六进制表示形式。它的每个字节使用两个字符（因为每个字符表示 4 个位，也就是半个字节）。我们还得到了摘要的字节表示形式，然后检查了它的细节：它的块大小（散列算法中以字节为单位的内部块大小）为 128 字节，摘要大小（以字节为单位的结果散列的大小）为 64 字节，并且还有一个名称。这些工作能否通过更简单的一行代码来完成？是的，当然可以：

```
>>> hashlib.blake2b(b'Hash me now!').hexdigest()
'56441b566db9aafcf8cdad3a4729fa4b2bfaab0ada36155ece29f52ff70e1e9d'
'7f54cacfe44bc97c7e904cf79944357d023877929430bc58eb2dae168e73cedf'
```

注意相同的信息是如何产生相同的散列的，当然这正是我们所期望的。

如果我们使用的是 sha256 函数而不是 black2b 函数，可以观察一下我们所得到的结果：

```
>>> hashlib.sha256(b'Hash me now!').hexdigest()
'10d561fa94a89a25ea0c7aa47708bdb353bbb062a17820292cd905a3a60d6783'
```

它所产生的结果列表更短（因此安全性也要差一点）。

散列是一个非常有趣的话题，当然我们到目前为止所看到的这些简单例子不过是个开端。blake2b 函数在自定义方面为我们提供了极大的灵活性，这对于防止某些类型的攻击是极其重要的（关于这些攻击的详细解释，可以参阅 Python 标准库文档中关于 hashlib 模块的内容）。现在我们观察另一个例子，即对一个散列进行自定义，增加一个 key、一个 salt 和一个 person。这些额外的信息将导致散列结果与不提供这些参数时所产生的散列结果并不相同，这对于增强我们的系统所处理的数据的安全性是至关重要的：

```
>>> h = hashlib.blake2b(
...     b'Important payload', digest_size=16, key=b'secret-key',
...     salt=b'random-salt', person=b'fabrizio'
... )
>>> h.hexdigest()
'c2d63ead796d0d6d734a5c3c578b6e41'
```

结果散列的长度只有 16 字节。在自定义参数中，salt 很可能是最重要的一个。它是一种随机数据，可以作为对数据进行散列的单向函数的一个额外输入。它一般是随着结果散列一起存储的，其用途是提供措施对相同的信息所给出的相同散列进行恢复。

如果想要确保对一个密码进行适当的散列，可以使用 pbkdf2_hmac。这是一种密钥导出算法，允许我们指定一个 salt 以及算法本身所使用的迭代数量。随着计算机的功能越来越强大以及时间的变化，增加迭代次数是非常重要的，否则就会增加穷举攻击法的成功概率。下面是这个算法的使用方法：

```
>>> import os
>>> dk = hashlib.pbkdf2_hmac(
...     'sha256', b'Password123', os.urandom(16), 100000
... )
>>> dk.hex()
'f8715c37906df067466ce84973e6e52a955be025a59c9100d9183c4cbec27a9e'
```

注意，我使用 os.urandom 提供了一个 16 字节的随机 salt，这也是官方文档所推荐的。

我鼓励读者对这个模块进行探索和试验，因为我们迟早会使用它。现在，让我们将注意力转移到 secrets 这个模块。

9.3　secrets 模块

这个短小精致的模块用于生成强加密的随机数，适合管理像密码、账号验证、安全标记以及关联秘密这样的数据。这个模块是在 Python 3.6 中新增的，它基本上用于处理 3 件事情：随机数、标记的生成和摘要的比较。我们将非常简单地对它们进行探索。

9.3.1　随机数

我们可以使用 3 个函数处理随机数：

```
# secrs/secr_rand.py
import secrets
print(secrets.choice('Choose one of these words'.split()))
print(secrets.randbelow(10 ** 6))
print(secrets.randbits(32))
```

第 1 个函数 choice 可以从一个非空序列中随机挑选一个元素。第 2 个函数 ranbelow 可以生成 0 到参数之间的一个随机整数。第 3 个函数 randbits 可以生成一个包含了 n 个随机位的整数。运行这段代码将产生下面的输出结果（每次运行的结果都是不同的）：

```
$ python secr_rand.py
one
504156
3172492450
```

当我们在加密的环境中需要用到随机数时，应该使用这几个函数而不是 random 模块中的函数，因为这几个函数是专门为这个任务而设计的。下面让我们观察这个模块所提供的标记功能。

9.3.2　标记的生成

同样，我们可以使用 3 个函数，它们都用于生成一个标记，只不过格式不同。我们观察下面这个例子：

```
# secrs/secr_rand.py
print(secrets.token_bytes(16))
print(secrets.token_hex(32))
print(secrets.token_urlsafe(32))
```

第 1 个函数 token_bytes 将随机返回一个包含 n 个字节（在这个例子中为 16 字节）的随机字节字符串。另两个函数完成的是同一个任务，但 token_hex 返回的是一个十六进制格式的标记，而 token_urlsafe 所返回的标记包含的是只适合在 URL 中出现的字符。我们观察这段代码的输出结果（是前一次运行的延续）：

```
b'\xda\x863\xeb\xbb|\x8fk\x9b\xbd\x14Q\xd4\x8d\x15}'
9f90fd042229570bf633e91e92505523811b45e1c3a72074e19bbeb2e5111bf7
b14qz_Av7QNvPEqZtKsLuTOUsNLFmXW3O03pn50leiY
```

这些都很好，那么我们为什么不去寻找一些乐趣，用这些工具编写一个随机的密码生成器呢？

```
# secrs/secr_gen.py
import secrets
from string import digits, ascii_letters

def generate_pwd(length=8):
    chars = digits + ascii_letters
    return ''.join(secrets.choice(chars) for c in range(length))
def generate_secure_pwd(length=16, upper=3, digits=3):
    if length < upper + digits + 1:
        raise ValueError('Nice try!')
    while True:
        pwd = generate_pwd(length)
        if (any(c.islower() for c in pwd)
            and sum(c.isupper() for c in pwd) >= upper
            and sum(c.isdigit() for c in pwd) >= digits):
            return pwd

print(generate_secure_pwd())
print(generate_secure_pwd(length=3, upper=1, digits=1))
```

在上面这段代码中，我们定义了两个函数。其中一个是 generate_pwd，它可以简单地生成一个给定长度的随机字符串，其方法是从一个包含了字母表的所有字母（包括小写形式和大写形式）和 10 个数字的字符串中随机选取 length 个字符。

另一个函数是 generate_secure_pwd，它可以简单地连续调用 generate_pwd，直到后者所生成的随机字符串满足需求，因此相当简单。密码中至少必须包含一个小写字母、upper 个大写字母、digits 个数字，并且长度为 length。

在进入 while 循环之前，需要注意的是如果我们对长度需求（包括大写字母、小写字母和数字）进行求和，并且这个长度需求之和大于密码的总长度，那么就没有办法满足 while 循环内部的条件。

因此，为了避免陷入这种无限循环，我在循环体的第 1 行添加了一个检查子句，程序会根据需要触发一个 ValueError 异常。知道怎样为这种边缘情况编写一个测试吗？

while 的循环体相当简单：首先生成随机的密码，然后使用 any 和 sum 对条件进行验证。如果可迭代对象中的任何一个元素为 True，any 就返回 True。这里 sum 的用法稍稍有点复杂，因为它利用了多态。在详细解释之前，读者能够明白我的意思吗？

不错，它非常简单。在 Python 中，True 和 False 都是整数的子类，因此对一个包含 True 或 False 值的可迭代对象进行求和时，它们会自动被解释为用 sum 函数对整数进行求和。这个行为称为**多态**，我们在第 6 章面句对象编程、装饰器和迭代器中对它进行过简单的介绍。

运行这个例子将产生下面的结果：

```
$ python secr_gen.py
nsL5voJnCi7Ote3F
J5e
```

第 2 个密码的安全性可能不是太强。

在讨论下一个模块之前，我们再观察最后一个例子。让我们生成一个重置密码 URL：

```
# secrs/secr_reset.py
import secrets

def get_reset_pwd_url(token_length=16):
    token = secrets.token_urlsafe(token_length)
    return f'https://fabdomain.com/reset-pwd/{token}'

print(get_reset_pwd_url())
```

这个函数非常简单，因此这里我只给出它的输出结果：

```
$ python secr_reset.py
https://fabdomain.com/reset-pwd/m4jb7aKgzTGuyjs9lTIspw
```

9.3.3　摘要的比较

这可能令人非常吃惊，在 secrets 模块中，我们可以找到 compare_digest(a, b)函数，它的作用与简单地通过 a == b 实现两个摘要之间的比较是相同的。因此，我们为什么需要这个函数呢？因为它是专门为了防止时序攻击而设计的。这种类型的攻击可以根据两个摘要什么地方开始不同、需要多长时间才能让比较失败等情况来推断信息，compare_digest 会删除时间和失败之间的相关性，从而能够预防这种攻击。我觉得这是高级攻击手法的一个出色例子。如果读者对此感到惊叹，很可能会明白为什么说不要自己实现加密函数。

好了，就是这些了！现在，让我们讨论 hmac。

9.4　HMAC

这个模块实现了 HMAC 算法，参见 RFC 2104 的描述。它虽然短小，但重要性却丝毫不减，因此我在此提供了一个简单的例子：

```
# hmc.py
import hmac
import hashlib

def calc_digest(key, message):
    key = bytes(key, 'utf-8')
    message = bytes(message, 'utf-8')
    dig = hmac.new(key, message, hashlib.sha256)
    return dig.hexdigest()

digest = calc_digest('secret-key', 'Important Message')
```

我们可以看到，接口总是相同或相似的。我们首先把键和信息转换为字节，然后创建一个 digest 实例，用于获取散列的十六进制表示形式。没有太多需要补充的，但是为了完整起见，我还是在这里加上了这个内容。

现在，我们讨论另一种不同类型的标记：JSON Web 标记。

9.5　JSON Web 标记

JSON Web 标记（**JWT**）是一种基于 JSON 的开放标准，用于创建标记，并对标记的创建提出了一些诉求。我们可以通过网络了解与这项技术有关的信息。概括地说，这种类型的标记由 3 个通过点号分隔的部分组成，形式是 A.B.C。B 是负载，也就是包含数据和诉求的地方。C 是签名，用于验证标记的合法性。A 是用于计算签名的算法。A、B 和 C 都是用 URL 安全 Base64 编码方案（接下来称为 Base64URL）编码的。

Base64 URL 是一种非常流行的二进制到文本的编码方案，通过把二进制数据转换为基数 64 的表示形式，然后用 ASCII 字符串格式来表示二进制数据。基数 64 表示形式使用字母 A～Z、a～z、数字 0～9 以及两个符号+和/，总共包括 64 个字符。因此，Base64 字母就是由这 64 个字符所组成的。例如，Base64URL 可用于对邮件的图像附件进行编码。由于这个过程是无缝进行的，因此绝大多数人完全意识不到它的存在。

JWT 使用 Base64URL 进行编码的原因是符号+和/，它们在 URL 这个上下文环境中分别表示空格和路径分隔符。因此在 URL 安全版本中，它们被-和_所代替。而且，Base64 常规所使用的任何填充字符（=）都会被剔除，因为它在 URL 中也具有特定的含义。

因此，这种类型的标记的工作方式与散列存在微小的区别。事实上，标记所携带的信息总是可见的。我们只需要对 A 和 B 进行解码，获取算法和负载即可。但是，安全是由 C 所负责的，它是标记的一个 HMAC 散列。如果我们试图通过编辑负载对 B 部分进行修改，将其改回到 Base64URL 的编码方式，并在标记中对它进行替换，那么签名就不再匹配，标记也就变成了非法的。

这意味着我们可以根据一些诉求来创建一个负载，如用 admin 登录或其他类似要求。只要该标记是合法的，我们就可以信任用户实际上是以 admin 登录的。

 当我们处理 JWT 时，需要确保知道怎样安全地处理它们。像不接受未签名的标记、对用于编码和解码的算法列表进行限制以及其他一些安全措施是非常重要的，应该花些时间去了解和学习它们。
对于这个部分的代码，我们必须安装 PyJWT 和 cryptography 这两个 Python 程序包。和往常一样，我们可以在本书的源代码的需求部分找到它们。

我们从一个简单的例子开始：

```
# tok.py
import jwt

data = {'payload': 'data', 'id': 123456789}

token = jwt.encode(data, 'secret-key')
data_out = jwt.decode(token, 'secret-key')
print(token)
print(data_out)
```

我们定义了 data 这个负载，它包含了一个 ID 和一些负载数据。接着，我们使用 jwt.encode 函数创建了一个标记，这个函数的参数至少包括这个负载和一个用于计算签名的安全密钥。用于计算标记的默认算法是 HS256。下面是它的输出结果：

```
$ python tok.py
b'eyJ0eXAiOiJKV1QiLCJhbGciOiJIUzI1NiJ9.eyJwYXlsb2FkIjoiZGF0YSIsImlkIjoxMjM0
NTY3ODl9.WFRY-uoACMoNYX97PXXjEfXFQO1rCyFCyiwxzOVMn40'
{'payload': 'data', 'id': 123456789}
```

因此，正如我们所看到的那样，这个标记是 Base64URL 编码的数据片段的二进制字符串。我们调用了 jwt.decode，并提供了正确的密钥。如果不是采用这样的做法，解码就会失败。

有时候，我们可能想要在不进行验证的情况下检查标记的内容。对此，我们可以像下面这样简单地调用 decode：

```
# tok.py
jwt.decode(token, verify=False)
```

这个方法非常实用，如当我们需要用标记负载中的值对密钥进行恢复时。但是，这个技巧过于高级，因此我在这里不打算对它进行详细解释。不过，我们可以观察如何指定一种不同的算法用于签名的计算：

```
# tok.py
token512 = jwt.encode(data, 'secret-key', algorithm='HS512')
data_out = jwt.decode(token512, 'secret-key', algorithm='HS512')
print(data_out)
```

输出结果是我们原先的负载目录。如果我们想要在解码阶段允许使用多个算法，可以在一个列表中指定它们，而不是只指定一个算法。

现在，虽然我们可以在标记负载中放置自己想要放置的任何数据，但它具有一些标准化的诉求，允许我们对标记施加大量的控制。

9.5.1　已注册的诉求

在写作本书的时候，已注册的诉求包括下面这些。

◆　iss：标记的发布者。

◆　sub：与标记所携带的信息有关的主题信息。

◆　aud：标记的受众。

◆　exp：过期日期，过了这个日期之后标记就会被认为是不合法的。

◆　nbf：不早于（时间），即标记开始生效的时间。

◆　iat：标记的发布时间。

◆　jti：标记的 ID。

诉求也可以根据公共或私密进行分类。

◆　**私密**。由 JWT 的用户（客户和生产者）所定义的诉求。换句话说，它们是一种特定情况下的临时诉求。因此，为了防止冲突，在定义这类诉求时必须小心谨慎。

◆ **公共**。由 IANA JSON Web TokenClaims Registry（用户可以在这个机构注册诉求，从而避免冲突）所注册的诉求或者用一个防冲突名称所命名的诉求（如在诉求的名称前添加名字空间前缀）。

为了了解与诉求有关的信息，读者可以访问官方网站。现在，让我们观察涉及这些诉求的一个子集的几个例子。

1. 时间相关的诉求

下面我们观察如何使用与时间有关的诉求：

```python
# claims_time.py
from datetime import datetime, timedelta
from time import sleep
import jwt

iat = datetime.utcnow()
nfb = iat + timedelta(seconds=1)
exp = iat + timedelta(seconds=3)
data = {'payload': 'data', 'nbf': nfb, 'exp': exp, 'iat': iat}

def decode(token, secret):
    print(datetime.utcnow().time().isoformat())
    try:
        print(jwt.decode(token, secret))
    except (
        jwt.ImmatureSignatureError, jwt.ExpiredSignatureError
    ) as err:
        print(err)
        print(type(err))

secret = 'secret-key'
token = jwt.encode(data, secret)

decode(token, secret)
sleep(2)
decode(token, secret)
sleep(2)
decode(token, secret)
```

在这个例子中，我们把发布时间（iat）诉求设置为当前的 UTC 时间（**UTC** 表示**世界协调时间**）。我们把不早于（nbf）和过期时间（exp）分别设置为从现在起的 1 秒和 3 秒后。

然后，我们定义了一个解码帮助函数，通过捕捉适当的异常来对标记尚未生效、过期等情况做出反应。我们调用 3 次这个函数，期间穿插了两个 sleep 调用。按照这种方式，我们先对标记尚未生效时进行解码，接着对标记合法时进行解码，最后对标记已经过期时进行解码。这个函数还尝试在解密前输出实用的时间戳。它的运行结果如下（添加了空行以改善输出的可读性）：

```
$ python claims_time.py
14:04:13.469778
The token is not yet valid (nbf)
<class 'jwt.exceptions.ImmatureSignatureError'>

14:04:15.475362
{'payload': 'data', 'nbf': 1522591454, 'exp': 1522591456, 'iat':
1522591453}

14:04:17.476948
Signature has expired
<class 'jwt.exceptions.ExpiredSignatureError'>
```

我们可以看到这段输出结果符合预期。我们从异常中获取了很好的描述性信息，当标记实际有效时获取了原始的负载。

2.　认证有关的诉求

我们观察另一个与发布者（iss）和受众（aud）诉求有关的简单例子。下面的代码在概念上与前一个例子非常相似，因此我们按照相同的方式对它进行试验：

```python
# claims_auth.py
import jwt

data = {'payload': 'data', 'iss': 'fab', 'aud': 'learn-python'}
secret = 'secret-key'
token = jwt.encode(data, secret)

def decode(token, secret, issuer=None, audience=None):
    try:
        print(jwt.decode(
            token, secret, issuer=issuer, audience=audience))
    except (
        jwt.InvalidIssuerError, jwt.InvalidAudienceError
    ) as err:
        print(err)
        print(type(err))
```

```
decode(token, secret)
# 不提供发布者不会失败
decode(token, secret, audience='learn-python')
# 不提供受众会导致失败
decode(token, secret, issuer='fab')
# 两者都不提供会导致失败
decode(token, secret, issuer='wrong', audience='learn-python')
decode(token, secret, issuer='fab', audience='wrong')

decode(token, secret, issuer='fab', audience='learn-python')
```

我们可以看到，这次我们指定了 issuer 和 audience。结果显示，如果我们在解码标记时不提供发布者，并不会导致解码失败。但是，提供错误的发布者会导致解码失败。另一方面，未提供受众或提供错误的受众都会导致解码失败。

和前一个例子一样，我编写了一个自定义的 decode 函数，对适当的异常情况做出反应。读者可以看看自己是否理解这些调用以及下面的相关输出结果（加上了一些空行以帮助理解）：

```
$ python claims_auth.py
Invalid audience
<class 'jwt.exceptions.InvalidAudienceError'>
{'payload': 'data', 'iss': 'fab', 'aud': 'learn-python'}

Invalid audience
<class 'jwt.exceptions.InvalidAudienceError'>

Invalid issuer
<class 'jwt.exceptions.InvalidIssuerError'>

Invalid audience
<class 'jwt.exceptions.InvalidAudienceError'>

{'payload': 'data', 'iss': 'fab', 'aud': 'learn-python'}
```

现在，我们观察最后一个更加复杂的例子。

9.5.2　使用非对称（公钥）算法

有时候，使用共享密钥并不是最佳选择。在这种情况下，可以采用另一种不同的技巧。在这个例子中，我们将使用一对 RSA 密钥创建一个标记（并对它进行解码）。

公钥加密（或非对称加密）就是任何使用成对密钥的加密系统。公钥可能会广泛散布，但私钥只有拥有者自己所有。如果读者对这个话题感兴趣，可以查看本章最后的推荐阅读。

现在，我们创建两对密钥。其中一对没有密码，另一对则有密码。为了创建它们，我打算使用 OpenSSH 的 ssh-keygen 工具。在本章的脚本所在的文件夹中，我创建了一个 rsa 子文件夹，然后在这个子文件夹中运行下面的命令：

```
$ ssh-keygen -t rsa
```

我们为这个路径取名为 key（它将保存在当前文件夹中），并在要求输入密码时简单地按 Enter 键。完成之后再次执行相同的操作，但这次我们使用名称 keypwd 表示密钥，并为它提供一个密码。我所选择的密码是经典的 Password123。完成这个操作之后，回到 ch9 文件夹并运行下面的代码：

```
# token_rsa.py
import jwt
from cryptography.hazmat.backends import default_backend
from cryptography.hazmat.primitives import serialization

data = {'payload': 'data'}
def encode(data, priv_filename, priv_pwd=None, algorithm='RS256'):
    with open(priv_filename, 'rb') as key:
        private_key = serialization.load_pem_private_key(
            key.read(),
            password=priv_pwd,
            backend=default_backend()
        )
    return jwt.encode(data, private_key, algorithm=algorithm)

def decode(data, pub_filename, algorithm='RS256'):
    with open(pub_filename, 'rb') as key:
        public_key = key.read()
    return jwt.decode(data, public_key, algorithm=algorithm)

# no pwd
token = encode(data, 'rsa/key')
data_out = decode(token, 'rsa/key.pub')
print(data_out)

# with pwd
token = encode(data, 'rsa/keypwd', priv_pwd=b'Password123')
data_out = decode(token, 'rsa/keypwd.pub')
print(data_out)
```

在前面这个例子中，我们定义了两个自定义函数，使用私钥和公钥对标记进行编码和解码。我们可以从 encode 函数的签名中看到，这次我们所使用的是 RS256 算法。我们需要使用特殊的 load_pem_private_key 函数来打开私钥文件，这个函数允许我们指定内容、密码和后端。.pem 是我们的密钥创建时所使用的格式名称。如果观察这些文件，很可能会觉得它们非常熟悉，因为它们相当常用。

这段代码的逻辑相当简单，我鼓励读者至少想出一个比公钥更适合该技巧的案例。

9.6　总结

本章篇幅较短，我们探索了 Python 标准库中的加密世界。我们学习了如何用不同的加密函数为信息创建散列（或摘要）。我们还学习了如何创建标记以及如何在加密环境中处理随机数据。

我们还在标准库之外简单地了解了 JSON Web 标记，它在当前的现代系统和应用程序中广泛用于认证以及与诉求相关的功能。

最重要的是要理解手动完成加密相关的操作可能极具风险，因此应该把这样的任务留给专业人员，直接使用他们所提供的工具。

在下一章中，我们将不再局限于软件的逐行执行。我们将学习现实世界中的软件是如何工作的，探索并发执行的概念，并学习线程、进程以及 Python 所提供的允许我们同时执行多项任务的工具。

第 10 章
并发执行

在本章中，我们将更深入一步，不论是我们所讨论的概念还是本章的代码片段的复杂度，都将达到一个新的高度。如果读者还没有准备好迎接这个主题，或者粗读之后觉得难以理解，可以跳过本章的学习。什么时候觉得时机成熟，再回来阅读本章。

我们的计划是偏离熟悉的单线程执行模式，深入探索一种称为并发执行的模式。对于这个复杂的话题，我只打算讨论一些皮毛。因此当读者完成本章的学习之后，不可能就此成为并发编程的高手。但是，和往常一样，我希望本章的学习能够向读者灌输足够的知识，让读者知道怎样在这条道路上前行。

我们将学习与这个编程领域有关的所有重要概念，并讨论一些用不同的风格所编写的例子，使读者能够扎实地理解与这些话题有关的基础知识。为了深入探索这个极具挑战性并且充满趣味的编程分支，读者必须认真研读 Python 官方文档关于并发执行的内容，另外可能还需要补充阅读一些关于这个主题的书籍。

在本章中，我们打算探索下面这几个主题。

◆　线程和进程背后的理论。

◆　编写多线程代码。

◆　编写多进程代码。

◆　使用 executor（执行器）生成线程和进程。

◆　使用 asyncio 进行编程的一个简单例子。

我们先介绍一些理论知识。

10.1　并发与平行的比较

并发和平行常被误认为是同一个概念，但它们之间是存在区别的。**并发**是指同时运行多件事情的能力，但这些事情并不一定是平行发生的。**平行**是指能够同时运行一些事情。

想象一下，我们带着自己的伴侣去剧院看戏。剧院有两个检票口，一个用于 VIP 票，另一个用于常规票。剧院只有一位工作人员在检票。因此，为了避免堵塞任何一个队列，他在 VIP 窗口检一张票，然后在常规票窗口检一张票，如此循环。这样，两个队列都能得到处理。这就是并发的一个例子。

现在，假设有另一位工作人员也加入了检票，因此每个队列都有一位工作人员。这样，每个检票口都由各自的工作人员进行检票。这是平行的一个例子。

现在的笔记本电脑处理器支持多核（一般是双核或四核）。**核**是处理器中的独立处理单元。多核意味着 CPU 实际拥有平行执行任务的能力。在每个核中，一般都存在工作流的经常变换，也就是并发执行。

记住，我在这里所讨论的是通用的概念。我们使用的系统不同，执行的处理方式可能存在区别，因此我把注意力集中在对于所有的系统（至少是大部分系统）都适用的概念上。

10.2　线程和进程

线程可以定义为由调度器所运行的一个指令序列。调度器是操作系统的一部分，它决定哪块工作接收必要的资源并完成自己的任务。一般而言，线程生存在进程的内部。进程可以被定义为一个正在执行的计算机程序的实例。

在前面的章节中，我们使用类似$ python my_script.py 这样的命令运行我们的模块和脚本。当类似这样的命令运行时，实际上就是创建了一个 Python 进程。在这个进程中，会生成一个执行主线程。脚本中的指令将在这个线程中运行。

但是，这只不过是工作方式之一。Python 实际上在同一个进程中使用多个线程，甚至还可以生成多个进程。计算机科学的这些分支很自然地称为**多线程**和**多进程**。

为了理解它们的区别，我们花点时间稍微深入地探索线程和进程。

10.2.1　线程的简要剖析

一般来说，线程分为两种不同的类型。

◆　**用户级线程**。我们为了执行一个任务可以创建并管理的线程。

◆　**内核级线程**。在内核模块中受操作系统的支配而运行的低层线程。

既然 Python 是在用户层次上工作的，因此现在我们不打算深入到内核级线程。在本章的例子中，我们将探索几个用户层次的线程例子。

线程可以处于下列任意状态。

◆　**新线程**。还没有启动的线程，并且没有分配任何资源。

◆　**可运行**。等待运行的线程。它已经拥有运行所需的所有资源，只要调度器为它开绿灯，它就可以运行。

◆　**运行中**。正在执行指令流的线程。它可以从这个状态回到非运行状态，也可以死亡。

◆　**非运行**。被暂停的线程。这可能是由于另一个线程的优先级更高而抢占了它的运行，或者是由于该线程正在等待一个长时间运行的 IO 操作完成。

◆　**死亡**。死亡的线程，可能是由于它的执行流自然结束，或者由于它被杀死。

状态之间的转换是由我们的操作或者调试器所触发的。但是，我们只需要记住一件事情：最好不要干预线程的死亡。

1．杀死线程

杀死线程并不是一种好的做法。Python 并没有提供通过调用一个方法或函数来杀死一个线程的功能，这也提示我们杀死线程并不是我们应该做的事情。

一个原因是线程可能具有子线程，也就是由这个线程本身所生成的线程，当它们的父线程死亡时，它们就成了孤儿线程。另一个原因是如果我们所杀死的线程持有需要适当的操作才能关闭的资源时，可能会导致该资源无法正确地关闭，从而导致潜在的问题。

后面我们将观察一个如何处理这些问题的例子。

2．上下文切换

我们曾说过调度器可以决定线程什么时候运行或暂停等事项。任何时候，当一个运行中的线程需要暂停以便另一个线程运行时，调度器就会保存这个运行中的线程的状态，使之以后能够从暂停时的状态恢复。

这个操作称为**上下文切换**，这也是人们一直在做的事情。例如我们正在写论文，然后听到电话铃响。我们暂时停止写论文并接听电话。在电话里，我们很可能与对方讨论了很多张可爱的小猫图片，并在结束通话之后继续写论文。但是，我们并不是从头开始重新写论文，而是简单地从上次暂停的地方继续书写。

上下文切换是现代计算机的一项非常出色的功能，但是如果存在太多的线程，它可能会变得比较麻烦。如果调度器试图为每个线程都提供机会运行一段时间，那么当线程暂停和恢复时，调度器就需要大量的时间保存和恢复线程的状态。

为了避免这个问题，对可以在任何给定的时间运行的线程数量施加限制是极为常见的做法（对进程也适用）。这里可以通过一种名为 pool（池）的结构来实现，池的大小由程序员所决定。概括地说，我们创建一个池，然后把任务分配给它的线程。当一个池的所有线程都处于繁忙状态时，程序就无法再生成一个新线程，直到其中一个线程终止（并返回到线程池中）。池可以极大地节省资源，因为它为线程生态系统提供了回收功能。

当我们编写多线程代码时，了解运行软件的计算机的信息是非常实用的。这些信息以及一些性能分析信息（将在第 11 章调试和故障排除中讨论）可以帮助我们正确地设置线程池的大小。

10.2.2　全局解释器锁

2015 年 7 月，我参加了在西班牙毕尔巴鄂举行的 EuroPython 会议，并针对测试驱动的开发作了发言。很遗憾，摄影师丢失了会议前半部分的影像。好在我在后面还有几次发言，因此读者可以在网上看到我在会议上的发言。在会议中，我非常荣幸遇到了 Guido van Rossum 并与他进行了交流，并且参与了他的主题发言。

他所提到的其中一个话题就是声名狼藉的**全局解释器锁**（**GIL**）。GIL 是个互斥量，用于保护对 Python 对象的访问，防止多个线程同时执行 Python 字节码。这意味着即使我们可以用 Python 编写多线程代码，在任一时刻只有一个线程在运行（当然，是指每个进程只有一个线程在运行）。

 在计算机编程中，互斥对象（互斥量）是一个程序对象，它允许多个程序线程共享相同的资源（如文件的访问权），但不允许同时使用。

Python 语言的这个限制并不是大众所期望的，很多开发人员对此深恶痛绝。但是，事情的真相并不是那么简单，Raymond Hettinger 在 PyBay 2017 中关于并发的主题发言对此进行了很好的解释。在大约 10 分钟的发言中，Raymond 解释了从 Python 中移除 GIL 实际上是相当简单的，它大约需要一天的工作量。但是，实行这个 GIL 切除术需要付出的代价就是程序员必须在代码中根据需要亲自使用锁。这会导致更多的资源占用，因为大量存在的单独的锁需要更多的时间去获取和释放。更重要的是，它可能会引入缺陷，因为编写健壮的多线程代码并不是件简单的事情，我们可能不得不编写几十个甚至几百个锁。

为了理解什么是锁以及为什么需要使用锁，我们先需要讨论多线程编程所存在的其中两个风险：竞争条件和死锁。

10.2.3　竞争条件和死锁

编写多线程代码时，我们需要警惕当代码不再线性地执行时所面临的危险。也就是说，多线程代码所存在的风险是它可以被调度器在任何时候暂停，调度器可能决定把 CPU 时间分配给另一个指令流。

这种行为就存在不同类型的风险，其中最著名的两个风险是竞争条件和死锁。我们将对它们进行简单的讨论。

1．竞争条件

竞争条件是一种系统行为，一个过程的输出依赖于其他不可控事件的顺序或时间先后。当这些事件的发生顺序与程序员所预想的不同时，竞争条件就会成为缺陷。

用一个实际例子来解释竞争条件要通俗易懂得多。

假设我们有两个线程在运行中。它们执行同一个任务，也就是从一个位置读取一个值，并用这个值执行一项操作，然后把这个值增加 1 并保存。假设我们所执行的那项操作是把这个值以 POST 方式提交给一个 API。

场景 A——没有出现竞争条件

线程 A 读取了值（1），并把 1 以 POST 方式提交给 API，然后把它的值从 1 增加到 2 并保存。在此之后，调度器立即暂停线程 A 并运行线程 B。线程 B 读取这个值（现在为 2），把 2 以 POST 方式提交给 API，把它的值增加到 3 并保存。

在完成了两次操作之后，这个值是正确的，即 1 + 2 = 3。而且，这个 API 也正确地分别用 1 和 2 进行了调用。

场景 B——出现了竞争条件

线程 A 读取值（1），把它以 POST 方式提交给 API，把它的值增加到 2，但是在保存这个值之前，调度器决定暂停线程 A 的执行，执行线程 B。

线程 B 读取这个值（仍然是 1！），把它以 POST 方式提交给 API，把它的值增加到 2 并保存。然后，调度器再次把执行权切换给线程 A。线程 A 恢复它的工作流，简单地保存它上次执行加 1 之后的那个值，也就是 2。

现在，尽管这个操作与场景 A 一样发生了两次，但被保存的值是 2，API 两次被调用时所接收的值都是 1。

在多个线程和现实代码执行几项操作的现实场景中，程序总体行为的走向存在无数的可能性。后面我们将观察这方面的一个例子。现在，我们用锁来修正上面的问题。

竞争条件的主要问题是它们会导致代码出现不确定性，这是非常糟糕的。在计算机科学中，确实存在一些领域需要利用这种不确定性来实现某些功能，这自然不错。但一般而言，我们希望能够预测自己的代码的行为，但竞争条件使我们的这个愿望落空。

2．解危之锁

在处理竞争条件的时候，锁正好能够大显身手。例如，为了修正上面那个例子所存在的问题，我们只需要在过程中加入一个锁。锁有点像卫兵，只允许一个线程取得它的控制权（我们的说法就是获得一个锁），在这个线程释放这个锁之前，其他线程都无法获得这个锁。它们必须等待，直到这个锁再度可用。

场景 C——使用锁

线程 A 获得这个锁，读取值（1），把它以 POST 方式提交给 API，把这个值增加到 2，然后调度器暂停线程 A。线程 B 获得了一些 CPU 时间，因此它试图获得这个锁。但是，此时这个锁还没有被线程 A 所释放，因此线程 B 只能等待。调度器可能会注意到这个情况，然后很快决定把执行权再度切换给线程 A。

线程 A 保存 2 这个值并释放这个锁，使后者可以被其他线程所使用。此时，不管这个锁再次被线程 A 所获得还是被线程 B 所获得（因为调度器可能决定再次切换执行权）已经不再重要。整个过程总是会正确地完成，因为锁确保了当一个线程读取一个值时，它已经完成了一个完整的过程（把值以 POST 方式提交给 API，把值增加 1 并保存），否则其他线程都无法读取这个值。

标准库中存在大量不同类型的锁。我鼓励读者对它们进行阅读，理解在编写多线程代码时可能会遇到的各种风险，并知道怎样解决它们。

现在，我们讨论死锁。

3．死锁

死锁是指一个组中的每个成员都处于等待其他成员采取某个行动的状态。它们所等待的行为可能是其他成员发送一条信息，但更为常见的情况是等待其他成员释放一个锁或一个资源。

我们可以通过一个简单的例子来理解这个概念。想象一下有两个小孩在一起玩耍。现在我们找到一个由两个部件组成的一个玩具，并把这两个部件分别给一个小孩。很自然，这两个小孩都不愿意把自己手中的部件交给对方，而是希望对方释放手中的部件。这样一来，两个小孩都没有办法玩这个玩具，因为他们各自紧握属于自己的一半玩具，并且无限期地等待另一个小孩释放另一半玩具。

 不要担心，没有任何一个小孩在这个例子中受到了伤害。它只发生在我的想象之中。

另一个例子是再次让两个线程执行同一个过程。这个过程需要两个资源 A 和 B，它们都有一个单独的锁进行守卫。线程 1 获得 A，线程 2 获得 B，然后它们都无限期地等待另一个线程释放自己所需的资源。但是，这种情况并不会发生，因为这两个线程所接受的指令是等待并获得第二个资源以便完成整个过程。线程可是要比小孩子顽固得多。

我们可以采用几种方法解决这个问题。最容易的方法是简单地下达一个资源分配命令，如让获得了资源 A 的那个线程获得其余的资源（B、C）等。

另一种方法是把整个资源获得过程加上一个锁，这样一旦出现意外，它仍然处于锁的上下文环境中，这意味着任一时刻只有一个线程能够获得所有的资源。

现在，我们暂停对线程的讨论，转而对进程进行探索。

10.2.4 进程的简要剖析

进程一般要比线程更为复杂。一般而言，一个进程包含了一个主线程，但是它也可以根据需要包含多个线程。进程可以生成多个子线程，每个子线程包含了它自己的寄存器和堆栈。每个进程都提供了计算机执行程序所需的所有资源。

与使用多线程相似，我们在设计代码时也可以采用多进程设计。多进程有点类似在多个核上运行代码，因此在具有多核处理器的计算机上，我们可以真正实现平行计算。但是，它们占用的内存要比线程稍多一些。使用多进程的另一个缺点是**进程之间的通信（IPC）**的代价要比线程之间的通信的代价更大一些。

进程的属性

UNIX 进程是由操作系统所创建的。它一般包括下面这些内容。

◆ 进程 ID、进程组 ID、用户 ID 或组 ID。

◆ 环境和工作目录。

◆ 程序指令。

◆ 寄存器、栈和堆。

◆ 文件描述符。

◆ 信号行为。

◆ 共享库。

◆ 进程之间的通信工具（管道、消息队列、信号对象或共享内存）。

如果读者对进程感兴趣，可以打开一个 shell 并输入$ top。执行这个命令将显示和更新与系统所运行的进程有关的分类信息。当我在自己的计算机上运行这个命令时，显示了下面这些信息：

```
$ top
Processes: 477 total, 4 running, 473 sleeping, 2234 threads
...
```

我们可以通过这些输出来了解自己的计算机在我们并未留意的情况下做了多少工作。

10.2.5　多线程与多进程之间的区别

掌握了这些信息之后，决定哪种方法更好意味着我们必须深刻地理解需要实施的工作的类型，并且掌握完成这些工作所需要的相关系统知识。

这两种方法都有一些优点。因此，我们需要阐明它们之间的主要区别。

下面是使用多线程的一些优点。

◆ 线程是在同一个进程中生成的。它们共享资源，并且可以非常方便地进行通信。进程之间的通信往往需要更加复杂的结构和技巧。

◆ 生成一个线程的开销要小于生成进程。而且，线程占用的内存也更少。

◆ 线程在阻塞 IO 绑定的应用时非常有效。例如，当一个线程被阻塞等待一个网络连接返回一些数据时，程序可以非常方便且有效地把工作切换给另一个线程。

◆ 由于进程之间并没有任何共享资源，因此我们需要使用 IPC 技巧，相比线程之间的通信，进程之间的通信需要更多的内存。

下面是使用多进程的一些优点。

◆　使用进程可以避免 GIL 的限制。

◆　子进程的失败并不会导致主程序失败。

◆　线程存在竞争条件和死锁等问题，但使用进程就极大地降低了出现类似问题的可能性。

◆　当线程的数量超出一定门槛时，线程之间的上下文切换可能会有很大的开销。

◆　进程可以更好地利用多处理器的功能。

◆　进程在处理 CPU 密集的任务时要比线程更为高效。

在本章中，我们将讨论使用这两种方法的多个例子，希望读者能够很好地理解各种不同的技巧。现在，我们讨论实际的代码！

10.3　Python 中的并发执行

我们先通过一些简单的例子探索 Python 多线程和多进程的基础知识。

 记住，下面有几个例子所产生的输出取决于某次特定的运行。如前所述，在处理线程时，情况会变得更加不确定。因此，如果我们看到了不同的结果，这是非常正常的。我们很可能会注意到有些结果在每次运行时都不相同。

10.3.1　启动线程

我们先启动一个线程：

```
# start.py
import threading

def sum_and_product(a, b):
    s, p = a + b, a * b
    print(f'{a}+{b}={s}, {a}*{b}={p}')

t = threading.Thread(
    target=sum_and_product, name='SumProd', args=(3, 7)
)
t.start()
```

导入了 threading 之后，我们定义了一个函数 sum_and_product。这个函数用于计算两数之和以及两数之积，并输出结果。有趣的地方在这个函数之后。我们通过 threading.Thread 实例化了 t，而它就是我们的线程。我们传递了一个函数名，它将作为线程体运行。我们为它提供了一个名称并传递了参数 3 和 7，它们将分别作为参数 a 和 b 传递给这个函数。

创建了这个线程之后，我们用 start 方法启动它。

此时，Python 将开始执行一个新线程中的函数，当操作完成时，整个程序也就完成并退出了。现在我们运行这个程序：

```
$ python start.py
3+7=10, 3*7=21
```

因此，启动一个线程相当简单。我们观察一个显示更多信息的更加有趣的例子：

```python
# start_with_info.py
import threading
from time import sleep

def sum_and_product(a, b):
    sleep(.2)
    print_current()
    s, p = a + b, a * b
    print(f'{a}+{b}={s}, {a}*{b}={p}')

def status(t):
    if t.is_alive():
        print(f'Thread {t.name} is alive.')
    else:
        print(f'Thread {t.name} has terminated.')

def print_current():
    print('The current thread is {}.'.format(
        threading.current_thread()
    ))
    print('Threads: {}'.format(list(threading.enumerate())))

print_current()
t = threading.Thread(
    target=sum_and_product, name='SumPro', args=(3, 7)
)
t.start()
status(t)
t.join()
status(t)
```

在这个例子中，线程的逻辑与前面那个例子完全相同，因此无须对它多加关注，可以把注意力集中在我所添加的大量日志信息上。我使用了两个函数 status 和 print_current 来显示信息。status 函数接收一个线程作为输入参数，显示它的名称，并通过调用它的 is_alive 方法来显示它是否处于生存状态。print_current 函数用于输出当前的线程，然后枚举进程中的所有线程。这些信息是通过 threading.current_thread 和 threading.enumerate 获取的。

这是我在函数中增加了 0.2 秒休眠时间的一个原因。当这个线程启动时，它的第 1 条指令是休眠一会儿。机警的调度器会意识到这个情况并把执行权切换回主线程。我们可以从输出中看到这个事实。status(t)的结果出现在这个线程的 print_current 的结果之前。这意味着这个调用是在线程休眠时发生的。

最后，注意我在最后调用了 t.join()。它指示 Python 阻塞直到线程结束。这样做的原因是我希望 status(t)的最后一个调用能够告诉我们该线程已经结束。让我们来观察程序的输出结果（为了提高可读性，稍微进行了一些整理）：

```
$ python start_with_info.py
The current thread is
    <_MainThread(MainThread, started 140735733822336)>.
Threads: [<_MainThread(MainThread, started 140735733822336)>]
Thread SumProd is alive.
The current thread is <Thread(SumProd, started 123145375604736)>.
Threads: [
    <_MainThread(MainThread, started 140735733822336)>,
    <Thread(SumProd, started 123145375604736)>
]
3+7=10, 3*7=21
Thread SumProd has terminated.
```

我们可以看到，一开始当前线程就是主线程。枚举显示了只有一个线程。接着，我们创建并启动了 SumProd。我们输出它的状态并知道它处于存活状态。然后，我们这次从 SumProd 内部再次显示了与当前线程有关的信息。当然，现在的当前线程是 SumProd，现在我们可以看到对所有线程的枚举返回了这两个线程。在输出了结果之后，我们通过最后一次调用 status 证实了这个线程已经如预期的一样终止了。如果得到了不同的结果（当然，除了线程 ID 之外），可以尝试增加休眠时间，看看结果有没有改变。

10.3.2　启动进程

现在，我们观察一个功能相同的例子，但这次不是使用线程，而是使用进程：

```
# start_proc.py
import multiprocessing
```

```
...

p = multiprocessing.Process(
    target=sum_and_product, name='SumProdProc', args=(7, 9)
)
p.start()
```

代码几乎与前面相同，只不过这次我们不是使用了一个 Thread 对象，而是实例化了一个 multiprocessing.Process 对象。sum_and_product 函数仍然和原来一样。程序的输出也是相同的，只不过数字有所不同。

10.3.3 终止线程和进程

1. 终止线程

如前所述，终止一个线程在一般情况下并不是好的思路，对于进程而言也是如此。要确保释放并关闭已经打开的所有东西是相当困难的。但是，仍然会有一些情况迫使我们不得不停止一个线程，因此我们还是需要观察一下怎样完成这个任务：

```python
# stop.py
import threading
from time import sleep

class Fibo(threading.Thread):
    def __init__(self, *a, **kwa):
        super().__init__(*a, **kwa)
        self._running = True

    def stop(self):
        self._running = False

    def run(self):
        a, b = 0, 1
        while self._running:
            print(a, end=' ')
            a, b = b, a + b
            sleep(0.07)
        print()

fibo = Fibo()
fibo.start()
sleep(1)
```

```
fibo.stop()
fibo.join()
print('All done.')
```

对于这个例子，我们使用了一个斐波那契生成器。我们之前已经介绍过这个概念，因此不再赘述。值得注意的地方是_running 属性。首先，注意这个类是从 Thread 继承的。然后，通过对__init__方法进行重写，我们可以把_running 标志设置为 True。当我们按照这种方式编写一个线程时，可以不向它提供一个目标函数，而是简单地重写这个类的 run 方法。我们的 run 方法用于计算一个新的斐波那契数，然后休眠大约 0.07 秒。

在最后一块代码中，我们创建并启动了这个类的一个实例。接着，我们休眠 1 秒，这应该给线程提供了生成大约 14 个斐波那契数的时间。当我们调用 fibo.stop()时，我们实际上并没有停止这个线程。我们简单地把标志设置为 False，这就允许 run 方法中的代码能够自然结束。这意味着这个线程将会有组织地死亡。我们调用 join 以确保这个线程在我们在控制台上输出 All done.之前已经实际完成。我们可以检查它的输出结果：

```
$ python stop.py
0 1 1 2 3 5 8 13 21 34 55 89 144 233
All done.
```

可以看到，程序输出了 14 个数字，符合我们的预期。

这可以看成是一种允许我们停止一个线程的变通技巧。如果我们遵循多线程模式正确地设计自己的代码，应该永远用不着手动终止线程。因此，我们可以把这个需要看成是一种警示，提醒我们可以采用更好的设计。

2．终止进程

如果要终止一个进程，情况就截然不同，而且不是无足轻重。我们可以使用 terminate 或 kill 方法，但一定要明白自己正在做什么，因为前面所提到的关于未释放资源的问题仍然存在。

10.3.4 生成多个线程

纯粹出于娱乐的目的，现在我们对两个线程进行操作：

```
# starwars.py
import threading
from time import sleep
from random import random


def run(n):
```

```
    t = threading.current_thread()
    for count in range(n):
        print(f'Hello from {t.name}! ({count})')
        sleep(0.2 * random())

obi = threading.Thread(target=run, name='Obi-Wan', args=(4, ))
ani = threading.Thread(target=run, name='Anakin', args=(3, ))
obi.start()
ani.start()
obi.join()
ani.join()
```

run 函数将简单地输出当前线程，并进入一个 n 个周期的循环。在这个循环中，程序将输出一条欢迎信息，并休眠 0 到 0.2 秒之间的一个随机时间（random 函数将返回 0 和 1 之间的一个随机浮点数）。

这个例子的目的是显示调度器怎样在线程之间切换，因此让它们休眠一会儿是很有帮助的。我们观察它的输出结果：

```
$ python starwars.py
Hello from Obi-Wan! (0)
Hello from Anakin! (0)
Hello from Obi-Wan! (1)
Hello from Obi-Wan! (2)
Hello from Anakin! (1)
Hello from Obi-Wan! (3)
Hello from Anakin! (2)
```

我们可以看到，输出结果随机地在两者之间变换。每次出现这种情况时，我们就知道调度器执行了上下文切换。

10.3.5　解决竞争条件

既然我们已经学习了启动和运行线程的工具，现在让我们模拟一个竞争条件，类似于前面所讨论的：

```
# race.py
import threading
from time import sleep
from random import random

counter = 0
randsleep = lambda: sleep(0.1 * random())
```

```
def incr(n):
    global counter
    for count in range(n):
        current = counter
        randsleep()
        counter = current + 1
        randsleep()

n = 5
t1 = threading.Thread(target=incr, args=(n, ))
t2 = threading.Thread(target=incr, args=(n, ))
t1.start()
t2.start()
t1.join()
t2.join()
print(f'Counter: {counter}')
```

在这个例子中，我们定义了 incr 函数，它从输入中获取一个数 n，然后执行 n 次循环。在每次循环中，它读取 counter 的值，调用 randsleep 函数休眠一段随机时间（0 到 0.1 秒之间）。randsleep 是一个短小的 Lambda 函数，是我为了提高代码的可读性而编写的。然后，使 counter 的值增加 1。

我选择使用 global，目的是获得 counter 的读取和写入权限，但它也可以是其他任何类型，所以读者可以大胆地进行试验。

整个脚本基本上就是启动两个运行同一个函数的线程，并得到 n = 5。注意，我们在最后需要合并这两个线程，以确保当我们输出 counter 的最终值时这两个函数都已经完成了自己的任务（最后一行）。

当我们输出最终值时，我们期望 counter 的值是 10，对不对？两个线程，每个线程进行 5 次循环，因此结果为 10。但是，当我们运行这段脚本时，结果几乎都不是 10。我多次运行过这段脚本，其结果总是在 5 到 7 之间。出现这个结果的原因是这段代码中存在一个竞争条件，我在代码中所增加的随机休眠时间加剧了这个问题。即使删除这些休眠语句，代码中仍然存在竞争条件，因为 counter 是以非原子操作的方式增加其值的（意味着这个操作可以分割为多个步骤，因此它们之间可能出现暂停）。但是，删除休眠语句可以使出现竞争条件的可能性大大降低，因此增加休眠时间可以帮助我们看清这个竞争条件。

我们分析这段代码。t1 获取 counter 的当前值，假设是 3。接着，t1 休眠一会儿。如果调度器在此刻进行上下文切换，那么将暂停 t1 并启动 t2，t2 将读取同一个值 3。接下来会发生什么呢？我们知道这两个线程都会把 counter 更新为 4，这是不正确的，因为在两次读取之后它应该是 5。在更新之后添加第 2 个休眠语句可以促使调度器进行更频繁的切换，更容易显示竞争条件。我们可以尝试把这几个休眠语句注释掉，看看结果会不会有所变化（它将出现急剧的变化）。

发现了这个问题之后，我们用锁来解决问题。代码基本上没有变化，因此下面只显示了存在变化的地方：

```python
# race_with_lock.py
incr_lock = threading.Lock()

def incr(n):
    global counter
    for count in range(n):
        with incr_lock:
            current = counter
            randsleep()
            counter = current + 1
            randsleep()
```

这次，我们根据 threading.Lock 类创建了一个锁。我们可以手动调用它的 acquire 和 release 方法，或者可以采用 Python 风格在一个上下文管理器中使用这个锁。后面这种方法更为优雅，因为它会为我们完成获取和释放任务。注意，我在代码中保留了随机休眠语句。但是，现在我们每次运行这段代码时，它都会返回 10。

区别在于：当第 1 个线程获得这个锁时，在它休眠的时候，就算调度器进行上下文切换也不会有什么影响。第 2 个线程试图获取这个锁，但 Python 坚定地予以拒绝。因此，第 2 个线程只能安心等待，直到这个锁被释放。一旦调度器把执行权切换到第 1 个线程并且释放这个锁，其他线程才有机会（如果它先获得这个机会，但并不能保证）获取这个锁并对 counter 进行更新。试试在这个逻辑中添加一些输出语句，观察线程的切换是否在完美地进行。我猜测并不是这样，至少不是每次都能这样。记住，threading.current_thread 函数能够观察哪个线程在实际输出信息。

Python 在 threading 模块中提供了几个数据结构：Lock、Rlock、Condition、Semaphore、Event、Timer 和 Barrier。我无法详细地介绍每个对象，因为我无法提供太多的篇幅来解释它们的用途。如果读者想深入地了解它们，可以阅读 threading 模块的文档。

现在让我们观察一个与线程的局部数据有关的例子。

10.3.6 线程的局部数据

threading 模块提供了一种方法用于实现线程的局部数据。局部数据是一种保存了线程

特定数据的对象。我们观察一个例子，请允许我不加介绍直接使用一个 Barrier 对象，这是
为了利于说明这种方法的工作方式：

```python
# local.py
import threading
from random import randint

local = threading.local()

def run(local, barrier):
    local.my_value = randint(0, 10**2)
    t = threading.current_thread()
    print(f'Thread {t.name} has value {local.my_value}')
    barrier.wait()
    print(f'Thread {t.name} still has value {local.my_value}')
count = 3
barrier = threading.Barrier(count)
threads = [
    threading.Thread(
        target=run, name=f'T{name}', args=(local, barrier)
    ) for name in range(count)
]
for t in threads:
    t.start()
```

我们首先定义了 local，这是一个保存线程特定数据的特殊对象。然后，我们运行了 3
个线程，每个线程为 local.my_value 分配一个随机值并输出它。接着，线程到达一个 Barrier
对象。这个对象的作用是把这 3 个线程聚在一块，当第 3 个线程到达这个对象时，它们都
可以通过。它基本上可以看成是一种优雅的方法，用于确保 N 个线程都到达某个特定的地
点，只要任何一个线程尚未到达，其余的线程都只能等待。

现在，如果 local 是个常规的哑对象，第 2 个线程将对 local.my_value 的值进行重写，
第 3 个线程也将执行相同的操作。这意味着我们将在第 1 组输出操作中看到它们输出不同
的值，但在第 2 轮的输出操作中将看到它们显示相同的值（最后一个）。但是，感谢 local
的存在，这样的情况并不会发生。这段代码的输出结果如下：

```
$ python local.py
Thread T0 has value 61
Thread T1 has value 52
Thread T2 has value 38
Thread T2 still has value 38
Thread T0 still has value 61
```

```
Thread T1 still has value 52
```

注意，由于调度器所进行的上下文切换，所以顺序存在错误，但这些值都是正确的。

10.3.7　线程和进程的通信

到目前为止，我们已经看到了大量的例子。因此，我们现在探索如何使用队列让线程和进程彼此之间进行通信。我们先讨论线程。

1．线程的通信

对于这个例子，我们将使用一个来自 queue 模块的常规 Queue 对象：

```python
# comm_queue.py
import threading
from queue import Queue

SENTINEL = object()

def producer(q, n):
    a, b = 0, 1
    while a <= n:
        q.put(a)
        a, b = b, a + b
    q.put(SENTINEL)

def consumer(q):
    while True:
        num = q.get()
        q.task_done()
        if num is SENTINEL:
            break
        print(f'Got number {num}')

q = Queue()
cns = threading.Thread(target=consumer, args=(q, ))
prd = threading.Thread(target=producer, args=(q, 35))
cns.start()
prd.start()
q.join()
```

代码的逻辑相当简单。producer 函数用于生成斐波那契数并把它们放在一个队列中。当下一个数大于给定的 n 时，producer 函数就退出 while 循环，并在队列中放入最后一样东西：一个 SENTINEL 对象。SENTINEL 对象是针对某个事件发出信号的任何一种对象。在这个例子中，它会向 consumer 发出信号，表示 producer 已经完成了操作。

这段代码的有趣之处在于 consumer 函数。它会无限地进行循环，从队列中读取值并把它们输出。这里有两件事情值得注意。首先，观察我们是怎样调用 q.task_done()的，这是为了确认队列中的元素都已经处理完毕。这样做的目的是允许代码的最终指令 q.join()确认了所有元素都已经完成之后解除阻塞，从而使执行得以结束。

其次，注意我们是怎样使用 is 操作符对元素进行比较以便找到那个哨兵对象的。稍后我们将会看到当我们使用 multiprocessing.Queue 时就无法采用这样的做法。在此之前，读者能够猜到原因吗？

运行这个例子将产生一系列的文本，如 Got number 0、Got number 1 等，直到 34 为止。这是由于我们把限制设置为 35，而下一个斐波那契数将是 55。

2．使用发送事件进行线程之间的通信

线程之间进行通信的另一种方法是发送事件。我们观察一个采用这种方法的简单例子：

```
# evt.py
import threading

def fire():
    print('Firing event...')
    event.set()

def listen():
    event.wait()
    print('Event has been fired')

event = threading.Event()
t1 = threading.Thread(target=fire)
t2 = threading.Thread(target=listen)
t2.start()
t1.start()
```

这里我们有两个线程运行 fire 和 listen，分别发送和监听一个事件。为了发送一个事件，可以调用它的 set 方法。首先启动的 t2 线程已经对这个事件进行了监听，它将会等待，直到这个事件被发送。上面这个例子的输出结果如下：

```
$ python evt.py
Firing event...
Event has been fired
```

在有些场合，事件具有很大的作用。我们需要让线程等待一个连接对象就绪，然后才

能实际使用它。它们可以等待一个事件，由另一个线程检查这个连接，并在该连接就绪时发送这个事件。事件是一种很值得玩味的工具，因此要确保对它进行试验，并思考它们的使用例子。

3. 使用队列进行进程之间的通信

现在，我们观察如何使用队列实现进程之间的通信。这个例子与前面的线程通信例子非常相似：

```python
# comm_queue_proc.py
import multiprocessing

SENTINEL = 'STOP'

def producer(q, n):
    a, b = 0, 1
    while a <= n:
        q.put(a)
        a, b = b, a + b
    q.put(SENTINEL)

def consumer(q):
    while True:
        num = q.get()
        if num == SENTINEL:
            break
        print(f'Got number {num}')

q = multiprocessing.Queue()
cns = multiprocessing.Process(target=consumer, args=(q, ))
prd = multiprocessing.Process(target=producer, args=(q, 35))
cns.start()
prd.start()
```

我们可以看到，在这个例子中，我们必须使用一个队列，它是 multiprocessing.Queue 类的一个实例。这个类并没有提供 task_done 方法。但是，由于这个队列的设计方式，它会自动合并到主线程，因此我们只需要启动这两个进程就可以了。这个例子的输出结果与前面例子的输出结果相同。

但是，在涉及 IPC 时就需要慎重。对象在进入队列时会进行 pickle 操作，因此 ID 会丢失，另外还需要注意其他一些微妙的地方。这也是为什么我在这个例子中没有像多线程版本一样使用一个对象作为哨兵并且没有使用 is 操作符进行比较。哨兵对象在队列中会被

pickle 化（因为这次的 Queue 来自多进程，而不是和以前一样来自 queue），在 unpickle 操作之后会出现一个新的 ID，因此无法进行正确的比较。在这个例子中，字符串 STOP 负责这项事宜，并且我们需要自己找到一个适当的值表示哨兵，还要保证它不会与同一个队列中可能出现的任何元素发生冲突。关于具体的做法，读者可以参阅官方文档，并且尽可能多地学习与这个主题有关的知识。

队列并不是进程之间进行通信的唯一方式。我们也可以使用管道（multiprocessing.Pipe），它提供了从一个进程到另一个进程的双向连接（就像管道一样）。我们可以在官方文档中找到这方面的大量例子，它们与我们所讨论的例子并没有太大的区别。

10.3.8　线程池和进程池

如前所述，池是一种用于容纳 N 个对象（线程、进程等）的结构。当池的使用率达到它的容量时，就无法再分配新的线程（或进程）了，直到有一个当前正在工作的线程（或进程）变得可用才可再分配。因此，池是一种非常好的对同时存活的线程（或进程）的数量施加限制的方法，它可以防止系统由于资源耗尽而"饿死"，还可以防止由于太过频繁的上下文切换而导致计算时间受到影响。

在下面的例子中，我们将使用 concurrent.futures 模块中的 ThreadPoolExecutor 和 ProcessPoolExecutor 执行器。这两个类分别使用线程池和进程池异步地执行调用。它们都将接收一个参数 max_workers，用于设置执行器同时可以使用的线程（进程）数量的上限。

我们先讨论一个多线程的例子：

```
# pool.py
from concurrent.futures import ThreadPoolExecutor, as_completed
from random import randint
import threading

def run(name):
    value = randint(0, 10**2)
    tname = threading.current_thread().name
    print(f'Hi, I am {name} ({tname}) and my value is {value}')
    return (name, value)
with ThreadPoolExecutor(max_workers=3) as executor:
    futures = [
        executor.submit(run, f'T{name}') for name in range(5)
    ]
    for future in as_completed(futures):
        name, value = future.result()
        print(f'Thread {name} returned {value}')
```

导入了必要的功能之后，我们定义了一个 run 函数。它可以获取一个随机值并输出它，然后返回这个值以及它被调用时所传入的 name 参数。这段代码的有趣之处在于这个函数的后面。

我们可以看到，我们使用了一个上下文管理器调用 ThreadPoolExecutor，并向它传递了 max_workers=3，以表示线程池的大小为 3。这意味着在任何时候，最多只有 3 个线程能够处于存活状态。

我们以列表解析的形式定义了一个 future 对象的列表，并在我们的执行器对象上调用 submit。我们指示执行器运行 run 函数，所提供的名称从 T0 到 T4。future 是一种封装了一个可调用对象的异步执行的对象。

然后，当这些 future 对象完成时，我们对它们进行循环。为此，我们使用了 as_completed 来获得这些 future 实例的一个迭代器，用以当它们完成时（结束或取消）返回它们。我们通过调用 homonymous 方法来获取每个 future 对象的结果，并简单地输出它。由于 run 函数返回的是一个包含 name 和 value 的元组，我们期望其结果也正是一个包含 name 和 value 的二元组。如果我们输出一个 run 函数，会得到下面的结果（记住，每个 run 函数的输出结果可能稍有区别）：

```
$ python pool.py
Hi, I am T0 (ThreadPoolExecutor-0_0) and my value is 5
Hi, I am T1 (ThreadPoolExecutor-0_0) and my value is 23
Hi, I am T2 (ThreadPoolExecutor-0_1) and my value is 58
Thread T1 returned 23
Thread T0 returned 5
Hi, I am T3 (ThreadPoolExecutor-0_0) and my value is 93
Hi, I am T4 (ThreadPoolExecutor-0_1) and my value is 62
Thread T2 returned 58
Thread T3 returned 93
Thread T4 returned 62
```

在阅读下面的内容之前，读者是否能够说出为什么输出会是这样？能不能解释发生了什么情况？可以花点时间对此进行思考。

这里实际上有 3 个线程开始运行，因此我们看到有 3 条 Hi, I am...信息被输出。一旦这 3 个线程都处于运行状态，线程池就到达了它的最大容量，因此我们必须等待至少一个线程完成之后才能启动新的线程。在这次示例运行中，T0 和 T2 结束（以它们返回时所输出的信息为信号），因此它们返回到线程池中，可以被再次使用。随后，它们以名称 T3 和 T4 运行，最终 3 个线程 T1、T3 和 T4 都结束。我们可以从输出中看到这些线程是怎样被实际复用的，还可以看到 T0、T2 这两个线程结束之后是怎样被重新分配给 T3 和 T4 的。

现在我们观察一个相同的例子，但这次是为多进程所设计的：

```python
# pool_proc.py
from concurrent.futures import ProcessPoolExecutor, as_completed
from random import randint
from time import sleep


def run(name):
    sleep(.05)
    value = randint(0, 10**2)
    print(f'Hi, I am {name} and my value is {value}')
    return (name, value)


with ProcessPoolExecutor(max_workers=3) as executor:
    futures = [
        executor.submit(run, f'P{name}') for name in range(5)
    ]
    for future in as_completed(futures):
        name, value = future.result()
        print(f'Process {name} returned {value}')
```

差别真的非常小。这次我们使用了 ProcessPoolExecutor，run 函数完全和前面一样，只不过在每个 run 函数开始时增加了 50 毫秒的休眠时间。这是为了放大行为，让输出结果清楚地显示线程池的大小（仍然为 3）。如果我们运行这个例子，会得到下面的结果：

```
$ python pool_proc.py
Hi, I am P0 and my value is 19
Hi, I am P1 and my value is 97
Hi, I am P2 and my value is 74
Process P0 returned 19
Process P1 returned 97
Process P2 returned 74
Hi, I am P3 and my value is 80
Hi, I am P4 and my value is 68
Process P3 returned 80
Process P4 returned 68
```

这段输出结果清晰地显示了进程池的大小是 3。有趣的是，如果我们删除对 sleep 的调用，在大多数时间内输出的将是 5 条 Hi, I am...信息，然后是 5 条 Process Px returned...。如何解释这种情况呢？非常简单。当前 3 个进程结束并由 as_completed 返回时，3 个进程都被要求返回它们的结果，并且不管返回的是什么结果都会被输出。

在这个时候，执行器可能已经开始回收两个进程以运行最后两个任务，后者很可能在 for 循环中的输出语句执行之前就输出它们的 Hi, I am...信息。

这基本上意味着 ProcessPoolExecutor 相当快速和激进（从获得调度器的注意方面来说），值得注意的是这样的行为在对应的多线程代码中并不会出现，后者并不需要使用任何人工的休眠。

但是，值得注意的是，即使是像这样的简单例子理解或解释起来都存在一定的困难，因此当我们的代码涉及多线程或多进程设计时，必须要提起 110%的注意力。

现在，我们讨论另一个更为有趣的例子。

10.3.9　使用进程为函数添加到期时间

绝大多数程序库都提供了函数创建 HTTP 请求，并提供了在执行请求时指定一个到期时间的功能。这意味着在 X 秒（X 是到期时间）之后，如果请示还没有完成，整个操作就会被放弃，代码从下一条指令恢复执行。但是，并不是所有的函数都提供了这个功能，因此当一个函数并没有提供被中断的功能时，我们可以使用一个进程模拟这个行为。在这个例子中，我们试图把一个主机名转换为一个 IPv4 地址。但是，socket 模块的 gethostbyname 函数并不允许我们设置这个操作的过期时间，因此我们使用了一个进程来手动完成这个任务。下面的代码并不是那么通俗易懂，因此我鼓励读者花点时间研读下面的代码，然后再阅读代码后面的解释：

```python
# hostres/util.py
import socket
from multiprocessing import Process, Queue

def resolve(hostname, timeout=5):
    exitcode, ip = resolve_host(hostname, timeout)
    if exitcode == 0:
        return ip
    else:
        return hostname

def resolve_host(hostname, timeout):
    queue = Queue()
    proc = Process(target=gethostbyname, args=(hostname, queue))
    proc.start()
    proc.join(timeout=timeout)

    if queue.empty():
        proc.terminate()
        ip = None
    else:
```

```
        ip = queue.get()
    return proc.exitcode, ip

def gethostbyname(hostname, queue):
    ip = socket.gethostbyname(hostname)
    queue.put(ip)
```

我们从 resolve 开始讨论。它将简单地接收一个 hostname 和一个 timeout，并以它们为参数调用 resolve_host 函数。如果退出码是 0（表示进程正确地终止），它就返回与主机对应的 IPv4；否则，它就以一种回调机制返回主机名本身。

接着，我们讨论 gethostbyname。它将接收一个 hostname 和一个 queue，并调用 socket.gethostbyname 对 hostname 进行解析。当结果可用时，它就把结果放在 queue 中。现在，这就是问题所在。如果对 socket.gethostbyname 的调用时间超过了我们想要设置的到期时间，程序就需要终止这个进程。

resolve_host 函数就用于完成这个任务。它将接收 hostname 和 timeout，并在一开始简单地建一个 queue。然后，它将生成一个以 gethostbyname 为目标的新进程，并向该进程传递适当的参数。然后，这个进程启动并在到期时间之后被合并。

现在，成功的场景是这样的：对 socket.gethostbyname 的调用很快成功，IP 出现在队列中，进程在到达到期时间之前就终止；当我们到达 if 部分时，队列不是空的；我们从队列中提取这个 IP 并返回它，同时返回这个进程的退出码。

在不成功的场景中，对 socket.gethostbyname 的调用花费了太长的时间，进程在超出了到期时间后被杀死。由于调用失败，没有 IP 地址被插入 queue 中，因此后者是空的。在 if 逻辑中，程序会把 IP 设置为 None，并像以前一样返回。resolve 函数将会发现进程的退出码不是 0（因为这个进程并不是愉快结束的，而是被杀死的），因此会正确地返回主机名而不是我们想获得的 IP。

在本书的源代码中，在本章的 hostres 文件夹中，我增加了一些测试以确保这个行为实际上是正确的。我们可以在这个文件夹的 README.md 文件中找到如何运行它们的指示。记得确保对测试代码也进行检查，它应该是相当有趣的。

10.4　案例

在本章的最后部分中，我们将讨论 3 个案例，使用不同的方法（单线程、多线程和多进程）来实现相同的任务。最后，我们将简单介绍一下 asyncio 模块，它提供了在 Python

中进行异步编程的另一种方法。

10.4.1　案例 1：并发的 mergesort

第 1 个例子是围绕 mergesort（归并排序）算法展开的。这种排序算法建立在分治法设计模式的基础之上。它的工作方式非常简单。我们有一些需要排序的数的列表。第 1 个步骤是把这个列表划分为两个部分，分别对它们进行排序并把结果归并为一个有序列表。我们以一个简单的包含 6 个数的列表为例，假设这个列表 v=[8, 5, 3, 9, 0, 2]。第 1 个步骤是把列表 v 划分为两个各自包含 3 个数的子列表：v1=[8, 5, 3]和 v2=[9, 0, 2]。然后，我们通过对 v1 和 v2 递归地调用 mergesort 对它们进行排序。其结果将是 v1=[3, 5, 8]和 v2=[0, 2, 9]。为了把 v1 和 v2 组合为有序的 v，我们简单地考虑两个子列表的第 1 个元素并从中挑选较小的那个。第 1 次迭代是对 3 和 0 进行比较。我们挑选了 0，剩下 v2=[2, 9]。接着我们重复上述步骤，把 3 和 2 进行比较，并挑选 2，这样 v2=[9]。然后，我们把 3 和 9 进行比较，这次挑选 3，这样 v1=[5, 8]。接下来采取类似的操作，依次挑选 5（5 与 9 的比较）、8（8 与 9 的比较）以及最终的 9。这样，我们就生成了 v 的一个新的有序版本：v=[0, 2, 3, 5, 8, 9]。

在这个例子中选择这种算法的原因有两个。首先，它很容易进行平行处理。我们把列表划分为两个，让两个进程分别处理它们，最后收集结果。其次，我们可以对算法进行修改，可以把最初的列表划分为 N 个部分（其中 N≥2），并把这 N 个部分分配给 N 个进程。重新组合 N 个部分与重新组后两个部分一样简单。这个特点使它成为并发实现的一个良好候选。

1.　单线程的 mergesort

让我们观察如何把上面所描述的过程转换为代码，先来学习如何实现原始的 mergesort 代码：

```
# ms/algo/mergesort.py
def sort(v):
    if len(v) <= 1:
        return v
    mid = len(v) // 2
    v1, v2 = sort(v[:mid]), sort(v[mid:])
    return merge(v1, v2)


def merge(v1, v2):
    v = []
    h = k = 0
    len_v1, len_v2 = len(v1), len(v2)
```

```
    while h < len_v1 or k < len_v2:
        if k == len_v2 or (h < len_v1 and v1[h] < v2[k]):
            v.append(v1[h])
            h += 1
        else:
            v.append(v2[k])
            k += 1
    return v
```

我们先讨论 sort 函数。先遇到的是递归的基本条件，也就是列表具有 0 个或 1 个元素，此时不需要对列表进行排序，可以简单地按原样返回。如果不是基本条件，就计算中点（mid），并对 v[:mid] 和 v[mid:] 递归地调用 sort。我希望读者现在对分段的语法已经非常熟悉，但是以防万一还是简单地回顾一下：v[:mid] 表示 v 中从开始到 mid 索引（不包括 mid）为止的所有元素，v[mid:] 表示从 mid 到末尾的所有元素。对它们进行排序的结果将分别分配给 v1 和 v2。最后，我们调用 merge，并向它传递 v1 和 v2。

merge 的逻辑使用了两个指针：h 和 k。这两个指针用于记录 v1 和 v2 中的哪个元素已经进行了比较。如果我们发现最小元素是在 v1 中，就把它添加到 v 中，并增加 h 的值。反之，如果最小元素是在 v2 中，我们就把它添加到 v 中，并增加 k 的值。这个过程是在一个 while 循环中进行的，这个循环的条件以及它内部的 if 语句确保了我们不会因为索引越界而产生错误。这是一种相当标准的算法，我们可以在网络上找到它的许多不同变型。

为了确保这段代码是稳固的，我编写了一个测试套件，位于 ch10/ms 文件夹中。我鼓励读者对它进行检验。

既然我们已经构建了框架，现在可以对它进行修改，使它可以划分为任意个子部分。

2. 单线程的多部分 mergesort

这个算法的多部分版本的代码相当简单。我们可以复用 merge 函数，但是 sort 函数需要重新编写：

```python
# ms/algo/multi_mergesort.py
from functools import reduce
from .mergesort import merge


def sort(v, parts=2):
    assert parts > 1, 'Parts need to be at least 2.'
    if len(v) <= 1:
        return v

    chunk_len = max(1, len(v) // parts)
```

```
chunks = (
    sort(v[k: k + chunk_len], parts=parts)
    for k in range(0, len(v), chunk_len)
)
return multi_merge(*chunks)

def multi_merge(*v):
    return reduce(merge, v)
```

我们在第 4 章函数，代码的基本构件中编写自己的阶乘函数时看到过 reduce 函数。它在 multi_merge 中的工作方式是归并 v 中的前两个列表，然后其结果与第 3 个列表进行归并，归合后的结果再与第 4 个列表进行归并，依此类推。

观察 sort 函数的这个新版本，它接收的参数包括列表 v 以及表示这个列表将划分为几个部分的 parts。我们所做的第一件事情是检查 parts 的值是否合适，它必须至少是 2。接着，和前面一样，我们到达递归的基本条件。最后，我们进入函数的主要逻辑，也就是我们在前面那个例子中所看到的排序逻辑的多部分版本。我们使用 max 函数计算每一块的长度，这是为了防止列表中的元素数量少于块数。然后，我们编写一个生成器表达式，在每一块上递归地调用 sort 函数。最后，我们调用 multi_merge 函数归并所有的结果。

我意识到自己在解释这段代码时并没有像平时一样详尽，这是我有意为之。mergesort 之后的例子将会复杂得多，因此我鼓励读者尽可能自己去透彻地理解上面这两段代码。

现在，我们进入这个例子的下一个步骤：多线程。

3. 多线程的 mergesort

在这个例子中，我们再次对 amend 函数进行了修改，这样在最初的划块之后，它会为每个部分生成一个线程。每个线程使用单线程版本的算法对各自部分进行排序，最后我们使用多块归并技巧计算最终的结果。现在我们把这些步骤转换为 Python 代码：

```
# ms/algo/mergesort_thread.py
from functools import reduce
from math import ceil
from concurrent.futures import ThreadPoolExecutor, as_completed
from .mergesort import sort as _sort, merge

def sort(v, workers=2):
    if len(v) == 0:
        return v
    dim = ceil(len(v) / workers)
    chunks = (v[k: k + dim] for k in range(0, len(v), dim))
```

```
with ThreadPoolExecutor(max_workers=workers) as executor:
    futures = [
        executor.submit(_sort, chunk) for chunk in chunks
    ]
    return reduce(
        merge,
        (future.result() for future in as_completed(futures))
    )
```

我们导入所有必要的工具，包括执行器、ceil 函数以及单线程版本的归并排序算法所使用的 sort 函数和 merge 函数。注意在导入时，我把单线程版本的 sort 函数改名为_sort。

在这个版本的 sort 函数中，会先检查 v 是否为空，如果不是就继续操作。我们使用 ceil 函数计算每一块的大小，它基本上与前面那段代码中的 max 函数的作用相同，但我想展示解决这个问题的另一种方法。

确定了每一块的大小之后，我们计算 chunks 并准备一个漂亮的生成器表达式，便于在执行器中使用。代码的剩余部分比较简单：我们定义一个 future 对象列表，每个对象都是在执行器上调用 submit 的结果，每个 future 对象在它所分配的块上运行单线程的_sort 算法。

最后，当它们从 as_completed 函数返回时，这些结果使用与前面的多部分单线程版本相同的方法进行归并。

4. 多进程的 mergesort

为了完成最后的步骤，我们只需要对前面代码中的两行进行修改。如果读者在这个入门例子中比较细心，应该明白我指的是哪两行。为了节约篇幅，我只展示代码的不同之处：

```
# ms/algo/mergesort_proc.py
...
from concurrent.futures import ProcessPoolExecutor, as_completed
...
def sort(v, workers=2):
    ...
    with ProcessPoolExecutor(max_workers=workers) as executor:
        ...
```

就是这样了！我们要做的基本上就是使用 ProcessPoolExecutor 来代替 ThreadPoolExecutor，并且不是生成线程而是生成进程。

记得我曾经说过，进程可以实际运行于多核，而同一个进程内部所运行的线程实际上并不是平行运行的。这是展示选择不同的方法具有不同结果的一个非常好的例子。由于代码是 CPU 密集型的，不需要 IO 操作，因此对列表进行划分并让不同的线程分别对不同的块进行排序并没有任何优势。反之，多进程方法却具有优势。我针对这个例子运行了一些性能测试（读者可以自己运行 ch10/ms/performance.py，观察它的运行情况），其结果证实了我的预测：

```
$ python performance.py

Testing Sort
Size: 100000
Elapsed time: 0.492s
Size: 500000
Elapsed time: 2.739s

Testing Sort Thread
Size: 100000
Elapsed time: 0.482s
Size: 500000
Elapsed time: 2.818s

Testing Sort Proc
Size: 100000
Elapsed time: 0.313s
Size: 500000
Elapsed time: 1.586s
```

这两个测试分别运行于 100 000 和 500 000 个元素的列表上。对于多线程和多进程版本，我各自使用了 4 个线程和 4 个进程。使用不同大小的列表非常有助于寻找合适的模式。我们可以看到，前两个版本（单线程和多线程）所使用的时间基本相同，但多进程版本所使用的时间减少了 50%。它的减少幅度稍稍低于 50%，因此说明生成和处理进程都具有一定的开销。但是，我们明显可以领会到我的计算机使用了双核的处理器。

这个例子还告诉我们，尽管多进程版本使用了 4 个进程，但它的平行能力是与处理器的核心数量成正比的。因此，两个或更多个进程的区别非常小。

完成了热身之后，我们讨论下一个例子。

10.4.2　案例 2：批量解答数独的程序

在这个例子中，我们将探索数独解答程序。我们不打算过于深入地讨论这个问题，因为问题的焦点并不是如何解答数独，而是如何使用多进程功能批量地解答数独问题。

这个例子的有趣之处不在于单线程和多线程版本之间的比较，我们将跳过这个多线程，直接把单线程版本与两个不同的多进程版本进行比较。其中一个版本是为每道数独题分配一个进程，因此如果我们需要解答 1 000 道数独题，就需要 1 000 个进程（当然，我们会使用一个容量为 N 的进程池，不断地对进程进行回收）。另一个版本是将最初的批量数独题根据池的大小进行划分，然后在一个进程中用批量的方式解决每一组数独题。这就意味着，如果进程池的大小为 4，那么 1 000 道数独题会被划分为 4 块，每块包含 250 道数独题，并且每一块由一个进程负责，总共需要 4 个进程。

我所展示的数独解答程序（不包括多进程版本）来自 Peter Norvig 所设计的一个解决方案，并且得到了 MIT 的许可而发布。他的解决方案相当高效，我花了几天时间尝试实现自己的解决方案，发现结果差不多。因此，我简单地放弃自己实现的想法，直接采用了他的设计。不过，我还是进行了大量的重构，因为我不喜欢他所选择的函数名和变量名，所以把它们重新命名为更亲切的名称。读者可以在 ch10/sudoku/norvig 文件夹中找到它的原始代码、该实现的原始页面的链接以及原始的 MIT 许可。如果访问这个链接，可以看到 Norvig 本人对这个数独解答程序的非常详尽的解释。

1．数独的定义

我们要先明白什么是数独。数独是一项来源于日本的数字填充游戏。它的目标是在一个 9×9 的网格中填满数字，使每一行、每一列和每个九宫格（3×3 的子网格）都包含不重复的从 1 到 9 的数字。我们从一个已经生成了部分数字的网格出发，然后按照数独的逻辑一个接一个地填充数字，直到填满整个网格。

站在计算机科学的角度，数独可以看成是一种属于精确覆盖范畴的问题。《计算机编程的艺术》（以及其他许多精彩著作）的作者 Donald Knuth 设计了一种名为**算法 X** 的算法，用于解决这个范畴的问题。算法 X 有一种优美高效的实现称为**舞蹈链**，它充分地利用了循环双链表的威力。我们用它来解答数独。这种方法的优美之处在于它所需要的只是数独结构与舞蹈链算法之间的一个映射，而不需要常规的数独解法所要求的逻辑推理，从而能够以闪电般的速度解答数独问题。

很多年以前，当我稍有余暇的时候，我用 C#编写了一个舞蹈链数独解答程序，它目前仍然是我纳入档案的一个工具。设计和编写这个工具是一个充满乐趣的过程，因此我强烈推荐读者阅读相关文档，并编写自己的解答程序。这是一个非常出色的练习，前提是要有足够的时间。

但是，在这个例子的解决方案中，我们打算使用一种**搜索**算法，并与一种在人工智能中称为**限制传播**的进程协同工作。它们的协同应用是极为常见的，可以更方便地解决问题。我们可以在这个例子中看到这种做法，它可以使程序在毫秒级的时间内解答出一道难度颇大的数独题。

2．用 Python 实现一个数独解答程序

现在，我们讨论经过我重构之后的解答程序的实现过程。我打算分步展示它的代码，因为它相当复杂（另外，我不会在每段代码前重复源文件的名称，除非转移到其他模块）：

```python
# sudoku/algo/solver.py
import os
from itertools import zip_longest, chain
from time import time

def cross_product(v1, v2):
    return [w1 + w2 for w1 in v1 for w2 in v2]

def chunk(iterable, n, fillvalue=None):
    args = [iter(iterable)] * n
    return zip_longest(*args, fillvalue=fillvalue)
```

我们首先使用了一些 import 语句，然后定义了两个实用的函数：cross_product 和 chunk。这两个函数的作用正如它们的名称所提示的那样。第 1 个函数将返回两个可迭代对象的向量积，而第 2 个函数将返回来自 iterable 的一个块列表，每个块都包含了 n 个元素，如果 iterable 的长度不是 n 的倍数，那么最后一个块的空余部分就会被一个特定的 fillvalue 填满。接着，我们定义了几个解答程序所使用的结构：

```python
digits = '123456789'
rows = 'ABCDEFGHI'
cols = digits
squares = cross_product(rows, cols)
all_units = (
    [cross_product(rows, c) for c in cols]
    + [cross_product(r, cols) for r in rows]
    + [cross_product(rs, cs)
        for rs in chunk(rows, 3) for cs in chunk(cols, 3)]
)
units = dict(
    (square, [unit for unit in all_units if square in unit])
    for square in squares
)
peers = dict(
```

```
    (square, set(chain(*units[square])) - set([square]))
    for square in squares
)
```

我们不打算过多地深入细节，所以只是停留在这些对象的讨论上。squares 是网格中所有方格的列表。方格一般用一个诸如 A3 或 C7 这样的字符串表示。行用字母标识，列用数字标识，因此 A3 表示第 1 行第 3 列的那个方格。

all_units 是所有可能的行、列和九宫格的列表。每个元素都由一个属于该行、该列或该块的方块列表来表示。units 是一种更加复杂的结构，它是一个包含 81 个键的字典，每个键表示一个方格，其对应的值是一个包含 3 个元素的列表，分别表示某行、某列和某个九宫格。当然，它们就是这个方格所在的行、列和九宫格。

最后，peers 是个与 units 非常相似的字典，但每个键（仍然表示一个方格）的值是一个集合，该集合包含了这个方格的所有对等方格。对等方格被定义为键中的方格所属的行、列、块中的所有方格。这些结构将在解决方案试图通过计算解答数独题时所使用。

在观察对输入行进行解析的函数之前，我们先观察一个数独输入题看上去是什么样子的：

1..3.......75...3..3.4.8.2...47....9.........689....4..5..178.4.....2.75
.......1.

前 9 个字符表示第 1 行，接下来的 9 个字符表示第 2 行，以此类推，空的方格用点号表示，代码如下：

```
def parse_puzzle(puzzle):
    assert set(puzzle) <= set('.0123456789')
    assert len(puzzle) == 81

    grid = dict((square, digits) for square in squares)
    for square, digit in zip(squares, puzzle):
        if digit in digits and not place(grid, square, digit):
            return False # Incongruent puzzle
    return grid

def solve(puzzle):
    grid = parse_puzzle(puzzle)
    return search(grid)
```

简单的 parse_puzzle 函数用于对数独输入进行解析。首先我们进行一些安全检查，断言数独题的输入必须用一个集合来表示，而这个集合是所有数字加点号的一个子集。然后，我们确保数独题的输入一共由 81 个输入字符组成。最后，我们定义了 grid，它一开始是一个包含 81 个键的字典，每个键表示一个方格，所有的键具有相同的值，也就是包含所有可能数字的字符串。这是因为一个完全为空的网格中的一个方格所填的数字可能是 1 到 9 之间的任何数字。

for 循环肯定是这段代码中最为有趣的部分。程序将对数独输入中的 81 个字符中的每一个字符进行解析，把它们与网格中对应的方格进行结合并试图 "放置" 它们。我之所以在放置的两边加上引号是因为我们稍后就会看到，place 函数所做的工作远远不止把一个特定的数字放在一个特定的方格上。如果我们发现数独输入中有一个数字无法被旋转，则说明输入是无效的，于是程序返回 False。否则，程序就准备继续处理，并返回 grid。

parse_puzzle 函数是在 slove 函数中使用的，它将简单地对数独输入进行解析并调用 search。接下来就是这个算法的核心：

```python
def search(grid):
    if not grid:
        return False
    if all(len(grid[square]) == 1 for square in squares):
        return grid        # 已解答
    values, square = min(
        (len(grid[square]), square) for square in squares
        if len(grid[square]) > 1
    )
    for digit in grid[square]:
        result = search(place(grid.copy(), square, digit))
        if result:
            return result
```

这个简单的函数会首先检查这个网格实际是否非空。然后，它会观察这个网格是否已经被解答。已解答的网格在每个方格都有一个值。如果该网格还没有被解答，它就对每个方格进行循环，找到具有最少候选值数量的那个方格。如果一个方格的字符串值只有一个数字，则意味着已经有一个数被放置在这个方格中。但是，如果一个方格的字符串值多于一个数字，则它们都是可能的候选数字，因此我们需要找到具有最少候选值数量的方格并对它们进行试验。对候选值为 2、3 的方格进行试验要比对候选值为 2、3、5、8、9 的方格进行试验要容易得多。

在第 1 种情况下，我们有 50% 的机会取得正确的值。在第 2 种情况下，我们只有 20% 的机会。因此，选择具有最少候选值数量的方格能够最大限度地提升我们在网格中填写正确数字的机会。

一旦找到了候选值，就按顺序对它们进行试验，如果有任何一个数字能够产生正确的结果，那么就解出了这个网格，然后返回。我们可能会注意到 search 函数也使用了 place

函数。下面让我们讨论它的代码：

```
def place(grid, square, digit):
    """从 grid[square] 中消除所有其他值（除了 digit 之外）并处理关联的结果.
    返回 grid, 如果检测到冲突就返回 False.
    """
    other_vals = grid[square].replace(digit, '')
    if all(eliminate(grid, square, val) for val in other_vals):
        return grid
    return False
```

这个函数将接收一个进展中的网格，并试图在一个给定的方格中放置一个给定的数字。如前所述，"放置"这个任务并不像字面上那么简单。事实上，当我们放置一个数字时，我们必须处理整个网格因为这个操作所产生的关联结果。我们通过调用 eliminate 函数来完成这个任务，它在数独游戏中应用了以下两个策略。

◆　如果一个方格只有一个可能的值，就从该方格的对等方格中消除这个值。

◆　如果在某个单元中只有一个方格可以放置某个值，就把这个值放在那里。

我们简单地通过一个例子来解释这两个策略。对于第 1 个策略，假设我们在一个方格中放置了 7，我们就可以从该方格所属的行、列和九宫格中的所有方格的候选值中删除 7。

对于第 2 个策略，假设我们检查的是第 4 行，在该行的所有方格中，只有一个方格的候选值中包含了数字 7。这意味着数字 7 只能放在这个特定的方格中，因此我们就简单地把它放在那里。

下面这个函数 eliminate 应用了这两个策略。它的代码相当复杂，因此我并没有对它进行逐行分析并煞费苦心地对它进行解释，而是添加了一些注释，把理解这段代码的任务当作练习留给读者：

```
def eliminate(grid, square, digit):
    """从 grid[square] 中消除 digit.当候选数字≤2 时就填充 grid,
    返回 grid, 如果检测到冲突就返回 False.
    """
    if digit not in grid[square]:
        return grid      # 已经被消除
    grid[square] = grid[square].replace(digit, '')

    ## (1) 如果一个方格已经减少为一个值, 就从 peers 消除这个值
    if len(grid[square]) == 0:
        return False # 没有数字可以放在这里, 错误的解答
    elif len(grid[square]) == 1:
        value = grid[square]
```

```
        if not all(
            eliminate(grid, peer, value) for peer in peers[square]
        ):
            return False

    ## (2) 如果一个单元只剩下一个位置可以填某个值，就把这个值填在那里
    for unit in units[square]:
        places = [sqr for sqr in unit if digit in grid[sqr]]
        if len(places) == 0:
            return False # 没有地方放置这个值
        elif len(places) == 1:
            # digit 只能出现在 unit 中的一个位置，就把它放在那里
            if not place(grid, places[0], digit):
                return False
    return grid
```

这个模块中的剩余函数对于这个例子的剩余部分而言并不是非常重要，因此我就跳过了它们。我们可以自己运行这个模块，它首先将对它的数据结构展开一系列的检查，然后解答我放在 sudoku/puzzles 文件夹中的数独题。但这并不是我们感兴趣的事情，我们需要理解怎样使用多进程技巧来解答数独题，下面我们就进入这个环节。

3. 用多进程解答数独题

在这个模块中，我们打算实现 3 个函数。第 1 个函数用于简单地解答一批数独题，不涉及多进程。我们将使用它的结果作为性能测试的基准。第 2 个和第 3 个函数都将使用多进程，但分别采用批量解答和不采用批量解答，这样可以使我们可以体验到它们的区别。下面我们开始编写代码：

```
# sudoku/process_solver.py
import os
from functools import reduce
from operator import concat
from math import ceil
from time import time
from contextlib import contextmanager
from concurrent.futures import ProcessPoolExecutor, as_completed
from unittest import TestCase
from algo.solver import solve


@contextmanager
def timer():
    t = time()
```

```
    yield
    tot = time() - t
    print(f'Elapsed time: {tot:.3f}s')
```

在一长串导入列表之后，我们定义了一个上下文管理器作为计时器设备使用。它将接收当前时间的一个引用（t），然后执行 yield。完成了 yield 之后，就是这个被管理的上下文环境被执行的时候。最后，在退出这个被管理的上下文环境时，程序将计算表示流逝时间总量的 tot 并输出它。这是一个采用装饰器技巧编写的非常简单和优雅的上下文管理器，非常有趣。现在，我们观察前面所提到的 3 个函数中的第 1 个函数：

```
def batch_solve(puzzles):
    # 单线程批量解答
    return [solve(puzzle) for puzzle in puzzles]
```

这一个是简单的单线程批量解答程序，它向我们提供了一个用于比较的基准时间。它会简单地返回一个包含所有已解答的数独网格的列表，过程很无聊。现在我们分析下面的代码：

```
def parallel_single_solver(puzzles, workers=4):
    # 平行解答：为每道数独题分配一个进程
    with ProcessPoolExecutor(max_workers=workers) as executor:
        futures = (
            executor.submit(solve, puzzle) for puzzle in puzzles
        )
        return [
            future.result() for future in as_completed(futures)
        ]
```

这个函数要好得多。它利用 ProcessPoolExecutor 来使用一个 workers 进程池，每个进程用于解决大约四分之一的数独题。这是因为我们为每道数独题生成一个 future 对象。它的逻辑与我们在本章已经讨论过的所有多进程例子都极为相似。下面我们观察第 3 个函数：

```
def parallel_batch_solver(puzzles, workers=4):
    # 平行批量解答数独题，所有的数独题被划分为 workers 个块
    # 每个进程负责一个块
    assert len(puzzles) >= workers
    dim = ceil(len(puzzles) / workers)
    chunks = (
        puzzles[k: k + dim] for k in range(0, len(puzzles), dim)
    )
    with ProcessPoolExecutor(max_workers=workers) as executor:
        futures = (
            executor.submit(batch_solve, chunk) for chunk in chunks
        )
```

```
results = (
    future.result() for future in as_completed(futures)
)
return reduce(concat, results)
```

最后一个函数稍有不同。它并不是为每道数独题生成一个 future 对象，而是把所有的数独题划分为 workers 个块，然后为每一块创建一个 future 对象。这意味着如果 workers 是 8，程序就会生成 8 个 future 对象。

注意，我们把 batch_solve 而不是 solve 传递给 executor.submit，从而实现了这个计划。我之所以采用不同的方法编写最后两个函数是因为我很想展示从一个进程池中多次回收进程时所产生的开销有多么严重。

既然我们已经定义了这几个函数，下面就可以使用它们：

```
puzzles_file = os.path.join('puzzles', 'sudoku-topn234.txt')
with open(puzzles_file) as stream:
    puzzles = [puzzle.strip() for puzzle in stream]

# 单线程解决方案
with timer():
    res_batch = batch_solve(puzzles)

# 平行解决方案，一个进程负责一道数独题
with timer():
    res_parallel_single = parallel_single_solver(puzzles)

# 平行批量解决方案，一个进程负责一批数独题
with timer():
    res_parallel_batch = parallel_batch_solver(puzzles)

#对结果进行验证的快速方法
#但很可能顺序不同
#因为它们依赖进程的调度方式
assert_items_equal = TestCase().assertCountEqual
assert_items_equal(res_batch, res_parallel_single)
assert_items_equal(res_batch, res_parallel_batch)
print('Done.')
```

我们使用了一组 234 个非常难的数独题用于这次性能评测。我们可以看到，我们简单地在一个计时的上下文环境中运行这 3 个函数 batch_solve、parallel_single_solver 和 parallel_batch_solver。我们收集这几个函数的结果，为了确保无误，我们需要证实所有的运行都产生相同的结果。

当然，在第 2 个和第 3 个运行中，我们使用了多进程，因此我们无法保证它们所产生的结果的顺序与 single-threadedbatch_solve 相同。为了解决这个微不足道的问题，我们可以使用 assertCountEqual，这是 Python 标准库中名字取得非常糟糕的方法之一。我们可以在 TestCase 类中找到这个方法。这个类可以用我们所需要的方法的一个引用进行实例化。

我们并没有实际运行单元测试，但这是一个非常酷的技巧，我想介绍给读者。下面我们观察运行这个模块后的输出结果：

```
$ python process_solver.py
Elapsed time: 5.368s
Elapsed time: 2.856s
Elapsed time: 2.818s
Done.
```

哇！这确实非常有趣。读者可以再次发现我的计算机具有双核的处理器，因为多进程解答程序的运行时间大约只有单进程版本的一半。但是，更为有趣的是两个多进程函数所花费的时间基本上没有区别。如果多次运行程序，可能有几次是一个函数的速度更快，但另几次是另一个函数的速度更快。要想理解为什么会这样，需要对参与游戏的各个组件都有深刻的理解，而不仅仅是进程，因此我不打算对此进行讨论。但是，我们可以很安全地得出结论，就是这两个函数在性能上是势均力敌的。

在本书的源代码中，可以在 sudoku 文件夹中找到一些测试，另外还有如何运行这些测试的说明。读者可以花点时间对它们进行试验。

现在，我们进入最后一个案例。

10.4.3　案例 3：下载随机图像

这个例子非常有趣。我们打算从一个网站上下载随机的图像。我将展示 3 个版本：串行版本（单线程）、多进程版本以及 asyncio 版本。在这几个例子中，我们将用到 lorempixel 网站，因为它提供了一个 API，我们可以调用它来获取随机图像。如果读者无法访问这个网站或者速度非常慢，可以改用一个优秀的替补：lorempizza 网站。

在一本由意大利人编写的书中谈论这些显得有点陈词滥调，但这个网站的图片确实绚丽多彩。如果读者感兴趣，也可以搜索另一个替补网站。不管选择哪个网站，请保持理智，不要发送上百万个请求，以免拖垮网站。这个例子的多进程版本和 asyncio 版本可是相当激进！

我们先探索单线程版本的代码：

```
# aio/randompix_serial.py
```

```
import os
from secrets import token_hex
import requests

PICS_FOLDER = 'pics'
URL = 'http://lorempixel.com/640/480/'

def download(url):
    resp = requests.get(URL)
    return save_image(resp.content)

def save_image(content):
    filename = '{}.jpg'.format(token_hex(4))
    path = os.path.join(PICS_FOLDER, filename)
    with open(path, 'wb') as stream:
        stream.write(content)
    return filename

def batch_download(url, n):
    return [download(url) for _ in range(n)]

if __name__ == '__main__':
    saved = batch_download(URL, 10)
    print(saved)
```

现在，我们应该能够很轻松地看懂这段代码。我们定义了一个 download 函数，它将向一个给定的 URL 发送一个请求，并调用 save_image 函数保存结果，它的参数就是该网站的响应体。保存图像是非常简单的：我们用 token_hex 创建一个随机的文件名（仅仅是出于趣味），然后计算文件的完整路径，并以二进制模式创建这个文件，最后把响应的内容写入这个文件即可。我们返回 filename，使之能够在屏幕上输出。最后，batch_download 简单地运行 n 个我们想要运行的请求，并返回文件名作为其结果。

现在我们可以暂时跳过 if __name__ ...这一行，我们将在第 12 章 GUI 和脚本中解释它的含义，它在这里并不重要。我们需要做的就是以这个 URL 为参数调用 batch_download，并告诉它需要下载 10 幅图像。如果我们有一个编辑器，可以打开 pics 文件夹，这样就可以看到在几秒之内就生成了所有的图像（另外需要注意：这个脚本假设 pics 文件夹已经存在）。

现在，我们加大力度，引入多进程（代码大部分是相同的，因此我省略了重复的代码）：

```
# aio/randompix_proc.py
...
from concurrent.futures import ProcessPoolExecutor, as_completed
```

```
...
def batch_download(url, n, workers=4):
    with ProcessPoolExecutor(max_workers=workers) as executor:
        futures = (executor.submit(download, url) for _ in range(n))
        return [future.result() for future in as_completed(futures)]
...
```

现在，读者应该已经熟悉这段代码所使用的技巧了。我们简单地把任务提交给执行器，并在结果产生时收集结果。由于它是 IO 绑定的代码，因此多进程的速度相当之快，在进程等待 API 的响应时会频繁进行上下文切换。如果我们观察 pics 文件夹，将会注意到它并不是按顺序一个接一个地生成的，而是成批地生成。

现在，让我们观察这个例子的 asyncio 版本。

使用 asyncio 下载随机图像

下面的代码可能是整章中难度最大的，因此如果读者现在觉得很难理解也不必气馁。我增加这个例子只是把它当成一根美味的胡萝卜，诱惑我们深入 Python 异步编程的核心。另一件值得注意的事情是，其他几种方法也可以实现相同的逻辑。因此我们需要记住，它只不过是其中一个可能的例子而已。

asyncio 模块提供了"使用协同程序和多路技术 IO 访问套接字和其他资源，运行网络客户和服务器以及其他相关的基本对象，用于编写单线程的并发代码"所需的基础设施。它是在 Python 3.4 中被添加进来的，有些人认为未来它将成为编写 Python 代码的标准。我不知道这是不是真的，但我知道绝对有必要通过一个例子来介绍它的存在：

```
# aio/randompix_corout.py
import os
from secrets import token_hex
import asyncio
import aiohttp
```

我们无法再使用请求，因为它不适用于 asyncio。我们必须使用 aiohttp，因此我们需要确保已经安装了它（它也是本书的需求之一）：

```
PICS_FOLDER = 'pics'
URL = 'http://lorempixel.网址/640/480/'

async def download_image(url):
    async with aiohttp.ClientSession() as session:
        async with session.get(url) as resp:
            return await resp.read()
```

上面的代码看上去并不友好，但是一旦理解了背后的概念，它其实也不是很难理解。我们定义了一个异步协同程序 download_image，它将接收一个 URL 作为参数。

 协同程序是指一种计算机程序组件，在一般意义上是指非抢占式多任务的子程序。它所采用的方法是允许存在多个入口，以便在某些特定位置暂停和恢复执行。子程序是指一系列的用于完成某个特定任务的程序指令，被包装为单元的形式。

在 download_image 函数中，我们使用 ClientSession 上下文管理器创建了一个会话对象，然后使用另一个来自 session.get 的上下文管理器获取响应。由于这两个上下文管理器是被定义为异步执行的，这意味着它们可以在自己的进入和退出方法中暂停执行。我们使用允许暂停的 await 关键字返回响应的内容。注意，为每个请求创建一个会话并不是最优选择，但我觉得就这个例子而言，这种做法能够让代码尽可能地简单，因此我把具体的优化措施留给读者作为练习。

我们继续观察下面这段代码：

```python
async def download(url, semaphore):
    async with semaphore:
        content = await download_image(url)
    filename = save_image(content)
    return filename


def save_image(content):
    filename = '{}.jpg'.format(token_hex(4))
    path = os.path.join(PICS_FOLDER, filename)
    with open(path, 'wb') as stream:
        stream.write(content)
    return filename
```

另一个协同程序 download 用于获取一个 URL 和一个信号对象。它所做的工作就是调用 download_image 方法提取图像的内容并保存它，然后返回 filename。有趣之处在于信号对象的使用。我们把它当作一个异步的上下文管理器使用，这样就可以暂停这个协同程序的执行，允许切换到其他对象。但是，相比信号对象的用法，理解为什么需要使用信号对象则更为重要。原因非常简单，信号对象有点类似线程池。我们可以用它来限制同时最多有 N 个协同程序处于活动状态。我们在下一个函数中对它进行实例化，并传递 10 作为初始值。每次当一个协同程序获取这个信号对象时，后者的内部计数器就减 1，因此当 10 个协同程序都已经获取了这个信号对象后，下一个协同程序就只能等待，直到其中一个协同程序完成之后释放这个信号对象。这是一种非常出色的方法，可以限制我们从网站 API 提取图像的激进程度。

save_image 函数并不是协同程序，它的逻辑已经在前面的例子中进行了讨论。现在，我们讨论负责具体执行的那部分代码：

```
def batch_download(images, url):
    loop = asyncio.get_event_loop()
    semaphore = asyncio.Semaphore(10)
    cors = [download(url, semaphore) for _ in range(images)]
    res, _ = loop.run_until_complete(asyncio.wait(cors))
    loop.close()
    return [r.result() for r in res]

if __name__ == '__main__':
    saved = batch_download(20, URL)
    print(saved)
```

我们定义了 batch_download 函数，它所接受的参数包括一个数字、images 以及这些图像所在的 URL。它所做的第一件事是创建一个事件循环，这是运行任何非异步代码所必需的。这个事件循环是 asyncio 所提供的中心执行设备。它提供了以下多个工具。

◆ 注册、执行和取消被推迟的调用（时间到期）。

◆ 为各种类型的通信创建客户和服务器传输。

◆ 启动子进程以及与一个外部程序的通信相关联的传输。

◆ 把调用开销较大的函数委托给一个线程池。

创建了事件循环之后，我们就实例化这个信号对象，并继续创建一个 future 对象的列表 cors。通过调用 loop.run_until_complete，我们可以确保这个事件循环将会一直运行，直到整个任务彻底完成。我们把等待 future 对象完成的 asyncio.wait 调用的结果回馈给它。

在完成之后，我们结束事件循环，并返回每个 future 对象所产生的结果所组成的列表（已保存图像的文件名）。注意我们是如何捕捉 loop.run_until_complete 的调用结果的。我们事实上并不关心错误，因此把_赋值给元组中的第 2 个元素。这是一种常见的 Python 用法，适用于我们想要发出信号表示对该对象不感兴趣时。

在这个模块的最后，我们调用 batch_download 并得到了 20 幅保存的图像。它们是批量获取的，整个过程所受到的限制就是一个仅有 10 个可用位置的信号对象。

就是这样了！如果想要学习更多与 asyncio 有关的内容，可以阅读标准库中 asyncio 模块的官方页站。这个例子非常有趣，我希望它能够激励读者努力学习和理解 Python 的这个迷人功能。

10.5　总结

在本章中，我们学习了并发和平行。我们看到了线程和进程是如何实现并发和平行的。我们探索了线程的本质，并了解了它们所带来的问题：竞争条件和死锁。

我们学习了如何通过使用锁以及细致的资源管理来解决这类问题。我们还学习了如何实现线程之间的通信和共享数据。我们讨论了调度器，它是操作系统的组成部分，用于决定哪个线程在哪个时刻运行。接着，我们又讨论了进程，并讨论了它的一些属性和特征。

介绍了一些理论知识之后，我们学习了如何在 Python 中实现线程和进程。我们处理了多线程和多进程，修正了竞争条件，并掌握了一些变通方法来终止线程并不遗留任何误打开的资源。我们还探索了 IPC，使用队列在进程和线程之间交换了信息。我们还学习了事件和障碍，它们是标准库所提供的一些工具，用于控制非确定性环境中的执行流。

在观察了所有的入门级例子之后，我们研究了 3 个案例，它们展示了如何使用不同的方法（单线程、多线程、多进程和 asyncio）解决同一个问题。

我们学习了 mergesort 算法，并了解了分治算法在一般情况下是很容易进行平行化的。

我们还学习了数独，并探索了一种出色的解决方案，这里我们使用了一些人工智能来运行一种有效的算法，该算法可以按照不同的顺序模式和平行模式运行。

最后，我们观察了如何使用单线程、多进程和 asyncio 代码从一个网站下载随机图像。asyncio 版本的代码是本书到目前为止难度最大的代码。它在本章中的存在可以作为一个里程碑，鼓励读者更好、更深入地学习 Python。

现在，我们进入更为简单，并且更多地面向项目的章节，体验在不同的上下文环境中不同现实情形下的应用程序。

第 11 章
调试和故障排除

在专业程序员的生活中，对程序进行调试和故障排除占据了大量的时间。即使我们是在一位高手所编写的最优美的代码库的基础上开展自己的工作，仍然会在代码中产生缺陷，这是必然的事情。

我们会花费大量的时间阅读其他人的代码。在我看来，优秀的软件开发人员能够高度地集中注意力，即使他们所阅读的代码被认为没有错误或缺陷。

能够快速有效地调试代码是每位程序员都需要完善的技能。有些人觉得他们已经阅读了手册，应该没什么问题，但在现实中可变因素太多，无法在手册中一一详细描述。我们可以遵循一些指导原则，但没有任何宝典可以帮助我们直接成为这方面的高手。

我觉得在这个特定的主题上，我从自己的同事身上得到了很多的感触。当我发现有人非常熟练地解决某个问题时，他会感觉非常惊异。我欣赏他们为了排除一些可能的原因所采取的步骤和验证方法，欣赏他们为了找到问题的最终解决方案而对问题的原因所进行的推测。

与我们共事的每位同事都会让我们有所长进，或者一个最终被证明正确的奇思妙想也会让我们感到吃惊。出现这种情况时，我们不要止步于惊奇（或者更糟糕，陷入嫉妒），而是要抓住这个时机，请教他们是怎样进行推测的以及为什么要进行这样的推测。

这种问题的答案能够让我们明白是不是有一件事情值得我们深入探究，也许下一次就轮到我们以同样的方式来捕捉到缺陷。

有些缺陷非常容易发现。它们可能是由粗心所致，一旦发现了这类错误，我们能很容易找到修正这类错误的解决方案。

但是，有一些缺陷更加微妙、更加难以捉摸，需要真正的专业能力、丰富的创造力和跳出框架的思维能力才能正确地处理。

至少对我来说，最坏的情况莫过于非确定性的错误。这类错误有时候会发生，有时候不会发生。有些错误只在环境 A 中发生，但在环境 B 并不会发生，即使环境 A 和环境 B 被认为是完全相同的。这类缺陷是让我们陷入抓狂境地的罪魁祸首。

当然，缺陷并不仅仅在沙盒中发生。如果老板告诉我们："不要担心！花点时间修正这个问题。先去吃饭！"这种事情很可能发生在星期五下午五点半，正当我们的脑子一团糟只想早点回家的时候。每个人都会遇到精神特别紧张的时候，尤其是当老板就站在边上，其粗重的呼吸声清晰可闻时。在这样的场合，我们必须要保持冷静。我的意思就是这样。如果我们想要有效地与缺陷进行战斗，这是我们需要掌握的最重要的技能。如果我们的神经一直保持紧张，也就远离了创造力、逻辑推理以及为了解决缺陷所需要的所有思维特性。因此，我们可以进行深呼吸，采取适当的坐姿，然后集中注意力。

在本章中，我将讨论一些实用的技巧，读者可以根据缺陷的严重性进行应用。我还提供了一些建议，希望能够提升读者解决缺陷和问题的能力。

在本章中，我们打算讨论下面这些主题。

◆　调试技巧（包括性能分析和断言）。

◆　故障排除指南。

11.1　调试技巧

在本节中，我将介绍一些最常见的技巧，也是我最常用的技巧。但是，不要觉得它们就是我们能够使用的所有技巧了。

11.1.1　用 print 进行调试

这很可能是所有调试技巧中最简单的一种。它的效率不是很高，并且并不适用于所有的场合。它需要同时访问源代码和一个运行源代码的终端（以便显示 print 函数调用的结果）。

但是，在许多场合，它仍然是一种快速有效的调试方法。例如，我们正在开发一个 Django 网站并且网页上所显示的结果并不是我们所期望，这时就可以用 print 语句填充视图并在重新加载网页时观察控制台上的显示。当我们在代码中散布了一些 print 调用时，一般情况下会导致我们需要复制大量的调试代码，不管是因为要输出时间戳（可能是因为我们需要测量列表解析和生成器的速度）还是因为我们创建了某种需要显示的字符串。

还有一个问题是我们非常容易忘记代码中的 print 调用。

由于上面这些原因，相比单纯的 print 调用，我更倾向于编写一个自定义函数。下面我们讨论这种方法。

11.1.2　用自定义函数进行调试

用一段代码表示一个自定义的函数，对于快速抓取和粘贴到代码中进行调试是极其实用的。如果我们动作快，随时可以根据需要编写一个这样的函数。重要的是，在编写这种函数时要做到当我们最终删除它的调用以及定义时，不需要操心其他善后事宜。因此，用一种完全独立的方法编写这种函数是非常重要的。实现这个需求的另一个原因是这样可以避免与代码的其他部分发生潜在的名称冲突。

我们观察一个例子：

```
# custom.py
def debug(*msg, print_separator=True):
    print(*msg)
    if print_separator:
        print('-' * 40)
debug('Data is ...')
debug('Different', 'Strings', 'Are not a problem')
debug('After while loop', print_separator=False)
```

在这个例子中，我使用了一个仅关键字的参数，使之能够输出一条分隔线，也就是一条由 40 条短横所组成的虚线。

这个函数非常简单。我只是把 msg 中的信息重定向到一个 print 调用中，并且当 print_separator 为 True 时就输出一条分隔线。运行这段代码将产生下面的结果：

```
$ python custom.py
Data is ...
----------------------------------------
Different Strings Are not a problem
----------------------------------------
After while loop
```

我们可以看到，最后一行的下面没有分隔线。

这只是对一个简单的 print 调用的一种很方便的增强。下面我们观察如何利用 Python 其中的一个特性来计算不同调用之间的时间差：

```
# custom_timestamp.py
from time import sleep

def debug(*msg, timestamp=[None]):
    print(*msg)
    from time import time      # 局部 import
    if timestamp[0] is None:
        timestamp[0] = time()  #1
    else:
        now = time()
        print(
            ' Time elapsed: {:.3f}s'.format(now - timestamp[0])
        )
        timestamp[0] = now #2

debug('Entering nasty piece of code...')
sleep(.3)
debug('First step done.')
sleep(.5)
debug('Second step done.')
```

这个方法要稍微复杂一些，但仍然相当简单。注意我们在 debug 函数的内部从 time 模块导入了 time 函数。这可以避免我们在这个函数的外部进行导入然后又将其忘却。

观察 timestamp 是怎么定义的。当然，它是个列表，但重要的是它是个**可变**对象。这意味着当 Python 对这个函数进行解析时会对它进行设置，并在不同的函数调用之间保留它的值。因此，如果我们在每个调用之后都放上一个 timestamp，那么就可以记录时间，而不需要使用一个外部的全局变量。这个技巧是我在研究**闭合**时所借用的，读者可以学习这个技巧，因为它非常有趣。

因此，在输出了必要的信息和一些导入时间之后，我们对 timestamp 中仅有的那个元素的内容进行检查。如果它是 None，那么就表示不存在以前的引用，因此可以把这个值设置为当前时间（#1 行）。

而如果存在一个以前的引用，我们就可以计算时间差（漂亮地格式化为 3 个数字），最后把当前时间放在 timestamp 中（#2 行）。这是不是一个很出色的技巧？

运行这段代码将产生下面的结果：

```
$ python custom_timestamp.py
Entering nasty piece of code...
First step done.
 Time elapsed: 0.304s
```

```
Second step done.
 Time elapsed: 0.505s
```

不管我们面临的具体情况是什么，使用一个类似这样的独立函数都是非常实用的。

11.1.3　检查回溯

我们在第 8 章测试、性能分析和异常处理中观察几个不同类型的异常时简单地讨论了回溯。回溯可以向我们提供与应用程序哪里出错相关的信息。阅读回溯信息是很有帮助的，因此让我们观察一个例子：

```
# traceback_simple.py
d = {'some': 'key'}
key = 'some-other'
print(d[key])
```

我们试图根据一个并不存在的键来访问一个字典。我们应该还记得，这种做法会触发一个 KeyError 异常。我们运行这段代码将产生下面的结果：

```
$ python traceback_simple.py
Traceback (most recent call last):
  File "traceback_simple.py", line 3, in <module>
    print(d[key])
KeyError: 'some-other'
```

可以看到，它包含了我们所需要的信息：模块的名称、导致错误发生的行（包括编号和指令）以及错误本身。根据这些信息，我们可以回到源代码，理解发生了什么。

现在，我们在此基础上创建一个更为有趣的例子，并使用一个只有 Python 3 才可用的特性。想象一下，当我们对一个字典进行验证，对必填字段进行检查时，我们希望这些字段都存在数据。如果不是，我们就需要触发一个自定义的 ValidationError 异常。这个异常是在运行验证器（这里并未显示，因此可以是任何验证器）的过程的更上游位置捕捉的。这个例子的代码应该像下面这样：

```
# traceback_validator.py
class ValidatorError(Exception):
    """访问一个字典时产生 KeyError 时所触发."""

d = {'some': 'key'}
mandatory_key = 'some-other'
try:
    print(d[mandatory_key])
except KeyError as err:
    raise ValidatorError(
```

```
          f'`{mandatory_key}`' not found in d.'
    ) from err
```

我们定义了一个自定义的异常，当必填的键不存在时被触发。注意，它的类体是由它的文档字符串所组成的，因此我们不需要添加其他任何语句。

非常简单，我们定义了一个哑的 dict 对象，并试图使用 mandatory_key 对它进行访问。我们捕捉 KeyError 异常，并在这种情况下触发 ValidatorError 异常。我们使用 raise ... from ...语法来完成这个任务，这个语法是在 Python 3 中由实现了链式异常的 PEP 3134 所引进的。采用这种做法的原因是我们可能还需要在其他情况下触发 ValidatorError 异常，并不一定是缺少某个必填键。这个技巧允许我们用一个只关注 ValidatorError 异常的简单 try/except 来运行验证。

如果无法实现链式异常，我们就会丢失与 KeyError 异常有关的信息。运行上面的代码将产生下面的结果：

```
$ python traceback_validator.py
Traceback (most recent call last):
  File "traceback_validator.py", line 7, in <module>
    print(d[mandatory_key])
KeyError: 'some-other'

The above exception was the direct cause of the following exception:

Traceback (most recent call last):
  File "traceback_validator.py", line 10, in <module>
    '`{}`' not found in d.'.format(mandatory_key)) from err
__main__.ValidatorError: `some-other` not found in d.
```

非常好，因为我们可以看到导致 ValidationError 异常被触发的异常的回溯信息，包括 ValidationError 异常本身的回溯信息。

我与本书的一位审核者就 pip 安装程序所返回的回溯信息进行过一段非常有益的讨论。他在完成设置以便对第 13 章数据科学的代码进行审核时遇到了麻烦。他初次所安装的 ubuntu 缺少 pip 程序包正确运行所需要的一些程序库。

他受阻的原因是他试图修正回溯信息中所显示的错误列表中最上面的错误。我建议他从最下面的错误开始并进行修复，然后就成功了。原因是如果安装程序能够到达最后一行，那么我猜测在此之前，不管发生了什么错误，它仍然能够从中恢复。只有到最后一行之后，pip 才确定它无法再继续，因此就从这个问题开始修复。一旦已经安装了修正错误所需要的库，一切都会顺利地运行。

阅读回溯可能有些复杂，我的朋友缺乏必要的经验，所以无法正确地解决这个问题。

因此，如果读者遇到相同的问题也不必气馁，可以稍微更改一下工作方法，不要以为任何东西都是理所当然的。

Python 拥有一个庞大而优秀的社区，当我们遇到一个问题时，我们几乎不可能是第一个遇到该问题的人，因此在遇到问题时可以打开浏览器并进行搜索。通过这种做法，我们的搜索技巧也会得到提高，因为我们必须去掉那些错误的东西，只保留最本质的细节，从而使我们的搜索更加有效。

如果我们想更深入地探索回溯，可以使用标准库中的一个模块。它的名称很令人吃惊，就叫 traceback（回溯）。它提供了一个标准接口，用于提取、格式化和输出 Python 程序的堆栈踪迹，并模仿了 Python 解释器输出堆栈踪迹的行为。

11.1.4　使用 Python 调试器

Python 代码的另一种非常有效的调试方式是使用 Python 调试器：pdb。但是，我们不应该直接使用它，而是先要研究一下 pdbpp 库。pdbpp 库提供了一些方便的工具来对标准 pdb 接口进行了增强，其中我最爱的就是 **sticky 模式**，它允许我们逐步执行一个函数的指令，从而可以对它进行整体的观察。

我们可以通过几种不同的方式使用这个调试器（具体的版本并不重要），但是最常见的做法是简单地设置一个断点然后运行代码。当 Python 运行到这个断点时，执行就会暂停，然后我们就可以通过控制台来检查所有的名称以及它们的状态等。我们还可以随时修改数据，以更改程序的控制流。

作为一个简单的例子，我们假设有一个解析器，当一个字典不存在某个键时就触发一个 KeyError 异常。这个字典来自一个我们无法控制的 JSON 负载，现在我们只想通过欺骗的方式来通过这个控制，因为我们感兴趣的是之后所发生的事情。我们可以观察如何使用 pdbpp 库来拦截当前时刻、检查数据并对它进行修正，然后到达代码的底部：

```
# pdebugger.py
# d 来自我们无法控制的一个 JSON 负载
d = {'first': 'v1', 'second': 'v2', 'fourth': 'v4'}
# 键也是来自无法控制的一个 JSON 负载
keys = ('first', 'second', 'third', 'fourth')

def do_something_with_value(value):
    print(value)

for key in keys:
    do_something_with_value(d[key])
```

```
print('Validation done.')
```

我们可以看到，当 key 的值为 third 时，这段代码就会出错，因为这个值在字典中不存在。记住，我们假设 d 和 keys 都动态地来自一个我们无法控制的 JSON 负载，因此我们需要对它们进行检查以修正 d 并通过 for 循环。如果我们按原样运行代码，将会得到下面的结果：

```
$ python pdebugger.py
v1
v2
Traceback (most recent call last):
  File "pdebugger.py", line 10, in <module>
    do_something_with_value(d[key])
KeyError: 'third'
```

因此，我们看到 key 在字典中是不存在的，但由于我们每次运行这段代码时可能会得到一个不同的字典或 keys 元组，因此这段信息并不能真正帮助我们。我们可以在 for 循环之前插入一个 pdb 调用。这时我们具有下面两个选项：

```
import pdb
pdb.set_trace()
```

这是最常见的使用方式。我们导入 pdb 模块并调用它的 set_trace 方法。许多开发人员在他们的编辑器中创建了一个宏，用一个键盘快捷方式添加这行代码。但是在 Python 3.7 中，我们甚至可以进一步简化这个任务，就像下面这样：

```
breakpoint()
```

这个新的 breakpoint 内置函数在后台调用了 sys.breakpointhook()，后者在默认情况下调用了 pdb.set_trace()。但是，我们可以改写 sys.breakpointhook()，以调用自己想要调用的函数，使 breakpoint 也指向这个函数，这样就非常方便。

这个例子的代码出现在 pdebugger_pdb.py 模块中，如果我们现在运行这段代码，情况就会变得非常有趣（注意，我们的输出结果可能略有不同，另外这段输出结果中的注释都是我添加的）：

```
$ python pdebugger_pdb.py
(Pdb++) l
 16
 17 -> for key in keys:       # breakpoint 出现的地方
 18 do_something_with_value(d[key])
 19

(Pdb++) keys               # 检查 keys 元组
```

```
('first', 'second', 'third', 'fourth')
(Pdb++) d.keys()            # 检查 d 的 keys
dict_keys(['first', 'second', 'fourth'])
(Pdb++) d['third'] = 'placeholder'      # 添加临时的 placeholder
(Pdb++) c       # 继续
v1
v2
placeholder
v4
Validation done.
```

注意当我们运行到一个断点时，我们可以在控制台中看到自己当前位于什么位置（在 Python 模块中），哪行代码是接下来将要执行的。此时，我们可以执行一连串解释性的工作，如在下一行之前和之后检查代码、输出一个堆栈踪迹以及与对象进行交互。我们可以通过 Python 官方文档了解与 pbd 有关的更多信息。在这个例子中，我们首先检查了 keys 元组。然后，我们检查了 d 的键。我们发现 third 不存在，因此我们自己动手把它放在里面（这种操作可能具有危险，细思之下可以明白原因）。最后，既然所有的键都在了，我们就输入 c 表示继续。

pdb 还允许我们用(n)next 执行下一行代码、用(s)step into 进入一个函数进行更深入的分析或者用(b)break 处理跳出的情况。关于 pdb 的完整命令的列表，可以阅读官方文档或者在控制台中输入(h)help。

我们可以从前面的输出结果中看到，我们最终可以到达到验证的结束。

pdb（或 pdbpp）具有无可估量的价值，它是我们每天都会使用的工具。因此，我们可以大胆地对它进行试验，在某个地方设置断点，然后对它进行检查。我们可以阅读官方文档的指南或者在自己的代码中试验它的命令并观察效果，进而熟练掌握它们。

注意，在这个例子中，我假设已经安装了 pdbpp。如果没有安装，可能会发现有些命令在 pdb 中的工作方式并不相同。其中一个例子就是字母 d，它会被 pdb 拦截为 down 命令。 为了避免这种情况，可以在 d 的前面加个!，告诉 pdb 按照文字值解释它，而不是把它当作命令。

11.1.5　检查日志文件

对行为不正确的应用程序进行调试的另一种方法是检查它的日志文件。**日志文件**是应用程序写入各类信息的特殊文件，这些信息一般与应用程序内部所发生的事情有关。如果启动了一个重要的过程，那么一般日志文件中会出现一行对应的信息。当这个过程结束时，日志文件中出现一行对应的信息。对于这个过程内部所发生的事情，很可能也会如此。

错误需要添加到日志文件中，这样当一个问题发生时，我们就可以通过观察日志文件中的信息来检查哪里出现了错误。

在 Python 中，可以使用许多不同的方法设置日志程序。日志程序具有很强的可塑性，我们可以对它进行配置。概括地说，这场游戏的参与者一共有 4 位：日志程序、处理程序、过滤程序和格式化程序。

◆ **日志程序**：提供应用程序可以直接使用的接口。

◆ **处理程序**：把日志记录（由日志程序所创建）发送到适当的目的地。

◆ **过滤程序**：提供一个粒度更精细的工具，以决定哪些记录需要输出。

◆ **格式化程序**：指定日志记录在最终输出中的格局。

我们通过在 Logger 类的实例上调用方法来执行日志程序。我们所添加的每行日志信息都有一个级别。一般所使用的级别包括：DEBUG（调试）、INFO（信息）、WARNING（警告）、ERROR（错误）和 CRITICAL（危急）。我们可以从 logging 模块中导入它们。它们是根据严重性排列的，正确地使用它们是极为重要的，因为它们可以帮助我们通过搜索来过滤日志文件的内容。日志文件通常很快会变得非常庞大，因此在其中正确地写入信息是非常重要的，这样就可以在需要的时候快速找到我们想要的信息。

我们可以把日志信息写入一个文件中，也可以写入一个网络位置、队列、控制台等。一般而言，如果我们在计算机上部署了一个架构，把日志信息写入一个文件中是可以接受的。而如果我们的架构跨越了多台计算机（如在面向服务的架构或微服务架构），实现一个中央化的日志解决方案，从而使我们可以在一个地方存储和查询每个服务的所有日志信息是极为实用的做法。这是一种非常有用的做法，否则通过查询几个来自不同来源的庞大文件来推断什么地方出错是件非常困难的事情。

面向服务的架构（SOA）是软件设计中的一个架构模式，应用程序组件可以通过一个通信协议向其他组件提供服务（一般是通过网络）。这种系统的优美之处在于，如果采用了适当的编码方式，那么每个服务都可以用最适当的语言进行编写代码以实现自己的用途。唯一需要关注的事情是与服务的通信，它需要通过一种公共格式进行，以完成数据的交换。**微服务架构**是 SOA 的演化，但它遵循了一组不同的架构模式。

下面，我展示一个非常简单的日志例子。我们将把一些日志信息写入一个文件中：

```
# log.py
import logging

logging.basicConfig(
    filename='ch11.log',
    level=logging.DEBUG,          #这个文件所捕捉的最低级别
    format='[%(asctime)s] %(levelname)s: %(message)s',
    datefmt='%m/%d/%Y %I:%M:%S %p')

mylist = [1, 2, 3]
logging.info('Starting to process `mylist`...')

for position in range(4):
    try:
        logging.debug(
            'Value at position %s is %s', position, mylist[position]
        )
    except IndexError:
        logging.exception('Faulty position: %s', position)

logging.info('Done parsing `mylist`.')
```

我们逐行对上面的代码进行解释。首先,我们导入了 logging 模块,然后设置了一个基础配置。一般而言,"生成—日志"配置要比这个复杂得多,但我在这里尽可能地保持简单。我们指定了一个文件名、该文件需要捕捉的最低日志级别以及信息的格式。我们将要生成的日志包括时间信息、日志级别和异常信息。

我首先把一条 info 信息写入日志中,它告诉我们如何对我们的列表进行处理。然后,我把某个位置的值写入日志中(这次通过 debug 函数使用了 DEBUG 级别)。我使用了 debug,因为我希望以后能够对这些日志进行过滤(通过把最低级别设置为 logging.INFO 或更高),因为我有可能需要处理更大的列表,因此不想把所有的值都写到日志中。

如果我们得到了 IndexError(肯定能得到这个错误,因为我们对 range(4)进行了循环),我们就调用 logging.exception(),它与 logging.error()相同,但它还会输出回溯信息。

在代码的最后,我把表示完成的另一条 info 信息写入日志中。结果如下所示:

```
# ch11.log
[05/06/2018 11:13:48 AM] INFO:Starting to process `mylist`...
[05/06/2018 11:13:48 AM] DEBUG:Value at position 0 is 1
[05/06/2018 11:13:48 AM] DEBUG:Value at position 1 is 2
[05/06/2018 11:13:48 AM] DEBUG:Value at position 2 is 3
[05/06/2018 11:13:48 AM] ERROR:Faulty position: 3
```

```
Traceback (most recent call last):
  File "log.py", line 15, in <module>
    position, mylist[position]))
IndexError: list index out of range
[05/06/2018 11:13:48 AM] INFO:Done parsing `mylist`.
```

这就是我们对一个在一台计算机上运行（而不是在控制台上）的应用程序进行调试所需要做的事情。我们可以看到发生了哪些事情以及程序所触发的所有异常的回溯信息等。

 本小节所展示的例子只涉及日志的皮毛。要想寻求更深入的解释，可以在 Python 的官方文档的 Python HOWTO 部分寻找相关的信息：Logging HOWTO 和 Logging Cookbook。

日志是一项艺术。我们需要在"把所有东西都写入日志中"和"什么都不写入日志"之间取得平衡。在理想情况下，我们应该把需要确保应用程序正确运行的所有信息都写入日志中，很可能包括所有的错误或异常。

11.1.6　其他技巧

在这一个小节中，我想非常简单地介绍一些非常实用的技巧。

1．性能分析

我们在第 8 章测试、性能分析和异常处理中讨论了性能分析。我在这里再简单地提一下它，因为性能分析有时候可以解释导致某个组件运行速度过于缓慢的奇怪错误。尤其在涉及网络的时候，对应用程序进行计时并检查它必须经历的延时对于理解问题可能出现在哪里是非常有益的。因此，我建议读者熟练掌握性能分析技巧，它对于排除故障也是极为有益的。

2．断言

断言是一种非常出色的方法，它使我们的代码可以保证自己的假设得到验证。如果这些假设都得到了验证，一切都会按顺序进行；如果不是，我们可以得到一个容易处理的优质异常。有时候，相比进行检查，把一些断言放在代码中以排除一些可能性是效率更高的做法。下面我们观察一个例子。

```
# assertions.py
mylist = [1, 2, 3]          # 在理想情况下来自某些位置
assert 4 == len(mylist)     # 将会出错
for position in range(4):
    print(mylist[position])
```

这段代码模拟了 mylist 并不是由我们所定义的情况。但是,我们假设它有 4 个元素。因此我们插入了一个断言,其结果如下:

```
$ python assertions.py
Traceback (most recent call last):
  File "assertions.py", line 3, in <module>
    assert 4 == len(mylist)     # 将会出错
AssertionError
```

断言准确地告诉了我们问题所在。

11.1.7 去哪里寻找相关的信息

在 Python 官方文档中,有一节专门讲述调试和性能分析,我们可以在那里找到与 bdb 调试器有关的信息以及诸如 faulthandler、timeit、trace 和 tracemallock 这样的模块,当然还包括 pdb。只要阅读官方文档,就可以轻松地找到这方面的信息。

11.2 故障排除指南

本节的篇幅很短,它提供了我自己的一些故障排除经验。

11.2.1 使用控制台编辑器

我们可以使用像 **Vim** 或 **nano** 这样的编辑器,但需要同时掌握控制台的基本操作。在出错的时候,编辑器并没有包含功能齐全的调试工具,我们必须连接到一台主机才能进行处理。因此,如果能够用控制台命令浏览自己的生成环境,并且能够使用基于控制台的编辑器对文件进行编辑无疑是非常理想的。这样的编辑器有 vi、Vim 和 nano 等。不要让平常的开发环境束缚自己的手脚。

11.2.2 选择合适的地方放置调试断点

我的第 2 个建议是把调试断点放在什么地方。这个建议与我们所使用的是 print、自定义函数还是 pdb 没什么关系,我们仍然需要选择在什么地方放置以向我们提供信息的调用。

确实,有些地方比其他地方更合适,并且有些方法总是能够更好地处理调试进展的问题。

我一般会避免把断点放在 if 子句中,因为如果这个子句未被执行,就失去了获取我所需要的信息的机会。有时候,要想执行到断点并不是件容易的事情,因此在设置断点之前应该细加思量。

另一件重要的事情是在什么时候开始。假设我们有 100 行代码用于处理数据。数据来自第 1 行，但程序在第 100 行时发生了错误。我们并不知道缺陷在什么地方，因此应该怎么做呢？我们可以在第 1 行设置一个断点，然后耐心地执行每行代码并检查数据。在最坏场景下，在执行了 99 行代码（期间可以喝上好几杯咖啡）之后，我们发现了缺陷所在。因此，我们可以考虑使用一种不同的方法。我们可以先在第 50 行设置断点并进行检查。如果数据良好，意味着缺陷是在第 50 行之后发生的，此时我们可以把断点设置在第 75 行。如果在第 50 行时数据已经出错，我们可以把断点设置在第 25 行。然后，我们重复这个过程，每次把断点向上移动或向下移动，每次都能排除剩下一半的代码。

在最坏情况下，调试过程将从线性方式的 1、2、3、…、99 变成像 50、75、87、93、96、…、99 这样的跳转，速度无疑要快得多。事实上，它是对数时间级的。这种搜索技巧称为**二分搜索**，它基于一种分治策略，具有极高的效率，读者不妨一试。

11.2.3　使用测试进行调试

还记得第 8 章测试、性能分析和异常处理中关于测试的介绍吗？如果代码中存在一个缺陷，并且所有的测试都能顺利通过，那么这就意味着测试代码库存在问题或缺少什么功能。因此，我们可以采取的一种方法是对测试进行修改，对新发现的边缘情况进行测试，然后应用于自己的代码。这种方法可能非常有效，因为它能确保代码中的缺陷会被修正后的测试所捕获。

11.2.4　监视

监视也是非常重要的。软件应用程序在遇到诸如网络故障、队列已满或某个外部组件没有响应等情况时可能会完全失控，表现出非确定性的行为。在这些情况下，对问题发生时的整体情况有个全面的了解并能够通过一种微妙甚至有点神秘的方式与之进行关联是非常重要的。

我们可以监视 API 端点、进程、网页可用性和加载时间以及我们在代码中可以使用的所有东西。一般而言，当我们从头开始设计一个应用程序时，知道怎样对它进行监视非常有助于它的设计。

11.3　总结

本章的篇幅较短，我们了解了对代码进行调试和故障排除的不同技巧和建议。调试是开发人员必不可少的工作之一，因此有必要熟练掌握它。只要态度正确，就会发现它不仅有趣，而且会给我们带来足够的回报。

我们探索了根据函数、日志、调试器、回溯信息、性能分析和断言对代码进行检查的技巧。我们看到了与它们有关的简单例子，并讨论了一些在面临问题时该如何处理的指导方针。

记住要保持冷静、集中注意力，这样调试过程会容易很多。这也是我们必须学习并且熟练掌握的一个技巧。烦躁和紧张会让我们无法正常工作，失去逻辑性和创造力。因此，如果不强调这一点，我们将很难充分利用自己所掌握的知识。

在下一章中，我们打算探索 GUI 和脚本，在更为常见的 Web 应用程序场景中展开一场有趣的旅行。

第 12 章
GUI 和脚本

"用户接口就像笑话一样。如果我们必须对它进行解释，就说明它不够好。"

——马丁·勒布兰克

在本章中，我打算围绕一个项目展开讨论。我们将编写一个简单的扫图程序，从一个网页寻找和保存图像。我们将把注意力集中在以下 3 个部分。

◆ 用 Python 编写一个简单的 HTTP Web 服务器。

◆ 对一个给定的 URL 进行扫图的脚本。

◆ 对一个给定的 URL 进行扫图的 GUI 应用程序。

图形用户接口（**GUI**）是一种接口类型，能够允许用户通过图标、按钮和部件与一种电子设备进行交互。它与基于文本的接口或命令行接口不同，后者需要通过键盘来输入命令或文本。概括地说，所有的浏览器、像 LibreOffice 这样的办公套件以及当我们点击一个图标时将会弹出的任何东西都是 GUI 应用程序。

因此，如果我们以前没有接触过 GUI 编程，现在就是一个很好的学习时机。我们可以启动控制台，并定位到本书的项目根目录中的 **ch12** 文件夹。在这个文件夹中，我们将创建两个 Python 模块（scrape.py 和 guiscrape.py）和一个文件夹（simple_server）。在 simple_server 中，我们将编写自己的 HTML 页面：index.html。图像将存储在 simple_server/img 中。

ch12 文件夹的结构应该像下面这样：

```
$ tree -A
.
```

```
├── guiscrape.py
├── scrape.py
└── simple_server
    ├── img
    │   ├── owl-alcohol.png
    │   ├── owl-book.png
    │   ├── owl-books.png
    │   ├── owl-ebook.jpg
    │   └── owl-rose.jpeg
    ├── index.html
    └── serve.sh
```

如果我们使用的操作系统是 Linux 或 macOS，那么可以仿照我的做法在一个 serve.sh 文件中添加代码并启动 HTTP 服务器。如果是 Windows 操作系统，那么很可能需要使用一个批文件。

我们将要抓取的 HTML 页面具有下面的结构：

```
# simple_server/index.html
<!DOCTYPE html>
<html lang="en">
  <head><title>Cool Owls!</title></head>
  <body>
    <h1>Welcome to my owl gallery</h1>
    <div>
      <img src="img/owl-alcohol.png" height="128" />
      <img src="img/owl-book.png" height="128" />
      <img src="img/owl-books.png" height="128" />
      <img src="img/owl-ebook.jpg" height="128" />
      <img src="img/owl-rose.jpeg" height="128" />
    </div>
    <p>Do you like my owls?</p>
  </body>
</html>
```

这是一个非常简单的网页，我们注意到其中一共有 5 幅图像，其中 3 幅是 PNG 格式，另外两幅是 JPG 格式（注意，尽管它们都是 JPG 格式，但其中一幅图像的扩展名是.jpg，另一幅图像的扩展名是.jpeg，这两种扩展名都是这种格式的合法扩展名）。

Python 免费为我们提供了一个非常简单的 HTTP 服务器，可以用下面的命令启动（在 simple_server 文件夹中）：

```
$ python -m http.server 8000
Serving HTTP on 0.0.0.0 port 8000 (http://0.0.0.0:8000/) ...
```

```
127.0.0.1 - - [06/May/2018 16:54:30] "GET / HTTP/1.1" 200 -
...
```

最后一行是当我们访问 http://localhost:8000 时所得到的日志，这个地址正是为我们的优美页面提供服务的地方。另外，我们可以把命令保存在一个名为 serve.sh 的文件夹中，然后用下面的命令运行这个文件（确保它是可执行文件）：

```
$ ./serve.sh
```

它具有相同的效果。如果运行本书的代码，页面应该看上去像图 12-1 这样。

图 12-1

我们也可以使用其他图像集，只要其中包含了至少一个 PNG 图像和一个 JPG 图像，并且在 src 标签中使用了相对路径而不是绝对路径即可。我是从 OPENCLIPART 网站中获取这些可爱的猫头鹰的。

12.1　第 1 种方法：脚本

现在，我们开始编写脚本。我将通过 3 个步骤来讨论这个脚本的源代码：导入部分、解析参数和业务逻辑。

12.1.1　导入部分

下面是脚本最开始的几行代码：

```
# scrape.py
import argparse
import base64
import json
import os
```

```
from bs4 import BeautifulSoup
import requests
```

我们从上往下讨论这些代码。我们可以看到我们需要对参数进行解析,在这个过程中我们将要输入脚本本身(argparse)。我们需要 base64 库在一个 JSON 文件(json)中保存图像,并需要打开文件用于写入(os)。最后,我们需要使用 BeautifulSoup 来轻松地扫描网页并请求提取它的内容。我假设读者已经熟悉了 requests,因为我们在前几章已经使用过它了。

> 我们将在第 14 章 Web 开发中探索 HTTP 协议和 requests 机制。因此对于现在而言,我们可以把任务简化为执行一个 HTTP 请求提取一个网页的内容。我们可以使用一个诸如 requests 这样的库以代码的方式来完成这个任务,它多少有点类似在浏览器中输入一个 URL 并按下 Enter 键(浏览器随后就会提取一个网页的内容并展示给我们)。

在所有的 import 语句中,只有最后两条不属于 Python 标准库,因此要确保已经安装了它们:

```
$ pip freeze | egrep -i "soup|requests"
beautifulsoup4==4.6.0
requests==2.18.4
```

当然,具体的版本号可能有所不同。如果尚未安装这两个库,可以使用下面的命令进行安装:

```
$ pip install beautifulsoup4==4.6.0 requests==2.18.4
```

现在,我认为唯一有可能对读者造成困惑的是 base64/json 这一对模块,因此我在此对它们稍加解释。

正如我们在前一章中所看到的那样,JSON 是应用程序之间最流行的数据交换格式。它还广泛用于其他用途,如把数据保存到一个文件中。在我们的脚本中,我们打算向用户提供把几幅图像保存为几个图像文件或保存为一个 JSON 文件的功能。在 JSON 中,我们将保存一个字典,其中键就是图像的名称,值就是图像的内容。唯一的问题是用二进制格式保存图像比较复杂,而这正是 base64 库大显身手的场合。

base64 库实际上相当实用。例如,每次当我们发送一封附带了一幅图像的电子邮件时,这幅图像在发送之前会用 base64 进行编码。在接收端,图像会被自动解码为它们原先的二进制格式从而显示图像的内容。

12.1.2 解析参数

既然我们已经讨论了相关的技术细节,现在就可以观察脚本的第 2 部分(它应该位于

scrape.py 模块的最后部分）：

```
if __name__ == "__main__":
    parser = argparse.ArgumentParser(
        description='Scrape a webpage.')
    parser.add_argument(
        '-t',
        '--type',
        choices=['all', 'png', 'jpg'],
        default='all',
        help='The image type we want to scrape.')
    parser.add_argument(
        '-f',
        '--format',
        choices=['img', 'json'],
        default='img',
        help='The format images are _saved to.')
    parser.add_argument(
        'url',
        help='The URL we want to scrape for images.')
    args = parser.parse_args()
    scrape(args.url, args.format, args.type)
```

观察第 1 行代码，它是一种非常常见的脚本用法。根据 Python 官方文档的说法，字符串 __main__ 是顶层代码执行时所在的作用域的名称。当一个模块是从标准输入、脚本或交互性命令行读取时，它的 __name__ 就会被设置为'__main__'。

因此，如果我们把执行逻辑放在这个 if 语句的内部，那么它只有在我们直接运行脚本时才会运行，因为此时它的 __name__ 将是'__main__'。另外，如果我们是从这个模块进行导入的，则它的名称就是其他东西，因此 if 内部的逻辑将不会运行。

我们所做的第一件事情就是定义我们的解析器。我推荐使用标准库模块 argparse，因为它足够简单，功能也相当强大。虽然我们也可以使用其他解析器，但对于这个例子而言，argparse 足以满足我们的所有需要。

我们想向这个脚本输入 3 段不同的数据：需要保存的图像类型、需要保存的图像格式以及需要扫描的网页的 URL。

图像的类型可以是 PNG、JPG 或者两者皆是（默认情况下）。图像的格式可以是图像或 JSON，默认情况下为图像。URL 是唯一必须提供的参数。

因此，我们添加了 -t 选项，另外也允许使用长语法版本 --type。可以提供的格式选项有 all、png 和 jpg。我们默认设置为 all 并添加了一条 help 信息。

我们对 format 参数也进行了类似的设置，允许短语法和长语法（-f 和--format）。最后，我们添加了 url 参数，它是唯一采用不同的方式指定的参数，这样它就不会被当成可选项，而是会作为一个位置参数。

为了对所有的参数进行解析，我们只需要调用 parser.parse_args()。非常简单，不是吗？

最后一行就是触发实际逻辑的地方，也就是调用 scrape 函数，程序会向它传递我们刚刚进行了解析的所有参数。稍后我们将会看到这个函数的定义。argparse 的一个出色特性是如果我们在调用脚本时传递了-h，那么它会自动为我们输出一份漂亮的用法文本。我们可以尝试一下：

```
$ python scrape.py -h
usage: scrape.py [-h] [-t {all,png,jpg}] [-f {img,json}] url

Scrape a webpage.

positional arguments:
  url The URL we want to scrape for images.
optional arguments:
  -h, --help show this help message and exit
  -t {all,png,jpg}, --type {all,png,jpg}
                        The image type we want to scrape.
  -f {img,json}, --format {img,json}
                        The format images are _saved to.
```

如果细加思量，可以发现它的一个真正优点是我们只需要指定参数，而不需要担心用法文本，这意味着每次当我们进行了一些修改之后，不需要与参数的定义进行同步。这是一个非常宝贵的特性。

下面是调用我们的 scrape.py 脚本的一些不同方法，这也说明了类型和格式是可选的，并且我们可以使用短语法或长语法：

```
$ python scrape.py http://localhost:8000
$ python scrape.py -t png http://localhost:8000
$ python scrape.py --type=jpg -f json http://localhost:8000
```

第 1 种方法使用了类型和格式的默认值。第 2 种方法只保存了 PNG 图像，第 3 种方法只保存了 JPG 图像，但是保存格式为 JSON 格式。

12.1.3　业务逻辑

观察了基本的框架之后，我们现在深入实际逻辑之中（如果觉得代码看上去吓人，不必担心，我们将对它进行详细的说明）。在这个脚本中，业务逻辑位于导入部分之后，解析参数部分之前（在 if __name__ 子句之前）：

```
def scrape(url, format_, type_):
    try:
        page = requests.get(url)
    except requests.RequestException as err:
        print(str(err))
    else:
        soup = BeautifulSoup(page.content, 'html.parser')
        images = _fetch_images(soup, url)
        images = _filter_images(images, type_)
        _save(images, format_)
```

我们先讨论 scrape 函数。它所做的第 1 件事情是提取给定的 url 参数所指定的页面。在执行这个任务时不论发生了什么错误，我们都用 RequestException(err)进行捕捉并输出。RequestException 是 requests 库中所有异常类的基类。

但是，如果一切顺利，我们就通过 GET 请求获得了一个页面，然后就可以继续处理（else 分支）并把它的内容输入 BeautifulSoup 解析器。BeautifulSoup 库允许我们立即对一个网页进行解析，而不需要编写在一个页面中寻找所有的图像所需要的所有逻辑，这实际上是我们并不想做的事情。它并不像看上去那么容易，一切都从头开始从来不是一种好的思路。为了提取图像，我们使用_fetch_images 函数并用_filter_images 对它们进行过滤。最后，我们对结果调用_save。

把代码分割在几个名称含义明确的不同函数中可以帮助我们更方便地阅读代码。即使我们还没有看到_fetch_images、_filter_images 和_save 函数的逻辑，但要预测它们的行为丝毫不困难。我们观察下面的定义：

```
def _fetch_images(soup, base_url):
    images = []
    for img in soup.findAll('img'):
        src = img.get('src')
        img_url = f'{base_url}/{src}'
        name = img_url.split('/')[-1]
        images.append(dict(name=name, url=img_url))
    return images
```

_fetch_images 函数将接收一个 BeautifulSoup 对象和一个基本 URL。它所做的事情就是对这个网页上所找到的所有图像进行遍历，并在一个字典中写入与图像有关的名称和 url 信息，将每幅图像写入一个字典中。所有的字典都被添加到 images 列表中，并在最后返回这个列表。

当我们获取一幅图像的名称时，我们采用了一些技巧。我们使用/作为分隔符对 img_url

字符串（http://localhost:8000/img/my_image_name.png）进行了分割，然后取最后一项作为图图像名称。我们可以采用更为健壮的方式完成这个任务，但对这个例子来说有点小题大做了。如果想要观察每个步骤的细节，可以把这个逻辑分解为更小的步骤，然后输出每个更小步骤的结果以帮助自己彻底理解它们。在本书临近结束时，我将展示另一种技巧，用一种效率更高的方法进行调试。

不管怎样，在_fetch_images 函数的最后添加了 print(images)之后，我们将得到下面的结果：

```
[{'url': 'http://localhost:8000/img/owl-alcohol.png', 'name': 'owl-
alcohol.png'}, {'url': 'http://localhost:8000/img/owl-book.png', 'name':
'owl-book.png'}, ...]
```

为了简单起见，我对结果进行了裁剪。我们可以看到每个字典具有一个 url 和 name 的键值对。我们可以用它们按照自己的喜好提取、标识和保存图像。此时，读者可能会问如果图像所在的网页是用绝对路径而不是相对路径指定的，会发生什么情况呢？这是个很好的问题！

答案是这个脚本将无法下载它们，因为它的逻辑所期望的是相对路径。当我考虑到这个问题时，曾打算添加一小段逻辑来解决这个问题。不过考虑在现在这个阶段，它可以作为一个很好的练习由读者来完成，因此我就省略了这个步骤，让读者来修正这个问题。

> 提示：检查 src 变量的起始部分。如果它以 http 开头，则很可能使用了绝对路径。我们可能需要参考 urllib.parse 来完成这个任务。

我希望读者对_filter_images 函数的内部逻辑感兴趣。我想展示如何使用一种映射技巧来检查多个扩展名：

```python
def _filter_images(images, type_):
    if type_ == 'all':
        return images
    ext_map = {
        'png': ['.png'],
        'jpg': ['.jpg', '.jpeg'],
    }
    return [
        img for img in images
        if _matches_extension(img['name'], ext_map[type_])
    ]

def _matches_extension(filename, extension_list):
```

```
name, extension = os.path.splitext(filename.lower())
return extension in extension_list
```

在这个函数中，如果 type_ 是 all，就不需要进行过滤，因此我们简单地返回所有的图像。反之，当 type_ 不是 all 时，我们就从 ext_map 字典中获取允许的扩展名，并用它对列表解析中的图像进行过滤，从而结束这个函数。我们可以看到，通过使用另一个帮助函数 _matches_extension，这个列表解析变得更简单、更容易阅读了。

_matches_extension 所做的事情就是分割图像的名称，获取它的扩展名，并检查它是否在允许的扩展名列表中。我们能不能对这个函数稍微进行改进呢（主要是提升速度）？

我相信读者可能会疑惑为什么我要把所有的图像收集到一个列表中然后再删除它们，而不是在把图像添加到列表之前检查是否需要保存它们。第 1 个原因是我需要让 GUI 应用程序中的 _fetch_images 函数像现在这个样子。第 2 个原因是组合、提取和过滤将会产生一个更长、更复杂的函数，我想尽量降低代码的复杂度。第 3 个原因是我想把这个任务作为练习留给读者：

```
def _save(images, format_):
    if images:
        if format_ == 'img':
            _save_images(images)
        else:
            _save_json(images)
        print('Done')
    else:
        print('No images to save.')


def _save_images(images):
    for img in images:
        img_data = requests.get(img['url']).content
        with open(img['name'], 'wb') as f:
            f.write(img_data)


def _save_json(images):
    data = {}
    for img in images:
        img_data = requests.get(img['url']).content
        b64_img_data = base64.b64encode(img_data)
        str_img_data = b64_img_data.decode('utf-8')
        data[img['name']] = str_img_data
    with open('images.json', 'w') as ijson:
        ijson.write(json.dumps(data))
```

我们继续讨论代码，现在检查_save 函数。我们可以看到，当 images 列表不为空时，它基本上可以看成是个分配器。根据 format_ 变量所存储的内容，我们要么调用_save_images，要么调用_save_json。

我们差不多完成了所有的工作。现在我们转到_save_images 函数。我们对 images 列表进行循环，对于在那里所找到的每个字典，我们在这个图像 URL 上执行一个 GET 请求，并把它的内容保存到一个文件中，并命名为图像本身的名字。

最后，我们进入_save_json 函数的内部。它与前面这个函数非常相似。它的基本工作就是填充 data 字典。图像的名称是键，它的二进制内容的 Base64 表示形式是值。当我们完成了字典的填充之后，就使用 json 库把它放到 images.json 文件中。下面是它的一个简短的预览：

```
# images.json (truncated)
{
    "owl-alcohol.png": "iVBORw0KGgoAAAANSUhEUgAAASwAAAEICA...
    "owl-book.png": "iVBORw0KGgoAAAANSUhEUgAAASwAAAEbCAYAA...
    "owl-books.png": "iVBORw0KGgoAAAANSUhEUgAAASwAAAElCAYA...
    "owl-ebook.jpg": "/9j/4AAQSkZJRgABAQEAMQAxAAD/2wBDAAEB...
    "owl-rose.jpeg": "/9j/4AAQSkZJRgABAQEANAA0AAD/2wBDAAEB...
}
```

就是这样了！现在，在学习下一节之前，读者要确保熟悉这个脚本并理解它的工作方式，也可以尝试修改一些东西、输出中间结果、添加一个新参数或新功能，或者对逻辑进行优化。现在，我们打算把它融入一个 GUI 应用程序中，后者增加了一个新的复杂度，因为我们必须要创建 GUI 接口，所以熟悉这个应用程序的业务逻辑是非常重要的，这样我们才能把注意力集中在代码的剩余部分。

12.2 第 2 种方法：GUI 应用程序

Python 提供了几个库用于编写 GUI 应用程序，其中最著名的是 **Tkinter**、**wxPython**、**PyGTK** 和 **PyQt**。它们都提供了范围极广的工具和部件，都可用于编写 GUI 应用程序。

在本章的剩余部分，我打算使用的库是 Tkinter。**Tkinter** 表示 **Tk 接口**，它是 Tk GUI 工具箱的标准 Python 接口。Tk 和 Tkinter 在大多数 Unix 系统和 macOS X 系统中都是可用的，在 Windows 系统中也是如此。

我们可以运行下面这条命令，确保自己的系统中已经正确地安装了 Tkinter：

```
$ python -m tkinter
```

它应该会打开一个对话框窗口，演示一个简单的 Tk 接口。如果我们可以看到这个窗口，说明已经正确地安装了这个库。如果不成功，可以搜索 Python 官方文档中关于 tkinter 的内容。我们可以在那里找到一些资源的链接，从而帮助我们安装并运行这个库。

我们打算创建一个非常简单的 GUI 应用程序，它的行为基本上与我们在本章前半部分所看到的脚本相同。我们不会单独地添加功能保存 JPG 或 PNG 图像，但是在完成本章的学习之后，我们应该能够熟练地编写代码，添加自己想要的功能。

图 12-2 就是我们的目标。

是不是很华丽？我们可以看到，这是一个非常简单的界面（这是在 mac 计算机中应该呈现的样子）。它包含了一个框架（即容器），里面是 **URL** 字段和 **Fetch info** 按钮。它还包含了另一个框架，里面是一个用于容纳图像名称的 **Listbox**（**Content**）以及用于控制图像保存格式的单选按钮，

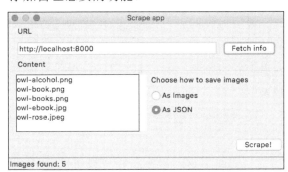

图 12-2

最后还有一个位于底部的 **Scrape!** 按钮。窗口中还有一个状态栏，它向我们显示了一些信息。

为了实现这个布局，我们可以把所有的部件都放在根窗口中，但这样会导致布局逻辑相当混乱，从而导致不必要的复杂性。因此，我们使用框架把空间分隔为几个部分，把部件分别放在这几个框架中。这种方式可以实现更为出色的结果。图 12-3 就是这个应用程序的布局草图。

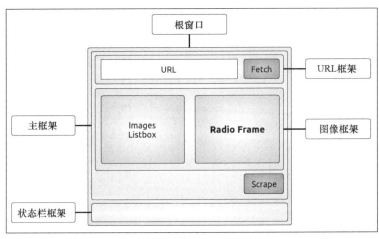

图 12-3

我们有一个 **Root Window**（根窗口），它是应用程序的主窗口。我们把它划分为两行，

第 1 行用于放置 **Main Frame**（主框架），第 2 行用于放置 **Status Frame**（状态栏框架，用于容纳状态栏文本）。**Main Frame** 又被划分为 3 列。在第 1 列中，我们放置了 **URL Frame**，用于容纳 **URL** 部件。在第 2 列中，我们放置了 **Img Frame**（图像框架），用于容纳 **Listbox**（列表框）和 **Radio Frame**（单选按钮框架），后者又包含了一个标签和单选按钮部件。最后的第 3 列用于容纳 **Scrape** 按钮。

为了对框架和部件进行布局，我们将使用一个布局管理器，称为 **grid**。它能够简单地把空间划分为行和列，就像矩阵一样。

现在，我们打算编写的所有代码都来自 guiscrape.py 模块。因此，为了节省空间，我不会重复每个片段的内容。这个模块从逻辑上可以分为 3 个部分，与脚本版本颇为相似：导入部分、布局逻辑和业务逻辑。我们打算根据这 3 个部分对代码进行逐行的分析。

12.2.1　导入部分

导入部分与脚本版本相似，区别在于这里我们没有导入 argparse，因为它不再需要。另外，我们还新添加了两行：

```
# guiscrape.py
from tkinter import *
from tkinter import ttk, filedialog, messagebox
...
```

第 1 行是在处理 tkinter 时相当常见的做法，尽管在一般情况下使用*语法进行导入并不是很好的做法。它有可能导致名称冲突，如果模块太大，导入所有东西的开销也会变得非常巨大。

接着，我们显式地导入了 ttk、filedialog 和 messagebox，并遵循了这个库的常规使用方法。ttk 是一组新的风格化部件。它们的风格基本上与旧部件相同，但它们能够根据操作系统所设置的风格正确地绘制自身，这是非常出色的特性。

导入部分的剩余语句（已省略）是为了实现我们已经熟知的任务所需要的。注意在第 2 部分中，我们不需要使用 pip 进行安装，一切都已经就绪。

12.2.2　布局逻辑

我打算逐块进行展示，这样可以很方便地进行解释。我们可以看到，我们在布局草图中所讨论的这些片段被排列和聚集在一起。我打算展示的（就像前面的脚本一样）是 guiscrape.py 模块的最后一部分。中间部分的业务逻辑将在最后再讨论：

```
if __name__ == "__main__":
```

```
_root = Tk()
_root.title('Scrape app')
```

现在我们已经知道，只有当模块直接运行时才需要执行实际的逻辑，因此第 1 行代码并不会让我们吃惊。

在最后两行中，我们设置了主窗口，它是 Tk 类的一个实例。我们对它进行实例化并提供了一个标题。注意，我使用了下划线前缀表示 tkinter 对象的所有名称，这是为了避免与业务逻辑中的名称发生潜在的冲突。我觉得这种方法可以使代码更为清晰，当然读者也可以有不同的看法。

```
_mainframe = ttk.Frame(_root, padding='5 5 5 5')
_mainframe.grid(row=0, column=0, sticky=(E, W, N, S))
```

这两行代码用于设置 **Main Frame**，它是个 ttk.Frame 实例。我们把 _root 设置为它的父对象并进行了一些 padding（内边距）设置。padding 是一种以像素为单位的间隔方式，用于表示内部的内容和边界之间应该插入多少空间，从而使布局看上去更漂亮一点，否则部件之间排列得过于紧密，看上去就像密密麻麻的沙丁鱼一样。

第 2 行更为有趣。我们把 _mainframe 放在父对象（_root）的第 1 行 row (0)和第 1 列 column(0)中。我们还在 sticky 参数中指定了 4 个方向，用于表示这个框架需要向每个方向进行扩展。读者可能会疑惑它们来自何方，它们是由 from tkinter import *为我们带来的。

```
_url_frame = ttk.LabelFrame(
    _mainframe, text='URL', padding='5 5 5 5')
_url_frame.grid(row=0, column=0, sticky=(E, W))
_url_frame.columnconfigure(0, weight=1)
_url_frame.rowconfigure(0, weight=1)
```

接着，我们开始放置 **URL Frame**。这次的父对象是 _mainframe，这正是我们在草图中所设计的。它不仅仅是个简单的 Frame，实际上还是个 LabelFrame（标签框架）。这意味着我们可以设置文本参数，并期望围绕这段文本绘制一个矩形，文本的内容将出现在这个矩形的左上方（可以参考前面的草图）。我们把这个框架放在（0，0）处，并指定它向左边和右边扩展。我们并不需要让它向其他两个方向扩展。

最后，我们使用 rowconfigure 和 columnconfigure 确保它在改变大小之后具有正确的行为。这只是我们的当前布局所使用的一种形式。

```
_url = StringVar()
_url.set('http://localhost:8000')
_url_entry = ttk.Entry(
    _url_frame, width=40, textvariable=_url)
_url_entry.grid(row=0, column=0, sticky=(E, W, S, N), padx=5)
```

```
_fetch_btn = ttk.Button(
    _url_frame, text='Fetch info', command=fetch_url)
_fetch_btn.grid(row=0, column=1, sticky=W, padx=5)
```

现在，我们编写代码设置 URL 文本框和_fetch 按钮的布局。这种环境中的文本框称为 Entry。我们像往常一样对它进行实例化，把_url_frame 设置为它的父对象，并指定它的宽度。接着是最有趣的部分，我们把 textvariable 参数设置为_url。_url 是个 StringVar 类型的对象，这里是与 Entry 进行连接，用于操控它的内容。因此，我们并不需要直接修改_url_entry 实例中的文本，而是通过访问_url 来完成这个任务。在这个例子中，我们对_url 调用 set 方法，即把它的初始值设置为我们的本地网页的 URL。

我们把_url_entry 放在（0, 0）处，并设置为向 4 个主要方向扩展，同时使用 padx 在左边缘和右边缘设置一些额外的内边距，padx 用于设置 x 轴（水平）方向的内边距。另外，pady 用于设置 y 轴（垂直）方向的内边距。

到了现在，我们应该能够理解当我们在一个对象上调用.grid 方法时，相当于告诉 grid 布局管理器根据我们在 grid()调用中的参数所指定的规则把这个对象放在某个地方。

类似地，我们设置并放置了_fetch 按钮。唯一有趣的参数是 command=fetch_url。这意味着当我们点击这个按钮时，我们就调用了 fetch_url 函数。这个技巧称为**回调**。

```
_img_frame = ttk.LabelFrame(
    _mainframe, text='Content', padding='9 0 0 0')
_img_frame.grid(row=1, column=0, sticky=(N, S, E, W))
```

这是我们在布局草图中称为 **Img Frame**（图像框架）的东西。它放置在父对象 _mainframe 的第 2 行，用于容纳 **Listbox** 和 **Radio Frame**。

```
_images = StringVar()
_img_listbox = Listbox(
    _img_frame, listvariable=_images, height=6, width=25)
_img_listbox.grid(row=0, column=0, sticky=(E, W), pady=5)
_scrollbar = ttk.Scrollbar(
    _img_frame, orient=VERTICAL, command=_img_listbox.yview)
_scrollbar.grid(row=0, column=1, sticky=(S, N), pady=6)
_img_listbox.configure(yscrollcommand=_scrollbar.set)
```

上面这段很可能是整个布局逻辑中最为有趣的部分。就像设置_url_entry 一样，我们需要把 Listbox 连接到一个_images 变量来驱动它的内容。我们把 Listbox 的父对象设置为 _img_frame，把_images 设置为它所连接的变量。另外，我们还传递了一些维度选项。

有趣之处来自_scrollbar 实例。注意，当我们对它进行实例化的时候，我们把它的命令设置为了_img_listbox.yview。这是 Listbox 和 Scrollbar（滚动条）之间的契约的前半部分。另半部分是由_img_listbox.configure 方法所提供的，它用于设置 yscrollcommand=_scrollbar.set。

通过提供这种相互之间的绑定，当我们在 Listbox 上进行滚动时，Scrollbar 也会相应地移动。反过来也是一样，当我们对 Scrollbar 进行操作时，Listbox 也会相应地滚动。

```
_radio_frame = ttk.Frame(_img_frame)
_radio_frame.grid(row=0, column=2, sticky=(N, S, W, E))
```

我们放置了 **Radio Frame**，并准备填充它的内容。注意 Listbox 占据_img_frame 的（0,0）位置，Scrollbar 占据（0,1）位置，因此_radio_frame 将出现在（0,2）位置。

```
_choice_lbl = ttk.Label(
    _radio_frame, text="Choose how to save images")
_choice_lbl.grid(row=0, column=0, padx=5, pady=5)
_save_method = StringVar()
_save_method.set('img')
_img_only_radio = ttk.Radiobutton(
    _radio_frame, text='As Images', variable=_save_method,
    value='img')
_img_only_radio.grid(
    row=1, column=0, padx=5, pady=2, sticky=W)
_img_only_radio.configure(state='normal')
_json_radio = ttk.Radiobutton(
    _radio_frame, text='As JSON', variable=_save_method,
    value='json')
_json_radio.grid(row=2, column=0, padx=5, pady=2, sticky=W)
```

我们先放置了标签，并为它提供了一些内边距。注意，标签和单选按钮都是_radio_frame 的子对象。

与 Entry 和 Listbox 对象一样，Radiobutton 也是通过与一个外部变量的绑定而驱动的，这个变量称为_save_method。每个 Radiobutton 实例设置了一个值参数，通过检查_save_method 的值，我们就知道是哪个按钮被选中。

```
_scrape_btn = ttk.Button(
    _mainframe, text='Scrape!', command=save)
_scrape_btn.grid(row=2, column=0, sticky=E, pady=5)
```

在_mainframe 的第 3 行，我们放置了 **Scrape!** 按钮。它的命令是 save，它会在我们成功地解析了一个网页之后保存 Listbox 中所列出的图像。

```
_status_frame = ttk.Frame(
    _root, relief='sunken', padding='2 2 2 2')
_status_frame.grid(row=1, column=0, sticky=(E, W, S))
_status_msg = StringVar()
```

```
_status_msg.set('Type a URL to start scraping...')
_status = ttk.Label(
    _status_frame, textvariable=_status_msg, anchor=W)
_status.grid(row=0, column=0, sticky=(E, W))
```

布局部分的最后一个步骤是放置状态框架，它是一个简单的 ttk.Frame。为了向它提供一些状态栏的效果，我们可以把它的 relief 属性设置为 sunken，并统一为它设置两个像素的内边距。它需要向_root 窗口的左边、右边和底部扩展，因此我们把它的 sticky 属性设置为（E, W, S）。

然后，我在它里面放置了一个标签，这次我们把它连接到一个 StringVar 对象，因为我们必须在每次想对状态栏文本进行更新时对它进行修改。现在，我们应该已经熟悉了这个技巧。

最后，在最后一行，我们通过在 Tk 实例上调用 mainloop 方法运行这个应用程序：

```
_root.mainloop()
```

请记住，所有这些指令都是出现在原先脚本的 if __name__ =="__main__":子句的下面。

我们可以看到，设计 GUI 应用程序的代码并不困难。当然，在一开始，我们需要花点时间进行熟悉。在第一次尝试的时候，并不是所有的东西都会完美地运行。但是我可以保证，这个过程是非常容易的，并且我们可以在网上找到丰富的教程。现在我们转到有趣的部分，也就是这个程序的业务逻辑。

12.2.3　业务逻辑

我们将分 3 块来分析这个 GUI 应用程序的业务逻辑。它们分别是提取逻辑、保存逻辑和警示逻辑。

1．提取逻辑

我们先来分析提取页面和图像的代码：

```
config = {}

def fetch_url():
    url = _url.get()
    config['images'] = []
    _images.set(())      # 初始化为一个空元组
    try:
        page = requests.get(url)
    except requests.RequestException as err:
```

```
            _sb(str(err))
        else:
            soup = BeautifulSoup(page.content, 'html.parser')
            images = fetch_images(soup, url)
            if images:
                _images.set(tuple(img['name'] for img in images))
                _sb('Images found: {}'.format(len(images)))
            else:
                _sb('No images found')
            config['images'] = images

def fetch_images(soup, base_url):
    images = []
    for img in soup.findAll('img'):
        src = img.get('src')
        img_url = f'{base_url}/{src}'
        name = img_url.split('/')[-1]
        images.append(dict(name=name, url=img_url))
    return images
```

让我解释一下config字典。我们需要某种方式在GUI应用程序和业务逻辑之间传递数据。现在，我不想让很多不同的变量来污染全局名字空间，所以我根据我的个人喜好，用一个字典来保存需要来回传递的所有对象，这样就不会在全局名字空间中充斥这些名称。现在我们就有了一种单一、清晰、容易的方法知道我们的应用程序所需要的所有对象都放在哪里。

在这个简单的例子中，我们简单地使用从网页所提取的图像来生成 config 字典，但我还想通过这个例子展示一种技巧，这种技巧来自我的 JavaScript 编程经验。当我们为一个网页编写代码时，常常会导入几个不同的库。如果每个库都在全局名字空间中充斥了所有类型的变量，那么就有可能出现问题，因为有可能出现名称冲突和变量重写。

因此，更好的方法是让全局名字空间尽可能干净。在这个例子中，我认为使用一个config 变量是非常适合的。

fetch_url 函数与我们在脚本中所编写的函数极为相似。我们通过调用_url.get()来获取 url 值。记住，_url 对象是个 StringVar 实例，它连接到的是 _url_entry 对象，后者是一个 Entry 类型的对象。我们在 GUI 中所看到的文本框是 Entry 对象，但后台的文本却是这个 StringVar 对象的值。

通过在_url 上调用 get()，我们就得到了文本的值，它将显示在_url_entry 中。

下一个步骤是准备 config['images']，使之成为一个空列表，并清空连接到_img_listbox 的 _images 变量。当然，这个操作的效果就是清空_img_listbox 中的所有项。

在这个准备步骤之后，我们可以使用与本章开头的脚本中所采用的相同的 try/except 逻辑来提取网页。有一个区别是在出现错误的情况下所采取的行动。我们调用了 _sb(str(err))，_sb 是个帮助函数，稍后我们将看到它的代码。它基本上相当于为我们在状态栏上设置文本。是不是觉得这个名称不是很好？我会解释它的行为，它值得我们品味。

如果我们可以提取网页，我们就创建 soup 实例并从它提取图像。fetch_images 的逻辑与前面所解释的完全相同，因此这里不再重复。

如果提取到了图像，就使用一个简单的元组解析（它实际上是个传递给元组构造函数的生成器表达式），我们以 StringVar 的形式输入_images，其效果是用所有的图像名填充我们的_img_listbox。最后，程序更新状态栏。

如果没有提取到图像，程序仍然会更新状态栏。在这个函数的最后，不管找到了多少幅图像，都会更新 config['images'] 以容纳 images 列表。按照这种方式，我们可以检查 config['images'] 从而在其他函数中访问 images，而不必向这些函数传递这个列表。

2．保存逻辑

保存图像的逻辑相当简单，如下所示：

```python
def save():
    if not config.get('images'):
        _alert('No images to save')
        return

    if _save_method.get() == 'img':
        dirname = filedialog.askdirectory(mustexist=True)
        _save_images(dirname)
    else:
        filename = filedialog.asksaveasfilename(
            initialfile='images.json',
            filetypes=[('JSON', '.json')])
        _save_json(filename)

def _save_images(dirname):
    if dirname and config.get('images'):
        for img in config['images']:
            img_data = requests.get(img['url']).content
            filename = os.path.join(dirname, img['name'])
            with open(filename, 'wb') as f:
                f.write(img_data)
        _alert('Done')
```

```
def _save_json(filename):
    if filename and config.get('images'):
        data = {}
        for img in config['images']:
            img_data = requests.get(img['url']).content
            b64_img_data = base64.b64encode(img_data)
            str_img_data = b64_img_data.decode('utf-8')
            data[img['name']] = str_img_data

        with open(filename, 'w') as ijson:
            ijson.write(json.dumps(data))
        _alert('Done')
```

当用户点击 **Scrape!** 按钮时，save 函数就会通过回调机制被调用。

这个函数所做的第一件事情是检查实际上是否有任何图像需要保存。如果没有，它就会通过另一个帮助函数 _alert 提醒用户这个情况。稍后我们将看到这个函数的代码。如果没有图像，就不需要执行进一步的操作。

而如果 config['images'] 列表并不为空，save 的行为就像一个分配器一样，它会根据 _same_method 变量的值调用 _save_images 或 _save_json。记住，这个变量被连接到单选按钮，因此我们可以期望它的值是 img 或 json。

这个分配器与脚本中的那个函数略有不同。根据我们选择的方法不同，必须采取一种不同的行动。

如果我们想把图像保存为图像，就需要询问用户选择一个目录。我们通过调用 filedialog.askdirectory 并把这个调用的结果赋值给 dirname 变量来完成这个任务。它将打开一个漂亮的对话框，要求我们选择一个目录。我们所选择的目录必须已经存在，这是我们调用这个方法的方式所要求的。

这样就可以了，我们不需要编写代码处理在保存文件时目录不存在的潜在情况。

图 12-4 是这个对话框在 mac 计算机上看上去的样子。

如果我们取消操作，dirname 将被设置为 None。

在完成对 save 逻辑的分析之前，我们先简单讨论一下 _save_images 函数。

它与我们在脚本中所编写的版本非常相似，因此我们只需要注意，在一开始为了保证我们实际上可以进行一些操作，我们不仅对 dirname 进行了检查，而且还检查了 config['images'] 中是否至少有一幅图像。

如果符合要求，这就意味着至少有一幅图像需要保存，并且它的保存路径是合法的，这样我们就可以继续进行处理。前面我们已经解释了保存图像的逻辑，这次我们所做的一件不同的事情是通过 os.path.join 将目录（表示完整的路径）与图像名进行合并。

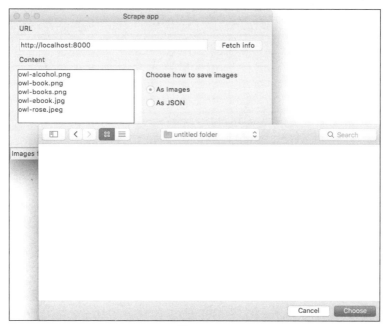

图 12-4

在_save_images 函数的最后，如果我们至少保存了一幅图像，我们就会提醒用户已经完成了任务。

现在我们回到 save 函数的另一个分支。这个分支是当用户在点击 **Scrape！** 按钮之前选择了 **As JSON** 单选按钮时执行的。在这种情况下，我们想要保存一个文件，因此我们无法简单地询问一个目录。我们还希望用户能选择一个文件名。因此，我们触发一个不同的对话框：filedialog.asksaveasfilename。

我们传递初始的文件名，作为向用户提供的建议。如果用户不喜欢这个文件名，可以对它进行修改。而且，由于我们所保存的是 JSON 文件，因此传递 filetypes 参数可以迫使用户使用正确的扩展名。它是个列表，包含了任意数量的二元组（描述，扩展名），用于运行这个对话框的逻辑。

图 12-5 是这个对话框在 MacOS 中的样子。

选择了位置和文件名之后，我们就可以继续执行保存逻辑，它与前面的脚本方法相同。程序会根据一个 Python 字典（data）创建一个 JSON 对象，然后通过 images 的名称和 Base64

编码的内容来填充键值对。

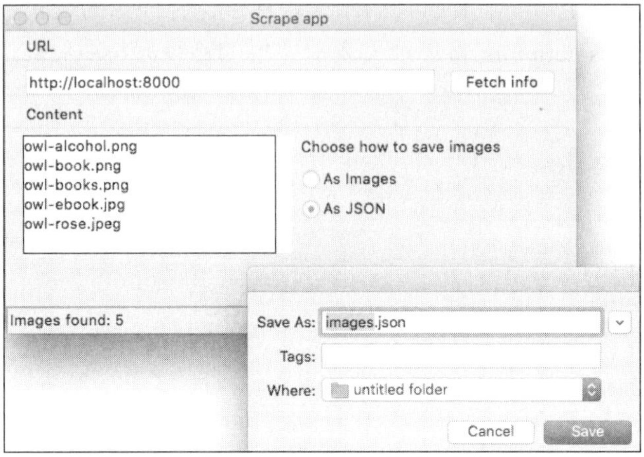

图 12-5

在_save_json 中，我们在一开始也要进行检查，确保具有文件名并且至少有一幅图像需要保存时才继续进行处理。这就保证了当用户点击 **Cancel** 按钮后，不会发生糟糕的事情。

3. 警示逻辑

最后，让我们观察警示逻辑，它极其简单：

```
def _sb(msg):
    _status_msg.set(msg)

def _alert(msg):
    messagebox.showinfo(message=msg)
```

就是这样了！为了更改状态栏的状态，我们需要做的就是访问_status_msg 这个 StringVar 对象，因为后者被连接到_status 标签。

如果我们想向用户显示视觉效果更明显的信息，可以触发一个消息框。图 12-6 是消息框在 MacOS 中的样子。

这个 messagebox 对象也可以用于警告用户（messagebox.showwarning）或提示用户出现了错误（messagebox.showerror）。而且，它还可以用于提供对话框，询问是否确实要执行当前的操作，如删除文件等。

如果我们简单地通过输出 dir(messagebox)所返回的内容来对 messagebox 进行检查，将会发现像 askokcancel、askquestion、askretrycancel、askyesno 和 askyesnocancel 这样的方法，另外还可以发现一组用于验证用户的响应的常量，如 CANCEL、NO、OK、OKCANCEL、

YES 和 YESNOCANCEL。我们可以把它们与用户的选择进行比较，这样就可以知道当对话框关闭时所应该执行的下一个操作是什么。

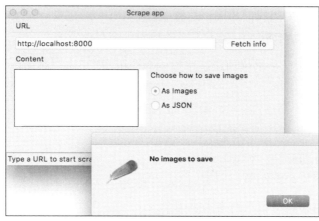

图 12-6

12.2.4　改进 GUI 应用程序

既然我们已经熟悉了设计 GUI 应用程序的基础知识，现在我将提供一些建议用以改进这个应用程序。

我们可以从代码的质量入手。我们是觉得这些代码已经足够好？还是存在进一步的完善空间？如果存在完善空间，又该如何着手？我将对它进行测试，确保它足够健壮并且能够妥善地处理用户在应用程序中点击鼠标时可能出现的各种场景。我还需要确保当我们所扫描的网站由于各种原因无法访问时，应用程序所表现的行为与我预期的一样。

另一处可以改进的地方是命名。我对所有的组件进行命名时都很谨慎地加上了下划线前缀。这不仅可以强调它们的私有性质，同时也可以避免与它们所链接的底层对象发生名称冲突。但是回过头来思考，许多组件其实可以使用更好的名称，因此我们可以根据自己的意愿对它们进行重构。例如，我们可以为_sb 函数提供一个更好的名称！

至于用户界面，我们可以试着改变主应用程序的大小，观察会发生什么情况，整个内容是否仍然会保持原样。如果我们扩大了主界面，多出来的地方就会显示为空白。如果我们不断缩小主界面，所有部件就会逐渐消失。这个行为并不理想，因此一个简单的解决方案是使根窗口保持固定（即无法改变大小）。

我们对应用程序可以进行的另一处改进就是添加脚本所提供的功能，也就是使应用程序能够单独保存 PNG 或 JPG 图像。为了完成这个任务，我们可以在某个地方放置一个组合框，它包含了 3 个值：ALL、PNG 和 JPG，或者其他类似的条目。用户在保存图像之前应该能够在这些选项中选择其一。

我们甚至可以更进一步，更改 Listbox 的声明，使它能够同时选择多幅图像，只有被选中的图像才会被保存。如果我们想尝试这种做法（相信我，它并不像看上去那么困难），可以考虑优化 Listbox 的显示形式，如为不同的行提供交替的背景颜色。

我们可以提供的另一个出色功能是添加一个按钮，打开一个对话框以便选择一个文件。这个文件必须是应用程序可以生成的 JSON 文件之一。一旦选择了这样的文件，就可以运行一些逻辑，从而根据它们的 Base64 编码的版本重新构建图像。这个任务的逻辑非常简单，下面就是一个例子：

```
with open('images.json', 'r') as f:
    data = json.loads(f.read())

for (name, b64val) in data.items():
    with open(name, 'wb') as f:
        f.write(base64.b64decode(b64val))
```

我们可以看到，我们需要以读取模式打开 images.json，并且选取 data 字典。一旦选取了这个字典，我们就可以对它的元素进行循环，用 Base64 解码的内容保存每幅图像。我把使用这个逻辑链接到应用程序中的一个按钮的任务作为练习留给读者。

我们可以添加的另一个很酷的特性是提供打开一个预览面板的功能，以显示我们在 Listbox 中所选择的任何图像，这样用户在决定保存图像之前可以先对它们进行预览。

关于这个应用程序的最后一个建议是添加一个菜单。可能一个简单的 File 菜单就可以提供通常的 **Help** 或 **About** 功能。添加菜单并不复杂，我们还可以在菜单中添加文本、快捷键以及图像等。

12.3　进一步了解 GUI 应用程序

如果读者对深入挖掘 GUI 应用程序的世界非常感兴趣，我可以提供下面这些建议。

12.3.1　turtle 模块

turtle 模块是对 Python 2.5 版本之前的标准发布中的 eponymous 模块的一种扩展的重新实现，它是一种非常流行的在编程中引入子对象的方式。

它建立在一个虚拟的海龟初始位于笛卡儿平面的 $(0, 0)$ 处的思路之上。我们可以使用编程的方式命令海龟向前或向后移动以及进行旋转等操作。组合所有可能的移动可以绘制所有类型的复杂形状和图像。

这个模块显然极为值得探索，哪怕只是为了领略一种不同的风景。

12.3.2　wxPython、PyQt 和 PyGTK

探索了广阔的 tkinter 领域之后，我建议对其他 GUI 程序库也进行探索，包括 wxPython、PyQt 和 PyGTK。读者可能会发现这些程序库更加适合自己的工作，或者使用它们可以更容易编写自己所需的应用程序。

我相信，只有当程序员对他们可以使用的工具感到好奇之后才能实现他们的思路。如果我们能够使用的工具集太小，那么我们的思路很可能难以实现或者根本无法实现，从而使它们仅仅停留在思路上。

当然，如今的技术类型极其庞大，要想了解所有的工具是不可能的。因此，当我们打算学习一项新的技术或一个新的主题时，我的建议是先通过探索它的宽度来增长自己的见识。

对一些技术或工具进行调查，并深入探索其中一个或几个看上去最有前景的。通过这种方式，我们至少能够熟练掌握一种技术或工具，当这种技术或工具无法满足自己的需要时，也能够知道应该往哪个方向深入挖掘，这也是得益于以前所进行的探索。

12.3.3　最小惊讶原则

在设计应用程序的界面时，需要记住许多不同的原则。其中对我来说是非常重要的就是**最小惊讶原则**。它的基本含义是：如果我们所设计的一个必要特性具有很强的惊讶因素，那么我们很可能需要重新设计自己的应用程序。例如，当我们习惯了使用 Windows 操作系统，习惯了最小化、最大化和关闭窗口的按钮是在窗口的右上角，就会对 Linux 操作系统很不适应，因为这些功能在 Linux 操作系统中出现在左上角。我们会自然而然地往右上角寻找这些按钮，然后发现它们是在另一边。

如果应用程序中的某个按钮非常重要，被设计者放在了一个显著的位置，那么就不要试图对它进行更改，我们只要遵照约定即可。如果用户必须浪费时间寻找一个原来在这个位置现在却被挪往其他位置的按钮，无疑会感到沮丧。

忽视了这个原则就是我与诸如 Jira 这样的产品失之交臂的原因。它花费了我几分钟的时间去完成那些实际上只需要几秒钟就可以完成的事情。

12.3.4　线程方面的考虑

这个话题超出了本书的范围，但我还是想稍微提一下。

如果我们所编写的 GUI 应用程序在一个按钮被点击时需要执行一个长时间的操作，那么我们将会发现自己的应用程序会被冻结，直到这个操作完成。为了避免这种情况并维护应用程序的响应能力，我们可以在一个不同的线程（甚至是一个不同的进程）中运行这个耗时良久的操作，这样操作系统随时可以为 GUI 应用程序分配一些运行时间，使它具有响应能力。

首先要熟练掌握基础知识，然后才能对它们进行有趣的探索！

12.4　总结

在本章中，我们围绕一个项目展开讨论。我们编写了一个脚本用于对一个简单的网页进行扫图，并提供了一些命令选项以便在完成这个任务时更改它的行为。

我们还创建了一个 GUI 应用程序，通过点击按钮而不是在控制台进行输入来完成相同的任务。我希望读者在阅读本章时能够充满乐趣，就像我在编写本章时满怀激情一样。

我们看到了许多不同的概念，如对文件进行操作以及执行 HTTP 请求。我们还讨论了关于可用性和设计的指导方针。

本章所介绍的知识仅仅是些皮毛，但我希望它能够作为一个良好的起点，帮助读者更深入地探索这个主题。

在这一章中，我提出了对 GUI 应用程序进行改进的一些不同方法，并为读者留下了一些练习和问题。我希望读者能够花点时间研究这些思路。读者可以通过研究一个像本章这样的有趣应用程序学习很多东西。

在下一章中，我们将讨论数据科学，使读者至少对 Python 程序员在面临这个主题时可以使用的工具有所了解。

第 13 章
数据科学

"如果我们有数据，那么就观察数据。如果我们都有自己的思路，那么就按我的思路来。"

—— 吉姆·巴克斯戴尔（Jim Barksdale），Netscape 前 CEO

数据科学是一个范围极广的术语，根据不同的上下文、不同的理解和不同的工具等具有几种不同的含义。有无数的书籍是围绕这个主题编写的，心志不够坚强的人是不适合探索这个主题的。

为了在程序中实现适当的数据科学功能，我们至少需要熟悉数学和统计学。然后，我们还可能需要深入挖掘其他主题，如模式识别和机器学习。当然，我们可以从大量的语言和工具中进行选择。

我不会在这里讨论所有的概念。因此，为了让本章的内容更有意义，我们打算围绕一个非常酷的项目展开讨论。

大约是在 2012 年或 2013 年，我在伦敦的一家顶级社交媒体公司工作。我在那里得了两年，我有幸与一些履历极为耀眼的人士共事。我们可能是世界上第一批接触到 Twitter Ads API 的人，我们与 Facebook 也是伙伴关系。这意味着我们会接触到大量的数据。

我们的分析师的工作就是处理海量的推广活动，他们挣扎于忙不完的工作，因此我所在的开发队伍向他们介绍了 Python 以及 Python 用于处理数据的工具，以帮助他们从繁忙的工作中解脱出来。这是一段非常有趣的经历。我在公司中指导了一些人，最终导致我被派往马尼拉，在两个星期的时间内为当地的分析师提供 Python 和数据科学的高强度训练。

我们在本章中将要完成的项目是我在马尼拉向我的学生所展示的最后一个例子的轻量级版本。我对它进行了改写使之适应本章的篇幅，并出于教学的目的做了一些调整。但是，所有的主要概念依然存在，因此它应该非常有趣，并且很有教学意义。

具体地说，我们将探索下面这些主题。

◆ Jupyter Notebook。

◆ Pandas 和 NumPy：Python 中用于数据科学的主要程序库。

◆ 围绕 Pandas 的 DataFrame 类的一些概念。

◆ 创建和操纵数据集。

我们先讨论一个名称来自罗马神话的主题。

13.1 IPython 和 Jupyter Notebook

在 2001 年，Fernando Perez 还是科罗拉多大学博尔德分校物理系的一位研究生。他试图对 Python shell 进行改进，融入他在使用 Mathematical 和 Maple 这样的工具时所体验的优美特性。他的努力成果导致了 **IPython** 的诞生。

概括地说，这个简短脚本一开始是作为 Python shell 的增强版本，后来在其他程序员的努力下以及一些不同公司的赞助下，如今已经成长为一个优秀而成功的项目。在它诞生差不多 10 年之后，一种 Notebook 环境在诸如 WebSockets、Tornado Web 服务、jQuery、CodeMirror 和 MathJax 这样的技术的驱动之下创建成功。ZeroMQ 库也用于在 Notebook 接口以及它背后的 Python 内核之间处理消息。

IPython Notebook 变得极为流行，得到了广泛的使用。随着时间的推移，它添加了各种类型的功能。它可以处理部件、平行计算、各种类型的媒体格式以及其他很多很多事务。而且，在某个时刻，我们可以使用 Python 之外的其他语言在 Notebook 内部编写代码。

这就导致了一个非常巨大的项目，于是 IPython Notebook 在某个阶段被分割为两个项目：IPython 被剥离出来，其注意力主要集中在内核部分和 shell；而 Notebook 则成为一个全新的项目，称为 **Jupyter**。Jupyter 允许使用超过 40 种的语言来实现交互性的科学计算。

本章的项目都将在一个 Jupyter Notebook 中编写和运行，因此我得先解释一下 Notebook 是什么。

Notebook 环境是一个网页，它提供了一个简单的菜单和一些单元格，我们可以在这些单元格中运行 Python 代码。尽管这些单元格都是独立的实体，可以单独运行，但它们共享同一个 Python 内核。这意味着我们在一个单元格中所定义的所有名称（变量、函数等）在其他所有单元格中都可以被访问。

简而言之，Python 内核就是一个运行 Python 的进程。因此，Notebook 环境就是向用户所提供的一个接口，用于驱动这个内核。这个环境使用一种非常快速的消息机制与内核进行通信。

除了图形方面的所有优点之外，这种环境的优美之处还在于能够分块运行一个 Python 脚本，这是一个极为显著的优点。假设我们需要使用一个脚本连接到一个数据库并提取数据，然后对数据进行操作。如果采用常规方法使用一个 Python 脚本来完成这个任务，那么每次当我们需要处理数据时都需要提取它们。在 Notebook 环境中，我们可以把数据提取到一个单元格，然后在其他单元格中操作和试验它们，因此不需要每次都提取它们。

Notebook 环境对于数据科学也具有极大的价值，因为它允许逐步的自省。我们完成一块工作，然后对它进行验证，接着我们可以完成另一块工作并再次对它进行验证，以此类推。

这项功能对于原型开发模式具有无可估量的价值，因为结果就摆在我们面前，我们可以立即进行体验。

如果想要了解与这些工具有关的更多信息，可以访问 IPython 官网和 Jupyter 官网。

我用 fibonacci 函数创建了一个非常简单的 Notebook 例子，它将向我们提供小于某个特定的 N 值的斐波那契数的列表。在我的浏览器中，它看上去像图 13-1 这样。

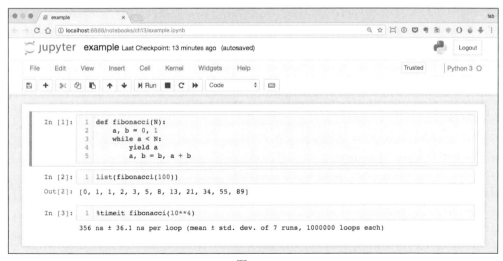

图 13-1

每个单元格都有一个 **In []** 标签。如果方括号之内没有任何东西，就表示这个单元格从未被执行。如果方括号中有一个数字，就表示这个单元格已经被执行，这个数字就表示它的执行顺序。最后，*表示这个单元格当前正在被执行。

我们可以在这张图中看到，在第 1 个单元格中，我们定义了 fibonacci 函数并执行了它。它的效果相当于把 fibonacci 这个名称放在与 Notebook 相关联的全局框架中，因此其他单元格也可以使用 fibonacci 函数。事实上，在第 2 个单元格中，我可以运行 fibonacci(100) 并在 **Out [2]**中观察结果。在第 3 个单元格中，我展示了可以在第 2 个单元格中的一个 Notebook 环境中找到的几个神奇函数之一。**%timeit** 数次运行代码，并为我们提供它的一个漂亮的基准测试结果。我在第 5 章节省时间和内存中对列表解析和生成器所进行的测量可以利用这个优秀的特性来完成。

我们可以根据需要多次执行一个单元格，并更改它们的运行顺序。单元格具有很强的可塑性，我们可以在其中放入 **Markdown** 文本或把它们渲染为标题。

Markdown 是一种轻量级的标记语言，它使用普通的文本格式化语法，可以转换为 HTML 和其他许多格式。

另外，我们在一个单元格的最后一行所放置的东西都会自动输出。这是非常方便的，因为我们就可以不必显式地编写 print(...)了。

读者可以大胆地对 Notebook 环境进行探索。一旦熟练掌握了它，它就能成为使我们长期受益的帮手。

13.1.1　安装必要的程序库

为了运行 Notebook 环境，我们必须安装一些程序库，它们相互协作实现 Notebook 环境的整体运行。另外，我们也可以只安装 Jupyter，它会为我们处理剩余的事宜。对于本章而言，还有一些其他的依赖性需要我们进行安装。我们可以在 requirements/requirements.data.science.in 中找到它们。为了安装它们，可以阅读这个项目的根目录中的 README.rst 文件，它包含了专门用于本章的一些指令。

13.1.2　使用 Anaconda

有时候，安装数据科学库是件非常痛苦的事情。如果读者觉得在自己的虚拟环境中安装本章所需的程序库非常困难，可以选择另一个替代方案，也就是安装 Anaconda。Anaconda 是 Python 和 R 编程语言的一个免费和开放源代码的版本，用于数据科学以及与机器学习相关的应用程序，目标是简化程序包的管理和部署。我们可以从其官方网站下载 Anaconda。一旦在自己的系统中安装了 Anaconda，就可以浏览本章的各种需求，并通过

Anaconda 安装它们。

13.1.3　启动 Notebook

安装了所有必需的程序库之后，我们可以通过下面这条命令或者使用 Anaconda 接口来
启动 Notebook：

```
$ jupyter notebook
```

我们的浏览器将打开 http://localhost:8888/（端口可能不同）的一个页面。进入这个页
面并使用菜单创建一个新的 Notebook 环境。适应了它的界面之后我们就可以继续操作了。
我强烈建议读者进行试验，运行一个 Jupyter 环境，然后再阅读接下来的内容。有时候，这
是一种非常好的练习，可以帮助我们处理难度较大的依赖性。

我们的项目将在一个 Notebook 环境中创建，因此我会把每段代码加上它所属的单元格
编号，这样我们就可以非常方便地复制代码并遵照执行。

如果读者熟悉键盘快捷键（查阅 Notebook 环境的 **Help** 部分），就可以
在不使用鼠标的情况下在单元格之间移动并处理它们的内容。这可以
使我们的工作更加高效，也可以使我们更快地在 Notebook 环境中进行
操作。

现在，我们转移到本章最为有趣的一个部分：数据。

13.2　处理数据

一般情况下，当我们处理数据时，会采用下面的步骤：提取数据、对它进行清理和操
纵、对它进行检查、以值的形式展示结果、用电子表格或图表显示数据等。我们希望我们
能够主导这个过程中的所有步骤，而不需要数据提供程序的外部依赖性。因此，我们需要
完成下面这些任务。

◆　我们创建数据，并模拟一个事实：数据来自某种格式，它并不完美或者无法直接
　　进行处理。

◆　我们清理数据，并把它输入我们在这个项目中所使用的主要工具，如来自 pandas
　　库的 DataFrame。

◆　我们在 DataFrame 中对数据进行操作。

◆　我们把 DataFrame 保存为不同格式的文件。

◆ 我们检查数据，并根据数据得出一些结果。

13.2.1　设置 Notebook

我们需要产生数据，所以我们从 ch13-dataprep 这个 Notebook 环境开始着手：

```
#1
import json
import random
from datetime import date, timedelta
import faker
```

单元格#1 负责导入部分。除了 faker 之外，其他几个模块我们都曾经看到过。我们可以使用 fake 模块准备模仿数据。它非常适用于在测试中准备自己的夹具的时候，也可以用于获取所有类型的数据，如名称、电子邮件地址、电话号码和信用卡细节等。当然，这些都是模仿的数据。

13.2.2　准备数据

我们想要实现下面这些数据结构：一个用户对象的列表。每个用户对象将链接到一些**活动**对象。在 Python 中，所有的东西都是对象，因此我按照通常的方式使用这个术语。用户对象可以是字符串、字典或其他对象。

在社交媒体的世界里，活动是一个媒体结构针对某位客户在社交媒体网络上运行的促销活动。注意，我们在准备数据时希望它处于不完美的状态（但也不至于太过糟糕）：

```
#2
fake = faker.Faker()
```

我们先对用于创建数据的 Faker 对象进行实例化：

```
#3
usernames = set()
usernames_no = 1000

# 用 1 000 个各不相同的用户名生成集合
while len(usernames) < usernames_no:
    usernames.add(fake.user_name())
```

接着，我们需要用户名。我需要 1 000 个不同的用户名，因此我根据 usernames 的长度进行循环，直到它包含了 1 000 个元素。集合的方法不允许出现重复的元素，因此需要保证唯一性：

```
#4
def get_random_name_and_gender():
```

```
        skew = .6        # 60%的用户将是女性
        male = random.random() > skew
        if male:
            return fake.name_male(), 'M'
        else:
            return fake.name_female(), 'F'

def get_users(usernames):
    users = []
    for username in usernames:
        name, gender = get_random_name_and_gender()
        user = {
            'username': username,
            'name': name,
            'gender': gender,
            'email': fake.email(),
            'age': fake.random_int(min=18, max=90),
            'address': fake.address(),
        }
        users.append(json.dumps(user))
    return users

users = get_users(usernames)
users[:3]
```

我在这里创建了一个 users 列表。每个 username 现在强化为一个完整的 user 字典，包含了诸如 name、gender 和 email 这样的其他细节。然后，每个 user 字典被转换为 JSON 字符串并添加到列表中。当然，这种数据结构并不是最优的，但我们是在模拟用户可能以这种形式出现的场景。

注意 random.random()中 skew 的用法，这里设置的是使 60%的用户为女性。剩下的逻辑对于现在的我们来说是非常容易理解的。

另外注意最后一行。每个单元格自动输出最后一行。因此，#4 的输出结果是包含了前 3 个用户的列表：

```
['{"username": "samuel62", "name": "Tonya Lucas", "gender": "F", "email":
"anthonyrobinson@robbins.biz", "age": 27, "address": "PSC 8934, Box
4049\\nAPO AA 43073"}',
'{"username": "eallen", "name": "Charles Harmon", "gender": "M", "email":
"courtneycollins@hotmail.com", "age": 28, "address": "38661 Clark Mews Apt.
528\\nAnthonychester, ID 25919"}',
'{"username": "amartinez", "name": "Laura Dunn", "gender": "F", "email":
```

"jeffrey35@yahoo.com", "age": 88, "address": "0536 Daniel Court Apt.
541\\nPort Christopher, HI 49399-3415"}']

 我希望读者在自己的 Notebook 上同步完成这个过程。如果读者正是这样操作的，请注意所有的数据是使用随机函数和随机值生成的。因此，我们会看到不同的结果。

下面的代码#5 是生成活动名称的逻辑：

```
#5
# 活动名称格式:
# InternalType_StartDate_EndDate_TargetAge_TargetGender_Currency
def get_type():
    #只是一些杂乱的内部代码
    types = ['AKX', 'BYU', 'GRZ', 'KTR']
    return random.choice(types)


def get_start_end_dates():
    duration = random.randint(1, 2 * 365)
    offset = random.randint(-365, 365)
    start = date.today() - timedelta(days=offset)
    end = start + timedelta(days=duration)
    def _format_date(date_):
        return date_.strftime("%Y%m%d")
    return _format_date(start), _format_date(end)


def get_age():
    age = random.randint(20, 45)
    age -= age % 5
    diff = random.randint(5, 25)
    diff -= diff % 5
    return '{}-{}'.format(age, age + diff)


def get_gender():
    return random.choice(('M', 'F', 'B'))


def get_currency():
    return random.choice(('GBP', 'EUR', 'USD'))


def get_campaign_name():
    separator = '_'
    type_ = get_type()
    start, end = get_start_end_dates()
```

```
age = get_age()
gender = get_gender()
currency = get_currency()
return separator.join(
    (type_, start, end, age, gender, currency))
```

分析师一般使用的是电子表格，他们会竭尽所能使用所有的编程技巧来尽可能地把信息压缩到活动名称中。我所选择的格式是这种技巧的一个简单例子，有一个代码告诉我们活动的类型，然后是起始日期和结束日期，然后是目标年龄（age）和性别（gender），最后是货币。所有的值都是用下划线分隔的。

在 get_type 函数中，我使用了 random.choice()从一个集合中随机地获取一个值。更为有趣的很可能是 get_start_end_dates。首先，我获取了活动的持续时间，它的范围在一天到两年之间（随机生成），然后我获取了一个随机的时间偏移量，把今天的日期减去这个偏移量就是活动的起始日期。假设这个偏移量的范围是−365～365，如果我把今天的日期加上这个偏移量而不是减去它，情况会不会有所不同？

确定了起始日期和结束日期之后，我返回了它们的字符串化版本，中间用一个下划线连接。

然后，我在计算年龄时采用了一个小小的取模技巧。我希望读者还记得第 2 章内置的数据类型所介绍的取模操作符（%）。

这里所发生的情况是我希望日期范围两边的极值是 5 的倍数。因此，有许多方法可以完成这个任务，但我所采用的方法是获取 20 到 45 之间的一个随机数作为最小年龄，并减去除 5 运算所产生的余数。因此，如果我得到的这个随机数是 28，我将会从它减去 28 % 5 = 3，得到 25。我也可以只使用 random.randrange()，但是我无法抵挡使用取模操作的乐趣。

剩余的函数只是 random.choice()的一些其他应用。最后一个函数 get_campaign_name 也没什么特别，只是一个收集器，用于把所有这些片段收集起来并返回最终的活动名称：

```
#6
# 活动数据：
# name, budget, spent, clicks, impressions
def get_campaign_data():
    name = get_campaign_name()
    budget = random.randint(10**3, 10**6)
    spent = random.randint(10**2, budget)
    clicks = int(random.triangular(10**2, 10**5, 0.2 * 10**5))
    impressions = int(random.gauss(0.5 * 10**6, 2))
    return {
        'cmp_name': name,
```

```
        'cmp_bgt': budget,
        'cmp_spent': spent,
        'cmp_clicks': clicks,
        'cmp_impr': impressions
    }
```

在#6 中，我编写了一个函数，创建了一个完整的活动对象。我使用了一些来自 random 模块的不同函数。random.randint()为我们提供两个极值之间的一个整数。它所存在的一个问题是它采用了一种均匀的概率分布，这意味着这个区间中的任何数都有相同的概率被选中。

因此，在处理大量数据的时候，如果我们使用一种均匀的分布方式对自己的夹具进行分布，其结果看上去会是相似的。出于这个原因，我选择对 clicks 和 impressions 使用 triangular 和 gauss 函数。它们使用了不同的概率分布模型，这样我们最终能够看到一些更加有趣的结果。

我们要确保理解这些术语：clicks 表示一个活动广告的点击次数，budget 表示分配给这项活动的总金额，spent 表示这笔金额已经有多少已经被用掉了，impressions 表示这项活动作为一种资源从它的来源被提取的次数（不管我们对这项活动执行了多少次的点击）。正常情况下，impressions 的数量大于 clicks 的数量。

既然我们已经拥有了数据，那么现在就可以把它们整合在一起：

```
#7
def get_data(users):
    data = []
    for user in users:
        campaigns = [get_campaign_data()
                    for _ in range(random.randint(2, 8))]
        data.append({'user': user, 'campaigns': campaigns})
    return data
```

我们可以看到，data 中的每个项都是一个字典，其中包含了一个 user 和一个与该 user 相关联的活动列表。

13.2.3　整理数据

现在，我们开始整理数据：

```
#8
rough_data = get_data(users)
rough_data[:2]      # 首先预览一下
```

我们模拟了从一个数据源提取数据并对它进行检查的操作。Notebook 环境是一种完美的对步骤进行检查的工具。我们可以根据自己的需要更改检查的粒度。rough_data 中的第 1

项看上去像下面这样：

```
{'user': '{"username": "samuel62", "name": "Tonya Lucas", "gender": "F",
"email": "anthonyrobinson@robbins.biz", "age": 27, "address": "PSC 8934,
Box 4049\\nAPO AA 43073"}',
  'campaigns': [{'cmp_name': 'GRZ_20171018_20171116_35-55_B_EUR',
    'cmp_bgt': 999613,
    'cmp_spent': 43168,
    'cmp_clicks': 35603,
    'cmp_impr': 500001},
    ...
   {'cmp_name': 'BYU_20171122_20181016_30-45_B_USD',
    'cmp_bgt': 561058,
    'cmp_spent': 472283,
    'cmp_clicks': 44823,
    'cmp_impr': 499999}]}
```

因此，我们现在可以对它进行操作：

```
#9
data = []
for datum in rough_data:
    for campaign in datum['campaigns']:
        campaign.update({'user': datum['user']})
        data.append(campaign)
data[:2]        #再次进行预览
```

为了把数据输入 DataFrame，我们需要做的第一件事情就是对它进行去规范化。这意味着要把 data 转换为一个列表，其中的元素都是表示活动的字典，并用与它们相关的 user 字典进行强化。用户将被复制到它们所属的每项活动中。data 中的第 1 项看上去像下面这样：

```
{'cmp_name': 'GRZ_20171018_20171116_35-55_B_EUR',
  'cmp_bgt': 999613,
  'cmp_spent': 43168,
  'cmp_clicks': 35603,
  'cmp_impr': 500001,
  'user': '{"username": "samuel62", "name": "Tonya Lucas", "gender": "F",
"email": "anthonyrobinson@robbins.biz", "age": 27, "address": "PSC 8934,
Box 4049\\nAPO AA 43073"}'}
```

我们可以看到 user 对象已经进入活动字典中，每个活动字典中都会出现这个用户对象。

现在，我将为读者提供帮助，使本章的第 2 部分尽可能明确。因此，我打算保存我在这里所生成的数据，使我（以及读者）能够在下一个 Notebook 中加载这些数据，并且应该得到相同的结果：

```
#10
with open('data.json', 'w') as stream:
    stream.write(json.dumps(data))
```

我们可以在本书的源代码中找到 data.json 文件。现在，我们已经完成了 ch13-dataprep，因此可以关闭它并打开 ch13。

13.2.4   创建 DataFrame

我们需要另一组导入语句：

```
#1
import json
import calendar
import numpy as np
from pandas import DataFrame
import arrow
import pandas as pd
```

json 和 calendar 库来自标准库。numpy 表示 NumPy 库，是在 Python 中进行科学计算的基本程序包。NumPy 表示 Numeric Python（数值 Python），是数据科学环境中使用得非常广泛的程序库之一。在本章的稍后，我将对它稍做介绍。pandas 是一个非常核心的程序库，也是整个项目的基础所在。**Pandas** 表示 **Python Data Analysis Library**（Python 数据分析程序库）。它（以及其他很多程序库）提供了 DataFrame，这是一种类似矩阵的数据结构，具有高级的处理功能。单独导入 DataFrame 并把 pandas 导入为 pd 是惯用的做法。

arrow 是个出色的第三方程序库，可以加速对日期的动态处理。从技术上说，我们也可以用标准库来完成这个任务，但我觉得极有必要对这个例子进行扩展，领略一番不同的风景。

在导入部分之后，我们像下面这样加载 data：

```
#2
with open('data.json') as stream:
    data = json.loads(stream.read())
```

最后，我们就可以创建 DataFrame：

```
#3
df = DataFrame(data)
df.head()
```

我们可以使用 DataFrame 的 head 方法检查前 5 行。我们应该看到图 13-2 这样的结果：

	cmp_bgt	cmp_clicks	cmp_impr	cmp_name	cmp_spent	user
0	847110	62554	499997	KTR_20190324_20201106_20-35_F_EUR	39383	{"username": "trevorwood", "name": "Monica Bro...
1	510835	36176	500001	GRZ_20170521_20180724_30-45_B_GBP	210452	{"username": "trevorwood", "name": "Monica Bro...
2	720897	62299	500001	KTR_20171218_20180208_30-40_F_GBP	342507	{"username": "trevorwood", "name": "Monica Bro...
3	610337	46084	500000	AKX_20190124_20200804_40-45_B_USD	224361	{"username": "trevorwood", "name": "Monica Bro...
4	587428	15676	500000	BYU_20170823_20170903_35-55_F_EUR	449387	{"username": "trevorwood", "name": "Monica Bro...

图 13-2

Jupyter 会自动把 df.head()调用的输出结果渲染为 HTML。为了产生基于文本的输出结果，可以简单地把 df.head()包装在一个 print 调用中。

DataFrame 结构的功能非常强大。它允许我们对它的内容进行大量的操作。我们可以按行或按列对数据进行过滤、对数据进行聚合以及许多其他操作。我们可以对行或列进行操作，它所使用的时间要比使用纯 Python 处理数据少得多。这是因为 pandas 在后台利用了 NumPy 程序库的作用，后者的内核的底层实现方式能够以令人难以置信的速度对自身进行绘制。

使用 DataFrame 允许我们结合 NumPy 和类似电子表格的功能，这样我们就能够通过一种与分析师所采用的相似方式对数据进行处理。只不过，我们是通过代码来进行操作的。

但是，让我们现在回到项目中，观察快速获取数据鸟瞰图的两种方法：

```
#4
df.count()
```

count 将产生每个列中所有非空单元格的总计。它可以帮助我们理解我们的数据可能出现多大的稀疏度。在这个例子中，我们不存在缺失的值，因此输出结果是：

```
cmp_bgt        5037
cmp_clicks     5037
cmp_impr       5037
cmp_name       5037
cmp_spent      5037
user           5037
dtype: int64
```

很好！我们有 5 037 行，数据类型是整数（dtype: int64 表示长整数，因为每个整数都用 64 位表示）。假设我们有 1 000 位用户，并且每位用户所参与的活动数量是一个 2 到 8 之间的随机数，这就正好与我的预期相对应。

```
#5
df.describe()
```

describe 方法是一个漂亮、快速的方法，可以帮助我们更深入地进行自省：

```
          cmp_bgt    cmp_clicks        cmp_impr       cmp_spent
count  5037.000000   5037.000000     5037.000000     5037.000000
mean 496930.317054  40920.962676  499999.498312   246963.542783
std  287126.683484  21758.505210        2.033342   217822.037701
min    1057.000000    341.000000   499993.000000      114.000000
25%  247663.000000  23340.000000   499998.000000    64853.000000
50%  491650.000000  37919.000000   500000.000000   183716.000000
75%  745093.000000  56253.000000   500001.000000   379478.000000
max  999577.000000  99654.000000   500008.000000   975799.000000
```

我们可以看到，它为我们提供了几种测量值，如 count、mean（平均值）、std（标准差）、min 和 max，并显示了数据在各个象限中是如何分布的。感谢这个方法，我们对数据的结构已经有了一个大致的了解。

让我们观察预算最少和最多的 3 个活动分别是什么：

```
#6
df.sort_index(by=['cmp_bgt'], ascending=False).head(3)
```

运行这段代码将产生下面的输出结果：

```
       cmp_bgt  cmp_clicks  cmp_impr                         cmp_name
3321   999577        8232    499997  GRZ_20180810_20190107_40-55_M_EUR
2361   999534       53223    499999  GRZ_20180516_20191030_25-30_B_EUR
2220   999096       13347    499999  KTR_20180620_20180809_40-50_F_USD
```

调用 tail 可以向我们显示具有最低预算的活动：

```
#7
df.sort_values(by=['cmp_bgt'], ascending=False).tail(3)
```

1. 对活动名称进行解包

现在是时候增加复杂度了。我们想要摆脱恐怖的活动名称（cmp_name）。我们需要把它分解为不同的部分，并把每个部分放在专门的列中。为了完成这个任务，我们将使用 Series 对象的 apply 方法。

pandas.core.series.Series 类基本上可以看成一个功能强大的数组包装器（或者可以把它看成一个具有增强功能的列表）。我们可以像从字典中访问一个键一样从 DataFrame 推导出一个 Series 对象，并在这个 Series 对象上调用 apply 方法，后者将运行一个函数，把这个 Series 对象中的每一项都输入给它。我们把结果合成为一个新的 DataFrame，然后使用 df 合并这个 DataFrame：

```
#8
def unpack_campaign_name(name):
```

```
# 非常乐观的方法，总是假设活动名称中的数据处于良好状态
type_, start, end, age, gender, currency = name.split('_')
start = arrow.get(start, 'YYYYMMDD').date()
end = arrow.get(end, 'YYYYMMDD').date()
return type_, start, end, age, gender, currency
```

```
campaign_data = df['cmp_name'].apply(unpack_campaign_name)
campaign_cols = [
    'Type', 'Start', 'End', 'Age', 'Gender', 'Currency']
campaign_df = DataFrame(
    campaign_data.tolist(), columns=campaign_cols, index=df.index)
campaign_df.head(3)
```

在 unpack_campaign_name 内部，我们把 name 这个活动分割为不同的部分。我们使用 arrow.get() 来根据这些字符串得到一个适当的 data 对象（arrow 能够很轻松地完成这个任务，对不对？），然后我们就返回这个对象。快速浏览最后一行展示了下面的结果：

```
  Type      Start         End  Age Gender Currency
0  KTR 2019-03-24 2020-11-06 20-35      F      EUR
1  GRZ 2017-05-21 2018-07-24 30-45      B      GBP
2  KTR 2017-12-18 2018-02-08 30-40      F      GBP
```

很好！有一件重要的事情：虽然日期是以字符串的形式出现的，但它们只不过是 DataFrame 中所容纳的真正 date 对象的表示形式而已。

还有一件非常重要的事情：合并两个 DataFrame 实例时，它们具有相同的 index 是至关重要的，否则 pandas 就无法知道哪一行应该出现在哪里。因此，当我们在创建 campaign_df 时，我们要把它的 index 设置为 df 的 index，这样我们才能够合并它们。创建这个 DataFrame 时，我们还传递了列名：

```
#9
df = df.join(campaign_df)
```

在 join 之后，我们进行预览，希望看到匹配的数据：

```
#10
df[['cmp_name'] + campaign_cols].head(3)
```

上面这段代码的经过截断的输出结果如下所示：

```
                              cmp_name Type       Start         End
0 KTR_20190324_20201106_20-35_F_EUR KTR 2019-03-24 2020-11-06
1 GRZ_20170521_20180724_30-45_B_GBP GRZ 2017-05-21 2018-07-24
2 KTR_20171218_20180208_30-40_F_GBP KTR 2017-12-18 2018-02-08
```

我们可以看到，合并是成功的。活动的名称和独立的列显示了相同的数据。能不能看

出我们是在哪里进行操作？我们使用方括号语法访问 DataFrame，并传递了一个列名列表。这就生成了一个全新的包含那些列（顺序相同）的 DataFrame，然后我们就可以在它上面调用 head() 方法。

2. 对用户数据进行解包

现在，我们对 user 的 JSON 数据的每个片段执行完全相同的操作。我们在 user 系列上调用 apply，运行 unpack_user_json 函数，后者将接收一个 JSON user 对象并把它转换为一个由它的各个字段所组成的列表，然后我们就可以把这个列表插入一个全新的 DataFrame 对象 user_df 中。在此之后，我们将把 user_df 与 df 进行合并，就像我们对 campaign_df 所进行的操作一样：

```
#11
def unpack_user_json(user):
    # 也是非常乐观，期望用户对象具有所有的属性
    user = json.loads(user.strip())
    return [
        user['username'],
        user['email'],
        user['name'],
        user['gender'],
        user['age'],
        user['address'],
    ]

user_data = df['user'].apply(unpack_user_json)
user_cols = [
    'username', 'email', 'name', 'gender', 'age', 'address']
user_df = DataFrame(
    user_data.tolist(), columns=user_cols, index=df.index)
```

与此前的操作非常相似，对不对？我们在这里还应该注意到，在创建 user_df 时，我们需要告诉 DataFrame 与列名和 index 有关的信息。下面让我们进行合并，然后简单地进行浏览：

```
#12
df = df.join(user_df)

#13
df[['user'] + user_cols].head(2)
```

输出结果显示一切都非常顺利。我们做得非常好，但现在还没有完成任务。如果我们

在一个单元格中调用 df.columns，将会看到列名仍然具有丑陋的名称。我们对此进行修改：

```
#14
better_columns = [
    'Budget', 'Clicks', 'Impressions',
    'cmp_name', 'Spent', 'user',
    'Type', 'Start', 'End',
    'Target Age', 'Target Gender', 'Currency',
    'Username', 'Email', 'Name',
    'Gender', 'Age', 'Address',
]
df.columns = better_columns
```

很好！现在，除了 cmp_name 和 user 之外，其他列都具有漂亮的名称。

完成 datasetNext 步骤就是添加一些额外的列。对于每个活动，都有一个点击数量和印象数量，并且具有一些开支。这就允许我们引入 3 个衡量指标：**CTR**、**CPC** 和 **CPI**。它们分别代表 **ClickThrough Rate**（点击率）、**Cost Per Click**（每次点击的成本）和 **Cost Per Impression**（每次印象的成本）。

最后两个指标相当简单，但 CTR 却不简单。它足以说明点击和印象之间的比例。它向我们提供了一个测量指标，就是在一个广告活动中，每个印象导致了多少次点击，这个数字越大，就表示广告的效果越好，越能够吸引用户对它进行点击：

```
#15
def calculate_extra_columns(df):
    #点击率
    df['CTR'] = df['Clicks'] / df['Impressions']
    #每次点击的成本
    df['CPC'] = df['Spent'] / df['Clicks']
    #每次印象的成本
    df['CPI'] = df['Spent'] / df['Impressions']
calculate_extra_columns(df)
```

我们把这个过程编写为了一个函数，但我们也可以在单元格中编写代码，这并不重要。需要注意的是，为了添加这 3 个列，我们每列只用了一行代码，但 DataFrame 会对适当的列中的每一对单元格自动执行相应的操作（在此例中为除法）。因此，即使我们看上去只用了 3 个除法，但实际上执行了 5037 × 3 个除法，因为这些操作在每一行都会发生。Pandas 会为我们完成大量的工作，并且同时能够很好地隐藏这些工作的复杂度。

calculate_extra_columns 函数接收 DataFrame 为参数，并直接对它进行操作。这种操作模式称为**原地操作**。还记得 list.sort()是如何对列表进行排序的吗？它也是采用相同的操作模式。我们还可以认为这个函数并不是纯函数，这就意味着它具有副作用，因为它会修改作为参数传递给它的可变对象。

我们可以通过对相关的列进行过滤并调用 head，对结果进行观察：

```
#16
df[['Spent', 'Clicks', 'Impressions',
    'CTR', 'CPC', 'CPI']].head(3)
```

它显示了对每一行的计算都是正确执行的：

```
    Spent Clicks Impressions      CTR      CPC      CPI
0  39383  62554       499997 0.125109 0.629584 0.078766
1 210452  36176       500001 0.072352 5.817448 0.420903
2 342507  62299       500001 0.124598 5.497793 0.685013
```

现在，我想手动验证第 1 行结果的正确性：

```
#17
clicks = df['Clicks'][0]
impressions = df['Impressions'][0]
spent = df['Spent'][0]
CTR = df['CTR'][0]
CPC = df['CPC'][0]
CPI = df['CPI'][0]
print('CTR:', CTR, clicks / impressions)
print('CPC:', CPC, spent / clicks)
print('CPI:', CPI, spent / impressions)
```

运行上面代码将产生下面的输出结果：

```
CTR: 0.1251087506525039 0.1251087506525039
CPC: 0.6295840393899671 0.6295840393899671
CPI: 0.0787664725988356 0.0787664725988356
```

它与我们在前面的输出中所看到的结果相同。当然，一般我们并不需要这样做，但我想向读者展示如何通过这种方式执行计算。我们可以通过把 Series 对象的名称（放在方括号中）传递给 DataFrame 来访问这个 Series 对象（一个列），然后就可以通过位置访问每一行，就像在常规的列表或元组中一样。

我们几乎已经完成了这个 DataFrame，现在所缺的只是一个表示活动持续时间的列和一个表示每个活动的起始日期对应于星期几的列。我们可以进一步扩展对 date 对象的操作：

```
#18
def get_day_of_the_week(day):
```

```
        number_to_day = dict(enumerate(calendar.day_name, 1))
        return number_to_day[day.isoweekday()]

def get_duration(row):
    return (row['End'] - row['Start']).days

df['Day of Week'] = df['Start'].apply(get_day_of_the_week)
df['Duration'] = df.apply(get_duration, axis=1)
```

我们在这里使用了两个不同的技巧，但还是先来分析代码。

get_day_of_the_week 将接收一个 date 对象。如果我们无法理解这个函数执行的是什么操作，可以花些时间进行理解，然后再阅读下面的说明。像以前一样，使用一些深入浅出的技巧。

现在，我们相信读者已经理解了当我们把 calendar.day_name 放在一个列表调用中时，我们可以得到['Monday', 'Tuesday', 'Wednesday', 'Thursday', 'Friday', 'Saturday','Sunday']。这意味着如果我们从 1 开始对 calendar.day_name 进行枚举，会得到像(1, 'Monday') 、(2, 'Tuesday')等这样的成对数据。如果我们把这些数据对输入一个字典中，那么就可以得到数值形式的星期几（1，2，3，…）与它们的名称之间的映射。在创建了映射之后，为了获取某一天的名称，我们只需要知道它属于数值形式的星期几。为此，我们可以调用 date.isoweekday()，它将告诉我们 date 是星期几（以数值的形式）。我们把这个编号输入映射中，然后就可以得到这一天的名称。

get_duration 也非常有趣。注意它接收的是一个完整的行而不是一个单值。在它的函数体中，我们执行了活动的结束日期和起始日期之间的一个减法。当我们把 date 对象相减时，其结果是个 timedelta 对象，用于表示一定数量的时间。我们取它的.days 属性。就是这么简单。

现在，我们可以介绍有趣的部分，也就是这两个函数的应用。

第 1 个应用是在一个 Series 对象上执行的，就像我们之前为 user 和 cmp_name 所做的一样，并没有什么新东西。

第 2 个应用作用于整个 DataFrame，为了告诉 pandas 对行执行这些操作，我们向它传递了 axis=1。

我们可以非常方便地对结果进行验证，就像下面这样：

```
#19
df[['Start', 'End', 'Duration', 'Day of Week']].head(3)
```

运行上面的代码将产生下面的输出结果：

```
        Start        End Duration Day of Week
0 2019-03-24 2020-11-06      593      Sunday
1 2017-05-21 2018-07-24      429      Sunday
2 2017-12-18 2018-02-08       52      Monday
```

因此，我们现在知道在 2019 年 3 月 24 日与 2020 年 11 月 6 日之间一共有 593 天，并且 2019 年 3 月 24 日是星期天。

如果读者疑惑这些操作的用途，我可以提供一个例子。假设我们有一个与某个体育事件相关联的活动，它通常发生在星期天。因此我们可能需要根据星期几来检查数据，并用各种不同的测试指标对它们进行关联。但在实际中我们在这个项目中可能不打算采用这种做法，但是明白它的用途还是有益的，哪怕只是为了了解在 DataFrame 上调用 apply() 的另一种不同方式。

3. 完成清理任务

既然已经有了我们需要的所有东西，现在就可以进行最后的清理了。记住，我们仍然还有 cmp_name 和 user 这两个列。但现在它们已经没用了，所以必须被清理掉。

另外，我还想对 DataFrame 中的列进行重新排序，使它与现在所包含的数据具有更好的相关性。为此，我们只需要在所需的列的列表中过滤 df。我们将会得到一个全新的 DataFrame 并把它重新赋值给 df 本身。

```
#20
final_columns = [
    'Type', 'Start', 'End', 'Duration', 'Day of Week', 'Budget',
    'Currency', 'Clicks', 'Impressions', 'Spent', 'CTR', 'CPC',
    'CPI', 'Target Age', 'Target Gender', 'Username', 'Email',
    'Name', 'Gender', 'Age'
]
df = df[final_columns]
```

我采用的分组方式首先是活动信息，然后是测量指标，最后是用户数据。现在，我们的 DataFrame 非常清晰，我们可以随时对它进行检查。

在对图表进行疯狂的操作之前，我们打算取 DataFrame 的一个快照，这样我们可以很方便地根据一个文件对它进行重构，而不是重新执行之前的所有步骤。有些分析师可能需要电子表格的形式，以执行一些不同类型的分析。因此，我们可以来学习如何把 DataFrame 保存为文件。它做起来比说的还要容易。

13.2.5　把 DataFrame 保存到文件

我们可以用许多不同的方式保存 DataFrame。我们可以输入 df.to_然后按 Tab 键以弹出自动完成窗口，从中观察所有的选项。

为了有趣起见，我们打算用 3 种不同的格式保存 DataFrame。首先是 CSV：

```
#21
df.to_csv('df.csv')
```

然后是 JSON：

```
#22
df.to_json('df.json')
```

最后是 Excel 电子表格：

```
#23
df.to_excel('df.xls')
```

CSV 文件看上去像下面这样（部分输出结果）：

```
,Type,Start,End,Duration,Day of Week,Budget,Currency,Clicks,Im
0,KTR,2019-03-24,2020-11-06,593,Sunday,847110,EUR,62554,499997
1,GRZ,2017-05-21,2018-07-24,429,Sunday,510835,GBP,36176,500001
2,KTR,2017-12-18,2018-02-08,52,Monday,720897,GBP,62299,500001,
```

JSON 文件看上去像下面这样（同样只是部分输出结果）：

```
{
  "Age": {
    "0": 29,
    "1": 29,
    "10": 80,
```

因此，把 DataFrame 保存为不同的格式是极其简单的，而且它们的逆操作也同样简单。例如，把一个电子表格加载到 DataFrame 也是非常容易的。pandas 幕后的开发人员做了大量的工作，使我们的工作变得轻松，感谢他们的付出。

13.2.6　显示结果

最后也是最吸引人的地方。在本小节中，我们打算显示一些结果。站在数据科学的角度，我对具体的深入分析并没有太大的兴趣，尤其是这些数据是完全随机的时候。但是，这些代码仍然能够帮助我们熟悉图表以及其他特性。

我从自己的经历中总结出一个结论（可能会令读者吃惊），那就是外观也是非常重要的。

当我们展示自己的成果时，外观是非常重要的，我们应该尽量使它们漂亮地呈现出来。

首先，我们告诉 pandas 在单元格输出框架中渲染图表，这是非常方便的。我们用下面的代码完成这个任务：

```
#24
%matplotlib inline
```

接着，我们继续进行一些风格化的设置：

```
#25
import matplotlib.pyplot as plt
plt.style.use(['classic', 'ggplot'])
import pylab
pylab.rcParams.update({'font.family' : 'serif'})
```

它的作用是让我们在本小节中所看到的图表更为漂亮。当我们从控制台启动 Notebook 时，可以向它传递一个参数，告诉 Notebook 完成这个任务。但我还是想向读者介绍现在这种方式，因为我觉得纯粹为了绘制一些东西而重新启动 Notebook 有点小题大做了。通过这种方式，我们随时可以完成这个任务，同时不影响其他的工作。

我们还使用 pylab 把 font.family 设置为 serif，这在读者的系统中可能并无必要。读者可以尝试注释掉这行代码并执行 Notebook 环境，观察是否有什么变化。

既然 DataFrame 已经完成，现在我们就可以再次运行 df.describe()（#26）。其结果应该像图 13-3 这样。

	Duration	Budget	Clicks	Impressions	Spent	CTR	CPC	CPI	Age
count	5037.000000	5037.000000	5037.000000	5037.000000	5037.000000	5037.000000	5037.000000	5037.000000	5037.000000
mean	358.565019	496930.317054	40920.962676	499999.498312	246963.542783	0.081842	9.179302	0.493928	53.815565
std	212.487827	287126.683484	21758.505210	2.033342	217822.037701	0.043517	16.070602	0.435644	21.286780
min	1.000000	1057.000000	341.000000	499993.000000	114.000000	0.000682	0.001638	0.000228	18.000000
25%	174.000000	247663.000000	23340.000000	499998.000000	64853.000000	0.046680	1.796924	0.129706	35.000000
50%	354.000000	491650.000000	37919.000000	500000.000000	183716.000000	0.075838	4.984735	0.367432	54.000000
75%	545.000000	745093.000000	56253.000000	500001.000000	379478.000000	0.112506	11.166230	0.758953	72.000000
max	730.000000	999577.000000	99654.000000	500008.000000	975799.000000	0.199309	444.365399	1.951598	90.000000

图 13-3

这种简单类型的结果非常适用于那些只提供 20 秒钟的时间让我们进行描述的经理，他们只需要粗略的数字。

同样，请记住我们的活动具有不同的货币，因此光看这些数字是没有意义的。这里的关键在于说明 DataFrame 的功能，而不是提供真实数据的正确而详细的分析。

另外，包含图形的表格通常比只包含数字的表格更加优秀，因为它更容易看懂，并且能够为我们提供直接的反馈。因此，下面我们绘制出每项活动所具有的 4 个信息片段（Budget、Spent、Clicks 和 Impressions）：

```
#27
df[['Budget', 'Spent', 'Clicks', 'Impressions']].hist(
    bins=16, figsize=(16, 6));
```

我们推断这 4 个列的数据将会产生另一个只由这 4 列所组成的 DataFrame，并在它们上面调用柱状图 hist 方法。我们设置了 bins 和 figsize 的大小，但基本上这些都是会自动完成的。

有一件重要的事情：由于这条指令是这个单元格中唯一的指令（意味着它也是最后一条指令），因此 Notebook 环境在绘制图形之前会输出它的结果。为了防止这个行为，保证只绘制图形而不输出结果，可以在最后添加一个分号（读者会不会以为我用惯了 Java 的语法？）。图 13-4 所示的内容就是绘制出来的图形。

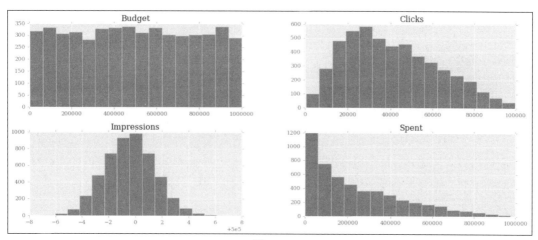

图 13-4

这张图非常漂亮。有没有注意到 serif 字体？这些数字的含义是什么？如果回过头去观察我们生成数据的方式，就会明白这几幅图的结果是极为合理的。

◆ **Budget**（预算）是某个区间内的一个随机整数，因此我们期望它在这个区间内是均匀分布的，而实际结果也基本上可以看成是一条固定的直线。

◆ **Spent**（开支）也是均匀分布的，但在它的区间中，位于高端的预算是活动的。这意味着我们期望看到一条向右递减的二次双曲线，而实际结果也正是如此。

◆ **Clicks**（点击）是均值约为区间大小 20% 的三角形分布，我们可以看到峰值大约就在那里，大约是距离左边 20% 的地方。

◆　**Impressions**（印象）属于高斯分布，预期呈现著名的钟形，平均值正好就在中间，标准差为 2。我们可以看到实际的图形与这些参数是相符的。

很好！让我们绘制出计算产生的测量指标：

```
#28
df[['CTR', 'CPC', 'CPI']].hist(
    bins=20, figsize=(16, 6))
```

图 13-5 所示的内容是图形的表示形式。

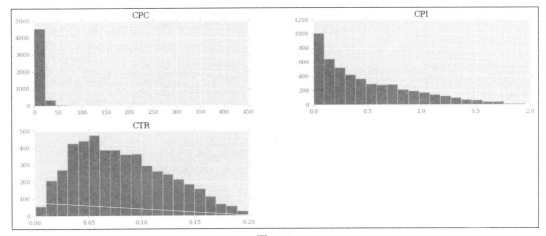

图 13-5

我们可以看到 **CPC** 向左边高度收缩，这意味着大多数 **CPC** 值是非常低的。**CPI** 也具有类似的形状，但没有这么极端。

现在，一切都很完美。但是，如果我们只想对一段特定的数据进行分析该怎么办呢？我们可以在 DataFrame 中应用一个掩码，这样我们就可以得到一些只满足掩码条件的行，就像使用一个全局的对行进行过滤的 if 子句：

```
#29
mask = (df.Spent > 0.75 * df.Budget)
df[mask][['Budget', 'Spent', 'Clicks', 'Impressions']].hist(
    bins=15, figsize=(16, 6), color='g');
```

在这个例子中，我把 mask 设置为过滤掉那些开支金额少于或等于预算金额 75% 的行。换句话说，我们只包含那些开支金额至少高于预算的 75% 的活动。注意在 mask 中，我显示了另一种请求 DataFrame 列的方法，也就是使用直接的属性访问（object.property_name）而不是类似字典的访问方式（object['property_name']）。如果 property_name 是个合法的

Python 名称，那么这两种方法是可以互换地使用的（JavaScript 的工作方式就是这样）。

mask 的应用方式与我们用键访问字典的方式相同。当我们把 mask 应用于 DataFrame 时，我们就可以得到另一个具有相关的列的 DataFrame，并再次调用 hist()。这一次，纯粹出于娱乐的目的，我们将结果用绿色显示，如图 13-6 所示。

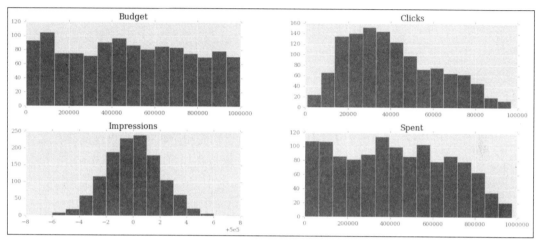

图 13-6

注意，大部分图形的形状变化不大，但 **Spent** 的形状发生了很大的变化，原因是这一次我们只请求了开支金额至少高于预算的 75%的行。这意味着我们只包含了那些开支金额接近预算的行，所以预算的数字呈均匀分布。因此，很显然 **Spent** 的图形现在也是呈现这种形状。如果我们进一步限制边界，只请求开支达到预算的 85%或更高的行，将会发现 **Spent** 的形状与 **Budget** 更加相似。

现在，我们请求一些不同的东西。根据星期几进行分组的 Spent、Clicks 和 Impressions 的测量指标是什么样的呢？

```
#30
df_weekday = df.groupby(['Day of Week']).sum()
df_weekday[['Impressions', 'Spent', 'Clicks']].plot(
    figsize=(16, 6), subplots=True);
```

第 1 行创建了一个新的 DataFrame 对象 df_weekday，这是通过请求在 df 上进行 Day ofWeek 分组而实现的。用于聚合数据的函数是个加法。

第 2 行使用了一个行名称的列表来获取 df_weekday 的一个片段，现在我们已经熟悉了这种方法。我们在结果上调用了 plot()，它与 hist()稍有不同。subplots=True 这个选项可以使 plot 绘制出 3 个独立的图形，如图 13-7 所示。

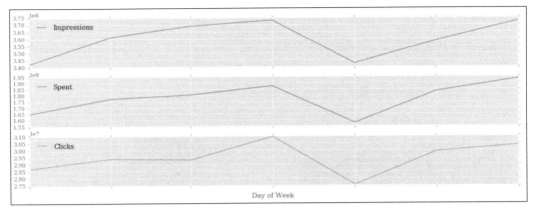

图 13-7

相当有趣的是，我们可以看到大多数操作发生在星期天和星期三。如果这是很有意义的数据，那么它很可能就是向客户提供的潜在重要信息，这也是我向读者展示这个例子的原因。

注意，星期几是按字母顺序存储的，这使得它们看上去有点混乱。能不能想出一个简单的解决方案来解决这个问题？我把这个任务当作练习留给读者。

我们再介绍几个概念，从而完成这个展示部分。首先是个简单的聚合。我们想要根据 Target Gender（目标性别）和 Target Age（目标年龄）进行聚合并显示 Impressions 和 Spent。对于这些数据，我们想看到 mean（平均值）和 std（标准差）：

```
#31
agg_config = {
    'Impressions': ['mean', 'std'],
    'Spent': ['mean', 'std'],
}
df.groupby(['Target Gender', 'Target Age']).agg(agg_config)
```

任务非常简单。我们先准备一个字典作为配置使用。接着，我们在 Target Gender 和 Target Age 列上执行一个分组操作，并把配置字典传递给 agg() 方法。下面所显示的结果被截断了一部分，并进行了略微的整理以适应版面：

		Impressions		Spent
		mean	std	mean
Target Gender	Target Age			
B	20-25	499999.741573	1.904111	218917.000000
	20-30	499999.618421	2.039393	237180.644737
	20-35	499999.358025	2.039048	256378.641975
...		...	...	...
M	20-25	499999.355263	2.108421	277232.276316
	20-30	499999.635294	2.075062	252140.117647

```
20-35          499999.835821 1.871614 308598.149254
```

这是文本表示形式。当然，我们也可以生成 HTML 表示形式。

在结束本章之前，我们再完成一个更加有趣的任务。我想介绍一种名为**基准表**的东西。它有点像数据环境中的流行词，因此提供这方面的一个例子是很有必要的，尽管它非常简单：

```
#32
pivot = df.pivot_table(
    values=['Impressions', 'Clicks', 'Spent'],
    index=['Target Age'],
    columns=['Target Gender'],
    aggfunc=np.sum
)
pivot
```

我们创建了一个基准表，它向我们显示了 Target Age 和 Impressions、Clicks 和 Spent 之间的相关性。最后 3 项是根据 Target Gender 进行细分的。用于计算结果的聚合函数（aggfunc）是 numpy.sum 函数（如果未加指定，numpy.mean 是默认函数）。

在创建了基准表之后，我们简单地用单元格中的最后一条指令将其输出，图 13-8 所示的内容是其中的一些结果。

	Clicks			Impressions			Spent		
Target Gender	B	F	M	B	F	M	B	F	M
Target Age									
20-25	3827736	3703658	3085169	44499977	45999950	37999951	19483613	19852100	21069653
20-30	3079195	2927522	3494013	37999971	36499933	42499969	18025729	19332305	21431910
20-35	3334942	2770677	3045022	40499948	36499954	33499989	20766670	16142070	20676076
20-40	3092064	2662837	3431962	37999984	30999974	40499977	15605660	16776094	20868805

图 13-8

结果相当清晰，当数据具有实际意义时，它就提供了非常实用的信息。

就是这样了！我希望读者花更多的时间探索 IPython、Jupyter 和数据科学的精彩世界。我强烈建议读者熟练掌握 Notebook 环境。它比控制台要好得多，非常实用并且很有趣，我们甚至可以用它创建幻灯片和文档。

13.3 数据科学和 Python 的更多工具

数据科学确实是一个引人入胜的主题。正如我在本章的开始部分所说的，想要从事这个领域的工作需要在数学和统计学方面具有良好的基本功。如果采集的数据不可靠，它的分析结果也就没有任何意义。如果数据的推断方式不正确或者采样频率不正确，结果也同样没有任何意义。例如，我们可以考虑一个在队列中排队的人群，出于某种原因，排队人群的性别呈男女交替模式，如女男女男女男……。

如果只对偶数位置的元素采样，我们就会得出结论，这个人群都是由男性所组成的。如果只对奇数位置的元素采样，结论又正好相反。

当然，这只是一个笨拙的例子。但是，在这个领域中犯错是非常容易发生的事情，尤其是在处理必须进行采样的大数据时。因此，我们所采集的数据的质量很大程度上取决于采样本身的质量。

关于数据科学和 Python，下面是我们可以使用的主要工具。

◆ **NumPy**。这是用 Python 进行科学计算的主要程序包。它包含了一个功能强大的 N 维数组对象、复杂（广播）的函数、用于集成 C/C++ 和 Fortran 代码的工具、实用的线性代码、傅立叶变换、随机数功能以及其他许多功能。

◆ **Scikit-Learn**。它很可能是 Python 中最流行的机器学习程序库。它提供了一些简单而高效的工具用于数据挖掘和数据分析，可供任何人使用，并且可以在各种不同的上下文环境中被复用。它建立在 NumPy、SciPy 和 Matplotlib 的基础之上。

◆ **Pandas**。这是一个开放源代码的 BSD 许可的程序库，提供了高性能、容易使用的数据结构和数据分析工具。我们在本章中深入使用了这个程序库。

◆ **IPython**、**Jupyter**。它们为交互性计算提供了一个功能丰富的架构。

◆ **Matplotlib**。这是一个 Python 2D 绘图程序库，能够生成各种硬拷贝格式的出版级质量的图片，并且可以应用于跨平台的交互性环境。Matplotlib 可用于 Python 脚本、Python 和 IPython shell、Jupyter Notebook、Web 应用服务，并提供了 4 个图形用户接口工具包。

◆ **Numba**。这个程序库提供了一些直接用 Python 编写的高性能的函数，能够提高应用程序的速度。通过一些注解，面向数组和高度使用数学的 Python 代码可以即时编译为本地机器指令，具有与 C、C++ 和 Fortran 相似的性能，而不必切换语言或使用 Python 解释器。

◆ **Bokeh**。这是一个 Python 交互性可视化程序库，其目标是在现代的 Web 浏览器进行呈现。它能够提供一种优雅、简洁的采用 D3.js 风格的新型图形结构。它的这个功能还可以用于实现非常巨大的数据集或流数据集的高性能交互性。

除了这些单独的程序库之外，我们还可以找到一些生态系统，如 **SciPy** 和前面提到过的 **Anaconda**，它们都集合了几个不同的程序包，为我们提供了一些"开箱即用"风格的功能。

安装所有这些工具以及它们的一些依赖项在某些系统中是非常困难的，因此我建议对生态系统进行尝试，看看哪个比较适用。这种做法很可能是非常值得的。

13.4　总结

在本章中，我们讨论了数据科学。我们并没有宽泛地解释这个极其广阔的主题的所有概念，而是专门开发了一个项目。我们熟悉了 Jupyter Notebook 以及不同的程序库，如 Pandas、Matplotlib 和 NumPy。

当然，把所有这些信息压缩在一章的篇幅之内意味着我们只能简单地了解这些主题的皮毛。我希望我们一起讨论的这个项目具有足够的综合性，使读者在以后从事这个领域的工作时能够心中有谱。

下一章将专门介绍 Web 开发。因此，让我们准备好一个浏览器并出发吧！

第 14 章
Web 开发

在本章中，我们将围绕一个网站展开讨论。我的目标是通过创建一个小型的项目来为读者开启一个了解 Web 编程的窗口，并帮助读者了解想要顺利地进行 Web 开发应该掌握的主要概念和工具。

具体地说，我们打算探索下面这些主题。

◆ 围绕 Web 编程的基本概念。

◆ Django Web 框架。

◆ 正则表达式。

◆ Flask 和 Falcon Web 框架的简单介绍。

我们先了解一些基础知识。

14.1 Web

万维网（WWW） 或简称为 **Web**，是一种通过名为 **Internet** 的媒介访问信息的方式。Internet 是一个巨大的由各种网络所组成的网络，是一种网络基础设施。它的目的是把全球范围内数以十亿计的设备连接在一起，使它们彼此之间可以通信。信息通过各种丰富的语言（称为**协议**）在 Internet 上传播。协议能够让不同的设备相互理解，共享它们的内容。

Web 是一种建立在 Internet 之上的信息共享的模型，使用**超文本传输协议（HTTP）**作为数据通信的基础。因此，Web 是可以通过 Internet 交换信息的几种不同方法之一。电子邮件、即时通信、新闻组等都依赖于不同的协议。

14.2　Web 的工作方式

概括地说，HTTP 是一种非对称的**请求—响应式**的**客户—服务器**协议。HTTP 客户向 HTTP 服务器发送一个请求消息，而服务器则对此返回一个响应消息。换句话说，HTTP 是一种**拉取式的协议**，也就是客户从服务器拉取信息（相反，**推送式协议**就是服务器把信息推送给客户）。读者可以观察图 14-1 来理解 HTTP。

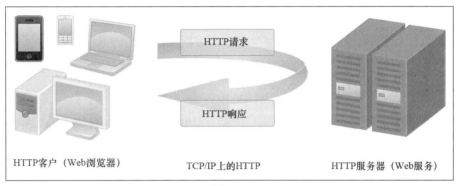

图 14-1

HTTP 建立在 **TCP/IP**（**传输控制协议/Internet 协议**）的基础之上，提供了可靠的信息交换的工具。

HTTP 协议的一个重要特性是它不保存状态，也就是说 HTTP 协议自身不对请求和响应之间的通信状态进行保存。这是它的局限性，但是我们在浏览网站时会产生已经登录的错觉。这是因为，在登录时后台会保存一个用户信息的标记（大多是在客户端，在一种名为 **cookie** 的特殊文件中），因此用户所创建的每个请求都会让服务器识别该用户并提供一个自定义的界面，如显示他们的姓名、保留他们的购物车等。

尽管 HTTP 的世界非常精彩，但我们并不打算深入讨论它的丰富细节以及它的工作方式。但是，我们打算编写一个小型的网站，这意味着我们必须编写代码处理 HTTP 请求并返回 HTTP 响应。从现在开始，在表示请求和响应这两个术语时，HTTP 这个前缀将被省略，而这并不会产生任何混淆。

14.3　Django Web 框架

在我们的项目中，我们打算使用 Python 生态系统中非常流行的 Web 框架之一：Django。

Web 框架就是我们可以用于编写网站的一组工具（包括库、函数、类等）。我们需要决定哪些类型的请求可以发送给我们的 Web 服务器以及后者应该如何对这些请求做出响应。Web 框架是完成这个任务的完美工具，因为它会为我们处理很多事情，使我们只需要把注意力集中在重要的地方，而不需要从头实现所有的细节。

> 框架有很多不同的类型。并不是所有的框架都适合编写 Web 代码。一般而言，**框架**就是一种提供功能以帮助我们开发软件应用程序、产品和解决方案的工具。

14.3.1 Django 的设计原则

Django 是根据下面这些原则而设计的。

◆ **不要重复自身（DRY）**。不要重复代码，尽可能地让框架减少我们的工作量。

◆ **松散的耦合**。框架的各个层不应该知道其他层的信息（除非是由于某种原因存在绝对的需要）。如果能够并行实现松耦合和高内聚，就可以实现最好的效果。把会因为某个相同的原因发生变化的东西放在一起，把出于不同原因而发生变化的东西分隔开来。

◆ **更少的代码**。应用程序应该使用尽可能少的代码，我们在编写代码时应该尽可能地实现代码的复用。

◆ **一致性**。当我们使用 Django 框架时，不管针对哪个层编写代码，我们所采取的编码方式应该与项目所选择的设计模式和范式尽可能地保持一致。

Django 框架本身是围绕**模型—模板—视图（MTV）**模式设计的，后者是**模型—视图—控制器（MVC）**设计模式的一种变型，被其他框架广泛采用。这类模式的目标是分离焦点，提升代码的复用性和质量。

1．模型层

在 3 个层中，模型层定义了应用程序所处理的数据的结构，并负责处理数据源。**模型**是一个表示数据结构的类。通过 Django 的一些功能，模型可以被映射到数据库的表中，这样我们就可以在一个关系数据库中存储数据。

> **关系数据库**在表中存储数据，表中的每一列表示数据的一个属性，每一行表示该表所表示的数据集合中的一项或一条记录。每个表的**主键**（用于独一无二地标识表中的每条记录）能够在不同表的记录之间建立一种关系，也就是把它们放在关系中。

这个系统的优美之处在于我们并不需要编写数据库特定的代码来处理自己的数据，我们只需要正确地配置自己的模型并使用它们。数据库方面的工作由 Django **对象关系映射**（**ORM**）为我们完成，它负责把对 Python 对象所执行的操作转换为关系数据库可以理解的一种语言，即 **SQL**（**结构化查询语言**）。我们在第 7 章文件和数据持久化中探索 SQLAlchemy 时看到过 ORM 的一个例子。

这种方法的优点是我们能够在不重写代码的情况下修改数据库，因为所有的数据库特定的代码都是由 Django 根据它所连接的数据库实时生成的。关系数据库使用 SQL，但每种数据库所使用的 SQL 都有各自的风格。因此，不用在应用程序中以硬编码的方式编写任何 SQL 语句是一个巨大的优点。

Django 允许我们在任何时候修改自己的模型。当我们修改模型时，可以运行一个命令创建一个迁移。所谓迁移，就是让数据库进入我们的模型的当前定义所表示的状态时所需要的指令集。

总之，这个层负责处理我们在网站中需要处理的数据结构的定义，并向我们提供方法使我们可以简单地通过访问模型（它们是 Python 对象）就把数据保存到数据库或者从数据库加载数据。

2．视图层

视图的功能就是处理请求，执行需要实现的操作，并最终返回一个响应。例如，如果我们打开浏览器并请求一个网页，显示一家电子商务网店的产品目录，视图很可能会与数据库进行通信，请求我们所选择的产品目录中的所有子目录（如在一个导航侧栏中显示它们）以及属于所选目录的所有产品，以便把它们显示在网页中。

因此，视图是一种机制，我们可以通过它实现一个请求。它的结果（也就是响应对象）可能具有几种不同的格式：JOSN 负载、文本、HTML 页面等。当我们编写网站时，我们的响应对象通常是由 HTML 或 JSON 组成的。

 HTML 是用于创建网页的标准标记语言。Web 浏览器会运行能够翻译 HTML 代码的引擎并把它渲染为我们打开一个网站的页面时所看到的东西。

3．模板层

这个层为后端开发和前端开发之间提供了桥梁。当一个视图必须返回 HTML 时，它通常会准备一个包含了一些数据的**上下文对象**（一个字典），并把这个上下文对象输入一个模板中来完成这个任务。这个上下文对象被渲染（即转换为 HTML）并以响应（更精确地说，是响应体）的形式返回给调用者。这种机制可以实现最大限度的代码复用。如果我们回到产品目录这个例子，很容易看到如果我们浏览一个出售产品的网站时，它事实上并不关注我们所点击的是哪个目录或者所执行的是哪种类型的搜索，产品页面的布局并不会发生变化。发生变化的是这个页面所显示的数据。

因此，页面的布局是由一个模板所定义的，它是用 HTML 和 Django 模板语言混合编写的。为页面提供服务的视图在上下文字典中收集需要显示的所有产品，并把它输入模板中，然后由 Django 模板引擎将它渲染为 HTML 页面。

14.3.2　Django 的 URL 分配器

Django 通过把所请求的**统一资源定位符（URL）**与一个特殊文件中所注册的模式进行匹配，实现该 URL 与一个视图的关联。URL 表示一个网站中的一个页面，因此 http://mysite.网址/categories?id=123 很可能指向我的网站中目录 ID 为 123 的页面，而 https://mysite.网址/login 很可能是用户的登录页面。

> HTTP 和 HTTPS 之间的区别是后者在协议中进行了加密，使我们与网站所交换的数据得到了安全防护。当我们在一个网站上输入信用卡信息、在某个地方登录，或者执行某些与敏感数据有关的操作时，应该确保自己使用的是 HTTPS。

正则表达式

Django 通过正则表达式将 URL 与模式进行匹配。**正则表达式**是一种字符序列，定义了一种搜索模式。我们可以用它实现一些操作，如模式和字符串的匹配、查找和替换等。

正则表达式具有特殊的语法表示像数字、字母和空格这样的东西，还包括我们期望一个字符出现多少次等。关于这个话题的完整解释超出了本书的范围。但是，这是一个非常重要的主题，我们将要开发的项目也是围绕它进行的，希望读者能够挤出一些时间对它进行一些探索。

下面提供正则表达式的一个简单例子。假设我们想要指定一个与一个日期（如 26-12-1947）相匹配的模式。这个字符串由两个数字、一个连接符、两个数字、一个连接符以及最后的 4 个数字组成。因此，我们可以把它写成：r'[0-9]{2}-[0-9]{2}-[0-9]{4}'。我们通过使用方括号创建了一个类，并在里面定义了一个数字 0 到 9 的范围，因此包括了所有可能出现的数字。接着，在花括号中，我们表示期望看到两个数字，再接着是一个连接符。然后，我们按原样重复这个模式，然后再次重复，但最后这次重复更改了期望看到的次数，并且不需要最后的连接符。由于像[0-9]这样的类是一种相当常见的模式，因此有一种特殊的记法表示它的快捷方式：\d。因此，我们可以像下面这样重写这个模式：r'\d{2}-\d{2}-\d{4}'，它的效果与前面写法的效果完全相同。字符串前面的 **r** 表示 **raw**（原始），它的作用是防止 Python 试图翻译反斜杠转义序列，这样它们就可以按照原样被传递给正则表达式引擎。

14.4　一个 regex 网站

现在，我们已经完成了准备工作，准备编写一个存储正则表达式的网站使我们可以对它们进行一些操作。

在创建这个项目之前，我想介绍一下**层叠式样式表**（**CSS**）。CSS 是我们用于指定 HTML 页面中各个元素的外观的文件。我们可以设置所有类型的属性，如形状、大小、颜色、边距、边界和字体等。在这个项目中，我会尽最大的努力把页面做得尽可能漂亮。但我既不是前端开发人员也不是界面设计师，因此不要太介意这个项目中网页的外观，请把注意力集中在它们的工作方式上。

14.4.1　安装 Django

在 Django 网站上，我们可以参照教程，它对 Django 的功能提供了很好的介绍。如果有需要，可以首先遵循教程的指导，然后再回到这个例子。因此，我们先要在自己的虚拟环境（应该已经安装，因为它是需求文件的组成部分）中安装 Django：

```
$ pip install django
```

当这个命令完成后，我们可以用控制台对它进行测试（可以用 bpython 完成这个任务，它向我们提供了一个与 IPython 相似的 shell，另外还包含了一些优秀的内省功能）：

```
>>> import django
>>> django.VERSION
(2, 0, 5, 'final', 0)
```

既然已经安装了 Django，我们就可以开始了。我们还必须完成一些辅助工作，下面简单地指导这些做法。

1．启动项目

选择本书中的一个文件夹并把它修改为 ch14。在这个文件夹中，我们可以使用下面的命令启动一个 Django 项目：

```
$ django-admin startproject regex
```

程序将准备一个名为 regex 的 Django 项目的骨架。进入 regex 文件夹并运行下面的命令：

```
$ python manage.py runserver
```

我们应该能够在自己的浏览器中进入 http://127.0.0.1:8000/ 并看到 **It worked!** 这个默认的 Django 页面，这意味着这个项目已经正确地安装了。当我们看到这个页面时，可以按 Ctrl + C 组合键（或控制台所显示的其他方式）结束这个服务。现在，我将展示这个项目的最终结构供读者参考：

```
$ tree -A regex # from the ch14 folder
regex
├── entries
│   ├── __init__.py
│   ├── admin.py
│   ├── forms.py
│   ├── migrations
│   │   ├── 0001_initial.py
│   │   └── __init__.py
│   ├── models.py
│   ├── static
│   │   └── entries
│   │       └── css
│   │           └── main.css
│   ├── templates
│   │   └── entries
│   │       ├── base.html
│   │       ├── footer.html
│   │       ├── home.html
│   │       ├── insert.html
│   │       └── list.html
│   └── views.py
├── manage.py
└── regex
    ├── __init__.py
    ├── settings.py
    ├── urls.py
    └── wsgi.py
```

如果缺少一些文件也不要担心，我们到时候会创建它们的。Django 项目一般是几个不同应用程序的集合。每个应用程序以一种完整的可复用风格提供一个功能。我们将创建一个名为 entries 的应用程序：

```
$ python manage.py startapp entries
```

在已创建的 entries 文件夹中，我们可以去掉 tests.py 模块。

现在，我们修改 regex 文件夹中的 regex/settings.py 文件。我们需要把这个应用程序添加到 INSTALLED_APPS 列表中以便使用（把它添加到列表的底部）：

```
INSTALLED_APPS = [
    'django.contrib.admin',
    ...
    'entries',
]
```

接着，我们可以根据自己的喜好修改语言和时区。我生活在伦敦，因此把它们设置为：

```
LANGUAGE_CODE = 'en-gb'
TIME_ZONE = 'Europe/London'
```

这个文件不再需要进行其他修改，因此可以保存并关闭它。

现在是时候对数据库应用**迁移**了。Django 需要数据库支持以处理用户、会话以及类似的任务。因此，我们需要创建一个数据库并填充必要的数据。幸运的是，我们可以用下面的命令来非常轻松地完成这个任务：

```
$ python manage.py migrate
```

 对于这个项目，我们使用了一个 SQLite 数据库，它基本上就只是一个文件。在真实的项目中，我们可能会使用一个不同的数据库引擎，如 MySQL 或 PostgreSQL。

2. 创建用户

既然已经准备好了数据库，我们就可以使用控制台创建一个超级用户：

```
$ python manage.py createsuperuser
```

输入了用户名和其他细节之后，我们就拥有了一个具有管理员权限的用户。这样，我们就可以访问 Django 的管理部分，因此我们尝试启动服务器：

```
$ python manage.py runserver
```

运行上面的代码将启动 Django 的开发服务器，这是一个非常实用的内置 Web 服务器，供我们在操作 Django 时使用。启动了这个服务器之后，我们可以访问 http://localhost:8000/admin/ 的管理页面。稍后我将显示这个页面的一个屏幕截图。如果我们用刚刚创建的用户证书登录并进入 **Authentication and Authorization**（认证和授权）部分，就可以找到 **Users**（用户）。

打开这个链接之后可以看到用户列表，我们可以修改任何想要作为管理员登录的用户的细节。在这个例子中，需要确保创建一个不同的用户使系统中至少有两个用户（稍后将要用到它们）。我把第 1 个用户称为 Fabrizio（用户名：fab），把第 2 个用户称为 Adriano（用户名：adri），这是为了纪念我的父亲。

顺便说一下，我们应该看到 Django 管理员面板是自动生成的。我们定义模型，然后确定它们之间的联系就可以了。这是一个令人难以置信的工具，显示了 Django 具有如此高级的内省功能。而且，它是完全可定义的和可扩展的。它确实是一个极其优秀的工作构件。

14.4.2　添加 Entry 模型

既然我们已经准备好了样板，并且创建了两个用户，现在就可以编写代码了。我们要先在应用程序中添加 Entry 模型，从而使我们可以在数据库中存储对象。下面是我们需要添加的代码（记住使用项目树作为参考）：

```
# entries/models.py
from django.db import models
from django.contrib.auth.models import User
from django.utils import timezone

class Entry(models.Model):
    user = models.ForeignKey(User, on_delete=models.CASCADE)
    pattern = models.CharField(max_length=255)
    test_string = models.CharField(max_length=255)
    date_added = models.DateTimeField(default=timezone.now)

    class Meta:
        verbose_name_plural = 'entries'
```

这是我们在系统中用于存储正则表达式的模型。我们将存储一个模式、一个测试字符串、一个创建该 Entry 对象的用户的引用以及该 Entry 的创建时间。我们可以看到，创建一个模型其实相当容易，但是不管怎样，我们还是逐行进行讨论。

首先，我们需要从 django.db 导入 models 模块，它提供了我们的 Entry 模型的基类。Django 模型中包含了一些特殊的类，当我们从 models.Model 进行继承时，它会在后台为我们完成大量的工作。

然后，我们需要创建该 Entry 的用户的一个引用，因此需要从 Django 的认证应用程序中导入 User 模型，另外我们还需要导入 timezone 模型以便使用 timezone.now 函数，它为我们提供了一个包含时区的 datetime.now()版本。它的优美之处在于它会与我在之前所显示的 TIME_ZONE 设置衔接在一起。

对于这个类的主键，如果我们不明确地进行设置，Django 会自动为我们添加一个主键。**主键**就是允许我们在数据库中独一无二地标识一个 Entry 对象的键（在这个例子中，Django 将会添加一个自动增长的整数 ID）。

因此，我们定义了自己的类，并设置了 4 个类属性。我们有一个 ForeignKey（外键）属性，它是对 Users 模型的引用。我们还有两个 CharField 属性，用于保存正则表达式的模式和测试字符串。我们还有一个 DateTimeField，它的默认值被设置为 timezone.now。注意，我们并没有直接在那里调用 timezone.now，它是 now 而不是 now()。因此，我们并没有传递一个 DateTime 实例（在这行代码被解析时设置时间），而是传递了一个可调用函数。这样，当我们把一个 Entry 对象保存到数据库时，程序会调用这个函数。这类似于我们在第 12 章 GUI 和脚本中为按钮点击事件指派命令时所使用的回调机制。

最后两行非常有趣。我们在 Entry 类的内部定义了一个 Meta 类。Django 使用 Meta 类提供一个模型的所有种类的额外信息。Django 在后台实现了大量的逻辑，从而我们可以根据 Meta 类的信息调整它的行为。在这个例子中，在管理员面板上，Entry 的复数形式是 Entrys，这是错误的，因此我们需要对它进行手动设置。我们把复数形式设置为全小写形式，Django 会根据需要自动为我们处理它的首字母大写化。

有了一个新模型之后，我们需要更新数据库以反映代码的新状态。为此，我们需要告诉 Django 创建代码更新数据库。这种代码称为**迁移**，我们创建并执行它：

```
$ python manage.py makemigrations entries
$ python manage.py migrate
```

执行这两条指令之后，数据库就可以存储 Entry 对象了。

 迁移具有两种不同的类型：数据迁移和方案迁移。**数据迁移**是把数据从一种状态转换到另一种状态，并不改变它的结构。例如，数据迁移可以通过把一个标志设置为 False 或 0，把某个目录的所有产品都设置为缺货。**方案迁移**也是一组指令，它用于更改数据库方案的结构。例如，在 Person 表中添加一个 age 列，或者增加一个字段的最大长度以适应非常长的地址。用 Django 进行开发时，在开发过程中进行这两种类型的迁移都是相当常见的。数据是不断发生变化的，尤其当我们在敏捷环境中编写代码时。

14.4.3　对管理员面板进行自定义

下一个步骤是把 Entry 模型关联到管理员面板。我们可以用一行代码来完成这个任务，但在这个例子中，我想增加一些选项，对管理员面板显示 Entry 对象的方式进行自定义，使管理员面板既可以在一个列表视图中显示数据库中的所有 Entry 记录，也可以采用表单视图的形式，允许我们创建并修改它们。

我们需要做的就是添加下面的代码：

```
# entries/admin.py
from django.contrib import admin
from .models import Entry

@admin.register(Entry)
class EntryAdmin(admin.ModelAdmin):
    fieldsets = [
        ('Regular Expression',
         {'fields': ['pattern', 'test_string']}),
        ('Other Information',
         {'fields': ['user', 'date_added']}),
    ]
    list_display = ('pattern', 'test_string', 'user')
    list_filter = ['user']
    search_fields = ['test_string']
```

它具有一种简单的美。我相信读者已经能够理解其中的大多数代码，即使读者刚刚接触 Django。

因此，首先我们导入 admin 模块和 Entry 模型。由于我们想要加强代码的复用，因此采用相对导入（在模型前面添加点号）的方式导入了 Entry 模型。这样我们在移动或重命名应用程序时就不会遇到太多的麻烦。

接着，我们定义了 EntryAdmin 类，它是从 admin.ModelAdmin 继承的。这个类的装饰告诉 Django 在管理员面板中显示 Entry 模型，我们在 EntryAdmin 类中所编写的代码告诉 Django 如何对这个模型的处理方式进行自定义。

首先，为 create/edit（创建/编辑）页面指定 fieldsets。这将把页面划分为两个部分，从而使我们可以更好地单独观察内容（模式和测试字符串）以及其他细节（用户和时间戳）。

接着，我们对 list（列表）页面显示结果的方式进行自定义。我们想要看到所有的字段，但不包括日期。我们还希望能够对用户进行过滤，使我们可以看到某个用户的所有 Entry 对象，并且能够对 test_string 进行搜索。

我将提前添加 3 个 Entry 对象，其中一个是我自己的，另外两个则是我父亲的。下面两个屏幕截图显示了它的结果。在插入它们之后，list 页面看上去像图 14-2 这样。

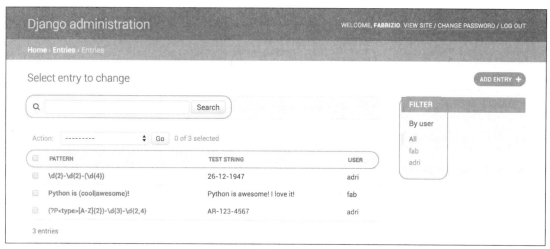

图 14-2

我把这个视图中在 EntryAdmin 类中进行了自定义的 3 个部分加粗显示。我们可以通过用户进行过滤，我们也可以进行搜索并显示所有字段。如果点击其中一个模式，就会打开相应的编辑视图。

经过我们的自定义之后，它看上去像图 14-3 这样。

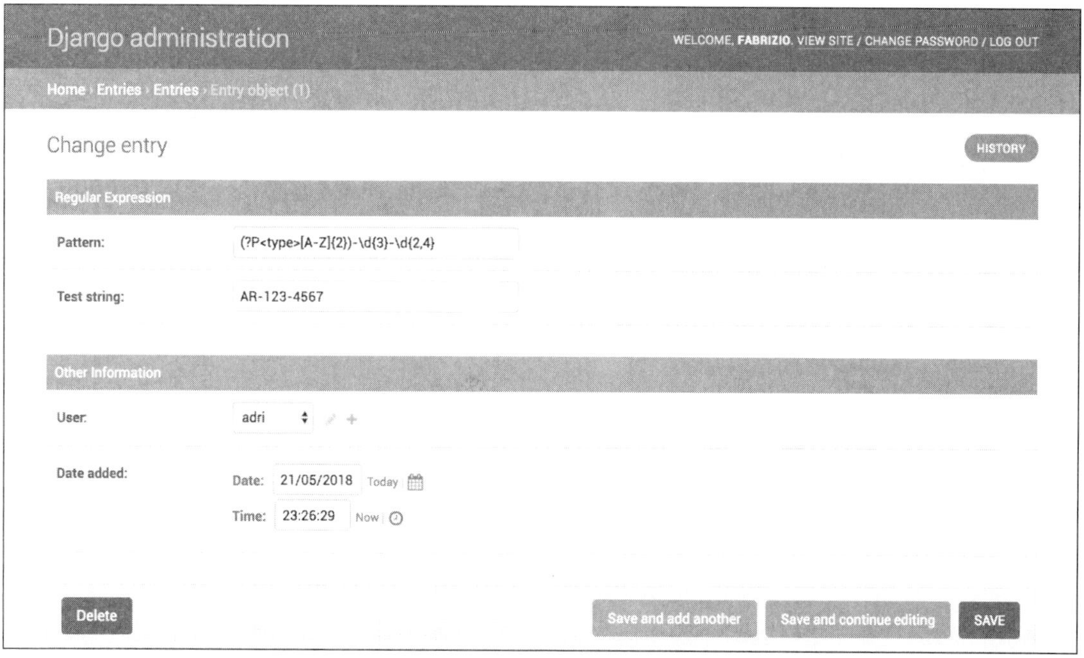

图 14-3

注意，感谢自定义的 EntryAdmin 类，现在页面被分为了两个部分：**Regular Expression**（正则表达式）和 **Other Information**（其他信息）。我们可以对它进行试验，添加几个不同用户的 Entry 对象，熟悉它们的界面。能够免费使用这些功能是不是一件非常棒的事情？

14.4.4　创建表单

每次在一个网页上填写详细信息的时候，我们实际上做的是把数据插入表单字段中。**表单**是 **HTML 文档对象模型（DOM）**树的一部分。在 HTML 中，我们使用 form 标签创建一个表单。当我们点击 submit（提交）按钮时，浏览器一般会把表单数据包装在一起并把它放在一个 POST 请求体中。POST 请求与 GET 请求不同，GET 请求是向 Web 服务器请求一个资源，而 POST 请求一般是把数据发送给 Web 服务器，目的是创建或更新一个资源。出于这个原因，我们在处理 POST 请求时通常要比处理 GET 请求关注更多的细节。

当服务器从一个 POST 请求接收数据时，需要对这些数据进行验证。而且，服务器需要使用安全机制防范各种类型的入侵。一种非常危险的攻击是**跨站点请求伪造（CSRF）**攻击，它发生在数据发送自一个用户并未认证的域的时候。Django 允许我们以一种非常优雅的方式处理这个问题。

因此，我们不能偷懒使用 Django 管理员创建 Entry，而是要使用一个 Django 表单来完成这个任务。通过使用框架所提供的工具，我们已经完成了相当高级的验证工作（事实上，我们并不需要添加任何自定义的验证代码）。

Django 提供了两种类型的表单类：Form 和 ModelForm。使用前者所创建的表单的形状和行为依赖于我们在类中所编写的代码，如有哪些字段需要添加等。另一方面，使用后者所创建的表单尽管仍然是可以自定义的，但它是根据一个模型推断自己的字段和行为的。由于我们需要根据 Entry 模型创建一个表单，因此我们将使用 ModelForm：

```
# entries/forms.py
from django.forms import ModelForm
from .models import Entry


class EntryForm(ModelForm):
    class Meta:
        model = Entry
        fields = ['pattern', 'test_string']
```

令人相当惊异的是，要把一个表单放在页面上，我们只需要上面这些代码就可以了。这里唯一值得注意的是我们把字段限制为只允许 pattern 和 test_string。只有已经登录的用户才可以访问 insert（插入）页面，因此我们不需要询问用户是哪个，因为我们已经知道了。

至于日期，当我们保存一个 Entry 时，date_added 字段会根据它的默认值进行设置，因此我们也不需要进行指定。我们将在视图中看到如何在保存之前向表单输入用户信息。既然我们已经完成了背景工作，现在需要编写的就只剩下视图和模板了。我们先来编写视图。

14.4.5　编写视图

我们需要编写 3 个视图，其中一个用于表示主页，一个用于显示某个用户的所有 Entry 的列表，最后一个用于创建新的 Entry。我们还需要登录和退出登录的视图。但是，感谢 Django，我们并不需要编写它们。我将按照步骤展示代码：

```
# entries/views.py
import re
from django.contrib.auth.decorators import login_required
from django.contrib.messages.views import SuccessMessageMixin
from django.urls import reverse_lazy
from django.utils.decorators import method_decorator
from django.views.generic import FormView, TemplateView
from .forms import EntryForm
from .models import Entry
```

最开始的部分是导入语句。我们需要 re 模块处理正则表达式，然后需要 Django 的一些类和函数，最后需要 Entry 模型和 EntryForm 表单。

1．主页视图

第 1 个视图是 HomeView：

```
# entries/views.py
class HomeView(TemplateView):
    template_name = 'entries/home.html'

    @method_decorator(
        login_required(login_url=reverse_lazy('login')))
    def get(self, request, *args, **kwargs):
        return super(HomeView, self).get(request, *args, **kwargs)
```

它是从 TemplateView 类继承的，这意味着我们将通过这个视图所创建的上下文对模板进行渲染，从而创建响应。我们需要做的就是指定 template_name 类属性，让它指向正确的模板。Django 会把代码的复用性提高到一个相当高的程度。如果我们不需要指定这个视图只能由已经登录的用户所访问，那么我们只需要使用前两行代码就可以了。

但是，我们希望这个视图只能由已经登录的用户所访问，因此我们需要用 login_required 对它进行装饰。由于 Django 中的视图以前都是函数，因此 Python 设计了装饰器来接收一个函数而不是我们在这个类中所使用的方法。我们在这个项目中使用了基于 Django 类的视图，因此为了让它能够正确地工作，我们需要转换 login_required，使它能够接收一个方法（区别在于第 1 个参数：self）。我们通过向 method_decorator 传递 login_required 来完成这个任务。

我们还需要把 login_url 信息输入 login_required 装饰器，这里可以看到 Django 的另一个优秀特性。正如我们在完成这些视图后将会看到的那样，在 Django 中，我们可以通过一个模式把一个视图连接到一个 URL。这个模式由一个字符串组成，它可能是正则表达式也可能不是，并且还可能包含其他信息。我们可以为 urls.py 文件中的每个 Entry 提供一个名称，这样当我们想要表示一个 URL 时，就不需要把它的值以硬编码的形式写到自己的代码中。我们需要做的就是让 Django 根据我们在 urls.py 文件中为这个 Entry 所提供的名称实现 URL 的反向工程，定义 URL 以及连接到它的视图。稍后，我们就会清楚这个机制。现在，我们只需要把 reverse('...') 看成是一种从一个标识符获取一个 URL 的方式。按照这种方式，我们只需要在 urls.py 文件中编写一次实际的 URL，这是非常出色的特性。在 views.py 代码中，我们需要使用 reverse_lazy，它的工作方式与 reverse 非常相似，只存在一个主要区别：它只有在我们实际需要一个 URL 时才会寻找它（遵循一种偷懒的风格）。reverse_lazy 之所以非常实用是因为有时候我们需要从一个标识符通过反向工程获取一个 URL，但是当我们调用 reverse 时，urls.py 模块还没有被加载，这就会导致失败。reverse_lazy 的偷懒行为能够解决这个问题，因为即使对它的调用是在 urls.py 模块被加载之前进行的，根据标识符获取相关 URL 的实际反向工程操作也会以偷懒的方式进行，即在 urls.py 确认已经被加载之后才会执行。

我们刚刚进行了使用装饰的 get 方法简单地调用父类的 get 方法。

当然，get 方法是针对这个视图所连接的 URL 执行一个 GET 请求时由 Django 所调用的方法。

2．Entry 列表视图

这个视图比前面那个视图要有趣得多：

```python
# entries/views.py
class EntryListView(TemplateView):
    template_name = 'entries/list.html'

    @method_decorator(
        login_required(login_url=reverse_lazy('login')))
    def get(self, request, *args, **kwargs):
        context = self.get_context_data(**kwargs)
        entries = Entry.objects.filter(
            user=request.user).order_by('-date_added')
```

```
        matches = (self._parse_entry(entry) for entry in entries)
        context['entries'] = list(zip(entries, matches))
        return self.render_to_response(context)

    def _parse_entry(self, entry):
        match = re.search(entry.pattern, entry.test_string)
        if match is not None:
            return (
                match.group(),
                match.groups() or None,
                match.groupdict() or None
            )
        return None
```

我们像此前一样对 get 方法进行装饰。在它的内部，我们需要准备一个 Entry 对象的列表，并把它输入模板中，由后者向用户显示。为了完成这个任务，我们首先按照预想的方式获取 context 字典，也就是在 TemplateView 类上调用 get_context_data 方法。然后，我们使用 ORM 获取一个 Entry 对象的列表。我们通过访问对象管理器并在它上面调用一个过滤器来完成这个任务。我们根据哪个用户已登录来对 Entry 对象进行过滤，并按降序（名称前的-指定了降序）对它们进行排序。对象管理器是每个 Django 模型在创建时所添加的默认**管理器**，它允许我们通过它所提供的方法与数据库进行交互。

我们对每个 Entry 进行解析，获得一个 matches 列表（按照我的编程方式，matches 是个生成器表达式）。最后，我们向上下文添加一个 entries 键，它的值是 entries 和 matches 的拉链式组合，这样每个 Entry 实例都与它的模式和测试字符串的最终匹配成对出现。

在最后一行，我们简单地要求 Django 使用我们所创建的上下文对模板进行渲染。

观察_parse_entry 方法。它所做的事情就是在 entry.test_string 上用 entry.pattern 执行一次搜索。如果产生的 match 对象并不是 None，就表示找到了搜索项。如果是这样，我们就返回一个包含 3 个元素的元组：整体组、子组和组字典。

 注意，match.groups()和 match.groupdict()可能会分别返回一个空的元组和一个空的字典。为了把空的结果规范化为更简单的 None，我利用 or 操作符使用了 Python 中的一个常见模式。事实上，A or B 在 A 的结果是个真值时返回 A，否则返回 B。能不能看出这个行为与 and 操作符的行为有什么不同？

如果不熟悉这些术语也不要担心，稍后我们会看到一个实例的屏幕截图。如果不存在匹配，我们就返回 None（从技术上说，这是不必要的，因为 Python 会自动为我们完成这个任务，但我在这里包含它是为了显式地说明这一点）。

3．表单视图

最后，让我们讨论 EntryFormView：

```python
# entries/views.py
class EntryFormView(SuccessMessageMixin, FormView):
    template_name = 'entries/insert.html'
    form_class = EntryForm
    success_url = reverse_lazy('insert')
    success_message = "Entry was created successfully"

    @method_decorator(
        login_required(login_url=reverse_lazy('login')))
    def get(self, request, *args, **kwargs):
        return super(EntryFormView, self).get(
            request, *args, **kwargs)

    @method_decorator(
        login_required(login_url=reverse_lazy('login')))
    def post(self, request, *args, **kwargs):
        return super(EntryFormView, self).post(
            request, *args, **kwargs)

    def form_valid(self, form):
        self._save_with_user(form)
        return super(EntryFormView, self).form_valid(form)

    def _save_with_user(self, form):
        self.object = form.save(commit=False)
        self.object.user = self.request.user
        self.object.save()
```

出于一些原因，这段代码非常有趣。它向我们显示了 Python 的多重继承的一个优秀例子。我们在插入了一个 Entry 对象之后需要在页面上显示一条消息，因此我们从 SuccessMessageMixin 继承。但是，我们还想处理一个表单，因此我们还从 FormView 继承。

注意，当我们处理 mixins 和继承时，我们在类声明中可能需要考虑基类的指定顺序，因为它会影响在继承链中向上寻找方法调用时的寻找方式。

为了正确地设置这个视图，我们需要在一开始指定一些属性：需要渲染的模板、用于处理来自 POST 请求的数据的表单类、在成功时把用户重定向到的 URL 以及成功消息。

另一个有趣的特性是这个视图需要同时处理 GET 请求和 POST 请求。当我们第一次访问这个表单页面时，如果表单是空的，则说明它是 GET 请求。反之，当我们填写了表单并提交这个 Entry 时，我们就创建了一个 POST 请求。我们可以看到 get 的方法体从概念上与 HomeView 是相同的。Django 会为我们完成所有的工作。

post 方法与 get 方法非常相似。我们编写两个方法的原因是我们可以对它们进行装饰以要求登录。

在 Django 的表单处理过程中（在 FormView 类中），我们可以对一些方法进行重写，以便对总体的行为进行自定义。我们需要用 form_valid 方法来完成这个任务。这个方法是在表单验证成功时被调用的，它的用途是保存表单，这样我们就可以根据它来创建一个 Entry 对象并将其保存到数据库中。

唯一的问题是我们的表单缺少用户。我们需要在调用链中进行拦截，自行放入用户信息。这是调用_save_with_user 实现的，这个方法非常简单。

我们要求 Django 保存表单，其中将 commit 参数设置为 False。这样就创建了一个 Entry 实例并且不用尝试把它保存到数据库。立即将其保存将会失败，因为此时还不存在用户信息。

下一行更新了 Entry 实例（self.object），添加了用户信息，然后我们在最后一行可以安全地将其保存。我把它称为 object 并按这种方式在实例上对它进行设置的原因是为了遵循 FormView 类的原先做法。

我们在这里利用了 Django 机制，因此如果我们想让整体能够运作，需要注意在什么时候修改它的行为以及怎样进行修改，并确保不会对它进行不正确的修改。因此，在我们的自定义版本的最后，记住调用基类（用 super 表示）的 form_valid 方法是极为重要的，这样可以确保这个方法的其他每个操作都能够得到正确的执行。

注意这个请求是如何与每个视图实例（self.request）进行连接的，这样当我们把自己的逻辑重构到方法中时就不需要传递它了。另外，注意用户信息是由 Django 自动添加到请求的。最后，整个过程像这样被分割为多个非常小的方法的原因是可以方便我们对那些需要自定义的方法进行重写。这就消除了编写大量代码的需要。

既然我们已经完成了对视图的讨论，现在我们观察如何将它们连接到 URL。

14.4.6 连接 URL 和视图

在 urls.py 模块中，我们把每个视图连接到一个 URL。我们可以使用很多方法完成这个任务。我选择了最简单的一种，对于这个练习的难度而言，它可以很完美地完成任务。但是，如果读者想要在自己的工作中使用 Django，可能需要更深入地探索这个主题。注意，urls.py 模块属于项目文件夹：

```python
# regex/urls.py
from django.contrib import admin
from django.urls import path
from django.contrib.auth import views as auth_views
from django.urls import reverse_lazy
from entries.views import HomeView, EntryListView, EntryFormView

urlpatterns = [
    path('admin/', admin.site.urls),
    path('entries/', EntryListView.as_view(), name='entries'),
    path('entries/insert',
        EntryFormView.as_view(),
        name='insert'),

    path('login/',
        auth_views.login,
        kwargs={'template_name': 'admin/login.html'},
        name='login'),
    path('logout/',
        auth_views.logout,
        kwargs={'next_page': reverse_lazy('home')},
        name='logout'),
    path('', HomeView.as_view(), name='home'),
]
```

如果我们熟悉版本 1 的 Django，将会注意到一些区别，因为这个项目是用版本 2 编写的。我们可以看到，神奇之处来自 path 函数，它最近替换了 url 函数。首先我们向它传递了一个路径字符串（又称路由），然后是一个视图，最后是一个名称。我们将在 reverse 函数和 reverse_lazy 函数中使用这个名称来恢复 URL。

注意，当我们使用基于类的视图时，必须把它们转换为函数，这是 path 函数所期望的。为此，我们在视图上调用 as_view 方法。

另外，注意表示管理员的第 1 个 path 项是特殊的。它并不是指定一个 URL 和一个视图，而是指定了一个 URL 前缀和另一个 urls.py 模块（来自 admin.site 程序包）。通过这种方式，Django 会为 admin.site.urls 所指定的所有 URL 指定 admin/前缀，从而完成管理员部分的所有 URL。对于我们的 Entry 应用程序，我们也可以采用相同的操作（也应该这样做），但我觉得它对于这个简单的项目而言有点小题大做了。

这个模块所定义的 URL 路径相当简单，因此不需要定义任何正则表达式。是不是需要使用正则表达式，我们可以通过 re_path 函数进行检查，它就是为了这个用途而设计的。

我们还使用了直接来自 django.contrib.auth 程序包的视图，该视图启用了登录和退出登录的功能。我们用必要的信息丰富了声明（如退出登录视图的下一页），并且不需要编写一行代码来处理认证。这是非常出色的特性，可以节省大量的时间。

每个 path 声明必须在 urlpatterns 列表中完成，为此我们必须考虑一个非常重要的事实：当 Django 试图为一个被请求的 URL 寻找一个视图时，这些模式是从顶到底实施的。第 1 个匹配的模式就是为它提供视图的模式，因此一般情况下，我们必须把更为特定的模式放在更为通用的模式前面，否则它们将没有机会被捕捉到。为了显示一个在路由声明中使用正则表达式的例子，^shop/categories/$ 需要出现在 ^shop 之前（注意 $ 标志着模式的结束，它在后面不会被指定），否则它将永远不会被调用。

至此，模型、表单、管理员、视图和 URL 都已经完成，剩余的工作就是编写模板。我必须非常精炼地处理这个部分，因为 HTML 有可能是相当冗长的。

14.4.7 编写模板

所有的模板都是从一个基类模板继承的，后者以一种非常符合**面向对象编程（OOP）**的风格提供了所有模板的 HTML 结构。它还指定了一些块，这是一种可以被子类所重写的区域，使它们可以为这些区域提供自定义的内容。我们先讨论基类模板：

```
# entries/templates/entries/base.html
{% load static from staticfiles %}
<!DOCTYPE html>
<html lang="en">
  <head>
    {% block meta %}
      <meta charset="utf-8">
      <meta name="viewport"
       content="width=device-width, initial-scale=1.0">
    {% endblock meta %}

    {% block styles %}
      <link href="{% static "entries/css/main.css" %}"
       rel="stylesheet">
    {% endblock styles %}
```

```
    <title> {% block title %}Title{% endblock title %} </title>
  </head>

  <body>
    <div id="page-content">
      {% block page-content %}
      {% endblock page-content %}
    </div>
    <div id="footer">
      {% block footer %}
      {% endblock footer %}
    </div>
  </body>
</html>
```

这里有一个很好的理由从 templates 文件夹重写 entries 文件夹。当我们部署一个 Django 网站时，我们会在一个文件夹中收集所有的模板文件。如果没有像我这样指定路径，那么我们可能会在 entries 应用程序中得到一个 base.html 模板，并在另一个应用程序中得到一个 base.html 模板。最后所得到的那个模板将会重写具有相同名称的任何其他文件。因此，我们可以把它们放在 templates/entries 文件夹中并使用这个技巧表示我们所编写的每个 Django 应用程序，这样就避免了名称冲突的风险（对于其他任何静态文件，情况也是如此）。

关于这个模板并没有太多值得说明的，唯一值得注意的事实是它加载了 static 标签，这样我们就可以非常方便地访问 static 路径，而不必使用{% static ... %}在模板中采用硬编码的形式。特殊的{% ... %}部分中的代码是定义了逻辑的代码。特殊的{{ ... }}中的代码表示将在页面中被渲染的变量。

我们定义了 5 个块：styles、meta、title、page-content 和 footer。它们的用途分别是包含风格信息、元数据、标题、页面内容和脚注。子模板可以重写这些块，以便在它们内部提供不同的内容。

下面是 footer（脚注）：

```
# entries/templates/entries/footer.html
<div class="footer">
  Go back <a href="{% url "home" %}">home</a>.
</div>
```

它为我们提供了一个指向主页的漂亮链接，后者来自下面这个模板：

```
# entries/templates/entries/home.html
{% extends "entries/base.html" %}
```

```
{% block title%}Welcome to the Entry website.{% endblock title %}

{% block page-content %}
  <h1>Welcome {{ user.first_name }}!</h1>

  <div class="home-option">To see the list of your entries
    please click <a href="{% url "entries" %}">here.</a>
  </div>
  <div class="home-option">To insert a new entry please click
    <a href="{% url "insert" %}">here.</a>
  </div>
  <div class="home-option">To login as another user please click
    <a href="{% url "logout" %}">here.</a>
  </div>
    <div class="home-option">To go to the admin panel
    please click <a href="{% url "admin:index" %}">here.</a>
  </div>
{% endblock page-content %}
```

它扩展了 base.html 模板，并重写了 title 和 page-content。我们可以看到它所完成的任务基本上就是向用户提供 4 个链接。这些链接包括 Entry 列表、插入页面、退出登录页面和管理员页面。在完成这些任务的过程中，我们可以使用{% url ... %}标签来避免提供硬编码形式的 URL。这种标签相当于与 reverse 函数对应的模板功能。

下面是用于插入 Entry 对象的模板：

```
# entries/templates/entries/insert.html
{% extends "entries/base.html" %}
{% block title%}Insert a new Entry{% endblock title %}

{% block page-content %}
  {% if messages %}
    {% for message in messages %}
      <p class="{{ message.tags }}">{{ message }}</p>
    {% endfor %}
  {% endif %}

  <h1>Insert a new Entry</h1>
  <form action="{% url "insert" %}" method="post">
    {% csrf_token %}{{ form.as_p }}
    <input type="submit" value="Insert">
  </form><br>
{% endblock page-content %}
```

```
{% block footer %}
  <div><a href="{% url "entries" %}">See your entries.</a></div>
  {% include "entries/footer.html" %}
{% endblock footer %}
```

一开始有些用于显示消息（如果有的话）的条件逻辑，然后我们定义了表单。Django 为我们提供了简单地调用{{form.as_p}}（也可以使用 form.as_ul 或 form.as_table）来渲染一个表单的能力，为我们创建所有必要的字段和标签。这 3 条命令之间的区别在于表单的布局方式，分别是段落、无序列表和表格。我们只需要把它放在一对 form 标签中并添加一个 submit 按钮。这个行为是为了我们的方便而设计的：我们需要能够按照自己的意愿设置 <form>标签的状态，因此 Django 不想对此干预太多。另外，注意{% csrf_token %}。它将被 Djang 渲染为一个标记，并且在提交时作为发送给服务器的数据的一部分。通过这种方式，Django 能够验证这个请求是否来自一个允许的来源，因此避免了前面所提到的 CSRF 问题。当我们编写 Entry 的插入视图时，应该如何处理这个标记呢？情况是一样的。我们不用单独为它编写一行代码。感谢一个**中间件**类（CsrfViewMiddleware），Django 会自动处理这些事宜。为了更深入地探索这个主题，读者可以阅读 Django 的官方文档。

对于这个页面，我们还使用了 footer 块来显示指向主页的一个链接。最后，我们完成了列表模板，它是最有趣的一个模板：

```
# entries/templates/entries/list.html
{% extends "entries/base.html" %}
{% block title%} Entries list {% endblock title %}

{% block page-content %}
 {% if entries %}
  <h1>Your entries ({{ entries|length }} found)</h1>
  <div><a href="{% url "insert" %}">Insert new entry.</a></div>

  <table class="entries-table">
   <thead>
     <tr><th>Entry</th><th>Matches</th></tr>
   </thead>
   <tbody>
    {% for entry, match in entries %}
    <tr class="entries-list {% cycle 'light-gray' 'white' %}">
     <td>
       Pattern: <code class="code">
        "{{ entry.pattern }}"</code><br>
       Test String: <code class="code">
        "{{ entry.test_string }}"</code><br>
```

```
        Added: {{ entry.date_added }}
      </td>
      <td>
        {% if match %}
         Group: {{ match.0 }}<br>
         Subgroups:
          {{ match.1|default_if_none:"none" }}<br>
         Group Dict: {{ match.2|default_if_none:"none" }}
        {% else %}
         No matches found.
        {% endif %}
      </td>
     </tr>
    {% endfor %}
   </tbody>
  </table>
 {% else %}
  <h1>You have no entries</h1>
  <div><a href="{% url "insert" %}">Insert new entry.</a></div>
 {% endif %}
{% endblock page-content %}

{% block footer %}
 {% include "entries/footer.html" %}
{% endblock footer %}
```

我们可能要花一点时间才能习惯模板所使用的语言，但实际上它只不过是用一个 for
循环创建一个表而已。我们需要先检查是否存在任何 Entry 对象，如果存在就创建一个表。
这个表有两个列，一个表示 Entry，另一个表示匹配。

在 Entry 列中，我们显示了 Entry 对象（除了用户之外）。在 Matches 列中，我们显示
了在 EntryListView 中所创建的三元组。注意，为了访问一个对象的属性，我们使用了与
Python 相同的点号语法，如{{ entry.pattern }}或{{ entry.test_string }}等。

在处理列表和元组时，我们无法使用方括号语法直接访问其中的元素，因此也使用点
号语法（{{ match.0 }}相当于 match[0]，以此类推）。我们还使用了一个过滤器，当匹配为
None 时，该过滤器会通过管道（|）操作符显示一个自定义的值。

为了保持精确，Django 模板语言（与 Python 并不相同）也是较为简单的。如果我们在
使用该语言时觉得受到了限制，这很可能意味着我们在模板中所做的事情实际上应该在视
图中完成，这样才更加符合逻辑。

下面我将展示列表和插入模板的几个屏幕截图。图 14-4 所示的内容是表示我父亲的

Entry 列表看上去的样子。

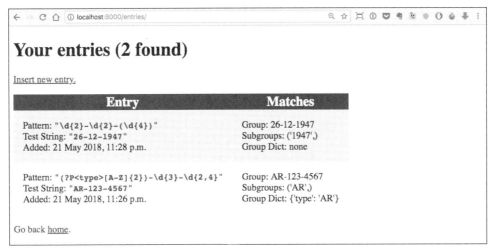

图 14-4

注意我是如何使用 cycle 标签用白色和淡灰色交替显示行的背景颜色的。这些类是在 main.css 文件中定义的。

Entry 的插入页面非常漂亮，可以提供一些不同的场景。当我们首次访问这个页面时，它会向我们展示一个空表单。如果我们正确地填写了表单，它会显示一条漂亮的信息（观察下面的图 14-5）。但是，如果我们没有填写这两个字段，它将会在它们之前显示一条错误消息，提醒我们这两个字段是必填的。

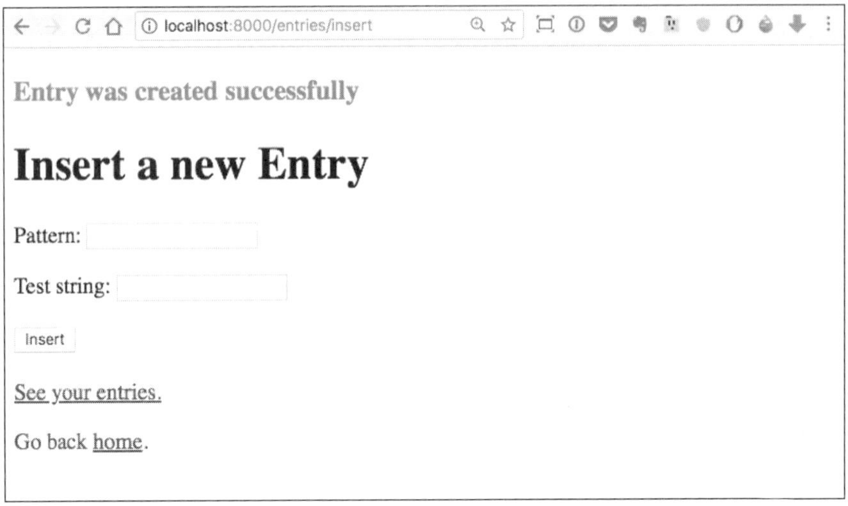

图 14-5

另外，注意自定义的脚注，它包含了一个指向 Entry 列表的链接和一个指向主页的链接。

就是这样了！如果有需要，读者可以对 CSS 风格进行试验，下载本书的代码并进行有趣的探索，对这个项目进行扩展。读者还可以在模型中添加一些其他东西、创建并应用一个迁移、对模板进行玩转，有很多事情可以去做！

Django 是一个功能非常强大的框架，它所提供的功能远远不止我在本章中所展示的那些。因此，我们应该对它进行深入的探索。它的优美之处在于 Django 就是 Python，因此阅读它的源代码也是一项非常有效的练习。

14.5　Web 开发的未来

与已经存在了几百年的其他科学分支相比，计算机科学是一门非常年轻的学科。它的一个主要特性就是它的发展速度极快。只用了几年时间，它所发生的变化就像现实世界过了一个世纪一样。因此，作为程序员，必须时刻注意计算机世界所发生的一切。

由于现在的计算机价格不高，几乎所有人都能使用它们，因此现在的趋势是避免把太多的工作负载放在后端，让前端完成部分的工作。因此，在最近几年里，JavaScript 框架和程序库，如 jQuery、Backbone 以及更近的 React 变得非常流行。Web 开发的模式已经从"由后端负责处理数据、准备数据并为显示这些数据的前端提供数据服务"转换为"后端只是作为 API 使用，是个纯粹的数据提供程序，前端通过一个 API 调用从后端提取数据，然后负责剩余的工作"。这种转变促进了类似**单页应用程序（SPA）**这样的开发模式的问世。这种模式在理想情况下只会加载整个页面一次，然后根据来自后端的数据不断发生演变。电子商务网站在一个页面加载一次搜索的结果，但它并不会刷新周围的结构，它就是利用类似的技巧实现这种效果的。浏览器可以执行像**异步 JavaScript 和 XML（AJAX）**这样的异步调用，能够用 JavaScript 代码返回可以被读取、操纵以及插回到页面的数据。

因此，如果读者打算致力于 Web 开发，我强烈建议读者熟悉 JavaScript（如果尚未熟悉）和各种 API。在本章的最后几页中，我将提供一个例子，展示如何使用两个不同的 Python 微框架（Flask 和 Falcon）来创建一个简单的 API。

14.5.1　编写 Flask 视图

Flask 是个 Python 微框架。它所提供的功能要远远少于 Django。但是，如果我们的项目非常小，它可能是个更好的选择。但是，根据我的经验，如果开发人员在一个项目开始时选择 Flask，他们会不断地添加插件，直到项目最终变成一种被我称为"Django 洗脑型"

的项目。要想保持敏捷，就意味着要定期花费时间减少随着时间而积累的技术债务。但是，从 Flask 转换为 Django 可能是项旷日持久的操作。因此，在开始一个新项目时，要确保考虑到它以后的变化。我对这件事情的看法非常直白：我总是使用 Django，因为我觉得它比 Flask 更好。但是，读者可能会不同意我的看法，因此我在这里提供一个例子。

在 ch14 文件夹中创建一个具有下列结构的 flask 文件夹：

```
$ tree -A flask # from the ch14 folder
flask
├──── main.py
└──── templates
      └────main.html
```

我们基本上是在两个文件中编写代码：一个 Flask 应用程序和一个 HTML 模板。Flask 使用 Jinja2 作为模板引擎。它极为流行，并且速度非常快，甚至 Django 也开始为它提供本地的支持：

```
# flask/templates/main.html
<!doctype html>
<title>Hello from Flask</title>
<h1>
  {% if name %}
    Hello {{ name }}!
  {% else %}
    Hello shy person!
  {% endif %}
</h1>
```

这个模板简单得有点无聊，它的任务就是根据 name 变量的存在更改欢迎词。对它进行渲染的 Flask 应用程序要稍微有趣一点：

```
# flask/main.py
from flask import Flask, render_template

app = Flask(__name__)

@app.route('/')
@app.route('/<name>')
def hello(name=None):
    return render_template('main.html', name=name)
```

我们创建了一个 app 对象，它是个 Flask 应用程序。我们只输入这个模块的完整限定名，它将存储在__name__中。

接着，我们编写了一个简单的 hello 视图，它将接收一个可选的 name 参数。在视图体中，我们简单地渲染 main.html 模板，向它传递 name 参数，而不管它的值是什么。

有趣之处在于路由。与 Django 连接视图和使用 URL 时所采取的方式不同，我们在 Flask 中用一个或多个 @app.route 装饰器来装饰我们的视图。在这个例子中，我们装饰了两次：第 1 行把视图与根 URL（/）进行连接，第 2 行把视图与具有姓名信息的根 URL（/<name>）进行连接。

进入 flask 文件夹并输入下面的指令（确保用 $pip 安装了 Flask 或者安装了本书的源代码的相关需求）：

```
$ FLASK_APP=main.py flask run
```

我们可以打开浏览器并访问 http://127.0.0.1:5000/。这个 URL 没有姓名信息，因此我们将看到 **"Hello shy person!"**，这行信息漂亮而夺目。我们可以在 URL 中添加一些信息，如 http://127.0.0.1:5000/Milena。按 Enter 键，页面将变成 **"Hello Milena!"**（向我的姐姐表示问候）。

当然，Flask 所提供的功能远不止如此，但我们没有空间讨论一个复杂许多的例子。但是，这个框架是非常值得探索的。有些项目非常成功地使用了 Flask，用它创建的网站和编写的 API 是非常有趣和出色的。Flask 的设计者 Armin Ronacher 是位非常成功和多产的程序员，他创建或合作创建了其他一些有趣的项目，如 Werkzeug、Jinja2、Click 和 Sphinx。他还为 Python 的 AST 模块做出了贡献。

14.5.2 用 Falcon 创建 JSON 语录服务器

Falcon 是用 Python 编写的另一个微框架，它的设计目标是轻量、快速和灵活。我见证了这个相对年轻的项目由于令人印象深刻的高速度而日益流行，因此我在此提供它的一个简单例子。我们打算创建一个 API，随机返回其中的一条语录。

在 ch14 文件夹中创建一个名为 falcon 的新文件夹。我们将创建两个文件：quotes.py 和 main.py。为了运行这个例子，需要安装 Falcon 和 Gunicorn（$ pip install falcon gunicom 或安装本书的完整需求）。Falcon 是个框架，**Gunicorn**（**Green Unicorn**）是 Python 用于 UNIX 的 WSGI HTTP 服务器（按照朗曼的术语，表示用于运行服务器的技术）。

 Web 服务器网关接口（WSGI）是个简单的调用约定，用于 Web 服务器把请求递交给 Web 应用程序或使用 Python 所编写的框架。如果想要更多地了解这方面的内容，可以参阅定义了这个接口的 PEP333。

在完成了所有这些设置之后，我们先来创建 quotes.py 文件：

```
# falcon/quotes.py
quotes = [
    "Thousands of candles can be lighted from a single candle, "
    "and the life of the candle will not be shortened. "
    "Happiness never decreases by being shared.",
    ...
    "Peace comes from within. Do not seek it without.",
    ...
]
```

我们可以在本书的源代码中看到完整的语录列表。如果没有这些语录，也可以换用自己所喜欢的其他语录。注意，并不是每一行都是以逗号结束的。在 Python 中，像这样连接字符串也是可行的，只要它们出现在括号或花括号中即可。这种方法称为**隐式连接**。

主应用程序的代码并不长，但非常有趣：

```
# falcon/main.py
import json
import random
import falcon
from quotes import quotes

class QuoteResource:
    def on_get(self, req, resp):
        quote = {
            'quote': random.choice(quotes),
            'author': 'The Buddha'
        }
        resp.body = json.dumps(quote)

api = falcon.API()
api.add_route('/quote', QuoteResource())
```

我们先观察这个类。在 Django 中，我们可以使用 get 方法。在 Flask 中，我们定义了一个函数。在这里，我们编写了一个 on_get 方法，这种命名方式让我想到 Java 和 C#的事件处理方法。它将接收一个请求参数和一个响应参数，它们都是由框架自动提供的。在方法体中，我们定义了一个包含了一条随机选择的语录的字典以及作者信息。然后，我们把这个字典导入一个 JSON 字符串，并把响应体设置为它的值。我们并不需要返回任何东西，Falcon 会为我们处理这些事情。

在这个文件的最后，我们创建了这个 Falcon 应用程序，然后在它上面调用 add_route，把它连接到我们为目标 URL 所编写的处理方法。

完成了这些设置之后，进入 falcon 文件夹并输入下面的指令：

```
$ gunicorn main:api
```

然后，创建一个针对 http://127.0.0.1:8000/quote 的请求（或简单地用浏览器打开这个页面）。当我执行这个操作时，在响应中将得到下面这个 JSON：

```
{
  quote: "Peace comes from within. Do not seek it without.",
  author: "The Buddha"
}
```

在 falcon 文件夹中，我为读者留下了一个 stress.py 模块，它可以用来测试 Falcon 代码的运行速度。读者可以试试能否让它运行，现在应该能够非常容易地完成这个任务。

不管我们在 Web 开发中使用什么框架，都需要对其他框架有所了解。有时候另一种不同的框架可能是正确的选择。因此，如果我们对不同的工具都有所了解，无疑会是一种优势。

14.6 总结

在本章中，我们讨论了 Web 开发。我们讨论了一些重要的概念，如 DRY 哲学以及把框架看成是一种工具。框架可以提供我们所需要的许多重要功能，以便我们编写代码为请求提供服务。我们还讨论了 MTV 模式，观察了这 3 个层是如何优雅地协作实现一种请求—响应路径的。

接着，我们简单地介绍了正则表达式，这是一个极其重要的主题，它是我们为 URL 路由提供工具的层。

我们可以使用许多不同的框架，Django 是其中非常优秀、使用非常广泛的一个，值得我们对它进行探索，尤其是它的源代码，写得非常出色。

我们还可以使用其他非常有趣和重要的框架，如 Flask。它们所提供的功能要少一些，但速度更快，无论是执行速度还是安装速度。Falcon 项目具有极快的速度，它的基准测试结果非常优秀。

重要的是要对请求—响应机制的工作方式具有扎实的理解，并掌握基本意义上的 Web 工作方式，这样我们所选择的框架就不会有太大的影响。我们可以很快速地选择一个框架，因为剩下的事情就是熟悉我们已经颇为了解的工作方式。

建议读者至少探索 3 个框架，并设计不同的用例，确定在每个用例中哪个框架才是最理想的选择。当我们能够正确地做出选择时，说明我们已经深刻地理解了它们。

14.7 再见

我希望读者仍然对深入学习 Python 充满渴望，本书仅仅是迈向 Python 大门的第一步。Python 确实是一种极其优秀的语言，值得我们深入学习。

我希望读者能够享受本书的学习之旅，我尽力把书写得生动有趣。对我来说确实如此，因为我在写作本书时乐在其中。

Python 是开放源代码的，因此请对它保持共享的态度，并支持它的相关社区。

期待在下一本书中重逢，我的朋友，再见！